mathewerkstatt

Thomas Benes, Bojan Radenković

MATHETUTOR

Grundkompetenztraining mit System

6. Klasse AHS

HELBLING

So begleitet dich dein MatheTutor

Ein **Tutor** begleitet durch den Lernprozess und hilft, wenn es schwierig wird.
Dieses Buch ist **dein Tutor** auf dem Weg durch die 6. Klasse und Richtung Mathematik-Matura.

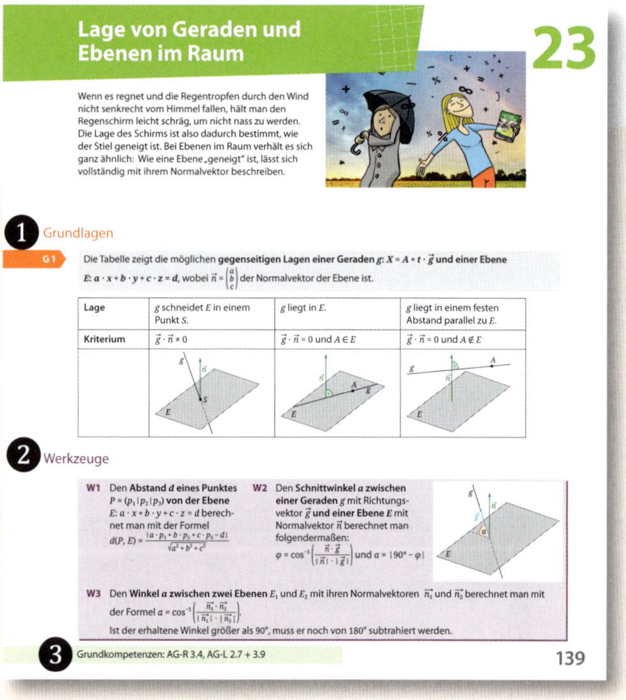
Lage von Geraden und Ebenen im Raum

23

Wenn es regnet und die Regentropfen durch den Wind nicht senkrecht vom Himmel fallen, hält man den Regenschirm leicht schräg, um nicht nass zu werden. Die Lage des Schirms ist also dadurch bestimmt, wie der Stiel geneigt ist. Bei Ebenen im Raum verhält es sich ganz ähnlich: Wie eine Ebene „geneigt" ist, lässt sich vollständig mit ihrem Normalvektor beschreiben.

❶ Grundlagen

G1 Die Tabelle zeigt die möglichen **gegenseitigen Lagen einer Geraden** $g: X = A + t \cdot \vec{g}$ **und einer Ebene** $E: a \cdot x + b \cdot y + c \cdot z = d$, wobei $\vec{n} = \begin{pmatrix} a \\ b \\ c \end{pmatrix}$ der Normalvektor der Ebene ist.

Lage	g schneidet E in einem Punkt S.	g liegt in E.	g liegt in einem festen Abstand parallel zu E.
Kriterium	$\vec{g} \cdot \vec{n} \neq 0$	$\vec{g} \cdot \vec{n} = 0$ und $A \in E$	$\vec{g} \cdot \vec{n} = 0$ und $A \notin E$

❷ Werkzeuge

W1 Den Abstand d eines Punktes $P = (p_1 \mid p_2 \mid p_3)$ von der Ebene $E: a \cdot x + b \cdot y + c \cdot z = d$ berechnet man mit der Formel $d(P, E) = \frac{|a \cdot p_1 + b \cdot p_2 + c \cdot p_3 - d|}{\sqrt{a^2 + b^2 + c^2}}$

W2 Den Schnittwinkel α zwischen einer Geraden g mit Richtungsvektor $\vec{g}$ und einer Ebene E mit Normalvektor $\vec{n}$ berechnet man folgendermaßen: $\varphi = \cos^{-1}\left(\frac{\vec{n} \cdot \vec{g}}{|\vec{n}| \cdot |\vec{g}|}\right)$ und $\alpha = |90° - \varphi|$

W3 Den Winkel α zwischen zwei Ebenen E_1 und E_2 mit ihren Normalvektoren $\vec{n_1}$ und $\vec{n_2}$ berechnet man mit der Formel $\alpha = \cos^{-1}\left(\frac{\vec{n_1} \cdot \vec{n_2}}{|\vec{n_1}| \cdot |\vec{n_2}|}\right)$. Ist der erhaltene Winkel größer als 90°, muss er noch von 180° subtrahiert werden.

❸ Grundkompetenzen: AG-R 3.4, AG-L 2.7 + 3.9

139

1 Informiere dich

Ein **kurzer Text** stimmt dich auf das Kapitel ein.

Die **Grundlagen** ❶ benötigst du im ganzen Kapitel. Lerne oder wiederhole sie, bevor du loslegst.

Praktische **Werkzeuge** ❷ stehen dir für einzelne Aufgaben oder Lösungsschritte zur Verfügung. Dein MatheTutor weist dich darauf hin, wenn es sinnvoll ist, sie einzusetzen.

Du erfährst hier auch, welche **Grundkompetenzen** ❸ du in diesem Kapitel trainierst.

2 Vollziehe nach

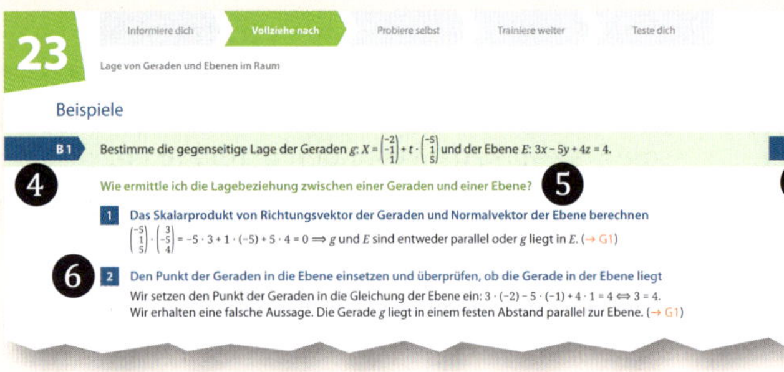
23 Informiere dich · Vollziehe nach · Probiere selbst · Trainiere weiter · Teste dich

Lage von Geraden und Ebenen im Raum

Beispiele

B1 Bestimme die gegenseitige Lage der Geraden $g: X = \begin{pmatrix} -2 \\ -1 \\ 1 \end{pmatrix} + t \cdot \begin{pmatrix} -5 \\ 1 \\ 5 \end{pmatrix}$ und der Ebene $E: 3x - 5y + 4z = 4$.

❹ Wie ermittle ich die Lagebeziehung zwischen einer Geraden und einer Ebene? ❺

1 Das Skalarprodukt von Richtungsvektor der Geraden und Normalvektor der Ebene berechnen

$\begin{pmatrix} -5 \\ 1 \\ 5 \end{pmatrix} \cdot \begin{pmatrix} 3 \\ -5 \\ 4 \end{pmatrix} = -5 \cdot 3 + 1 \cdot (-5) + 5 \cdot 4 = 0 \Rightarrow g$ und E sind entweder parallel oder g liegt in E. (→ G1)

❻ 2 Den Punkt der Geraden in die Ebene einsetzen und überprüfen, ob die Gerade in der Ebene liegt

Wir setzen den Punkt der Geraden in die Gleichung der Ebene ein: $3 \cdot (-2) - 5 \cdot (-1) + 4 \cdot 1 = 4 \Leftrightarrow 3 = 4$.
Wir erhalten eine falsche Aussage. Die Gerade g liegt in einem festen Abstand parallel zur Ebene. (→ G1)

Musterbeispiele ❹ zeigen dir Schritt für Schritt, wie du für das Kapitel typische Aufgaben löst.

Leitfragen ❺ helfen dir zu erkennen, um welche mathematische Fragestellung es sich handelt.

Modellschritte ❻ schlüsseln die Lösung anschaulich auf und unterstützen dich dabei, den Lösungsweg vollständig nachzuvollziehen.

3 Probiere selbst

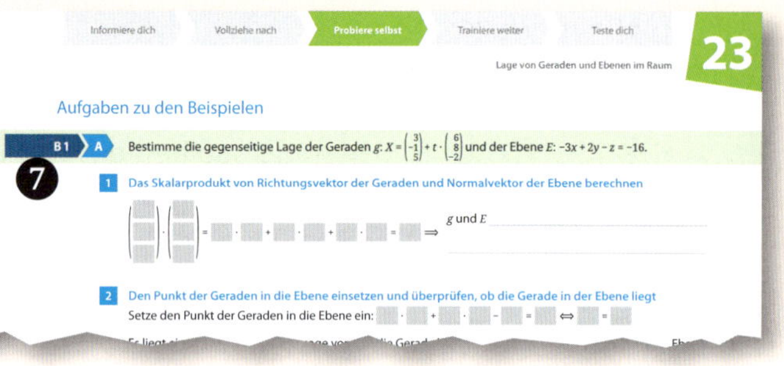
Informiere dich · Vollziehe nach · Probiere selbst · Trainiere weiter · Teste dich 23

Lage von Geraden und Ebenen im Raum

Aufgaben zu den Beispielen

❼ B1 A Bestimme die gegenseitige Lage der Geraden $g: X = \begin{pmatrix} 3 \\ -1 \\ 5 \end{pmatrix} + t \cdot \begin{pmatrix} 6 \\ 8 \\ -2 \end{pmatrix}$ und der Ebene $E: -3x + 2y - z = -16$.

1 Das Skalarprodukt von Richtungsvektor der Geraden und Normalvektor der Ebene berechnen

g und E

2 Den Punkt der Geraden in die Ebene einsetzen und überprüfen, ob die Gerade in der Ebene liegt

Setze den Punkt der Geraden in die Ebene ein:

Die **Aufgaben zu den Beispielen** ❼ sind wie die Musterbeispiele aufgebaut und ermöglichen es dir, selbst erste Aufgaben zu lösen.

Eine weitere *Probiere selbst*-Seite findest du online.

Hinweise zum Ausfüllen

In kleinen Kästchen trägst du Zahlen oder kurze Terme ein. Achte dabei besonders darauf, keine Vorzeichen oder Klammern zu vergessen.

$4x$ $\quad -3 \quad 0{,}25 \quad (-2)$

In großen Kästchen trägst du Zahlen mit vielen (Nachkomma-)Stellen, längere Terme oder Brüche ein.

$-0{,}9987 \quad \sqrt{a^2 + b^2} \quad \frac{4}{9} \quad -\frac{1}{x^2}$

In Kreisen trägst du Vorzeichen und Operatoren ein, d. h. die Zeichen:
$+ \quad - \quad : \quad \cdot \quad < \quad \geq \quad > \quad \leq \quad = \quad \neq \quad \approx \quad \parallel \quad \perp \quad \times$

$\neq \quad \geq \quad +$

Du kreuzt leere Kästchen an, um die zugehörige Aussage als richtige Lösung zu markieren.

☐ ☒

Auf Schreibzeilen hast du Platz für ganze Rechenzeilen oder Text.

$-2x + 3 = -4 \quad | -3$

Das Preisgeld beträgt 48 Euro.

4 Trainiere weiter

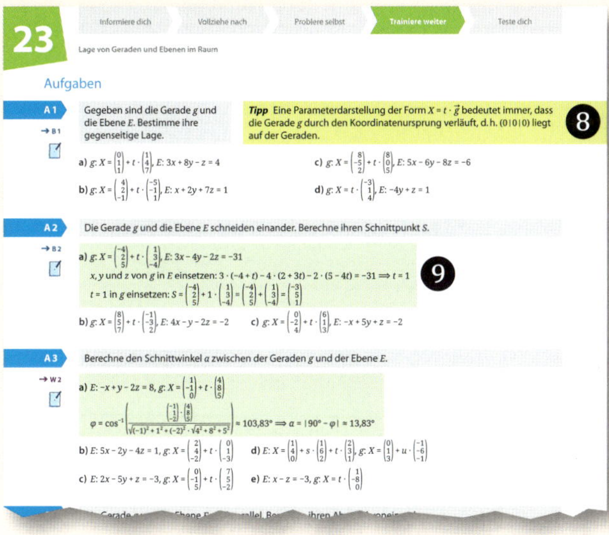

Löse die **Aufgaben** der Reihe nach, sie bauen oft aufeinander auf. Damit trainierst du die Grundkompetenzen des Kapitels.

Die **Tipps** 8 deines MatheTutors solltest du im Hinterkopf behalten.

Musterlösungen 9 sind grün hinterlegt.

Online findest du Lösungen mit Hinweisen und Erklärungen. Lies sie, auch wenn du die Aufgabe richtig gelöst hast. Sie helfen dir oft bei den nächsten Aufgaben.

5 Teste dich

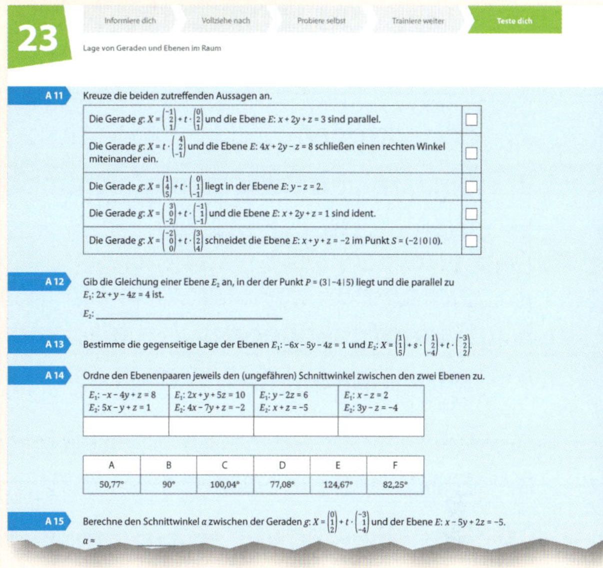

Die letzte Seite jedes Kapitels bietet dir **typische Prüfungsaufgaben, wie bei Schularbeiten und bei der Matura**.

Für diese Seite solltest du immer ein eigenes Blatt für die Erstellung der Lösungen bereithalten.

Auf dieser Seite gibt es keine Hilfestellungen in Form von Tipps und Symbolen mehr.

In den Online-Lösungen findest du auch für diese Seite Hinweise und Erklärungen. Lies sie, auch wenn du die Aufgabe richtig gelöst hast.

Symbole

Für Zwischenschritte, Nebenrechnungen, Ergebnisse benötigst du hier ein eigenes Blatt.

Diese Aufgabe wird durch Technologieeinsatz leichter.

Diese Aufgabe erfordert Technologieeinsatz. Dieser wird in den Lösungen erläutert.

→ **B 2** Mit dieser Aufgabe wiederholst und festigst du Modellschritte aus einem Musterbeispiel.

→ **G 2** Diese Aufgabe behandelt eine der Grundlagen aus *Informiere dich*.

→ **W 2** Hier verwendest du eines der Werkzeuge aus *Informiere dich*. Schlag es bei Bedarf nach.

Online-Angebot

Wie du Zugang zum Online-Angebot erhältst, erfährst du auf der inneren Umschlagseite des MatheTutors.

Lösungen – Lösungen zu allen Aufgaben der aktuellen Seite mit Hinweisen und Erklärungen, auch zum Technologieeinsatz

Weitere Aufgaben – Eine weitere *Probiere selbst*-Seite zum jeweiligen Kapitel. Beschäftige dich bei Bedarf noch intensiver mit den Musterbeispielen.

Modellschritte – Die Modellschritte aus allen Kapiteln in einem Dokument praktisch zusammengefasst, zum Nachschlagen, Lernen und Üben

Inhaltsverzeichnis

Hinweise zur Verwendung von Fachbegriffen

Dein MatheTutor gebraucht die gleichen mathematischen Fachbegriffe, die auch von deinem Schulbuch, deiner Lehrerin bzw. deinem Lehrer sowie in der schriftlichen Mathematik-Matura verwendet werden. Manchmal gibt es mehrere gleichwertige Ausdrücke. Da Geschmäcker bekanntlich verschieden sind, kommt es vor, dass Erklärungsbedarf besteht. Es gibt auch Begriffe, die nicht alle einsetzen, weil man die Mathematik sowohl mit diesem Begriff als auch ohne ihn erfolgreich meistern kann.

Damit dadurch keine Missverständnisse auftreten, sind auf dieser Seite Ausdrücke erläutert, die nicht in allen Schulbüchern oder bei allen Lehrerinnen und Lehrern gleich verwendet werden. Wenn du auf einen dieser Begriffe stößt, erfährst du hier, wie er in der Sprache deines MatheTutors zu verstehen ist.

Ereignisraum (Ergebnisraum) (Kapitel 27): Grundraum Ω

gerade Funktion (Kapitel 6, 7, 12): Funktion, deren Graph achsensymmetrisch (bzgl. der y-Achse) ist

Gleichung einer Ebene (Kapitel 22–23): Sowohl die Parameterdarstellung einer Ebene $E\colon X = P + \cdot \vec{g} + t \cdot \vec{h}$ als auch die Normalvektordarstellung (Normalvektorform) $\vec{n} \cdot X = \vec{n} \cdot A$ bzw. $a \cdot x + b \cdot y + c \cdot z$ stellen Gleichungen dar, daher akzeptiert dein MatheTutor beide Darstellungen als Ebenengleichung. In manchen Büchern wird die Normalvektordarstellung erwartet, wenn eine Ebenengleichung anzugeben ist. Die Parameterdarstellung ist dann keine Ebenengleichung.

Intervallskala (siehe *Skala*)

Kreisfrequenz (Kapitel 11): Beschreibt eine Sinusfunktion $s(t) = a \cdot \sin(b \cdot t + \varphi)$ eine physikalische Schwingung (z. B. Pendelbewegung), dann heißt b die Kreisfrequenz und wird meist mit ω bezeichnet.

Kreuzprodukt (Kapitel 20–22): Vektorprodukt
Dein MatheTutor bevorzugt den Begriff Vektorprodukt, weil das betont, dass das Ergebnis ein Vektor ist, im Gegensatz zum Skalarprodukt, dessen Ergebnis eine (reelle) Zahl ist.

metrische Variable, metrische Skala siehe *Skala*

monoton wachsend/streng monoton wachsend (Kapitel 5–8, 13–15): monoton steigend/streng monoton steigend

Monotoniebereiche (Kapitel 14, 18, 20): die Intervalle, in denen eine betrachtete Funktion unterschiedliches Monotonieverhalten aufweist, z. B. lauten die Monotoniebereiche von $f(x) = x^2$: streng monoton fallend in $(-\infty; 0]$ und streng monoton steigend in $[0; \infty)$.

nominale Variable, Nominalskala siehe *Skala*

ordinale Variable, Ordinalskala siehe *Skala*

orthogonal (Kapitel 27, 28, 29): normal (rechtwinkelig)

parallele Ebenen (Kapitel 23): Sind zwei Ebenen parallel, können sie einen Abstand haben oder „aufeinanderliegen" (ident sein).
Beim Ermitteln der Lagebeziehung zwischen zwei Ebenen wird aber oft zwischen „parallel" und „ident" unterschieden. Parallel soll dann eigentlich bedeuten: mit Abstand, also nicht ident.
Wichtig ist, dass dir bewusst ist, dass es hier unterschiedliche Interpretationen gibt, und du bei Prüfungen den Begriff so verwendest, wie deine Lehrerin oder dein Lehrer im Unterricht.

Proportionalskala siehe *Skala*

Skala/Skalenniveau (Kapitel 26): Wird eine Variable (ein Merkmal) statistisch untersucht, so werden die Mess- bzw. Beobachtungsdaten mit unterschiedlichen Skalen aufgezeichnet. Man spricht davon, dass die Merkmale unterschiedliche Skalenniveaus haben.
nominale Variable (z. B. Haarfarbe) → Nominalskala (blond, braun, rot, schwarz, …)
ordinale Variable (z. B. Schulnoten) → Ordinalskala (Sehr gut, Gut, Befriedigend, …)
metrische Variable (z. B. Temperatur in °C) → metrische Skala = Intervallskala (Zahlen mit Einheit °C)
Verhältnisskala = Proportionalskala, eine spezieller Fall einer metrischen Skala, bei dem ein natürlicher Nullpunkt definiert ist (z. B. Körpergewicht → Skala: Zahlen mit Einheit kg)

Dein MatheTutor spricht von nominalen, ordinalen und metrischen Datentypen, denen Datenlisten angehören.

Am wichtigsten ist, dass du die Unterschiede zwischen den Arten von Datentypen/Variablen/ Merkmalen/Skalen verstehst, damit du entscheiden kannst, welche Zentralmaße für eine gegebene Datenliste sinnvoll verwendet werden können.

Termdarstellung einer Funktion (Kapitel 14–21): Funktionsgleichung

Dein MatheTutor verwendet den Begriff Termdarstellung in diesem Band für die explizite Darstellung von Folgen.

Urliste (Kapitel 24–26): die ursprüngliche Aufzeichnung der Beobachtungs- oder Messwerte

Dein MatheTutor spricht immer allgemein von einer Datenliste. Der Begriff Urliste betont, dass die ursprünglichen Daten noch nicht „angefasst" wurden, z. B. zusammengefasst, interpretiert, grafisch dargestellt, …

Verhältnisskala siehe *Skala*

partielles Wurzelziehen (Kapitel 1): teilweises Wurzelziehen

primitive Periode(nlänge) (Kapitel 11): kleinste Periode einer periodischen Funktion

ungerade Funktion (Kapitel 6, 7, 12): Funktion, deren Graph punktsymmetrisch bzgl. des Ursprungs $(0 \mid 0)$ ist

Ungleichung „über" $\mathbb{R}$ ($\mathbb{N}$, $\mathbb{Z}$, $\mathbb{Q}$) lösen (Kapitel 3, 4): gibt die Grundmenge der Gleichung an, d. h. nur Zahlen aus der vorgegebenen Menge können Elemente der Lösungsmenge der Ungleichung sein

Tipps und Hinweise zu den Aufgaben

Zwei wichtige Tipps für das Lösen der Aufgaben

Verwende die Lösungen, um etwaige Unklarheiten zu beseitigen. Tu das aber erst, nachdem du die Aufgabe selbstständig probiert hast.

Skizzen und Nebenrechnungen sind ein wichtiger Bestandteil jeder mathematischen Überlegung. Nimm ein Blatt Papier zur Hand, wenn der Platz im Buch nicht ausreichen sollte.

Aufgabenformate im Teil 1 der Matura

Formate	Hinweise	Beispiele
Offenes Antwortformat	Formuliere eine Antwort in eigenen Worten, z. B. wenn eine Erklärung, Begründung, längere Rechnung oder Interpretation gefordert ist.	Seite 12 A23
Halboffenes Antwortformat	Ergänze eine teilweise vorgegebene Antwort, z. B. wenn einzelne Werte zu berechnen oder Abbildungen zu ergänzen sind.	Seite 24 A16
Lückentext	Ein Satz mit zwei Lücken ist vorgegeben. Für jede Lücke stehen mögliche Satzteile als Auswahl zur Verfügung. Kreuze jeweils genau einen der drei Satzteile an.	Seite 18 A16
Multiple Choice 2 aus 5	Kreuze die zwei richtigen unter fünf Antwortmöglichkeiten an.	Seite 36 A10
Multiple Choice 1 aus 6	Kreuze die eine richtige unter sechs Antwortmöglichkeiten an.	Seite 30 A14
Zuordnungsformat 4 aus 6	Schreibe in die vier Ausfüllfelder die Buchstaben der richtigen Antworten aus den sechs gegebenen Antwortmöglichkeiten.	Seite 12 A17
Konstruktionsformat	Ergänze die vorgegebene Abbildung durch ein grafisches Element, z. B. Vektoren oder Funktionsgraphen.	Seite 30 A17 Seite 88 A3

Zusätzliche Aufgabenformate in diesem Buch

Formate	Hinweise	Beispiele
Multiple Choice x aus y	Kreuze die vorgegebene Anzahl an Antwortmöglichkeiten an. z. B. 1 aus 2, 1 aus 4 oder 2 aus 5.	Seite 12 A16 Seite 41 A7
Zuordnungsformat x aus y	Schreibe in alle Ausfüllfelder die Beschriftungen der richtigen Antworten aus den gegebenen Antwortmöglichkeiten.	Seite 22 A3 Seite 40 A2
Ausfüllen	Große Teile der Antwort sind vorgegeben. Ergänze die richtigen Zahlen, Terme, Symbole oder kurzen Texte.	Seite 10 A2 Seite 178 A1
Schritt für Schritt	Löse die Aufgabe in den vorgegebenen Schritten: Fülle Ausfüllkästchen und Schreibzeilen aus, ergänze Abbildungen und kreuze korrekte Aussagen an.	Seite 53 A5 Seite 82 A1

Potenzrechnung

Ein Literaturnobelpreisträger schrieb einmal: „Die Bäume mit tiefen Wurzeln sind die, die hoch wachsen." Stellen wir uns die Mathematik als Baum vor, so ist die Algebra, in der das sichere Beherrschen von Rechenregeln und -gesetzen von großer Bedeutung ist, eine seiner ganz tief liegenden Wurzeln.
In diesem Kapitel lernen und festigen wir Rechenregeln für Potenzen, um im Baum in großer Höhe Halt zu finden.

Grundlagen

G 1 Eine **Potenz** besteht aus **Basis** und **Hochzahl** (**Exponent**): Potenz = $\text{Basis}^{\text{Hochzahl}}$.
Beispiel: 5^2 ist eine Potenz mit Basis 5 und Hochzahl 2. Die Zahl 5 wird mit 2 „potenziert".

G 2 **Rechenregeln für Potenzen:**

① $a^m \cdot a^n = a^{m+n}$
Multipliziert man zwei Potenzen **mit gleicher Basis**, so werden ihre **Hochzahlen addiert**.

② $\frac{a^n}{a^m} = a^{n-m}$
Dividiert man zwei Potenzen **mit gleicher Basis**, so werden ihre **Hochzahlen subtrahiert**.

③ $(a^n)^m = a^{n \cdot m}$ Wird eine **Potenz potenziert**, so werden die **Hochzahlen multipliziert**.

G 3 Rechenregeln für Potenzen **mit gleichen Hochzahlen**:
$(a \cdot b)^n = a^n \cdot b^n$ und $\left(\frac{a}{b}\right)^n = \frac{a^n}{b^n}$

G 4 Eine Potenz mit einer negativen Hochzahl ist der Kehrwert der Potenz mit der positiven Hochzahl.
Beispiele: $a^{-2} = \frac{1}{a^2}$ $\frac{1}{a^{-4}} = a^4$ $\frac{a^{-3}}{b^{-5}} = \frac{b^5}{a^3}$

G 5 Eine Potenz mit einem Bruch als Hochzahl kann als Wurzel der Potenz geschrieben werden: $a^{\frac{p}{q}} = \sqrt[q]{a^p}$.
Beispiele: $\sqrt{x} = x^{\frac{1}{2}}$ $\sqrt[3]{x} = x^{\frac{1}{3}}$ $\sqrt[4]{x^3} = x^{\frac{3}{4}}$

G 6 Sonderfälle: $a^0 = 1$ und $a^1 = a$ bzw. $\sqrt[n]{a^n} = a$ und $\left(\sqrt[n]{a}\right)^n = a$

Werkzeuge

W1 Hilfreich für das teilweise Wurzelziehen: Einen Bruch, dessen Zähler größer ist als der Nenner, kann man als gemischten Bruch, d. h. mit Ganzen schreiben, z. B. $\frac{7}{2} = 3\frac{1}{2}$.

W2 Einen Term, der mit einem Bruch multipliziert wird, kann man in den Zähler verschieben: $a \cdot \frac{1}{b} = \frac{a}{b}$ und $a \cdot \frac{b}{c} = \frac{a \cdot b}{c}$

W3 Die Division durch einen Bruch entspricht der Multiplikation mit dem Kehrwert des Bruches: $a : \frac{b}{c} = a \cdot \frac{c}{b}$

W4 Wurzelausdrücke können manchmal schneller mit den folgenden **Wurzelrechenregeln** vereinfacht werden.

- Einen Term bringt man unter eine Wurzel, indem man mit dem Exponenten der Wurzel potenziert:
$a \cdot \sqrt[3]{b} = \sqrt[3]{a^3 \cdot b}$
- Verschachtelte Wurzeln schreibt man als eine Wurzel, indem man die Exponenten multipliziert:
$\sqrt[3]{\sqrt[4]{a}} = \sqrt[12]{a}$
- Die Regeln aus → G3 gelten auch für Wurzeln mit gleichen Exponenten:
$\sqrt[n]{a \cdot b} = \sqrt[n]{a} \cdot \sqrt[n]{b}$ und $\sqrt[n]{\frac{a}{b}} = \frac{\sqrt[n]{a}}{\sqrt[n]{b}}$

Beispiele

B1 Vereinfache den Ausdruck. **a)** $(a^2 b)^3 \cdot (ab^2)^2$ **b)** $\frac{(a^2 b^3)^3}{(a^3 b^2)^2}$

Wie vereinfache ich Ausdrücke, in denen Potenzen potenziert werden?

1 Alle Klammern auflösen, indem die Hochzahlen multipliziert werden

Potenzen können nur dann zusammengefasst werden, wenn sie miteinander multipliziert werden. Wir fügen zwischen allen Potenzen ein Malzeichen ein, um keine Potenz zu übersehen, und wenden Regel ③ aus → G2 an.

a) $(a^2 \cdot b)^3 \cdot (a \cdot b^2)^2 = a^{2 \cdot 3} \cdot b^{1 \cdot 3} \cdot a^{1 \cdot 2} \cdot b^{2 \cdot 2} = a^6 \cdot b^3 \cdot a^2 \cdot b^4$ **b)** $\frac{(a^2 \cdot b^3)^3}{(a^3 \cdot b^2)^2} = \frac{a^{2 \cdot 3} \cdot b^{3 \cdot 3}}{a^{3 \cdot 2} \cdot b^{2 \cdot 2}} = \frac{a^6 \cdot b^9}{a^6 \cdot b^4}$

2 Potenzen mit gleicher Basis mit den Rechenregeln für Potenzen zusammenfassen

Wir wenden die Regeln ① und ② aus → G2 an, sowie in **b)** zusätzlich → G6 .

$a^6 \cdot b^3 \cdot a^2 \cdot b^4 = a^{6+2} \cdot b^{3+4} = a^8 b^7$ $\frac{a^6 \cdot b^9}{a^6 \cdot b^4} = a^{6-6} \cdot b^{9-4} = \underbrace{a^0}_{1} \cdot b^5 = b^5$

B2 Schreibe den Ausdruck als Produkt von Potenzen und vereinfache. **a)** $\sqrt[3]{2a^4 b} \cdot \sqrt[3]{2ab^2}$ **b)** $\sqrt{ab^3} \cdot \sqrt[3]{a^3 b}$

Wie vereinfache ich Ausdrücke mit Wurzeln durch Umwandlung in Potenzen?

1 Alle Wurzeln als Potenzen schreiben und die Hochzahlen laut Potenzrechenregeln multiplizieren

Wir fügen zwischen allen Basen ein Malzeichen ein, um keine Potenz zu übersehen, und wenden Regel ③ aus → G2, → G3, → G5, → G6 und → W2 an.

a) $\sqrt[3]{2 \cdot a^4 \cdot b} \cdot \sqrt[3]{2 \cdot a \cdot b^2} = (2 \cdot a^4 \cdot b)^{\frac{1}{3}} \cdot (2 \cdot a \cdot b^2)^{\frac{1}{3}} = 2^{\frac{1}{3}} \cdot a^{\frac{4}{3}} \cdot b^{\frac{1}{3}} \cdot 2^{\frac{1}{3}} \cdot a^{\frac{1}{3}} \cdot b^{\frac{2}{3}}$

b) $\sqrt{a \cdot b^3} \cdot \sqrt[3]{a^3 \cdot b} = (a \cdot b^3)^{\frac{1}{2}} \cdot (a^3 \cdot b)^{\frac{1}{3}} = a^{\frac{1}{2}} \cdot b^{\frac{3}{2}} \cdot a^{\frac{3}{3}} \cdot b^{\frac{1}{3}}$

2 Alle Hochzahlen auf gleichen gemeinsamen Nenner bringen und die Hochzahlen der Potenzen mit gleicher Basis mit den Rechenregeln für Potenzen zusammenfassen

Wir wenden Regel ① aus → G2 an.

a) Alle Hochzahlen haben den bereits gleichen Nenner: $2^{\frac{1}{3}} \cdot a^{\frac{4}{3}} \cdot b^{\frac{1}{3}} \cdot 2^{\frac{1}{3}} \cdot a^{\frac{1}{3}} \cdot b^{\frac{2}{3}} = 2^{\frac{2}{3}} \cdot a^{\frac{5}{3}} \cdot b^{\frac{3}{3}} = 2^{\frac{2}{3}} a^{\frac{5}{3}} b$

b) Der kleinste gemeinsame Nenner der Hochzahlen ist 6: $a^{\frac{1}{2}} \cdot b^{\frac{3}{2}} \cdot a^{\frac{3}{3}} \cdot b^{\frac{1}{3}} = a^{\frac{3}{6}} \cdot b^{\frac{9}{6}} \cdot a^{\frac{6}{6}} \cdot b^{\frac{2}{6}} = a^{\frac{9}{6}} \cdot b^{\frac{11}{6}} = a^{\frac{3}{2}} b^{\frac{11}{6}}$

B3 Vereinfache den Ausdruck $\sqrt[3]{8a^3 b^7}$ durch **teilweises Wurzelziehen.**

Wie wende ich teilweises Wurzelziehen an?

1 Alle Wurzeln als Potenzen schreiben und die Hochzahlen laut Potenzrechenregeln multiplizieren

$\sqrt[3]{8a^3b^7} = (8 \cdot a^3 \cdot b^7)^{\frac{1}{3}} = 8^{\frac{1}{3}} \cdot a^{\frac{3}{3}} \cdot b^{\frac{7}{3}}$

2 Alle Hochzahlen kürzen bzw. als gemischte Brüche schreiben und Potenzen von Zahlen (mit dem Taschenrechner) berechnen

Wir kürzen die Hochzahl $\frac{3}{3}$ zu 1 und berechnen $8^{\frac{1}{3}}$ mit dem Taschenrechner.
Wir wenden → W1 an und wandeln die Hochzahl $\frac{7}{3}$ (mit dem Taschenrechner) zum gemischten Bruch $2\frac{1}{3}$ um.

$8^{\frac{1}{3}} \cdot a^{\frac{3}{3}} \cdot b^{\frac{7}{3}} = 2 \cdot a \cdot b^{2\frac{1}{3}}$

3 Gemischte Brüche als Summe schreiben und laut Potenzregeln in ein Produkt zweier Potenzen zerlegen

$2 \cdot a \cdot b^{2\frac{1}{3}} = 2 \cdot a \cdot b^{2+\frac{1}{3}} = 2 \cdot a \cdot b^2 \cdot b^{\frac{1}{3}}$

4 Alle Potenzen, die mit einem Bruch als Hochzahl verblieben sind, als Wurzel darstellen

$2 \cdot a \cdot b^2 \cdot b^{\frac{1}{3}} = 2ab^2 \cdot \sqrt[3]{b}$

Aufgaben zu den Beispielen

B 1 **A** Vereinfache den Ausdruck. **a)** $(xy^3)^4 \cdot (x^4y^2)^3$ **b)** $\frac{(x^8y^3)^2}{(x^2y)^6}$

1 **Alle Klammern auflösen, indem die Hochzahlen multipliziert werden**

a) $\square^{\square \cdot \square} \cdot \square^{\square \cdot \square} \cdot \square^{\square \cdot \square} \cdot \square^{\square \cdot \square} =$ **b)** $\frac{\square^{\square \cdot \square} \cdot \square^{\square \cdot \square}}{\square^{\square \cdot \square} \cdot \square^{\square \cdot \square}} = \frac{\square^{\square} \cdot \square^{\square}}{\square^{\square} \cdot \square^{\square}}$

$= \square^{\square} \cdot \square^{\square} \cdot \square^{\square} \cdot \square^{\square}$

2 **Potenzen mit gleicher Basis mit den Rechenregeln für Potenzen zusammenfassen**

$x^4 \cdot y^{12} \cdot x^{12} \cdot y^6 = \square^{\square} \cdot \square^{\square}$ $\frac{x^{16} \cdot y^6}{x^{12} \cdot y^6} = \square^{\square} \cdot \square^{\square} = \square^{\square}$

B 2 **A** Vereinfache den Ausdruck. **a)** $\sqrt[4]{3^2x^3y} \cdot \sqrt[4]{3^6xy^2}$ **b)** $\sqrt[5]{x^3y^4} \cdot \sqrt[3]{xy^2}$

1 **Alle Wurzeln als Potenzen schreiben und die Hochzahlen laut Potenzrechenregeln multiplizieren**

a) $(\square^{\square} \cdot \square^{\square} \cdot \square^{\square})^{\frac{\square}{\square}} \cdot (\square^{\square} \cdot \square^{\square} \cdot \square^{\square})^{\frac{\square}{\square}} = \square^{\frac{\square}{\square}} \cdot \square^{\frac{\square}{\square}} \cdot \square^{\frac{\square}{\square}} \cdot \square^{\frac{\square}{\square}} \cdot \square^{\frac{\square}{\square}} \cdot \square^{\frac{\square}{\square}}$

b) $(\square^{\square} \cdot \square^{\square})^{\frac{\square}{\square}} \cdot (\square^{\square} \cdot \square^{\square})^{\frac{\square}{\square}} = \square^{\frac{\square}{\square}} \cdot \square^{\frac{\square}{\square}} \cdot \square^{\frac{\square}{\square}} \cdot \square^{\frac{\square}{\square}}$

2 **Alle Hochzahlen auf gleichen gemeinsamen Nenner bringen und die Hochzahlen der Potenzen mit gleicher Basis mit den Rechenregeln für Potenzen zusammenfassen**

a) $3^{\frac{2}{4}} \cdot x^{\frac{3}{4}} \cdot y^{\frac{1}{4}} \cdot 3^{\frac{6}{4}} \cdot x^{\frac{1}{4}} \cdot y^{\frac{2}{4}} = \square^{\frac{\square}{\square}} \cdot \square^{\frac{\square}{\square}} \cdot \square^{\frac{\square}{\square}} = \square^{\square} \cdot \square \cdot \square^{\frac{\square}{\square}}$

b) $x^{\frac{3}{5}} \cdot y^{\frac{4}{5}} \cdot x^{\frac{1}{3}} \cdot y^{\frac{2}{3}} = \square^{\frac{\square}{\square}} \cdot \square^{\frac{\square}{\square}} \cdot \square^{\frac{\square}{\square}} \cdot \square^{\frac{\square}{\square}} = \square^{\frac{\square}{\square}} \cdot \square^{\frac{\square}{\square}}$

B 3 **A** Vereinfache den Ausdruck $\sqrt{16x^4y^5}$ durch teilweises Wurzelziehen.

1 **Alle Wurzeln als Potenzen schreiben und die Hochzahlen laut Potenzrechenregeln multiplizieren**

$\sqrt{16x^4y^5} = (16 \cdot x^4 \cdot y^5)^{\frac{\square}{\square}} = 16^{\frac{\square}{\square}} \cdot x^{\frac{\square}{\square}} \cdot y^{\frac{\square}{\square}}$

2 **Alle Hochzahlen kürzen bzw. als gemischte Brüche schreiben und Potenzen von Zahlen (mit dem Taschenrechner) berechnen**

Wandle zuerst die Hochzahl $\frac{5}{2}$ (mit dem Taschenrechner) in einen gemischten Bruch um: $\frac{5}{2} = \square\frac{\square}{\square}$

$16^{\frac{1}{2}} \cdot x^{\frac{4}{2}} \cdot y^{\frac{5}{2}} = \square \cdot x^{\square} \cdot y^{\square\frac{\square}{\square}}$

3 **Gemischte Brüche als Summe schreiben und laut Potenzregeln in ein Produkt zweier Potenzen zerlegen**

$4 \cdot x^2 \cdot y^{2\frac{1}{2}} = 4 \cdot x^2 \cdot y^{2 \,\square\, \frac{1}{2}} = 4 \cdot x^2 \cdot$ ______

4 **Alle Potenzen, die mit einem Bruch als Hochzahl verblieben sind, als Wurzel darstellen**

$4 \cdot x^2 \cdot y^2 \cdot y^{\frac{1}{2}} = 4x^2y^2 \cdot \square$

Lösungen Weitere Aufgaben

Aufgaben

A 1 Berechne die Potenz.

→ G6

a) $2^0 = 1$ b) $0{,}4^1 = 0{,}4$ c) $-5^0 =$ ___ d) $0^1 =$ ___ e) $1^0 =$ ___

A 2 Stelle das Ergebnis als eine einzige Potenz dar.

→ G2

a) $2^3 \cdot 2^7 = 2^{10}$ c) $a^{-3} \cdot a^{12} =$ ___ e) $\frac{3^9}{3^{-2}} = 3^{9-(-2)} = 3^{11}$ g) $\frac{b^{18}}{b^{-6}} =$ ___

b) $7^2 \cdot 7^6 =$ ___ d) $x^{0,5} \cdot x^{\frac{5}{2}} =$ ___ f) $\frac{4^{20}}{4^{15}} =$ ___ h) $\frac{y^{\frac{1}{2}}}{y^{\frac{1}{3}}} =$ ___

A 3 Vereinfache den Ausdruck. Stelle das Ergebnis mit möglichst wenigen Potenzen dar.

→ G2
→ W2

a) $4a^2 b \cdot \frac{1}{2a^{-2} b^2} = \frac{4 \cdot a^2 \cdot b}{2 \cdot a^{-2} \cdot b^2} = 2a^4 b^{-1}$ b) $27x^2 y^3 \frac{1}{9x^2 y^{-1}} = \frac{\square \cdot \square \cdot \square}{\square \cdot \square \cdot \square} = \square \cdot \square$

c) $\frac{5}{8ab^3} \cdot 2a^2 b^{-3}$ d) $\frac{1}{16x^{-2} y^{-1}} \cdot 6xy$ e) $\frac{1}{4a} \cdot 2a^{-3} \cdot \frac{4}{5a^{-3}}$ f) $\frac{18xy}{5x^{-3} y^2} \cdot \frac{1}{9x} \cdot 25x^{-4}$

A 4 Vereinfache den Ausdruck. Stelle das Ergebnis als Produkt von Potenzen dar.

→ G3–G4

a) $(a^2 b)^3 = a^6 b^3$ c) $(x^2 y^{-7})^4 =$ ___ e) $\left(\frac{a}{b^4}\right)^2 = \frac{a^2}{b^8} = a^2 b^{-8}$ g) $\left(\frac{c^6}{d^{-11}}\right)^{-2} =$ ___

b) $(x^3 y)^5 =$ ___ d) $\left(r^{0,5} s^{\frac{1}{3}}\right)^6 =$ ___ f) $\left(\frac{c^{-2}}{d}\right)^8 =$ ___ h) $\left(\frac{c^{10}}{d^{20}}\right)^{0,2} =$ ___

A 5 Vereinfache den Ausdruck. Stelle das Ergebnis mit möglichst wenigen Potenzen dar.

→ B1
→ W3

a) $\left(\frac{4xy}{3z^2}\right)^{-1} : \left(\frac{2x^2 y^{-1}}{6z}\right)^{-2} \overset{①}{=} \frac{4^{-1} \cdot x^{-1} \cdot y^{-1}}{3^{-1} \cdot z^{-2}} : \frac{2^{-2} \cdot x^{-4} \cdot y^2}{6^{-2} \cdot z^{-2}} \overset{②}{=} \frac{4^{-1} \cdot x^{-1} \cdot y^{-1}}{3^{-1} \cdot z^{-2}} \cdot \frac{6^{-2} \cdot z^{-2}}{2^{-2} \cdot x^{-4} \cdot y^2} \overset{③}{=} \frac{4^{-1} \cdot x^{-1} \cdot y^{-1} \cdot 6^{-2} \cdot z^{-2}}{3^{-1} \cdot z^{-2} \cdot 2^{-2} \cdot x^{-4} \cdot y^2} = \frac{1}{12} x^3 y^{-3}$

① Alle Klammern auflösen
② Den Kehrwert des zweiten Bruches bilden und damit die Division in eine Multiplikation umwandeln
③ Zu einem Bruch zusammenfassen, Zahlen (mit dem Taschenrechner) vereinfachen und die Potenzen mit gleicher Basis zusammenfassen

b) $\left(\frac{3x}{y}\right)^{-2} : \left(\frac{6x^{-1} y^2}{2x}\right)^2$ c) $\left(\frac{5ab^2}{2c}\right)^2 : \left(\frac{2}{abc}\right)^{-3}$ d) $\left(\frac{1}{4} v^2 w\right)^{-1} : \left(\frac{2v^{-1}}{w^2}\right)^{-1}$ e) $\left(\frac{1}{x^2 y}\right)^{-2} : \left(\frac{1}{2xy^4}\right)^{-1}$

A 6 Schreibe die Potenzen mit positiven Hochzahlen.

→ B1
→ G4

Tipp Wird ein negativer Term mit einer geraden Hochzahl potenziert, fällt das Minus weg, bei einer ungeraden Potenz bleibt das Minus erhalten, z. B. $(-2x^2 y)^4 = 2^4 x^8 y^4$ und $(-4x^3 y^4)^3 = -4^3 x^9 y^{12}$.

a) $\left(\frac{-5x^{-1} y}{z^3}\right)^{-2}$ Die Hochzahl −2 ist eine gerade Zahl, das Minuszeichen von −5 fällt weg: $\frac{5^{-2} x^2 y^{-2}}{z^{-6}} = \frac{x^2 z^6}{5^2 y^2} = \frac{x^2 z^6}{25y^2}$

b) $\left(\frac{-3x^{-3}}{y^2}\right)^{-1}$ Die Hochzahl −1 ist eine ungerade Zahl, das Minuszeichen von −3 fällt nicht weg: $-\frac{3^{-1} x^3}{y^{-2}} = -\frac{x^3 y^2}{3^1} = -\frac{x^3 y^2}{3}$

c) $\left(\frac{-2r}{s^2}\right)^{-4}$ d) $\left(\frac{-5a^2 b^{-1}}{c^2}\right)^{-3}$ e) $\left(\frac{-v}{5w^{-1}}\right)^{-2} \cdot \left(-\frac{1}{vw^2}\right)^2$ f) $\left(\frac{-2x^{-1} y}{3z}\right)^{-3} : \left(\frac{1}{3xyz^{-1}}\right)^{-1}$

A 7 Stelle den folgenden Ausdruck unter Verwendung von Technologie mit positiven Hochzahlen dar.

T!

Tipp Achte bei der Arbeit mit Potenzen bei Technologieeinsatz darauf, dass du immer Malzeichen zwischen direkt aufeinanderfolgenden Variablen einfügst, also z. B. $x \cdot y$ und nicht xy. Sind die Variablen ohnehin getrennt (z. B. durch einen Exponenten wie bei $x^2 y$), ist die Eingabe des Malzeichens nicht erforderlich.

a) $\left(\frac{x^{-1} y^3}{xy^4}\right)^2 = \frac{1}{x^4 y^2}$ b) $\left(\frac{-ab^2}{2c^3}\right)^2 : \left(\frac{2c^2}{ab}\right)^{-3}$ c) $\left(\frac{1}{3} v^5 w^{-4}\right)^{-2} : w^{10}$ d) $\frac{(ax^2 s^{-8})^{-3}}{a^{-5} (a^3 x^{-1} s)^2}$

A 8 Schreibe den Ausdruck mit Potenzen.

→ B 2

a) $\sqrt[4]{a^3} = a^{\frac{3}{4}}$
c) $\sqrt{r} = r^{\frac{\square}{\square}}$
e) $\frac{1}{\sqrt[4]{r^3}} = r^{\bigcirc\frac{\square}{\square}}$
g) $\sqrt[6]{vw^2} = v^{\frac{\square}{\square}} \cdot w^{\frac{\square}{\square}}$
i) $\frac{1}{\sqrt[3]{x^2y}} = x^{\bigcirc\frac{\square}{\square}} \cdot y^{\bigcirc\frac{\square}{\square}}$

b) $\sqrt[5]{x^2} = x^{\frac{\square}{\square}}$
d) $\frac{1}{\sqrt[3]{a}} = a^{\bigcirc\frac{\square}{\square}}$
f) $\frac{1}{\sqrt{x}} = \frac{1}{x^{\frac{1}{2}}} = x^{-\frac{1}{2}}$
h) $\sqrt[5]{x^3y^{-1}} = x^{\frac{\square}{\square}}\, y^{\bigcirc\frac{\square}{\square}}$
j) $\frac{1}{\sqrt[4]{rs^2}} = r^{\bigcirc\frac{\square}{\square}} \cdot s^{\bigcirc\frac{\square}{\square}}$

A 9 Stelle die Wurzel in Potenzschreibweise dar und vereinfache wenn möglich die Hochzahl(en).

a) $\sqrt[6]{a^3} = a^{\frac{3}{6}} = a^{\frac{1}{2}}$
c) $\sqrt[9]{x^{-6}} =$ ______
e) $\sqrt[3]{a^2b^3} = a^{\frac{2}{3}} \cdot b^{\frac{3}{3}} = a^{\frac{2}{3}}b$
g) $\sqrt[4]{x^2y^{-3}} =$ ______

b) $\sqrt[5]{b^{15}} =$ ______
d) $\sqrt[4]{y^{-4}} =$ ______
f) $\sqrt[5]{a^{10}b^4} =$ ______
h) $\sqrt[3]{a^2b^3} =$ ______

A 10 Schreibe die Wurzeln als Potenzen, vereinfache und schreibe schließlich den Term mit nur einer Wurzel.

→ B 2

a) $\sqrt[3]{ab} \cdot \sqrt{\frac{a}{b}} = a^{\frac{1}{3}} \cdot b^{\frac{1}{3}} \cdot \frac{a^{\frac{1}{2}}}{b^{\frac{1}{2}}} = \frac{a^{\frac{1}{3}} \cdot b^{\frac{1}{3}} \cdot a^{\frac{1}{2}}}{b^{\frac{1}{2}}} = \frac{a^{\frac{2}{6}} \cdot b^{\frac{2}{6}} \cdot a^{\frac{3}{6}}}{b^{\frac{3}{6}}} = a^{\frac{5}{6}} \cdot b^{-\frac{1}{6}} = \frac{a^{\frac{5}{6}}}{b^{\frac{1}{6}}} = \frac{\sqrt[6]{a^5}}{\sqrt[6]{b^1}} = \sqrt[6]{\frac{a^5}{b}}$

b) $\sqrt[4]{xy^2} \cdot \sqrt[3]{xy}$
c) $\frac{\sqrt[3]{v^2w^{-1}}}{\sqrt[5]{vw^2}}$
d) $\frac{\sqrt[3]{rs}}{\sqrt{2r}} \cdot \sqrt{s}$
e) $\sqrt[3]{3x^{-1}y^{-2}} \cdot \sqrt[4]{\frac{x^2y^{-2}}{3}}$

A 11 Bringe alles unter eine Wurzel, ohne die Wurzeln als Potenzen zu schreiben.

→ W 4

a) $\frac{a}{2}\sqrt[3]{a^2} = \sqrt[3]{\frac{a^3 \cdot a^2}{2^3}} = \sqrt[3]{\frac{a^5}{8}}$
b) $\frac{x}{4}\sqrt[4]{x} = \sqrt[\square]{\frac{x^{\square} \cdot x^{\square}}{4^{\square}}} = \sqrt[\square]{\frac{\square}{\square}}$

c) $a\sqrt{a}$
d) $\frac{3\sqrt[4]{b}}{b}$
e) $\frac{v^2}{w} \cdot \sqrt{\frac{w}{v}}$
f) $\sqrt{\frac{a}{c^2}} \cdot \sqrt[3]{c} \cdot \frac{1}{a}$

A 12 Schreibe den gegebenen Ausdruck mit nur einer Wurzel und vereinfache den neuen Ausdruck, wenn möglich.

→ W 4

a) $\sqrt[3]{\sqrt[5]{x^3}} = \sqrt[3 \cdot 5]{x^3} = \sqrt[15]{x^3} = x^{\frac{3}{15}} = x^{\frac{1}{5}} = \sqrt[5]{x}$
b) $\sqrt[4]{\sqrt[3]{a^5}}$
c) $\sqrt{\sqrt[3]{\sqrt[5]{x^{15}}}}$
d) $\sqrt[3]{\frac{1}{\sqrt[8]{y^2}}}$
e) $\sqrt[4]{\sqrt{a^3b^2}}$

A 13 Vereinfache durch teilweises Wurzelziehen.

→ B 3

a) $\sqrt[3]{27a^7b^3} = (27 \cdot a^7 \cdot b^3)^{\frac{1}{3}} = 27^{\frac{1}{3}} \cdot a^{\frac{7}{3}} \cdot b^{\frac{3}{3}} = 3 \cdot a^{2\frac{1}{3}} \cdot b = 3 \cdot a^{2+\frac{1}{3}} \cdot b = 3 \cdot a^2 \cdot a^{\frac{1}{3}} \cdot b = 3a^2b \cdot \sqrt[3]{a}$

b) $\sqrt[4]{625x^8 \cdot y^4 \cdot z}$
c) $\sqrt[5]{\frac{32r^{10} \cdot s^5}{t^{30}}}$
d) $\sqrt{100v^2 \cdot w^5}$
e) $\sqrt[4]{\frac{a^2b^6c^8}{81}}$

A 14 Schreibe zuerst alles unter eine Wurzel, vereinfache und ziehe wenn möglich teilweise die Wurzel.

→ W 4

a) $\frac{\sqrt[3]{x^5y}}{\sqrt[3]{xy^2}} = \sqrt[3]{\frac{x^5y}{xy^2}} = \sqrt[3]{\frac{x^4}{y}} = x \cdot \sqrt[3]{\frac{x}{y}}$
b) $\frac{\sqrt[4]{ab^3}}{\sqrt[4]{a^6b}} = \sqrt[\square]{\frac{\square}{\square}} = \sqrt[\square]{\frac{\square}{\square}} = \frac{1}{\square} \cdot \sqrt[\square]{\frac{\square}{\square}}$

c) $\frac{\sqrt{r^2s^3}}{\sqrt{rs^2}}$
d) $\sqrt[3]{3v^2s^2} \cdot \sqrt[3]{9vs^2}$
e) $\sqrt[4]{2x^2y} \cdot \frac{\sqrt[4]{8xy^3}}{\sqrt[4]{x^{-1}}}$
f) $\frac{\sqrt{xy^3}}{\sqrt{y}} : \frac{1}{\sqrt{x^2y}}$
g) $\frac{\sqrt[5]{v}}{\sqrt[5]{u^6vw}}$

A 15 Löse die **Wurzelgleichung** durch Quadrieren beider Seiten der Gleichung.

a) $\sqrt{2x+4} = 5$
$2x + 4 = 25$
$2x = 21$
$x = 10{,}5$

b) $\sqrt{3x+1} = 4$
c) $\sqrt{2x-4} = \sqrt{x+7}$
d) $\sqrt{-x+6} = \sqrt{2x+5}$

Lösungen

A 16 Gegeben ist der Term $\left(\frac{x^{-2} \cdot y}{z^4}\right)^{-1}$. Kreuze die drei Terme an, die durch korrekte Umformungen aus diesem Term hervorgehen.

$x^2 \cdot y^{-1} \cdot z^{-4}$	☐
$x^2 \cdot y^{-1} \cdot z^4$	☐
$\frac{x^2 \cdot z^4}{y}$	☐
$\frac{y}{x^2 \cdot z^{-4}}$	☐
$x^2 \cdot \frac{1}{y} \cdot z^4$	☐

A 17 Ordne den Termen jeweils den äquivalenten Term zu.

$\left(\frac{2xy^{-1}}{x^{-2}}\right)^{-1}$	
$\left(\frac{x}{2x^2y}\right)^{-2}$	
$\left(\frac{-4x^{-2}y}{x^{-1}}\right)^2$	
$\left(\frac{-2}{x^{-2}y^{-1}}\right)^3$	

A	$4x^2y^2$
B	$-\frac{16x^2}{y^2}$
C	$\frac{y}{2x^3}$
D	$-8x^5y^3$
E	$\frac{16y^2}{x^2}$
F	$-8x^6y^3$

A 18 Vereinfache den Term $\left(\frac{a^{-4}}{b^5} \cdot b^{-1}\right)^{-2} : \left(\frac{b^3}{a^{-1}}\right)^4$ so weit wie möglich und stelle das Ergebnis mit positiven Hochzahlen dar.

$\left(\frac{a^{-4}}{b^5} \cdot b^{-1}\right)^{-2} : \left(\frac{b^3}{a^{-1}}\right)^4 =$ ______

A 19 Bringe im Term alles unter eine Wurzel.

$x \cdot \sqrt{\sqrt{x}} =$ ______________

A 20 Vereinfache den Ausdruck durch teilweises Wurzelziehen.

$\sqrt[3]{\frac{27y^5}{8x^3}} =$ ______________

A 21 Bringe den Ausdruck unter eine Wurzel und vereinfache so weit wie möglich.

$\sqrt[3]{2xy} \cdot \sqrt[4]{\frac{x^2}{4y}} =$ ______________

A 22 Löse die Wurzelgleichung $\sqrt{x-2} = \sqrt{5x+4}$ für $x \in \mathbb{R}$.

$L =$ ______________

A 23 Das dritte Kepler'sche Gesetz, das die Umlaufzeiten T_1 und T_2 zweier Planeten des Sonnensystems mit den großen Halbachsen ihrer Umlaufbahnen a_1 und a_2 in Zusammenhang bringt, kann in der Form $T_2 = \sqrt{T_1^{\,2} \cdot \left(\frac{a_2}{a_1}\right)^3}$ geschrieben werden.

a) Stelle den obigen Ausdruck für T_2 ohne Wurzeln, Brüche und Klammern dar.
b) Forme den obigen Ausdruck für T_2 nach a_2 um. Gib dein Ergebnis mit ausschließlich natürlichen Hochzahlen an.
c) Für die Erde nehmen wir $a_1 = 149{,}6 \cdot 10^6$ km und $T_1 = 365{,}25$ Tage an, für den Planeten Mars $T_2 = 687$ Tage. Berechne die große Halbachse a_2 der Umlaufbahn des Mars.

Logarithmen

2

Wer hat nicht schon einmal beim Aufbau von Möbeln die Nerven weggeworfen, weil die Anleitung für Stirnrunzeln sorgte? Hilfsmittel sind dazu gedacht, das Leben einfacher zu machen, manchmal erreichen sie aber das genaue Gegenteil.
Logarithmen helfen dabei, Potenzen einfacher zu berechnen, viele Schülerinnen und Schüler nehmen das jedoch gänzlich anders wahr. Das muss nicht sein! Wir lernen in diesem Kapitel verlässliche Werkzeuge für die Bearbeitung entsprechender Aufgaben kennen.

Grundlagen

G1 Rechnen mit Logarithmen bedeutet Rechnen mit Hochzahlen. Der **Logarithmus** $\log_a c$ oder $\log_a(c)$ einer Zahl c zur Basis a ist jene Hochzahl, mit der a potenziert werden muss, um c zu erhalten: $\log_a c = b \Leftrightarrow a^b = c$.

Die Zahl a heißt **Basis** des Logarithmus. Die Zahl c heißt **Numerus**.
Basis $a \neq 1$ und Numerus c sind positive reelle Zahlen.

Beispiel: $2^x = 8$
Die Hochzahl, die mit 2 potenziert werden muss, um 8 zu erhalten, ist 3. Man schreibt: $\log_2 8 = 3$.

G2 Rechenregeln für Logarithmen:

$\log_a(b \cdot c) = \log_a b + \log_a c$

$\log_a\left(\frac{b}{c}\right) = \log_a b - \log_a c$

$\log_a(b^c) = c \cdot \log_a b$

G3 Der **dekadische Logarithmus** (Kurzschreibweise lg) ist der Logarithmus zur Basis 10, d. h. $\lg c = \log_{10} c$.
Der **natürliche Logarithmus** (Kurzschreibweise ln) ist der Logarithmus zur Basis e, d. h. $\ln c = \log_e c$.
e = 2,718... ist die **Euler'sche Zahl**.

Werkzeuge

W1 Zwei Sonderfälle sind zur Vereinfachung von Rechnungen besonders nützlich: $\log_a 1 = 0$ und $\log_a a = 1$.
Beispiele: $\ln 1 = 0$ und $\log_3 3 = 1$, $\lg 10 = 1$, $\ln e = 1$

W2 Die Potenzschreibweise $\frac{1}{x^n} = x^{-n}$ ist auch bei der Arbeit mit Logarithmen wichtig, z. B. $\frac{1}{x^2} = x^{-2}$.
Insbesondere gilt
$\underbrace{0{,}000\ldots0}_{k\text{-mal } 0}1 = 10^{-k}$, z. B. $\underbrace{0{,}000}_{4\text{-mal } 0}1 = 10^{-4}$.

W3 Auch die Umwandlung von Wurzelausdrücken in Potenzschreibweise hilft bei der Vereinfachung von Logarithmen.
Es gilt $\sqrt[n]{x^m} = x^{\frac{m}{n}}$ und daher
$\log \sqrt[n]{x^m} = \log x^{\frac{m}{n}} = \frac{m}{n} \cdot \log x$.

W4 Das Lösen von **Exponentialgleichungen**, bei denen die Unbekannte eine Hochzahl ist (oder in der Hochzahl vorkommt), geschieht durch sogenanntes **Logarithmieren**: Man wendet den Logarithmus (beliebige Basis) auf beiden Seiten der Gleichung an und mit der dritten Rechenregel → G2 wird die Hochzahl „hinuntergezogen", bevor weiter umgeformt wird.

Beispiel: $2^{3x} = 5 \Longrightarrow \ln 2^{3x} = \ln 5 \Longrightarrow 3x \cdot \ln 2 = \ln 5 \Longrightarrow \ldots$

„Logarithmieren" (hier zur Basis e) – dritte Rechenregel für Logarithmen

Beispiele

B 1 Berechne ohne Taschenrechner, gib dabei jeden deiner Umformungsschritte an. **a)** $\log_3 81$ **b)** $\ln\frac{1}{\sqrt{e}}$

Wie berechne ich einen Logarithmus ohne Taschenrechner?

1 **Den Numerus c im Ausdruck $\log_a c$ als eine Potenz der Basis a schreiben**

a) Wir finden durch Probieren mit dem Taschenrechner heraus, welche Potenz von 3 die Zahl 81 ergibt: $81 = 3^4$.
$\log_3 81 = \log_3 3^4$

b) Wir verwenden → W2 und → W3 und erhalten:
$\frac{1}{\sqrt{e}} \overset{W3}{=} \frac{1}{e^{\frac{1}{2}}} \overset{W2}{=} e^{-\frac{1}{2}} \Rightarrow$
$\ln\frac{1}{\sqrt{e}} = \ln e^{-\frac{1}{2}}$

2 **Die Hochzahl „vor den Logarithmus ziehen“; wegen $\log_a a = 1$ ist sie das Ergebnis**

Wir verwenden die dritte Regel aus → G2 und anschließend → W1.

$\log_3 3^4 \overset{G2}{=} 4 \cdot \underbrace{\log_3 3}_{1\ (\rightarrow W1)} = 4$

$\ln e^{-\frac{1}{2}} \overset{G2}{=} -\frac{1}{2}\underbrace{\ln e}_{1\ (\rightarrow W1)} = -\frac{1}{2}$

B 2 Fasse den Ausdruck $2 \cdot \log x - 3 \cdot \log y + \frac{1}{2} \cdot \log z - \log w$ zu einem einzigen Logarithmus zusammen.

Wie fasse ich eine Summe von Logarithmen zusammen?

1 **Faktoren bei Logarithmen als Hochzahlen in die Logarithmen schreiben**

Wir wenden die dritte Regel aus → G2 an:

$2 \cdot \log x - 3 \cdot \log y + \frac{1}{2} \cdot \log z - \log w = \log x^2 - \log y^3 + \log z^{\frac{1}{2}} - \log w$

2 **Alle Logarithmen zu einem Logarithmus zusammenfassen, wobei der Numerus aller Logarithmen mit positivem Vorzeichen im Zähler und der Numerus aller Logarithmen mit negativem Vorzeichen im Nenner des Logarithmus zu stehen kommt**

$\log x^2 - \log y^3 + \log z^{\frac{1}{2}} - \log w = \log\frac{x^2 \cdot z^{\frac{1}{2}}}{y^3 \cdot w}$

B 3 Löse die Gleichung $3^{2x-1} = 25$.

Wie löse ich eine Exponentialgleichung?

1 **Auf beiden Seiten der Gleichung vor die Terme einen Logarithmus schreiben, z. B. ln oder lg**

Wir verwenden laut → W4 dafür auf beiden Seiten z. B. den dekadischen Logarithmus lg (Basis 10).
$\lg 3^{2x-1} = \lg 25$

2 **Den Term im Exponenten als Faktor „vor den Logarithmus ziehen“**

Da der Term im Exponenten eine Strichrechnung enthält, setzen wir diesen in Klammern.
$(2x - 1) \cdot \lg 3 = \lg 25$

3 **Die erhaltene Gleichung mit Äquivalenzumformungen lösen**

$$(2x - 1) \cdot \lg 3 = \lg 25 \quad |:\lg 3$$
$$2x - 1 = \frac{\lg 25}{\lg 3} \quad |+1$$
$$2x = \frac{\lg 25}{\lg 3} + 1 \quad |:2$$
$$x = \left(\frac{\lg 25}{\lg 3} + 1\right) : 2$$
$$x \approx 1{,}965$$

Aufgaben zu den Beispielen

B1 A Berechne ohne Taschenrechner, gib dabei jeden deiner Umformungsschritte an. **a)** $\log_2 64$ **b)** $\lg 0{,}001$

1 Den Numerus c im Ausdruck $\log_a c$ als eine Potenz der Basis a schreiben

a) Welche Potenz von 2 ergibt 64?

$64 = 2^{\square}$

$\log_2 64 = \log_2 2^{\square}$

b) lg steht für $\log_{10}$. Wir verwenden daher → W2:

$\underbrace{0{,}00}_{\square\text{-mal } 0}1 \overset{W2}{=} 10^{\square} \Longrightarrow$

$\lg 0{,}001 = \lg 10^{\square}$

2 Die Hochzahl „vor den Logarithmus ziehen"; wegen $\log_a a = 1$ ist sie das Ergebnis

$\log_2 2^{\bigcirc} \overset{G2}{=} \square \cdot \underbrace{\log_2 \square}_{\square} = \square$

$\lg 10^{\bigcirc} \overset{G2}{=} \square \cdot \underbrace{\lg \square}_{\square} = \square$

B2 A Fasse den Ausdruck $4 \cdot \log a - 5 \cdot \log b + \frac{1}{3} \cdot \log c - \log d$ zu einem einzigen Logarithmus zusammen.

1 Faktoren bei Logarithmen als Hochzahlen in die Logarithmen schreiben

$4 \cdot \log a - 5 \cdot \log b + \frac{1}{3} \cdot \log c - \log d = \log a^{\square} - \log b^{\square} + \log c^{\square} - \log d$

2 Alle Logarithmen zu einem Logarithmus zusammenfassen, wobei der Numerus aller Logarithmen mit positivem Vorzeichen im Zähler und der Numerus aller Logarithmen mit negativem Vorzeichen im Nenner des Logarithmus zu stehen kommt

$\log a^4 - \log b^5 + \log c^{\frac{1}{3}} - \log d = \log \frac{\square}{\square}$

B3 A Löse die Gleichung $4^{3x+2} = 37$.

1 Auf beiden Seiten der Gleichung vor die Terme einen Logarithmus schreiben, z. B. ln oder lg

Verwende z. B. lg: $\square\ 4\ 3x + 2 = \square\ 37$

2 Den Term im Exponenten als Faktor „vor den Logarithmus ziehen"

$\square \bigcirc \lg 4 = \lg 37$

3 Die erhaltene Gleichung mit Äquivalenzumformungen lösen

$(3x + 2) \cdot \lg 4 = \lg 37 \quad |$ ______

______

______

______

$x \approx \square$

Hinweis: Die Tasten ln und log findest du auf jedem Taschenrechner. log steht dabei für $\lg = \log_{10}$.

Lösungen
Weitere Aufgaben

Aufgaben

A 1 Berechne den Logarithmus mit dem Taschenrechner und runde wenn nötig auf zwei Kommastellen.

a) $\ln 2 \approx 0{,}69$

b) $\ln 0{,}5 \approx$ ___ **c)** $\ln \mathrm{e} =$ ___ **d)** $\ln \mathrm{e}^2 =$ ___ **e)** $\lg 500 \approx$ ___ **f)** $\lg\sqrt{10} =$ ___ **g)** $\lg 100 =$ ___

A 2 Berechne den Logarithmus.

→ B 1
→ G 3

a) $\log_7 49 = 2$, da $49 = 7^2$ **b)** $\log_a a^8 = 8 \cdot \underbrace{\log_a a}_{1} = 8$

c) $\log_{10} 1000$ **d)** $\log_5 625$ **e)** $\log_2 16$ **f)** $\log_a a^{2x}$ **g)** $\lg 10$ **h)** $\ln \mathrm{e}^{\frac{1}{2}}$ **i)** $\ln \mathrm{e}^{31}$

A 3 Berechne den Logarithmus.

→ B 1
→ W 2

a) $\log_5 \frac{1}{5^3} = \log_5 5^{-3} = -3 \cdot \underbrace{\log_5 5}_{1} = -3$

b) $\log_2 \frac{1}{32} = \log_2 \frac{1}{2^5} = \log_2 2^{-5} = -5 \cdot \underbrace{\log_2 2}_{1} = -5$

c) $\log_7 \frac{1}{7^6} = \log_7 7^{\square} = \square \cdot \underbrace{\log_7 7}_{\square} = \square$

d) $\log_3 \frac{1}{27} = \log_3 \frac{1}{3^{\square}} = \log_3 3^{\square} = \square \cdot \underbrace{\log_3 3}_{\square} = \square$

e) $\log_{10} \frac{1}{10000}$ **f)** $\log_a \frac{1}{a}$ **g)** $\log_x \frac{1}{x^9}$ **h)** $\log_{10} 0{,}00001$ **i)** $\lg \frac{1}{0{,}001}$ **j)** $\ln \frac{1}{\mathrm{e}^3}$ **k)** $\ln \frac{1}{\mathrm{e}}$

A 4 Berechne den Logarithmus.

→ B 1
→ W 3

a) $\log_4 \sqrt[3]{4} = \log_4 4^{\frac{1}{3}} = \frac{1}{3} \cdot \underbrace{\log_4 4}_{1} = \frac{1}{3}$

b) $\log_3 \sqrt[4]{3^3} = \log_3 3^{\frac{\square}{\square}} = \frac{\square}{\square} \cdot \underbrace{\log_3 3}_{\square} = \frac{\square}{\square}$

c) $\log_a \sqrt{a}$ **d)** $\log_a \sqrt[7]{a^4}$ **e)** $\log_a \frac{1}{\sqrt[3]{a^2}}$ **f)** $\log_a \sqrt{\frac{1}{a^5}}$ **g)** $\lg \sqrt[5]{\frac{1}{10}}$ **h)** $\ln \sqrt[3]{\mathrm{e}}$ **i)** $\log_3 \frac{1}{\sqrt[3]{81}}$

A 5 Fasse den Ausdruck aus mehreren Logarithmen zu einem einzigen Logarithmus zusammen.

→ B 2

a) $\frac{1}{2}\log a - 3\log b + 2\log c = \log a^{\frac{1}{2}} - \log b^3 + \log c^2 = \log \frac{a^{\frac{1}{2}} \cdot c^2}{b^3}$

b) $2\log(a+b) - \log b - \frac{1}{2}\log(a-b) = \log(a+b)^2 - \log b - \log(a-b)^{\frac{1}{2}} = \log \frac{(a+b)^2}{b \cdot (a-b)^{\frac{1}{2}}}$

c) $\log a + \log b - 2\log c$ **e)** $\log a - \frac{2}{3}\log b + \frac{1}{2}\log c - \log d$ **g)** $2\log a + 3\log(a+b)$

d) $\frac{1}{3}\log a - \log b - \frac{1}{2}\log c$ **f)** $\log(a+b) + 5\log(a-b) - 4\log b$ **h)** $\log \frac{a}{a+b} - \log b + \frac{1}{2}\log(a-b)$

A 6 Ergänze die Textlücke durch die richtige Rechenoperation (plus, minus, mal, durch, hoch).

a) Der Logarithmus zweier miteinander multiplizierter Terme ist Logarithmus des ersten Faktors plus Logarithmus des zweiten Faktors.

b) Der Logarithmus eines Quotienten ist Logarithmus des Dividenden ____________ Logarithmus des Divisors.

c) Der Logarithmus einer Potenz ist Hochzahl ____________ Logarithmus der Basis.

A 7 Kreuze die korrekten Umformungen an.

→ G 2

$\log(a+b) = \log a + \log b$	$\log(a-b) = \frac{\log a}{\log b}$	$\log(a \cdot b) = \log a + \log b$	$\log\frac{a}{b} = \log a - \log b$
☐	☐	☐	☐

Lösungen

A 8 Kreuze alle Terme an, die zum Ausdruck $\log_2 2a$ umgeformt werden können.

→ G2
→ W1

$2\log_2 a$	$\log_2 a + \log_2 a$	$\log_2 2 \cdot \log_2 a$	$1 + \log_2 a$	$\log_2 2 + \log_2 a$
☐	☐	☐	☐	☐

A 9 Schreibe den Ausdruck als Summe von Logarithmen.

→ G2

a) $\log\frac{3\cdot a^2\cdot(a+b)}{c} = \log 3 + \log a^2 + \log(a+b) - \log c = \log 3 + 2\log a + \log(a+b) - \log c$

b) $\log\frac{(x-y)\cdot(x+y)}{x^2} = \log$ ___ ◯ $\log$ ___ ◯ $\log$ ___ $= \log$ ___ ◯ $\log$ ___ ◯ ___ $\cdot \log$ ___

c) $\log\frac{(a-b)^2\cdot a^3}{(a+b)}$ **d)** $\log\frac{5\cdot(a-b)}{(a+b)^2\cdot c}$ **e)** $\log\frac{4\cdot\sqrt[3]{a-b}}{a^2}$ **f)** $\log\frac{1}{a+b}\sqrt{\frac{a-b}{a}}$

A 10 Vereinfache den Ausdruck unter Anwendung der Rechenregeln für Logarithmen.

a) $\log_{10}100x - \log_{10}x = \log_{10}\frac{100x}{x} = \log_{10}100 = 2$

b) $\log_2 8x^2 + \log_2 2x$ **c)** $\log_a 10a^2 - 2\log_a\sqrt{a}$ **d)** $\lg 100a - \lg\frac{a}{10}$

A 11 Löse die Logarithmusgleichung.

a) $\log_5 x = 3 \Leftrightarrow x = 5^3 = 125$

d) $\log_x 10000 = 4 \Leftrightarrow x^4 = 10000 \quad |\sqrt[4]{\ }$
$x = 10$

b) $\log_6 x = 2 \Leftrightarrow x =$ ___$^{\text{___}}$ = ___ **e)** $\log_x 16 = 2$ **g)** $\log_x 0{,}0001 = -4$

c) $\log_{100}x = \frac{1}{2} \Leftrightarrow x =$ ___$^{\text{___}}$ = ___ **f)** $\log_x\frac{1}{27} = 3$ **h)** $\log_x\frac{1}{e^2} = -2$

A 12 Löse die Gleichung durch Logarithmieren.

→ W4

a) $3^x = 5$
$\lg 3^x = \lg 5$
$x\cdot\lg 3 = \lg 5$
$x = \frac{\lg 5}{\lg 3} \approx 1{,}465$

b) $2^x = 7$ **c)** $8^x = 2$ **d)** $4^x = 15$ **e)** $\left(\frac{1}{2}\right)^x = 32$

A 13 Löse die Exponentialgleichung unter Beachtung des Hinweises.

→ B3

a) $3\cdot 2^{1-4x} = 12$ Hinweis: Dividiere zuerst durch 3, um die Potenz zu isolieren.

b) $4^{9x+5} = 5^{3x-1}$ Hinweis: Logarithmiere gleich.

c) $7^{2x-5} = 19\cdot 7^{x+2}$ Hinweis: Dividiere zuerst durch 7^{x+2} und fasse zu einer Potenz zusammen.

d) $9^{1-x} = 8\cdot 3^{7x+11}$ Hinweis: Ersetze die Basis 9 durch 3^2 und fasse zu einer Potenz zusammen.

A 14 Bestimme die gesuchte Unbekannte.

a) $a\cdot b^{3x} = c,\ x = ?$

$a\cdot b^{3x} = c \quad |:a$
$b^{3x} = \frac{c}{a} \quad |\log$
$\log b^{3x} = \log\frac{c}{a}$
$3x\cdot\log b = \log\frac{c}{a} \quad |:3\log b$
$x = \frac{\log\frac{c}{a}}{3\log b}$

b) $N_0\cdot a^{0{,}2\cdot t} = N_1,\ t = ?$ **c)** $T = C\cdot(12 - a^{4x}),\ x = ?$ **d)** $(n+1)\cdot m^{\frac{50}{x}} = k,\ x = ?$

A 15 Löse die Logarithmusgleichung mit Technologie.

a) $\lg 3 + \lg 3x = \lg(x+16)$ **b)** $\ln 3x + \ln x = \ln(2x+1)$

Lösungen

A 16 Gegeben ist der Ausdruck $\log_c a = b$.

Ergänze die Textlücken im folgenden Satz durch Ankreuzen der jeweils richtigen Satzteile so, dass eine korrekte Aussage entsteht.

Wenn ___①___ potenziert wird, lautet das Ergebnis ___②___ .

①	
die Basis a mit der Hochzahl b	☐
die Basis a mit der Hochzahl c	☐
die Basis c mit der Hochzahl b	☐

②	
☐	a
☐	b
☐	c

A 17 Ordne den Termen (links) jeweils denjenigen Term (rechts) zu, der eine korrekte Umformung darstellt.

$\log\sqrt{x}$	
$\log\frac{1}{x^2}$	
$\log\frac{1}{2}x$	
$\log x^2$	

A	$\log x + \log x$
B	$\sqrt{\log x}$
C	$(\log x)^2$
D	$-2\log x$
E	$\frac{1}{2}\log x$
F	$\log x - \log 2$

A 18 Kreuze die drei zutreffenden Aussagen an.

$\log_2 -2 = -1$	☐
$\log_2 1 = 0$	☐
$\ln e = 2{,}718...$	☐
$\ln e = \lg 10$	☐
$\lg 10000 = \log_a a^4$	☐

A 19 Berechne den Ausdruck $\log_{1000} 1000000$ und begründe dein Ergebnis.

A 20 Schreibe den Ausdruck $\log\frac{a^2 \cdot b^3}{(a+b)^{-2}}$ als Summe von Logarithmen, wobei in den einzelnen Logarithmen keine Potenzen mehr stehen sollen.

$\log\frac{a^2 \cdot b^3}{(a+b)^{-2}} =$ ______________________________

A 21 Schreibe den Ausdruck $2\log a - 3\log(a+b) + 4\log(a-b)$ mit nur einem einzigen Logarithmus.

$2\log a - 3\log(a+b) + 4\log(a-b) =$ ______________________________

A 22 Löse die Gleichung $15 = 2 \cdot 3^{2x+1}$ nach x.

$x \approx$ ____________

A 23 Gegeben ist die Potenz $a^n = 343$ mit $n \in \mathbb{R}$.

a) Wie lautet der Logarithmus von 343 zur Basis a?
b) Begründe, warum $\log_a 343^2 = 2n$ gilt.
c) Löse die Gleichung $a^n = 343$ für $a = 7$ nach n.

Lineare und Betragsungleichungen

3

Negative Zahlen stellen so einiges auf den Kopf, wie folgendes Zahlenrätsel zeigt: „Eine negative Zahl, die kleiner oder gleich -1 ist, wird mit -1 multipliziert. Wie groß ist die neue Zahl mindestens?“ Die Antwort lautet 1. Um dabei keinen Knopf im Kopf zu bekommen, nehmen wir uns in diesem Kapitel Zeit, uns mit den Basics der Ungleichungen auseinanderzusetzen.

Grundlagen

G 1 Term 1 < Term 2 bedeutet, dass der Wert des Terms 1 kleiner ist als jener des Terms 2.
Term 1 > Term 2 bedeutet, dass der Wert des Terms 1 größer ist als jener des Terms 2.
Bei der Multiplikation einer Ungleichung mit einer negativen Zahl und bei der Division durch eine negative Zahl wechselt das **Vergleichszeichen** von < auf > bzw. von ≤ (kleiner-gleich) auf ≥ (größer-gleich) und umgekehrt. Beispiel: $-x > 2 \Leftrightarrow x < -2$

G 2 Unter der **Lösungsmenge** L einer **linearen Ungleichung in einer Variablen** versteht man die Menge aller Zahlen, die die Ungleichung erfüllen, d. h. eingesetzt eine wahre Aussage ergeben.
Beispiel: Die Zahl 3 ist in der Lösungsmenge L der Ungleichung $x < 2x$ enthalten (geschrieben: $3 \in L$), da $3 < 6$ eine wahre Aussage ist. Die Zahl -3 ist in der Lösungsmenge L nicht enthalten ($-3 \notin L$), da $-3 < -6$ eine falsche Aussage ist.

G 3 Die Grundmenge (z. B. $\mathbb{N}$, $\mathbb{Z}$, $\mathbb{Q}$) gibt an, in welchem Zahlenbereich Lösungen gesucht werden.
Die Lösungsmenge einer Ungleichung wird auf drei Arten angegeben:
aufzählend, z. B. $L = \{..., -1, 0, 1\}$ (die Lösungsmenge der Ungleichung $2x < 4$ mit $x \in \mathbb{Z}$)
beschreibend, z. B. $L = \{x \in \mathbb{Q} \mid x < 2\}$ (die Lösungsmenge der Ungleichung $2x < 4$ mit $x \in \mathbb{Q}$)
in Intervallschreibweise, z. B. $L = (-\infty; 2)$ (die Lösungsmenge der Ungleichung $2x < 4$ mit $x \in \mathbb{R}$)

G 4 Der **Betrag einer Zahl** a wird mit $|a|$ geschrieben und gibt den Abstand dieser Zahl zur Zahl 0 auf der Zahlengeraden an. Da Abstände immer positiv sind, gibt der Betrag einfach den positiven Wert der Zahl an.
Beispiele: $|-5| = 5$ und $|5| = 5$

G 5 Bei der Darstellung einer Lösungsmenge auf der Zahlengeraden markiert man jenen Bereich, in dem alle Zahlen der Lösungsmenge liegen. Bei < und > wird an der Grenze ein leerer Kreis (Zahl gehört nicht dazu) und bei ≤ und ≥ ein ausgefüllter Kreis (Zahl gehört dazu) gezeichnet.

$x < a$:
$x > a$:

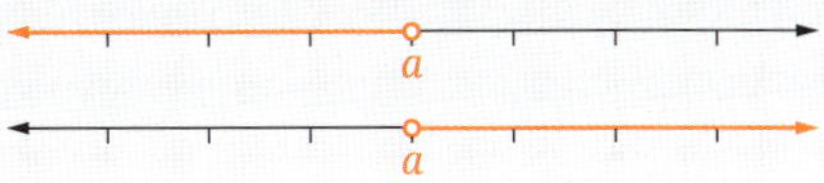

$x \leq a$:
$x \geq a$:

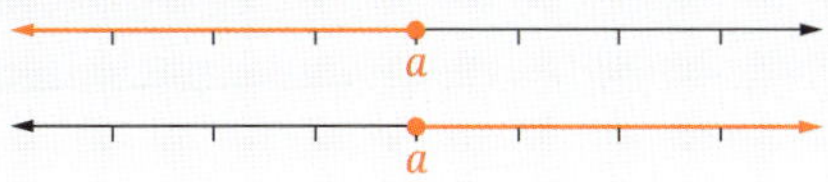

Werkzeuge

W1 Zwei (oder mehrere) Ungleichungen werden auch als ein **System von Ungleichungen** bezeichnet. Es gibt zwei Arten von Ungleichungssystemen (bei $x \in \mathbb{R}$):
1. Die Lösungen müssen Ungleichung 1 **und** Ungleichung 2 erfüllen. Die Lösungsmenge ist (außer in den Sonderfällen $L = \{\ \}$ und $L = \{a\}$) ein einziges Intervall. Beispiel: $-3 < 2x + 5$ **und** $2x + 5 \leq 3$ ergibt $L = (-4, -1]$. (Bemerkung: Das System im Beispiel kann auch kürzer geschrieben werden: $-3 < 2x + 5 \leq 3$.)
2. Die Lösungen müssen Ungleichung 1 **oder** Ungleichung 2 erfüllen. Die Lösungsmenge ist die Vereinigung zweier Intervalle. Beispiel: $x + 1 < -3$ **oder** $5 \leq x + 3$ hat die Lösungsmenge $L = (-\infty; -4) \cup [2; \infty)$.

W2 Für Betragsungleichungen der Form $|\text{Term}| \leq a$ bzw. $|\text{Term}| \geq a$ gibt es Merkregeln.
1. Fall: $|\text{Term}| \leq a$
$\Leftrightarrow -a \leq \text{Term}$ und $\text{Term} \leq a$
2. Fall: $|\text{Term}| \geq a$
$\Leftrightarrow -a \geq \text{Term}$ oder $\text{Term} \geq a$

Beispiele

B1 Bestimme die Lösungsmenge des Ungleichungssystems $8x + 3 \le 2x$ **und** $x + 7 < -x$.

Wie löse ich ein System zweier linearer Ungleichungen in einer Variablen?

1 Die Lösungsmengen der beiden Ungleichungen ermitteln

$8x + 3 \le 2x \quad |-3$
$8x \le 2x - 3 \quad |-2x$
$6x \le -3 \quad |:6$
$x \le -0{,}5$

$x + 7 < -x \quad |-7$
$x < -x - 7 \quad |+x$
$2x < -7 \quad |:2$
$x < -3{,}5$

2 Die beiden Lösungsmengen auf einer Zahlengeraden mit Pfeilen darstellen

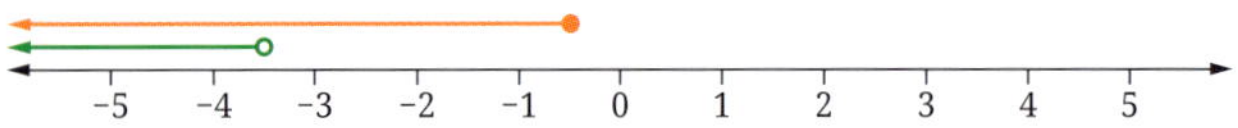

3 Anhand der Angabe (und/oder) feststellen, ob die Lösungsmenge der Überlappungsbereich oder die Vereinigung der beiden Pfeile ist, und die Lösungsmenge angeben

Laut Angabe müssen die erste **und** die zweite Ungleichung erfüllt sein, die Lösungsmenge ist daher ein einzelnes Intervall (→ W1). Der Überlappungsbereich ist der Bereich, den beide Lösungsmengen überdecken.

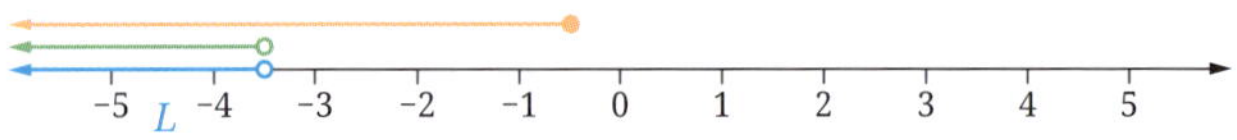

$L = (-\infty; -3{,}5)$

B2 Bestimme die Lösungsmenge der **Betragsungleichung**.
a) $|2x + 5| < 3$ **b)** $|-x + 4| \ge 6$

Wie löse ich eine Betragsungleichung?

1 Die Betragsungleichung als Ungleichungssystem ohne Beträge schreiben

Wir verwenden → W2.

a)
1. Ungleichung: $-3 < 2x + 5$ **und**
2. Ungleichung: $2x + 5 < 3$

b)
1. Ungleichung: $-6 \ge -x + 4$ **oder**
2. Ungleichung: $-x + 4 \ge 6$

2 Die beiden Ungleichungen lösen und auf einer Zahlengeraden darstellen

a)
1. Ungleichung: $-3 < 2x + 5 \Longrightarrow x > -4$
2. Ungleichung: $2x + 5 < 3 \Longrightarrow x < -1$

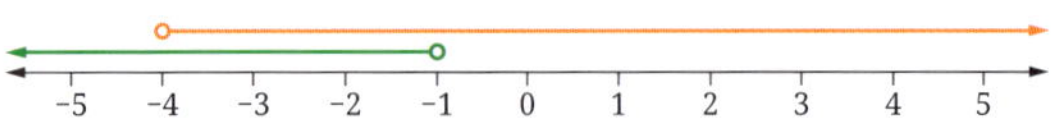

b)
1. Ungleichung: $-6 \ge -x + 4 \Longrightarrow x \ge 10$
2. Ungleichung: $-x + 4 \ge 6 \Longrightarrow x \le -2$

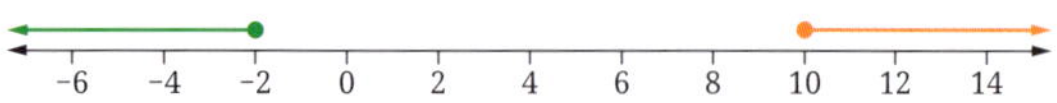

3 Die Lösungsmenge in Intervallschreibweise angeben

Wir verwenden → W1, um zu erkennen, ob die Lösungsmenge aus einem oder aus zwei Intervallen besteht.

a) Es gelten Ungleichung 1 **und** Ungleichung 2.
$\Longrightarrow L$ besteht aus **einem** Intervall.

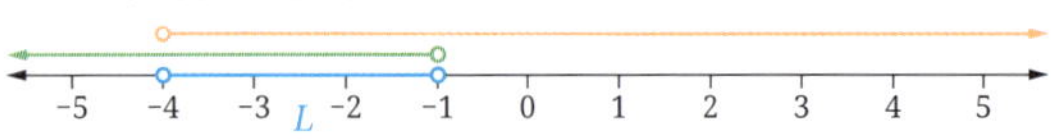

$L = (-4; -1)$

b) Es gilt Ungleichung 1 **oder** Ungleichung 2.
$\Longrightarrow L$ besteht aus **zwei** Intervallen.

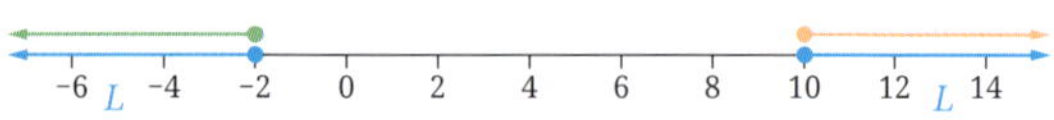

$L = (-\infty; -2] \cup [10; \infty)$

Aufgaben zu den Beispielen

B1 A Bestimme die Lösungsmenge des Ungleichungssystems $4x - 9 < x$ **oder** $x - 7 \geq -x$.

1 **Die Lösungsmengen der beiden Ungleichungen ermitteln**

$4x - 9 < x$	$\vert +$ ___	$x - 7 \geq -x$	$\vert +$ ___
$4x < x +$ ___	$\vert -$ ___	$x \geq -x +$ ___	$\vert +$ ___
___ $x <$ ___	$\vert :$ ___	___ $x \geq$ ___	$\vert :$ ___
$x <$ ___		$x \geq$ ___	

2 **Die beiden Lösungsmengen auf einer Zahlengeraden mit Pfeilen darstellen**

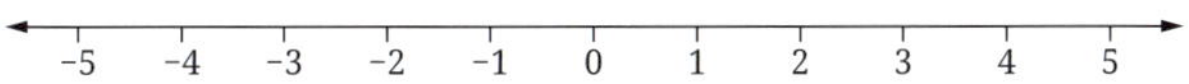

3 **Anhand der Angabe (und/oder) feststellen, ob die Lösungsmenge der Überlappungsbereich oder die Vereinigung der beiden Pfeile ist, und die Lösungsmenge angeben**

Laut Angabe muss die erste ______ die zweite Ungleichung erfüllt sein, die Lösungsmenge ist daher die ______ zweier Intervalle.

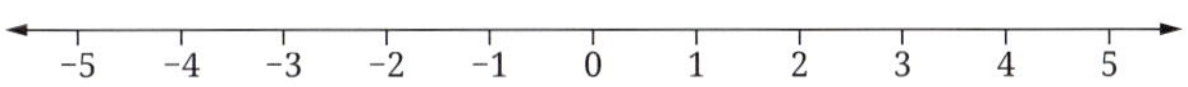

$L =$ ______

B2 A Bestimme die Lösungsmenge der Betragsungleichung.

a) $|4 - 2x| \leq 6$ **b)** $|x + 5| > 7$

1 **Die Betragsungleichung als Ungleichungssystem ohne Beträge schreiben**

a) 1. Ungleichung: ______ **und**
2. Ungleichung: ______

b) 1. Ungleichung: ______ **oder**
2. Ungleichung: ______

2 **Die beiden Ungleichungen lösen und auf einer Zahlengeraden darstellen**

a) 1. Ungleichung: $-6 \leq 4 - 2x \Longrightarrow$ ______
2. Ungleichung: $4 - 2x \leq 6 \Longrightarrow$ ______

b) 1. Ungleichung: $-7 > x + 5 \Longrightarrow$ ______
2. Ungleichung: $x + 5 > 7 \Longrightarrow$ ______

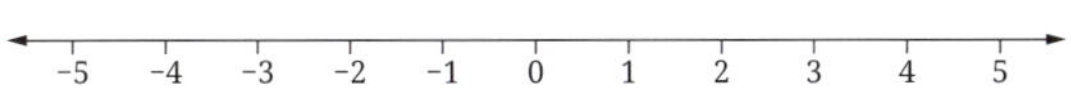

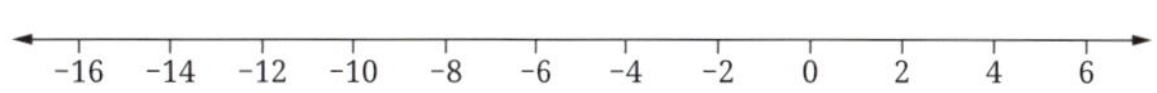

3 **Die Lösungsmenge in Intervallschreibweise angeben**

a) Es gelten Ungleichung 1 ______ Ungleichung 2.
$\Longrightarrow L$ besteht aus ______ Intervall.

b) Es gilt Ungleichung 1 ______ Ungleichung 2.
$\Longrightarrow L$ besteht aus ______ Intervallen.

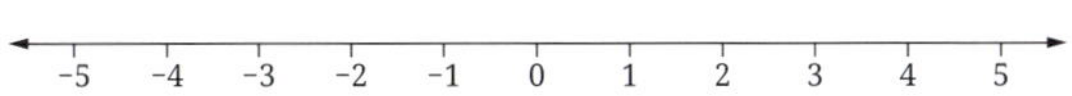

$L =$ ______

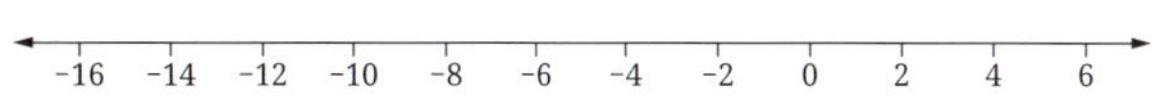

$L =$ ______

Aufgaben

A 1 Ordne den grafisch dargestellten Lösungsmengen jeweils die zugehörige Ungleichung zu.

→ G 1
→ G 5

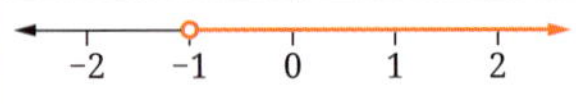	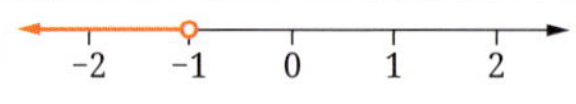	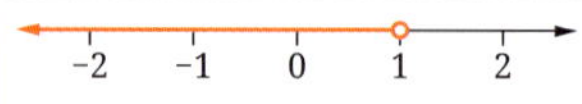	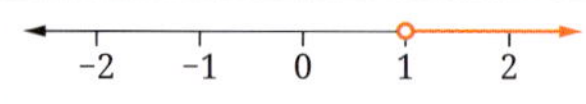

A	B	C	D
$-x > -1$	$-x < 1$	$-1 > x$	$x - 1 > 0$

A 2 Gegeben ist die Ungleichung $1 - 2x < 4x + 13$. Kreuze alle ganzen Zahlen an, die diese Ungleichung erfüllen.

→ G 2

-9	-2	-1	0	$\frac{3}{2}$
☐	☐	☐	☐	☐

A 3 Gegeben ist die Ungleichung $x < -2$. Ordne den Lösungsmengen dieser Ungleichung jeweils die zugrundeliegende Grundmenge zu.

→ G 3

$L = \{..., -5, -4, -3\}$	
$L = \{x \in \mathbb{Q} \mid x < -2\}$	
$L = (-\infty; -2)$	
$L = \{\ \}$	

A	$G = \mathbb{N}$
B	$G = \mathbb{Z}$
C	$G = \mathbb{Q}$
D	$G = \mathbb{R}$

A 4 Löse die Ungleichung und stelle die Lösungsmenge auf der abgebildeten Zahlengeraden dar.

→ G 5

a) $3x - 1 > 2 + x$ Lösung: $x > 1{,}5$

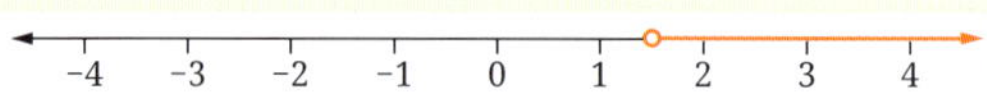

b) $4x - 9 \leq 3 - 2x$ Lösung: ____________

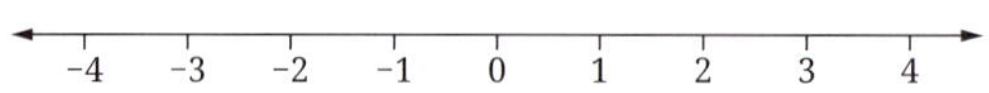

c) $x + 12 \geq -8x - 15$ Lösung: ____________

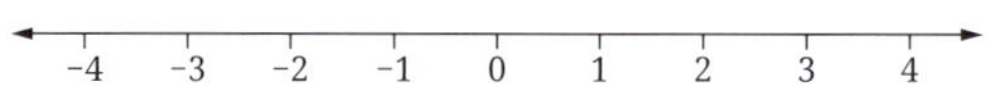

d) $x - 1 > -(x + 1)$ Lösung: ____________

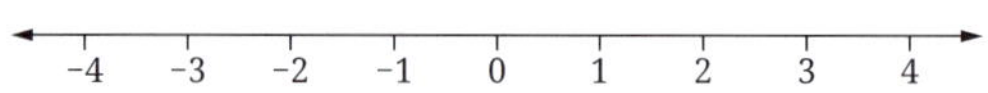

A 5 Überprüfe durch Einsetzen, ob die angegebene Zahl in der Lösungsmenge der Ungleichungskette mit $G = \mathbb{R}$ enthalten ist.

→ G 2

a) $4 \in L$?

$1 + x < 2x - 3 \leq 9 + x$

$1 + 4 < 2 \cdot 4 - 3 \leq 9 + 4$

$5 < 5 \leq 13$

falsche Aussage $\Longrightarrow 4 \notin L$

b) $3 \in L$?

$1 - x < -2x + 5 \leq x + 2$

$1 - \_\_ < -2 \cdot \_\_ + 5 \leq \_\_ + 2$

$\_\_ < \_\_ \leq \_\_$

____________ $\Longrightarrow 3$ ☐ L

c) $-1 \in L$?

$2x \leq 3x + 6 \leq -7 - 4x$

$2 \cdot \_\_ \leq 3 \cdot \_\_ + 6 \leq -7 - 4 \cdot \_\_$

$\_\_ \leq \_\_ \leq \_\_$

____________ $\Longrightarrow -1$ ☐ L

A 6 Kreuze das Ungleichungssystem an, das kein Intervall als Lösungsmenge hat, sondern die leere Menge.

→ W 1

$x > 1$ und $x < -1$	$x \leq 1$ und $x < -1$	$x > 1$ und $x \geq -1$	$x \leq 1$ und $x \geq -1$
☐	☐	☐	☐

A 7 Ordne den grafisch dargestellten Lösungsmengen jeweils das zugehörige Ungleichungssystem zu.

→ W1

	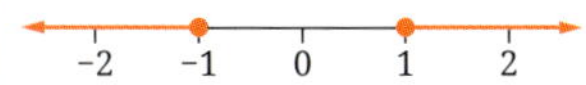		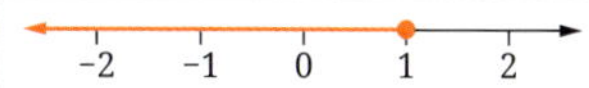

A	B	C	D
$x \leq 1$ und $x \leq 2$	$x \leq 1$ und $x \geq -1$	$x \leq -1$ oder $x \geq 1$	$x \geq -1$ und $x \geq -2$

A 8 Stelle die Lösungsmenge des Ungleichungssystems zuerst grafisch dar und gib sie anschließend in Intervallschreibweise an.

→ G5
→ W1

a) $x < 2$ und $x < 3$ 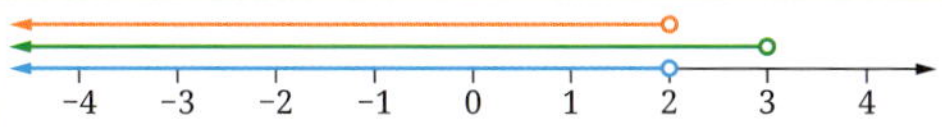 $L = (-\infty; 2)$

b) $x \geq -2$ und $x < 3$ 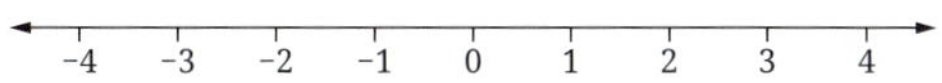 $L =$ ______

c) $x \leq -1$ oder $x > 2$ 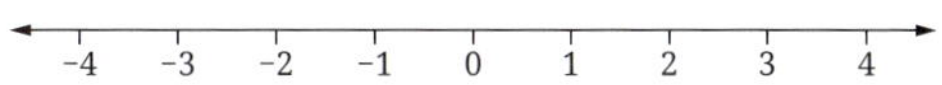 $L =$ ______

d) $x > 1$ oder $x \leq -1$ 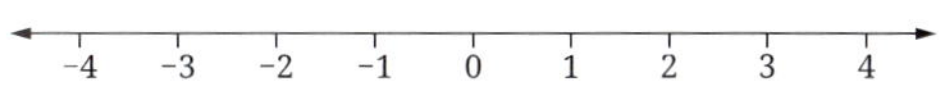 $L =$ ______

A 9 Überprüfe, ob die angegebene Zahl in der Lösungsmenge der Ungleichung enthalten ist.

→ G4

a) $-2 \in L$?

$|x - 3| \leq 4$

$|-2 - 3| \leq 4$

$|-5| \leq 4$

$5 \leq 4$

falsche Aussage $\Rightarrow -2 \notin L$

b) $-3 \in L$?

$|1 - x| > 4$

$|1 - \square| > 4$

$|\square| > \square$

$\square > \square$

______ $\Rightarrow -3 \ \square \ L$

c) $9 \in L$?

$|10 - 2x| \geq 6$

$|10 - 2 \cdot \square| \geq 6$

$|\square| \geq \square$

$\square \geq \square$

______ $\Rightarrow 9 \ \square \ L$

A 10 Ordne den Betragsungleichungen jeweils das äquivalente Ungleichungssystem zu.

→ W2

$\lvert 1 - x\rvert \geq 2$	
$\lvert x - 1\rvert \leq 2$	
$\lvert x + 1\rvert > 2$	
$\lvert -1 - x\rvert < 2$	

A	$-2 < x + 1$ und $x + 1 < 2$
B	$-2 \leq x - 1$ und $x - 1 \leq 2$
C	$-2 > x + 1$ oder $x + 1 > 2$
D	$-2 \geq 1 - x$ oder $1 - x \geq 2$

A 11 Löse die Ungleichung und stelle ihre Lösungsmenge auf der Zahlengeraden dar.

→ B2

a) $|2 + x| \geq 1 \Rightarrow -1 \geq 2 + x$ oder $2 + x \geq 1$

$-3 \geq x$ oder $x \geq -1$

$L = (-\infty; -3] \cup [-1; \infty)$

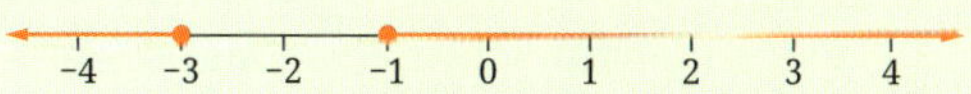

b) $|x - 3| < 1 \Rightarrow \square < x - 3$ und $x - 3 < \square$

$\square < x$ und $x < \square$

$L = (\square; \square)$

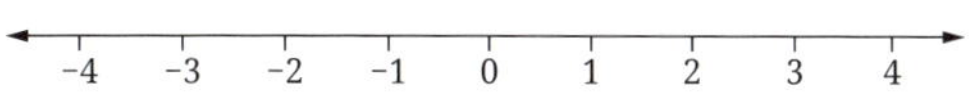

c) $|1 - x| > 2$ **d)** $|x + 1| \geq 1$ **e)** $|x| \leq 4$ **f)** $|2x - 3| < x$

Lösungen

A 12 Stelle die Lösungsmenge der Ungleichungskette $-5x + 1 \leq 3 - 6x < 9$ auf der Zahlengeraden dar.

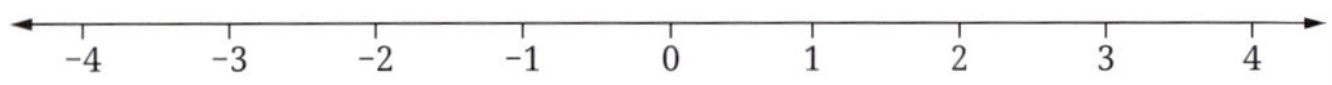

A 13 Gegeben ist die Ungleichung $-2x > 2$ mit $x \in \mathbb{R}$.

Ergänze die Textlücken im folgenden Satz durch Ankreuzen der jeweils richtigen Satzteile so, dass eine korrekte Aussage entsteht.

Division der Ungleichung durch die Zahl -2 ergibt ___①___, da ___②___.

①	
$x > -1$	☐
$x \leq -1$	☐
$x < -1$	☐

②	
☐	sich bei Division durch eine negative Zahl das Vergleichszeichen umkehrt
☐	Umformungen von Ungleichungen den gleichen Regeln folgen, wie sie bei Gleichungen gelten
☐	bei Division durch eine negative Zahl das Ergebnis ebenfalls negativ sein muss

A 14 Die Lösungsmenge der Ungleichung $|x| \leq 2$ lautet $L = \{0, 1, 2\}$. Gib an, für welche der möglichen Grundmengen $\mathbb{N}$, $\mathbb{Z}$, $\mathbb{Q}$ oder $\mathbb{R}$ diese Aussage wahr ist.

$G =$ ______

A 15 In einer Zeitung liest man: „Die Arbeitslosenquote R war in den letzten zwei Jahren niemals größer als 7 %, jedoch stets oberhalb der 5 %-Marke.“ Stelle diese Aussage als Ungleichungskette dar.

____

A 16 Eine Firma produziert Nägel mit einer Solllänge von 10 cm. Es werden Abweichungen von bis zu 0,1 cm toleriert. Gib den Bereich für die zulässige Länge L der Nägel in cm als Ungleichungskette und als Intervall an.

Toleranzbereich als Ungleichungskette: ______________________

Toleranzbereich als Intervall: ______________________

A 17 Kreuze die Ungleichungssysteme an, die für $x \in \mathbb{R}$ eine leere Lösungsmenge haben.

$-3 < x < 3$	☐
$-3 > x$ und $x > 3$	☐
$x < -3$ oder $x > 3$	☐
$|x| < -3$	☐
$|x| > 3$	☐

A 18 Gegeben ist die Ungleichung $|x + 5| \leq 2$.

a) Stelle die Ungleichung ohne Betrag, d. h. als System zweier Ungleichungen dar.
b) Besitzt diese Ungleichung natürliche Zahlen als Lösung? Gib eine Begründung für deine Antwort an, ohne die Ungleichung zu lösen.
c) Die Ungleichung soll für $x \in \mathbb{R}$ gelöst werden. Gib die Lösungsmenge in Intervallschreibweise an.
d) Stelle die Lösungsmenge auf der abgebildeten Zahlengeraden dar.

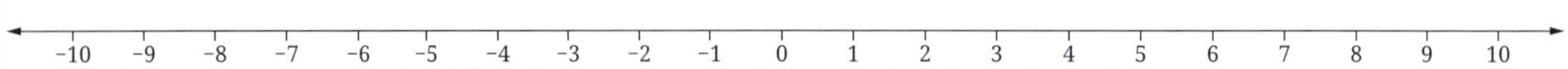

Weitere Ungleichungen

4

In Diskussionen hört man oft das Argument, man könne nicht Äpfel mit Birnen vergleichen. Tatsächlich ist es in vielen Situationen angebracht, nur Gleiches mit Gleichem zu vergleichen, um falsche Schlüsse zu vermeiden. Eine der wertvollsten Methoden der Mathematik ist es aber, Zusammenhänge zwischen ungleichen Dingen zu entdecken, so wie wir in diesem Kapitel den Lösungsbereich einer quadratischen Ungleichung mit quadratischen Funktionen in Beziehung setzen werden.

Grundlagen

G 1 Eine **Bruchungleichung** enthält mindestens einen Bruch mit einer Variablen im Nenner.

G 2 Eine **quadratische Ungleichung** ist eine Ungleichung der allgemeinen Form $a \cdot x^2 + b \cdot x + c \lesseqgtr 0$.
Interpretiert man die linke Seite als Term einer quadratischen Funktion $f(x) = a \cdot x^2 + b \cdot x + c$, so schreibt sich die obige Ungleichung in der Form $f(x) \lesseqgtr 0$. Die Lösungsmenge kann daher am Graphen von f abgelesen werden: Je nach Angabe sucht man jene x-Werte, für die der Graph unter- bzw. oberhalb der x-Achse liegt. Achtung: Es muss dafür auf der rechten Seite der Ungleichung 0 stehen.

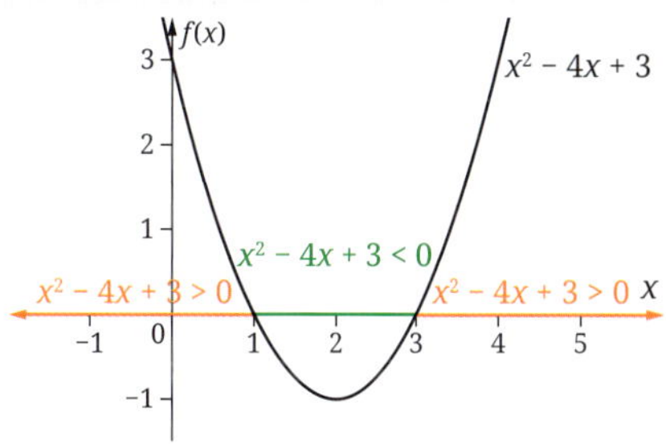

G 3 Die Lösungsmenge einer **linearen Ungleichung in zwei Variablen** kann geometrisch als Halbebene im ebenen Koordinatensystem dargestellt werden.
Die Grenze bildet eine Gerade, die für < und > strichliert und für ≤ und ≥ durchgezogen gezeichnet wird.
Um diese Gerade zu bestimmen und zu zeichnen, werden die Werte $k = \frac{\Delta y}{\Delta x}$ und $d = y(0)$ benötigt. (Im Kapitel „Lineare Funktionen" im MatheTutor 5. Klasse AHS wird das detailliert erklärt.)

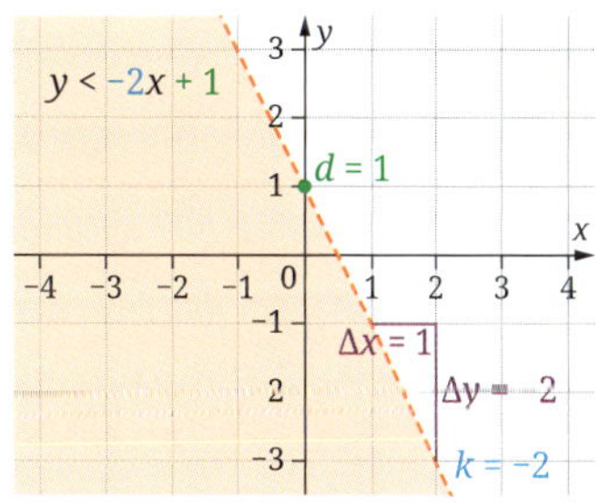

Werkzeuge

W1 In der rechnerischen Lösung von Bruchungleichungen wird mit dem Nenner multipliziert, wodurch zwei Fälle entstehen. 1. Fall: Nenner > 0, das Vergleichszeichen bleibt unverändert. 2. Fall: Nenner < 0, das Vergleichszeichen muss umgekehrt werden, da mit einer negativen Zahl multipliziert wird.

Beispiel $\frac{x-2}{x+1} \leq 3$ $\begin{cases} \text{1. Fall: } x+1>0 \text{ und nach Multiplikation } x-2 \leq 3(x+1) \\ \text{2. Fall: } x+1<0 \text{ und nach Multiplikation } x-2 \geq 3(x+1) \end{cases}$

W2 Quadratische Gleichungen werden mit den aus der 5. Klasse bekannten **Lösungsformeln** gelöst.

Kleine Form: $x^2 + p \cdot x + q = 0$ Lösungen: $x_{1/2} = -\frac{p}{2} \pm \sqrt{\left(\frac{p}{2}\right)^2 - q}$

Große Form: $a \cdot x^2 + b \cdot x + c = 0$ Lösungen: $x_{1/2} = \frac{-b \pm \sqrt{b^2 - 4 \cdot a \cdot c}}{2 \cdot a}$

W3 Es seien x_1 und x_2 die beiden Lösungen der zu einer quadratischen Ungleichung gehörigen Gleichung. Wenn der Koeffizient von x^2 positiv ist, gilt Folgendes für die Lösungsmenge:
$a \cdot x^2 + b \cdot x + c \leq 0$ mit $a > 0$ ergibt das Intervall $L = (x_1; x_2)$ bzw. $L = [x_1; x_2]$.
$a \cdot x^2 + b \cdot x + c \geq 0$ mit $a > 0$ ergibt die Vereinigung zweier Intervalle: $L = (-\infty; x_1) \cup (x_2; \infty)$ bzw. $L = (-\infty; x_1] \cup [x_2; \infty)$.

Beispiele

B1 Gegeben ist die Ungleichung $\frac{x-3}{x-1} \geq -1$. Bestimme die Lösungsmenge mit $x \in \mathbb{R}$.

Wie löse ich eine Bruchungleichung?

1 Für den ersten Fall den Nenner > 0 setzen und die entstehende Ungleichung lösen

Der Nenner lautet $x - 1$. $\Longrightarrow$ Lösen der Ungleichung: $x - 1 > 0 \Longrightarrow x > 1$

2 Die Bruchungleichung mit dem Nenner multiplizieren und die entstehende Ungleichung lösen

Multiplikation mit dem Nenner: $x - 3 \geq (-1) \cdot (x - 1)$. Das Vergleichszeichen bleibt gleich. (→ W1)

$$x - 3 \geq -x + 1$$
$$2x \geq 4$$
$$x \geq 2$$

3 Die Schnittmenge aus den Ergebnissen von Schritt 1 und 2 als Lösungsmenge L_1 des ersten Falls (Nenner > 0) bestimmen

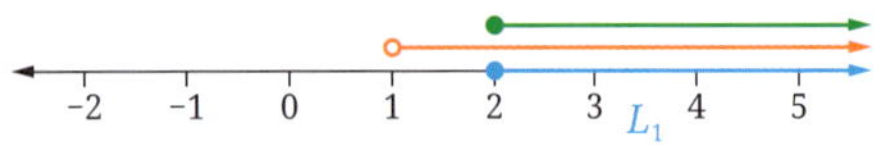

Beide müssen erfüllt sein, daher ist die Lösung der Überlappungsbereich: $L_1 = [2; \infty)$.

4 Für den zweiten Fall Nenner < 0 die Vergleichszeichen der Ergebnisse von Schritt 1 und 2 umkehren und die Schnittmenge daraus als Lösungsmenge L_2 des zweiten Falls (Nenner < 0) bestimmen

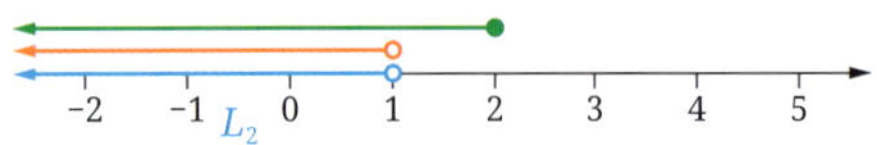

Beide müssen erfüllt sein, daher ist die Lösung der Überlappungsbereich: $L_2 = (-\infty; 1)$.

5 Die Lösungsmengen L_1 und L_2 zur Lösungsmenge der Bruchungleichung vereinigen

$L = L_1 \cup L_2 = (-\infty; 1) \cup [2; \infty)$

B2 Gegeben ist die Ungleichung $-2x^2 + 8x + 10 \leq 0$. Bestimme die Lösungsmenge mit $x \in \mathbb{R}$.

Wie löse ich eine quadratische Ungleichung?

1 Den quadratischen Term gleich null setzen und die Lösungen x_1 und x_2 der entstehenden quadratischen Gleichung berechnen

$-2x^2 + 8x + 10 = 0$: große Form mit $a = -2$, $b = 8$, $c = 10$ (→ W2)

$$x_{1/2} = \frac{-8 \pm \sqrt{8^2 - 4 \cdot (-2) \cdot 10}}{2 \cdot (-2)} \Longrightarrow x_1 = \frac{8 + 12}{4} = 5,\ x_2 = \frac{8 - 12}{4} = -1$$

2 Die Ungleichung mit −1 multiplizieren, falls der Koeffizient von x^2 negativ ist, dabei kehrt sich das Vergleichszeichen um

Der Koeffizient von x^2 ist −2.
Wir multiplizieren daher die gesamte Ungleichung mit −1, d.h. wir wechseln alle Vorzeichen und tauschen $\leq$ gegen $\geq$ aus:
$2x^2 - 8x - 10 \geq 0$

3 x_1 und x_2 in $(x_1; x_2)$ einsetzen, wenn das Vergleichszeichen nach Schritt 2 < lautet bzw. in $(-\infty; x_1) \cup (x_2; \infty)$ einsetzen, wenn es > lautet (bei $\leq$ bzw. $\geq$ eckige Klammern bei x_1 und x_2 verwenden)

Wegen $\geq$ ist die Lösungsmenge die Vereinigung der Intervalle $(-\infty; x_1]$ und $[x_2; \infty)$. (→ W3)
$L = (-\infty; -1] \cup [5; \infty)$

Aufgaben zu den Beispielen

B1 A Gegeben ist die Ungleichung $\frac{x+1}{x-5} < 4$. Bestimme die Lösungsmenge mit $x \in \mathbb{R}$.

1 Für den ersten Fall den Nenner > 0 setzen und die entstehende Ungleichung lösen

Der Nenner lautet ___. ⟹ Lösen der Ungleichung ___ ⟹ x ◯ ___

2 Die Bruchungleichung mit dem Nenner multiplizieren und die entstehende Ungleichung lösen

Multiplikation mit dem Nenner: ___ $< 4 \cdot$ ___ Das Vergleichszeichen ___.

___ ◯ ___

___ ◯ ___

x ◯ ___

3 Die Schnittmenge aus den Ergebnissen von Schritt 1 und 2 als Lösungsmenge L_1 des ersten Falls (Nenner > 0) bestimmen

Die Ergebnisse aus Schritt 1 und 2 lauten: ___ und ___. ___ müssen erfüllt sein.

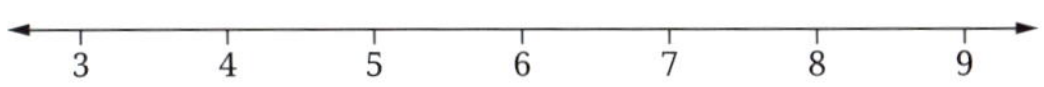

$L_1 =$ ___

4 Für den zweiten Fall Nenner < 0 die Vergleichszeichen der Ergebnisse von Schritt 1 und 2 umkehren und die Schnittmenge daraus als Lösungsmenge L_2 des zweiten Falls (Nenner < 0) bestimmen

Drehe die Vergleichszeichen aus Fall 1 um: ___ und ___. ___ muss erfüllt sein.

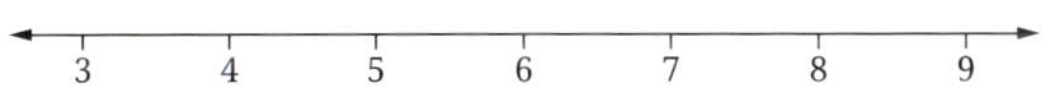

$L_2 =$ ___

5 Die Lösungsmengen L_1 und L_2 zur Lösungsmenge der Bruchungleichung vereinigen

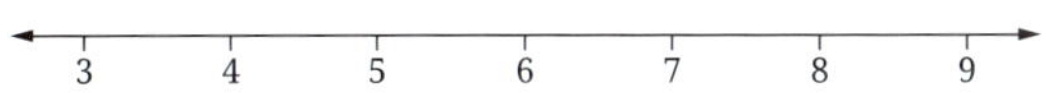

$L =$ ___

B2 A Gegeben ist die Ungleichung $-x^2 + 4x + 21 \geq 0$. Bestimme die Lösungsmenge mit $x \in \mathbb{R}$.

1 Den quadratischen Term gleich null setzen und die Lösungen x_1 und x_2 der entstehenden quadratischen Gleichung berechnen

___ $= 0$: ___ Form mit $a =$ ___, $b =$ ___, $c =$ ___

$x_{1/2} = \frac{-\square \pm \sqrt{\square^2 - 4 \cdot \square \cdot \square}}{2 \cdot \square}$ ⟹ $x_1 = \frac{\square + \square}{\square} = \square$, $x_2 = \frac{\square - \square}{\square} = \square$

2 Die Ungleichung mit -1 multiplizieren, falls der Koeffizient von x^2 negativ ist, dabei kehrt sich das Vergleichszeichen um

Der Koeffizient von x^2 ist ___.

Multipliziere die gesamte Ungleichung mit -1 und kehre dabei das Vergleichszeichen um:

___ ◯ 0

3 x_1 und x_2 in $(x_1; x_2)$ einsetzen, wenn das Vergleichszeichen nach Schritt 2 $<$ lautet bzw. in $(-\infty; x_1) \cup (x_2; \infty)$ einsetzen, wenn es $>$ lautet (bei $\leq$ bzw. $\geq$ eckige Klammern bei x_1 und x_2 verwenden)

Wegen ___ ist die Lösungsmenge ___ Intervall. (→ W3)

$L =$ ___

Lösungen

Weitere Aufgaben

Aufgaben

A 1 → W 1

Marco soll die Ungleichung $\frac{-4}{1+x} < 2$ lösen und multipliziert sie mit $1 + x$. Dann löst er nach x und erhält $x > -3$. Er setzt zur Probe die Zahl $x = -2$ in die Ungleichung ein und erkennt, dass $\frac{-4}{1-2} < 2$ eine falsche Aussage ergibt. Gib an, welchen Fehler Marco gemacht hat.

A 2 → W 1

Kreuze die beiden richtigen Fälle der Fallunterscheidung für die Ungleichung $\frac{-4}{1+x} < 2$ an.

$1 + x < 0$ und $-4 < 2(1 + x)$	☐
$1 + x > 0$ und $-4 < 2(1 + x)$	☐
$1 + x > 0$ und $-4 > 2(1 + x)$	☐
$1 + x < 0$ und $-4 > 2(1 + x)$	☐

A 3 → B 1

Bestimme die Lösungsmenge L_1 des ersten Falls (Nenner > 0) der Bruchungleichung.

a) $\frac{6}{x} \geq 2$ 1. Fall: $x > 0$ $\Rightarrow x > 0$ Lösung 1. Fall: $6 \geq 2x$ $3 \geq x$

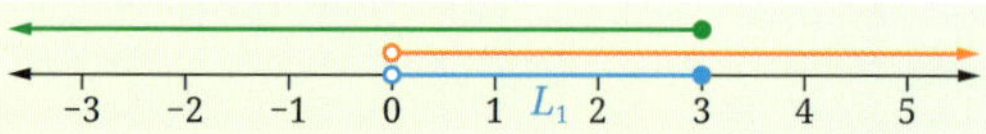

$x > 0$ und $x \leq 3 \Rightarrow$ Lösungsmenge $L_1 = (0; 3]$

b) $\frac{8}{x-1} \leq 2$ 1. Fall: $x - 1 >$ ▢ $\Rightarrow x >$ ▢ Lösung: $8 \leq$ ______

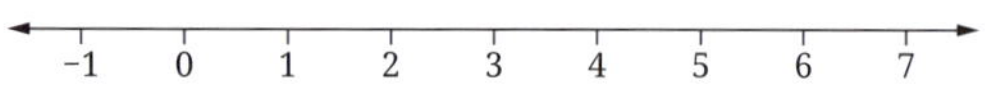

x ◯ ▢ und x ◯ ▢ $\Rightarrow L_1 =$ ______

c) $\frac{9}{1-3x} < 1$ **d)** $\frac{x}{2x+3} \leq 1$ **e)** $\frac{x+1}{x-1} > 2$ **f)** $\frac{4x+1}{x} \geq 2$ **g)** $\frac{0{,}5x+2}{x+1} \leq -1$ **h)** $\frac{4-x}{12x} > 0$

A 4 → B 1

Von einer Bruchungleichung sind die Ergebnisse der Rechenschritte für den 1. Fall Nenner > 0 bekannt. Bestimme die Lösungsmenge dieses ersten Falls L_1, die Lösungsmenge L_2 des zweiten Falls Nenner < 0 sowie die Lösung L der Bruchungleichung.

a) 1. Fall: $x > 1$ Lösung: $x > 2$
2. Fall: $x < 1$ Lösung: $x < 2$

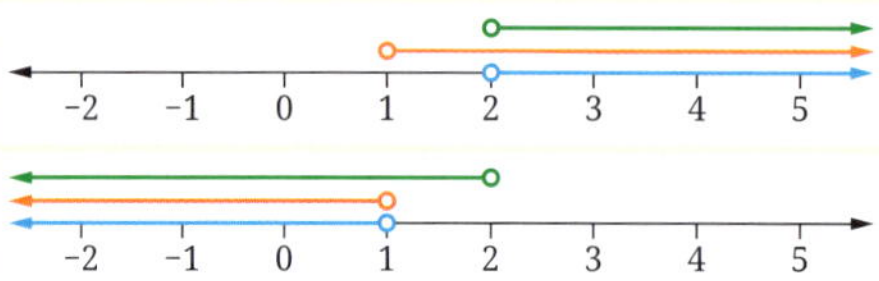

$L_1 = (2; \infty)$
$L_2 = (-\infty; 1)$
$L = (-\infty; 1) \cup (2; \infty)$

b) 1. Fall: $x < 2$ Lösung: $x \geq -1$
2. Fall: x ▢ 2 Lösung: x ▢ -1

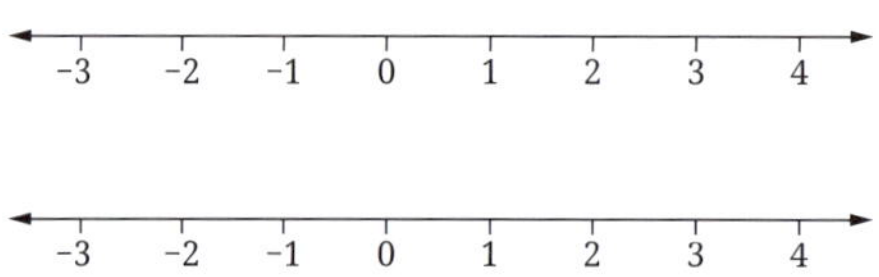

$L_1 = [$▢; ▢$)$
$L_2 =$ ______
$L =$ ______

c) 1. Fall: $x > -1$, Lösung 1. Fall: $x \geq -3$
d) 1. Fall: $x > -2$, Lösung 1. Fall: $x < 5$

A 5

Ordne den Ungleichungen jeweils die grafische Darstellung ihrer Lösungsmenge zu.

$\frac{x+1}{x-3} > 0$	
$\frac{x+1}{x-3} < 0$	
$\frac{x+3}{x+1} > 0$	
$\frac{x-3}{x-1} < 0$	

A	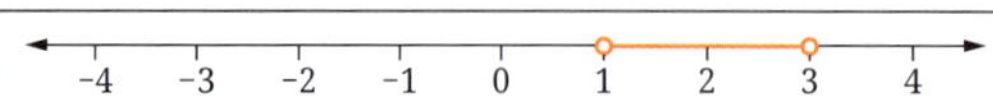
B	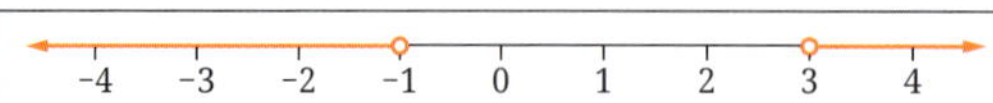
C	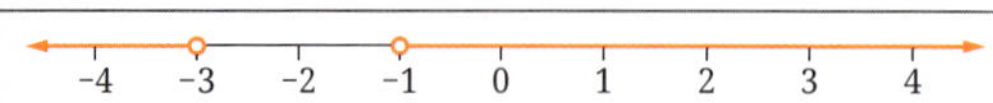
D	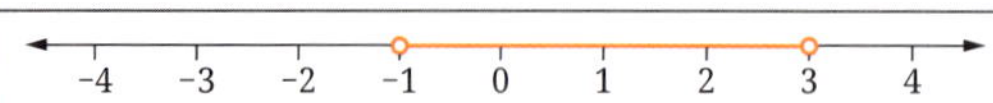

A 6 Löse die quadratische Gleichung.

→ W 2

a) $x^2 - x - 6 = 0$
kleine Form: $p = -1$, $q = -6$ $\qquad x_{1/2} = -\frac{-1}{2} \pm \sqrt{\left(\frac{-1}{2}\right)^2 - (-6)} \Rightarrow x_1 = \frac{1}{2} + \frac{5}{2} = 3,\ x_2 = \frac{1}{2} - \frac{5}{2} = -2$

b) $-2x^2 + 6x + 20 = 0$
große Form: $a =$ ___, $b =$ ___, $c =$ ___ $\qquad x_{1/2} = \frac{-\_\_\_ \pm \sqrt{\_\_\_^2 - 4 \cdot \_\_\_ \cdot \_\_\_}}{2 \cdot \_\_\_} \Rightarrow x_1 = \frac{\_\_\_ + \_\_\_}{\_\_\_} =$ ___, $x_2 = \frac{\_\_\_ - \_\_\_}{\_\_\_} =$ ___

c) $3x^2 - 27x = 0$ **d)** $3x^2 + 2x - 1 = 0$ **e)** $-x^2 + 8x - 12 = 0$ **f)** $x^2 - 10x + 25 = 0$

A 7 Die zur gegebenen Ungleichung gehörende quadratische Gleichung hat die Lösungen x_1 und x_2. Kreuze an, von welcher Form die Lösungsmenge der Ungleichung ist.

→ W 3

	Die Lösungsmenge ist ein Intervall: $L = (x_1; x_2)$.	**Die Lösungsmenge ist die Vereinigung zweier Intervalle: $L = (\infty; x_1) \cup (x_2; \infty)$.**
a) $x^2 - x - 6 < 0$	☐	☐
b) $-x^2 - 3x + 4 > 0$	☐	☐
c) $5x^2 - 8x > 0$	☐	☐
d) $(x - 4)(x + 5) < 0$	☐	☐
e) $-(x + 1)(x - 2) < 0$	☐	☐

A 8 Löse die quadratische Ungleichung und stelle die Lösungsmenge auf der Zahlengeraden dar.

→ B 2

a) $-x^2 + 6x - 8 < 0$
Lösungen: $x_1 = 2$, $x_2 = 4$
zu zeichnende Intervalle: zwei

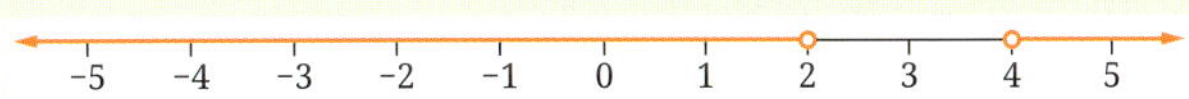

b) $x^2 - 3x - 10 < 0$
Lösungen: $x_1 =$ ___, $x_2 =$ ___

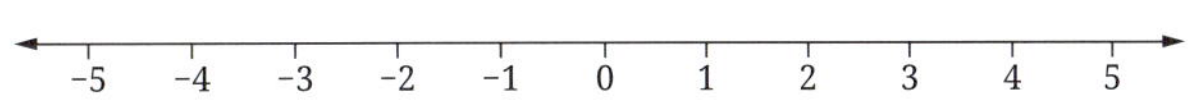

zu zeichnende Intervalle: ___

c) $2x^2 - 5x + 2 \geq 0$ **d)** $-x^2 + 16 \geq 0$ **e)** $x^2 - x - 12 < 0$ **f)** $-(x + 1)(x - 2) < 0$

A 9 Schreibe die linke Seite der quadratischen Ungleichung $a \cdot x^2 + b \cdot x + c \lesseqgtr 0$ als Funktion und stelle ihren Graphen mittels Technologie dar. Lies am Graphen die Lösungsmenge der Ungleichung ab.

→ G 2

Tipp Stelle sicher, dass auf der rechten Seite der Ungleichung 0 steht.

a) $x^2 + x - 2 < 0$ **b)** $4x^2 - 11x \geq 0$ **c)** $-x^2 + 7x - 11 \leq 0$ **d)** $5 + 1{,}3x > 0{,}7x^2$

A 10 Bestimme eine Ungleichung zur grafisch dargestellten Lösungsmenge.

→ G 3

Tipp Achte immer darauf, ob die Grenzgerade durchgezogen (≤ oder ≥) oder strichliert (< oder >) ist.

a)

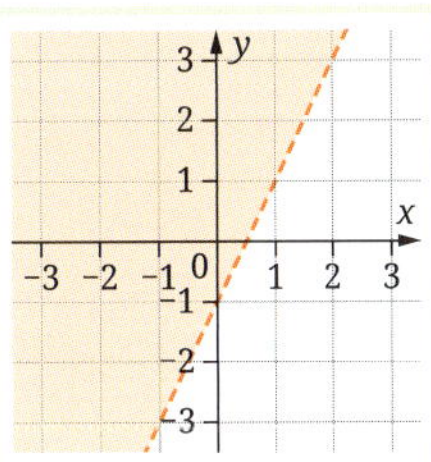

$d = -1$, $k = 2$
Gerade: $y = 2x - 1$

Der markierte Bereich liegt oberhalb der Geraden.

Ungleichung:
$y > 2x - 1$

b)

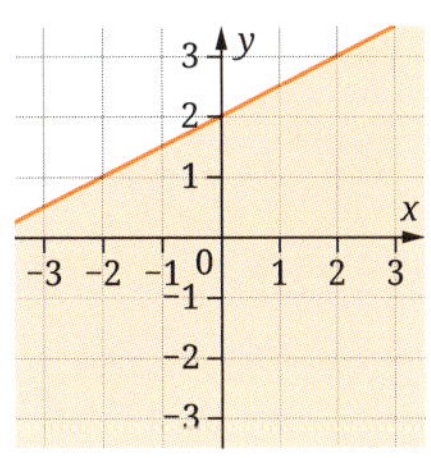

$d =$ ___, $k =$ ___

Gerade: $y =$ ___ $x +$ ___

Der markierte Bereich liegt ___ der Geraden.

Ungleichung:
y ○ ___ x ○ ___

A 11 Stelle die Lösungsmenge der Ungleichung mittels Technologieeinsatz grafisch dar.

a) $y < -2x + 3$ **b)** $y < x - 2$ **c)** $y > 3$ **d)** $x \leq -1$ **e)** $4x - 2y \geq 6$

A 12 Stelle die Lösungsmenge der Ungleichung $\frac{8x}{x+3} > 4$ mit $x \in \mathbb{R}$ auf der Zahlengeraden grafisch dar.

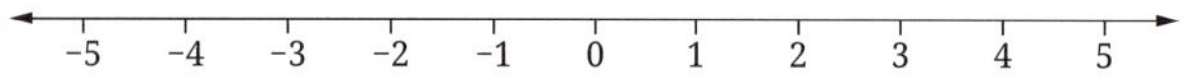

A 13 Ordne den Ungleichungen jeweils ihre Lösungsmenge zu.

$\frac{x-2}{x+2} > 2$	
$\frac{x+2}{x-2} < 2$	
$\frac{x-2}{x+2} < 2$	
$\frac{x+2}{x-2} > 2$	

A	$L = (2; 6)$
B	$L = (-2; 6)$
C	$L = (-6; -2)$
D	$L = (-\infty; 2) \cup (6; \infty)$
E	$L = (-\infty; -6) \cup (-2; \infty)$
F	$L = (-\infty; -2) \cup (6; \infty)$

A 14 Kreuze die Ungleichung an, deren Lösungsmenge in der Abbildung grafisch dargestellt ist.

$y < -0{,}5x + 1$	☐
$y \leq -0{,}5x + 1$	☐
$y \geq -x + 1$	☐
$y > x + 2$	☐
$y \leq -2x + 2$	☐
$y < 2x + 2$	☐

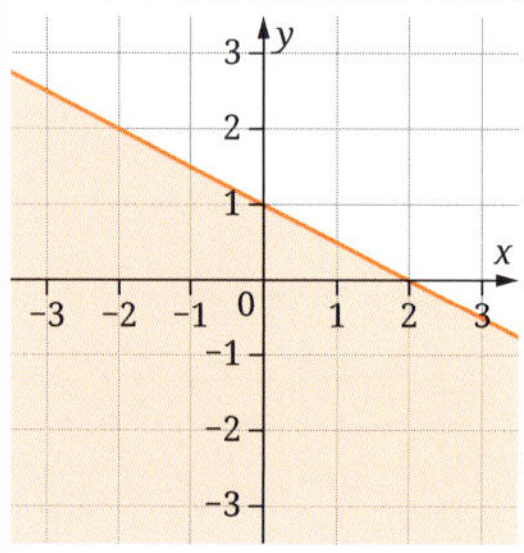

A 15 Gegeben ist die Ungleichung $(x + a)(x - b) < 0$, wobei $a < b$ zwei positive reelle Zahlen sind. Kreuze die zutreffenden Aussagen zur Lösungsmenge dieser Ungleichung an.

Die Zahl a ist in der Lösungsmenge enthalten.	☐
Die Zahl 0 ist in der Lösungsmenge enthalten.	☐
Die Zahl b ist in der Lösungsmenge enthalten.	☐
Die Lösungsmenge kann als ein Intervall geschrieben werden.	☐
Die Lösungsmenge ist dieselbe wie diejenige der Ungleichung $-(x + a)(x - b) > 0$.	☐

A 16 Die Funktion $G(x) = -x^2 + 4x - 3$ beschreibt den Gewinn G (in Millionen Geldeinheiten), den ein Unternehmen bei x verkauften Mengeneinheiten (in Tausend) erwirtschaftet. Die Gewinnzone bezeichnet jenes Intervall $(x_1; x_2)$, für das $G(x) > 0$ gilt.

Bestimme die Gewinnzone des Unternehmens.

Gewinnzone: ____________________

A 17 Gegeben ist die quadratische Ungleichung $-x^2 + 3x + 54 \geq 0$ mit $x \in \mathbb{R}$.

a) Berechne die Lösungen der Gleichung $-x^2 + 3x + 54 = 0$.
b) Gib die Lösungsmenge der Ungleichung in Intervallschreibweise an.
c) Stelle die Lösungsmenge der Ungleichung auf der abgebildeten Zahlengeraden dar.

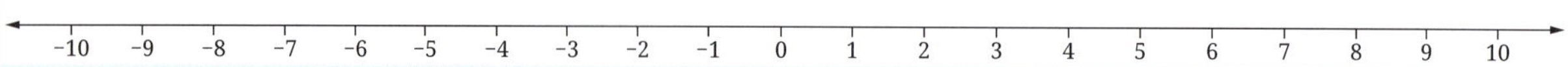

d) Löse die Ungleichung $-x^2 + 3x + 54 \geq -16$.

Monotonie und Polynomfunktionen

5

Monotone, also stets gleichförmige, Dinge hat niemand gerne. Man denke nur an eintönige Konzerte oder langweilige Vorträge. In der Sprache der Mathematik bestehen jedoch auch sehr abwechslungsreiche Graphen reeller Funktionen aus monotonen Abschnitten. So als wollten uns die Mathematikerinnen und Mathematiker sagen, dass Abwechslung und Gleichförmigkeit sich gegenseitig ergeben und nicht ausschließen.

Grundlagen

G 1 Eine reelle Funktion f ist **monoton steigend** in einem Intervall, wenn ein größerer x-Wert im Intervall einen größeren oder gleich großen $f(x)$-Wert erzeugt: $x_2 > x_1 \Longrightarrow f(x_2) \geq f(x_1)$.
Eine reelle Funktion f ist **monoton fallend** in einem Intervall, wenn ein größerer x-Wert im Intervall einen kleineren oder gleich großen $f(x)$-Wert erzeugt: $x_2 > x_1 \Longrightarrow f(x_2) \leq f(x_1)$.
Die abgebildete Funktion ist in den grün markierten Bereichen sogar **streng monoton fallend**, da der Graph dort keine horizontal verlaufenden Abschnitte aufweist.
Besitzt die Funktion in einem Intervall sowohl steigende als auch fallende Abschnitte, ist sie in diesem Intervall **nicht monoton**.

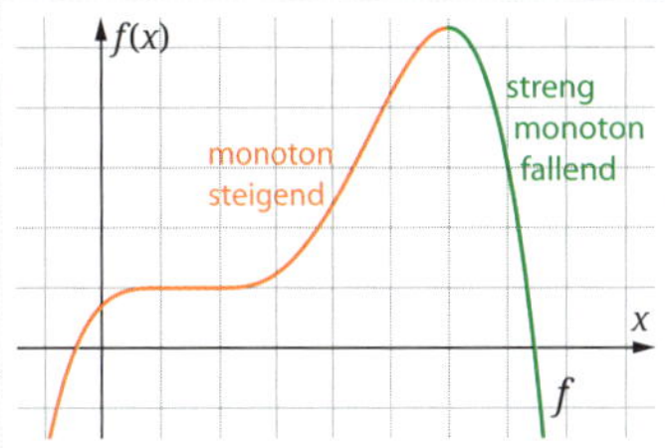

G 2 An einem **Hochpunkt** des Graphen ändert sich die Monotonie von steigend auf fallend (Hügel). An einem **Tiefpunkt** ändert sich die Monotonie von fallend auf steigend (Tal). Hoch- und Tiefpunkte werden auch **lokale Extrempunkte** genannt. Die x-Koordinate eines lokalen Extrempunkts heißt **lokale Extremstelle**.

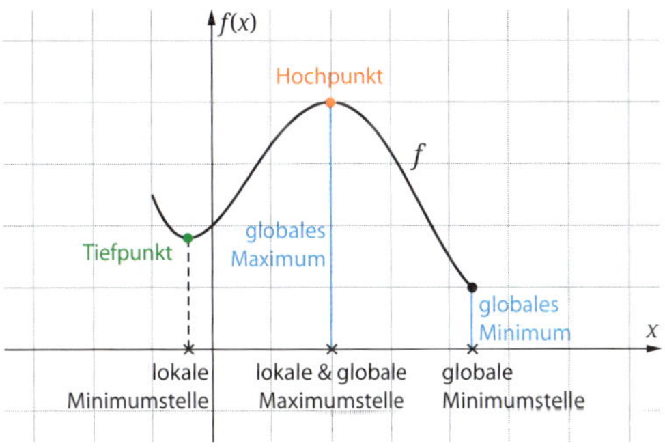

G 3 Ein **globales Maximum** (in einem Intervall) ist der größte und ein **globales Minimum** der kleinste Wert einer Funktion f. Grafisch erkennt man sie am höchsten bzw. tiefsten Punkt des Graphen (in diesem Intervall).

G 4 Die **Nullstellen** einer Funktion f sind die Lösungen der Gleichung $f(x) = 0$. An den Nullstellen liegen die Schnitt- und Berührungspunkte des Funktionsgraphen mit der x-Achse.

G 5 Eine Funktion der Gestalt $f(x) = a_n \cdot x^n + a_{n-1} \cdot x^{n-1} + \dots + a_1 \cdot x + a_0$ mit $a_n \neq 0$ heißt **Polynomfunktion** vom **Grad** n. Die Zahl a_0 gibt an, in welcher Höhe der Graph von f die y-Achse schneidet. Beispiel:
$f(x) = 2x^3 - 4x^2 + 5x - 1$ ist eine Polynomfunktion vom Grad 3 und der Graph schneidet die y-Achse bei $y = -1$.

Werkzeuge

W1 Der Grad einer Polynomfunktion entscheidet über den Verlauf des Graphen. Hier einige typische Verläufe:

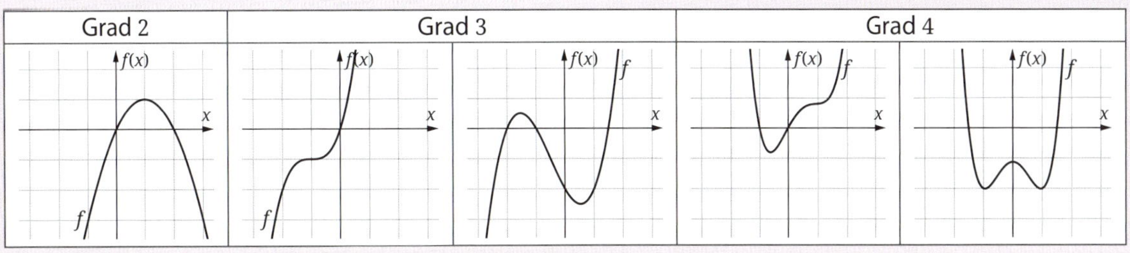

Beispiele

B 1 Gegeben ist der Graph der reellen Funktion *f*. Gib die globalen Extremstellen an und bestimme die Definitions- und Wertemenge.

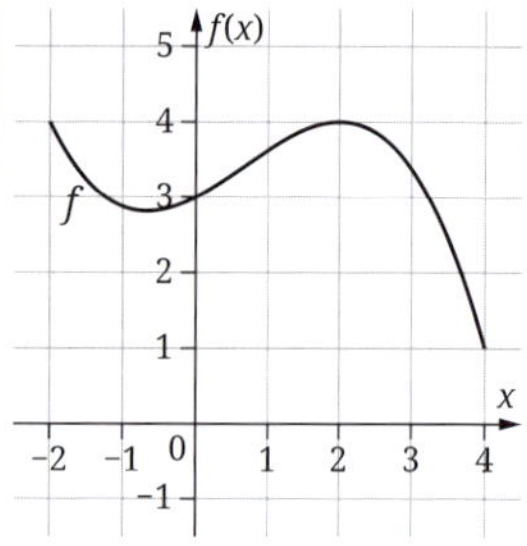

Wie bestimme ich die globalen Extremstellen, die Definitions- und die Wertemenge einer Funktion aus ihrem Graphen?

1 Markiere den höchsten und den tiefsten Punkt im Funktionsgraphen

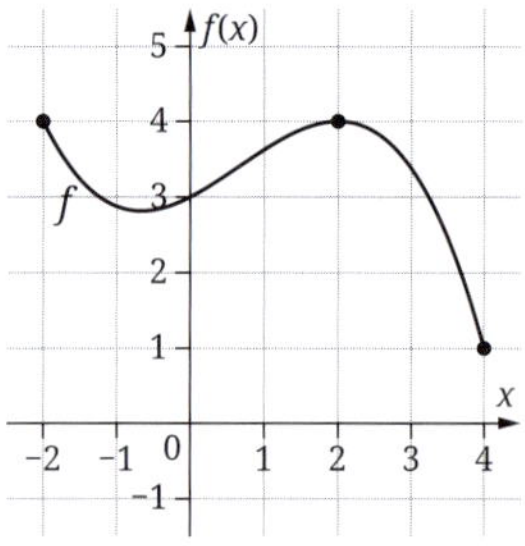

2 Ausgehend vom höchsten und tiefsten Punkt den gesamten Graphen rechteckig einrahmen

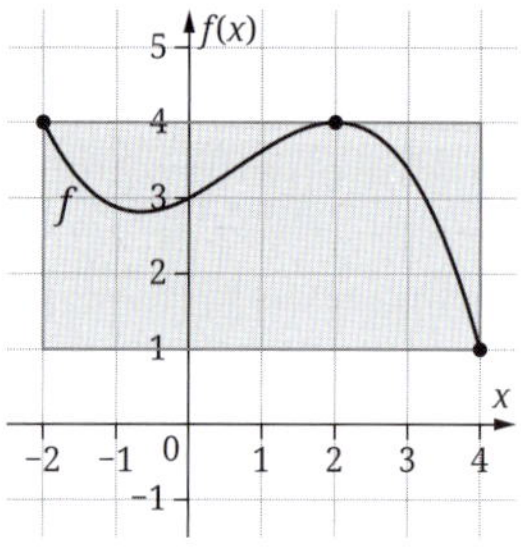

3 Die x-Werte des höchsten und niedrigsten Punktes als globale Extremstellen, die Intervalle der Rechtecksseiten als Definitions- und Wertemenge bestimmen

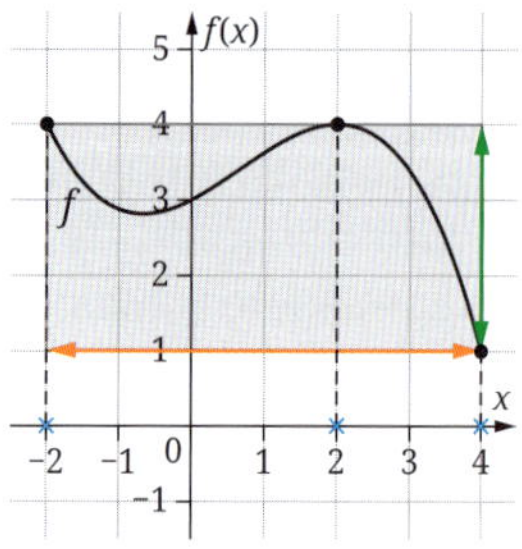

Dieser Graph hat gleich zwei Punkte, an denen die Funktion ihren höchsten Wert annimmt, aber nur einen, an dem die Funktion ihren tiefsten Wert annimmt.

Dieser Graph endet beidseitig, damit können wir diese Punkte einzeichnen. Ein Graph, der bis zum Rand des Koordinatensystems verläuft, zeigt an, dass der Graph dort weiter steigt bzw. fällt. Dann gibt es keinen höchsten bzw. tiefsten Punkt.

globale Minimumstelle: $x = 4$

globale Maximumstellen: $x = -2$ und $x = 2$

Definitionsmenge: $[-2; 4]$

Wertemenge: $[1; 4]$

B 2 Gegeben ist der Graph der reellen Funktion *f*. Gib die lokalen Extremstellen an und bestimme das Monotonieverhalten von *f*.

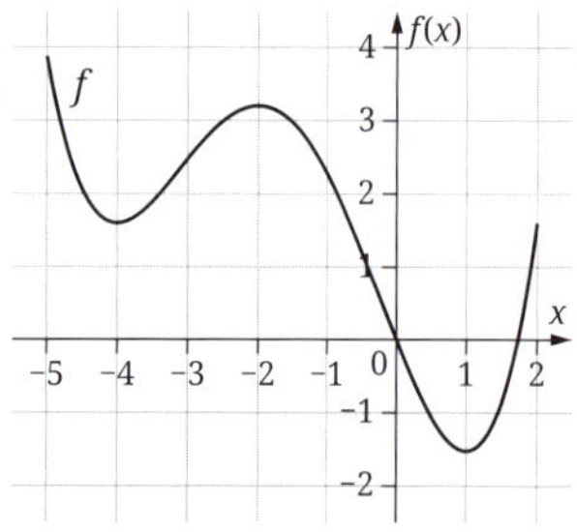

Wie bestimme ich die lokalen Extremstellen und das Monotonieverhalten einer reellen Funktion aus ihrem Graphen?

1 Alle Scheitelpunkte des Funktionsgraphen als Hoch- und Tiefpunkte markieren

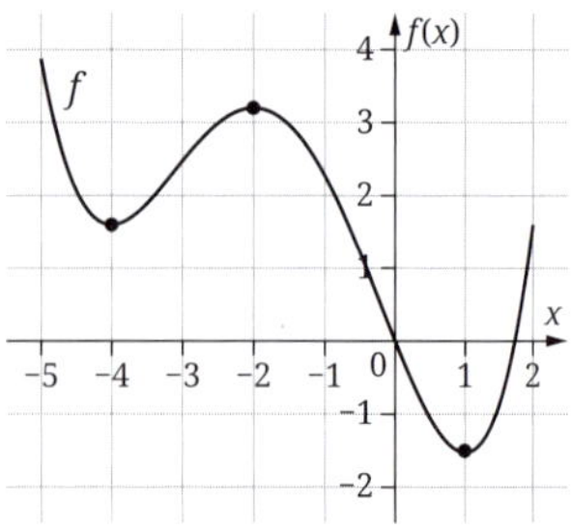

2 Von links beginnend die steigenden und fallenden Teile des Graphen markieren

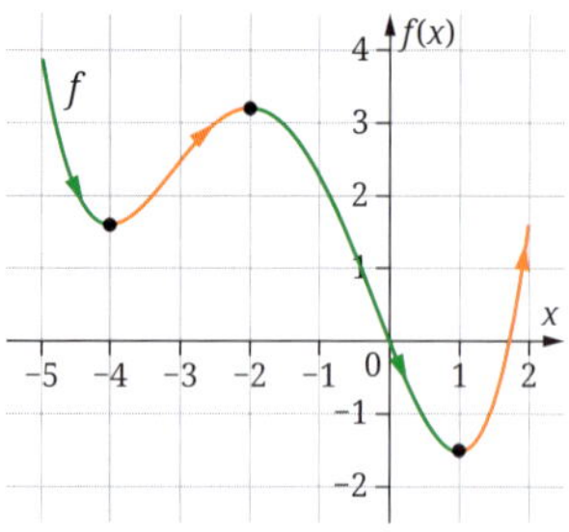

3 Die x-Werte der markierten Punkte als lokale Extremstellen bestimmen und das Monotonieverhalten als Intervalle der steigenden und fallenden Abschnitte ablesen

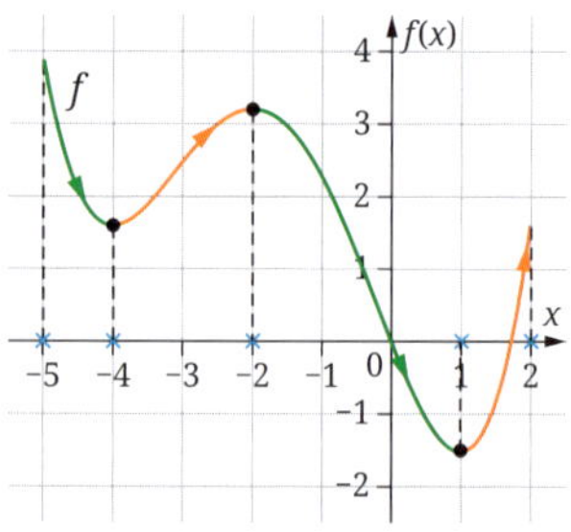

lokale Minimumstellen: $x = -4$ und $x = 1$
lokale Maximumstelle: $x = -2$
streng monoton fallend in $[-5; -4]$ und $[-2; 1]$
streng monoton steigend in $[-4; -2]$ und $[1; 2]$

Aufgaben zu den Beispielen

B 1 **A** Gegeben ist der Graph der reellen Funktion f. Gib die globalen Extremstellen an und bestimme die Definitions- und Wertemenge.

1 **Markiere den höchsten und den tiefsten Punkt im Funktionsgraphen**

2 **Ausgehend vom höchsten und tiefsten Punkt den gesamten Graphen rechteckig einrahmen**

3 **Die x-Werte des höchsten und niedrigsten Punktes als globale Extremstellen, die Intervalle der Rechtecksseiten als Definitions- und Wertemenge bestimmen**

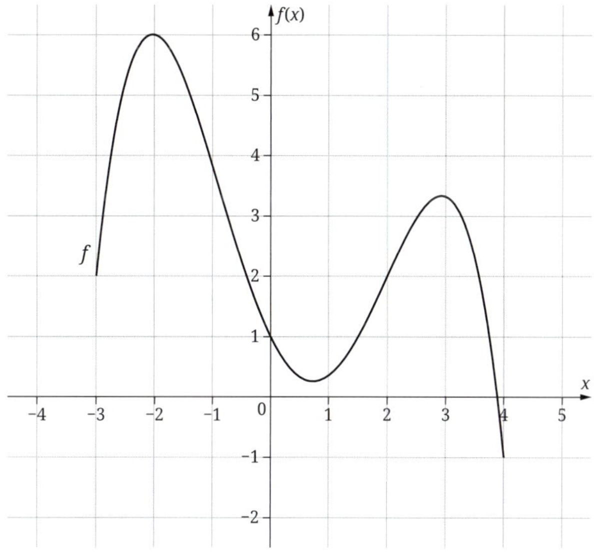

globale Minimumstelle: $x =$

globale Maximumstelle: $x =$

Definitionsmenge: [;]

Wertemenge: [;]

B 2 **A** Gegeben ist der Graph der reellen Funktion f. Gib die lokalen Extremstellen an und bestimme das Monotonieverhalten von f.

1 **Alle Scheitelpunkte des Funktionsgraphen als Hoch- und Tiefpunkte markieren**

2 **Von links beginnend die steigenden und fallenden Teile des Graphen markieren**

3 **Die x-Werte der markierten Punkte als lokale Extremstellen bestimmen und das Monotonieverhalten als Intervalle der steigenden und fallenden Abschnitte ablesen**

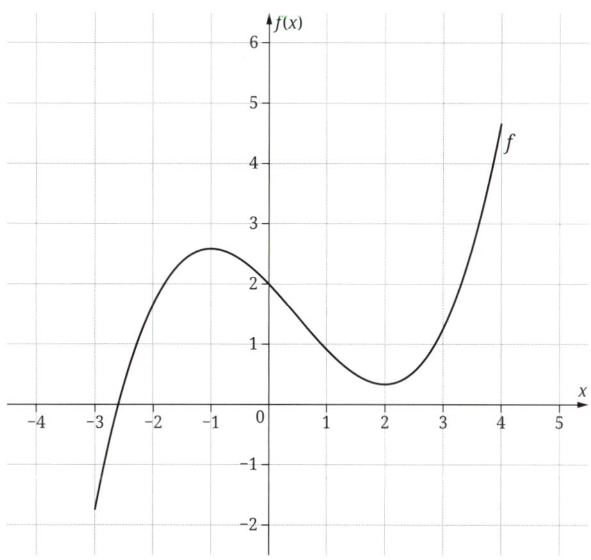

lokale Minimumstelle: $x =$

lokale Maximumstelle: $x =$

streng monoton fallend in [;]

streng monoton steigend in [;] und

[;]

Lösungen

Weitere Aufgaben

Aufgaben

A 1 Gegeben ist der Graph der Funktion f. Bestimme die Definitionsmenge, die Wertemenge, lokale und globale Extremstellen.

→ B 1
→ G 2–G 3

a)

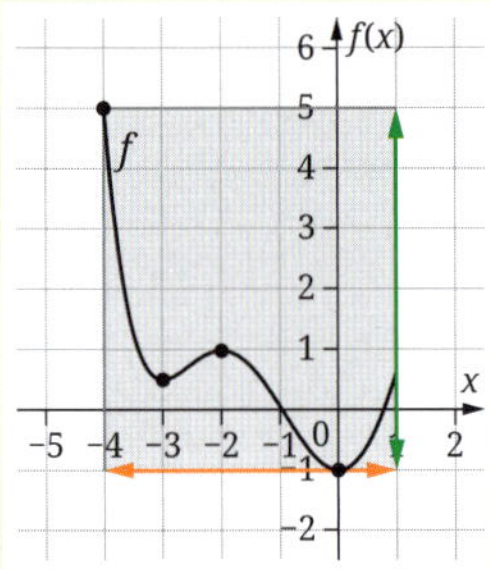

lokale Minimumstellen:
$x = 0$ und $x = -3$
lokale Maximumstelle:
$x = -2$
globale Minimumstelle:
$x = 0$
globale Maximumstelle:
$x = -4$
Definitionsmenge: $[-4; 1]$
Wertemenge: $[-1; 5]$

b)

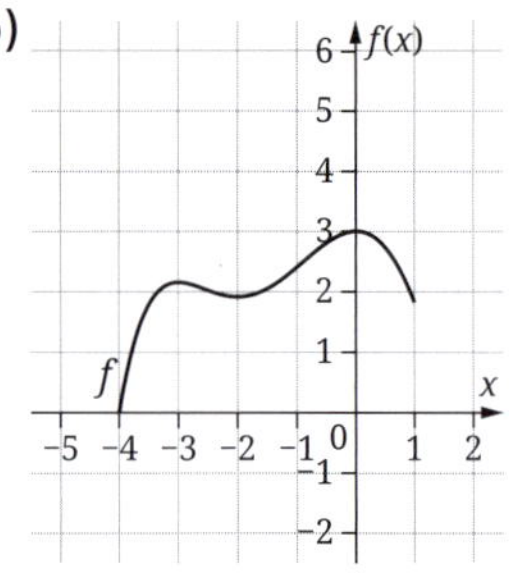

lokale Minimumstelle:
$x =$
lokale Maximumstellen:
$x =$, $x =$
globale Minimumstelle:
$x =$
globale Maximumstelle:
$x =$
Definitionsmenge: [;]
Wertemenge: [;]

c)

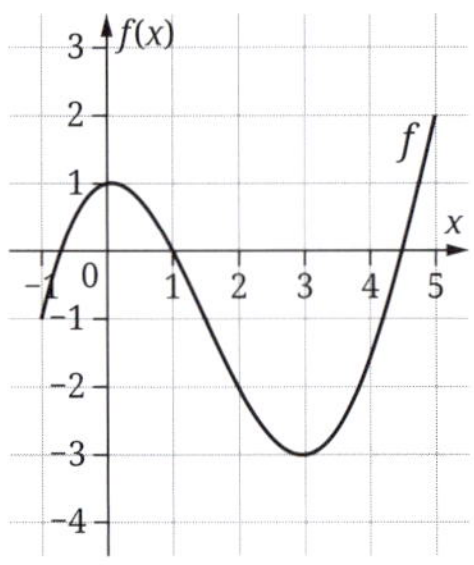

d)

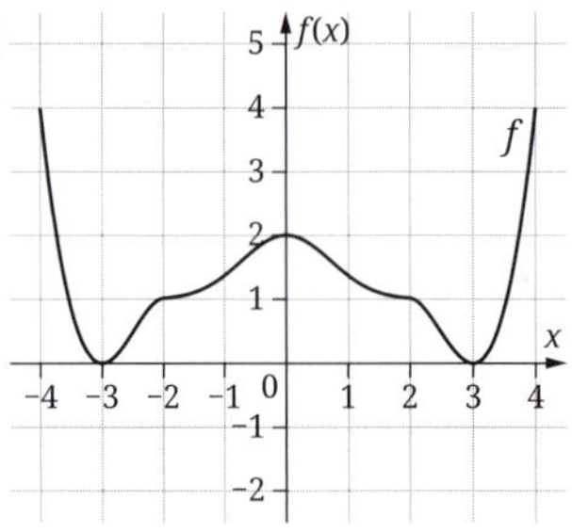

e)

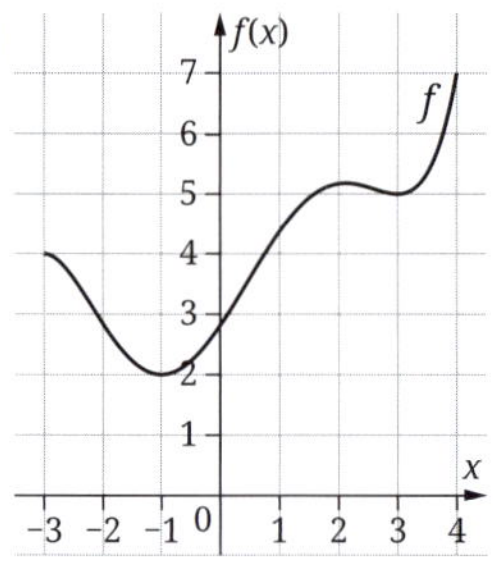

A 2 Gegeben ist der Graph einer reellen Funktion f. Ermittle, ob die Funktion in den Intervallen $[a; b]$, $[b; c]$ und $[c; d]$ monoton steigend bzw. fallend oder streng monoton steigend bzw. fallend ist.

→ G 1

a)

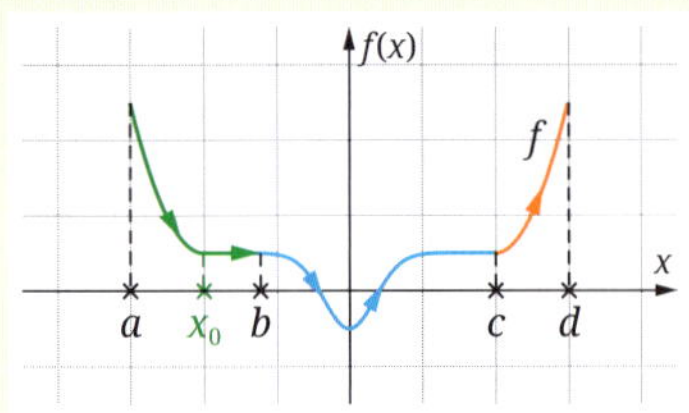

Im Intervall $[a; b]$ ist die Funktion f monoton fallend, aber nicht streng monoton fallend, weil sie in einem Abschnitt (im Intervall $[x_0; b]$) konstant ist.

Im Intervall $[b; c]$ ist die Funktion nicht monoton, weil sie innerhalb des Intervalls fallende und steigende Abschnitte hat.

Im Intervall $[c; d]$ ist die Funktion monoton steigend und streng monoton steigend.

b)

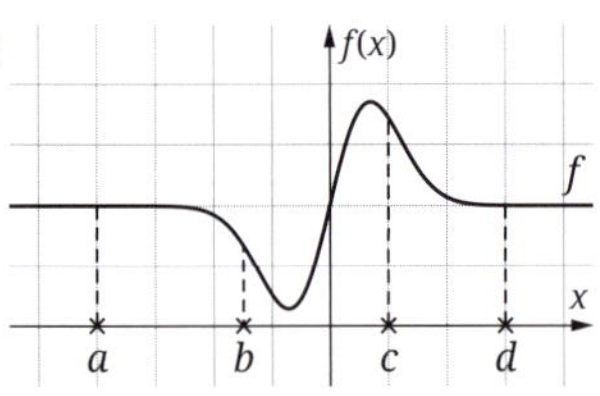

c)

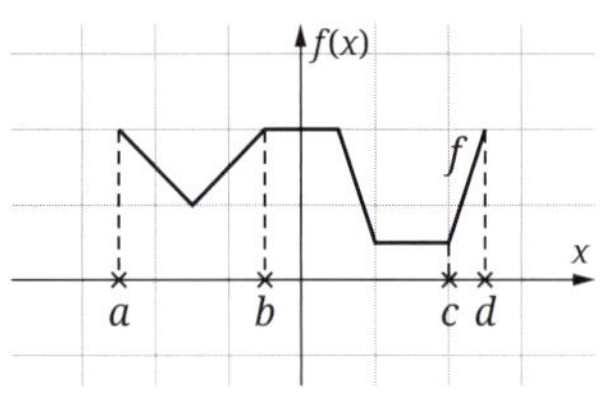

d)

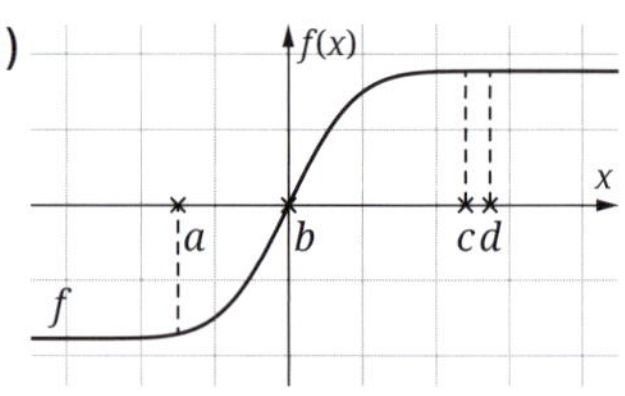

A 3 Von einer reellen Funktion f sind einige Funktionswerte gegeben. Gib an, welches Monotonieverhalten die Funktion mit Sicherheit **nicht** haben kann.

a) $f(0) = 2$ und $f(3) = 4$
Wir zeichnen die Funktionswerte $f(x) = y$ als Punkte $P_1 = (0|2)$ und $P_2 = (3|4)$ des Graphen in einem Koordinatensystem ein und zwischen diesen zwei Punkten einige mögliche Verläufe der Funktion. Wir erkennen: f kann in $[0; 3]$ nicht monoton fallend sein.

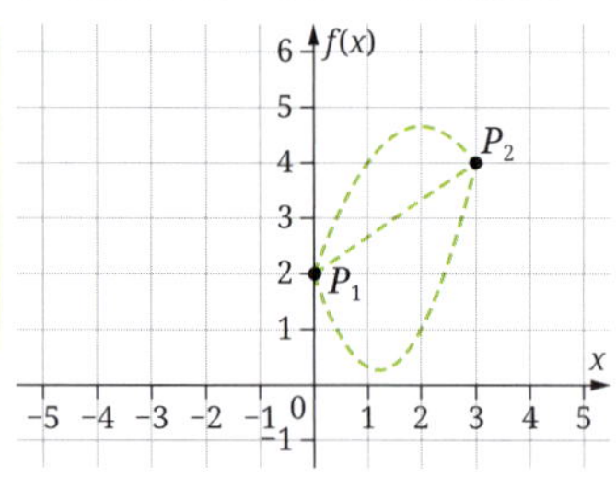

b) $f(-3) = -1$ und $f(0) = 2$
c) $f(-1) = 5$ und $f(4) = 1$
d) $f(-4) = 1$, $f(-1) = 0$ und $f(3) = 2$
e) $f(-2) = 2$, $f(0) = 1$ und $f(3) = -1$

A4 → G4

Berechne die Nullstellen der gegebenen quadratischen Funktion $f(x) = a \cdot x^2 + b \cdot x + c$ sowie den Scheitelpunkt des Graphen.

Tipp Für die x-Koordinate des Scheitelpunkts des Graphen einer quadratischen Funktion gilt $x = -\frac{b}{2a}$. Die y-Koordinate erhält man durch Einsetzen des x-Wertes in die Funktionsgleichung.

a) $f(x) = \frac{1}{4}x^2 - \frac{1}{4}x - \frac{3}{2}$

Nullstellen: Wir setzen $f(x) = 0$ und lösen die Gleichung:

$\frac{1}{4}x^2 - \frac{1}{4}x - \frac{3}{2} = 0 \Rightarrow x_1 = -2,\ x_2 = 3$ (große Lösungsformel für quadratische Gleichungen)

Scheitelpunkt: Wir bestimmen a und b und verwenden die Formel $x = -\frac{b}{2a}$:

$a = \frac{1}{4},\ b = -\frac{1}{4} \Rightarrow x = -\frac{-0{,}25}{2 \cdot 0{,}25} = 0{,}5$

$f(0{,}5) = \frac{1}{4} \cdot (0{,}5)^2 - \frac{1}{4} \cdot (0{,}5) - \frac{3}{2} = -1{,}5625 \Rightarrow S = (0{,}5 \mid -1{,}5625)$

b) $f(x) = -\frac{1}{4}x^2 - x$ **c)** $f(x) = x^2 + 4x + 7$ **d)** $f(x) = 2x^2 - 18$ **e)** $f(x) = \frac{1}{16}x^2 - \frac{1}{2}x + 1$

A5 → G5

Kreuze die beiden Funktionsgleichungen an, die Polynomfunktionen darstellen.

$f(x) = -x^{-2}$	$f(x) = \frac{1}{x} + 2$	$f(x) = 4x^2 - 5$	$f(x) = 4x^3 + 3x + 1$	$f(x) = \frac{x^2}{x+1}$
☐	☐	☐	☐	☐

A6 → G5

Bestimme den Grad der Polynomfunktion und gib den Schnittpunkt mit der y-Achse $S = (0 \mid y)$ an.

a) $f(x) = 2x^7 - 9x + 1$ Grad = 7 und $f(0) = 1 \Rightarrow S = (0 \mid 1)$

b) $f(x) = -x^5 + 8x - 4$ Grad = ___ und $f($___$)$ = ___ $\Rightarrow S = ($___ | ___$)$

c) $f(x) = x^4 + x + 27$ **d)** $f(x) = -2x^2 - 3$ **e)** $f(x) = -6x^3 + 2x$

A7 → G5 → W1

Skizziere einen möglichen Graphen einer Polynomfunktion mit den vorgegebenen Eigenschaften.

a) Grad 3, $f(0) = 2 \Rightarrow P = (0 \mid 2)$

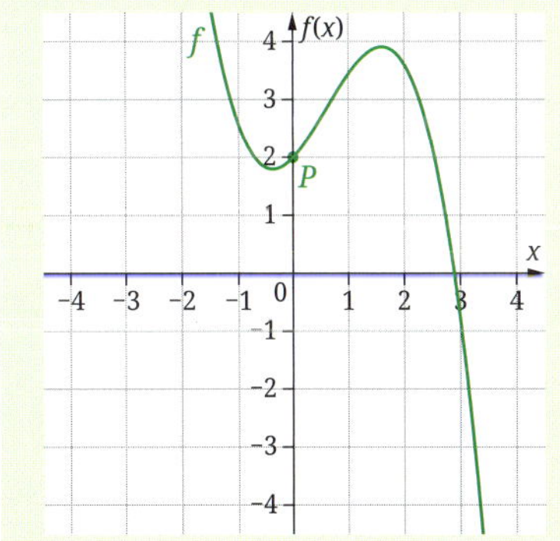

b) Grad 2, $f(0) = 4 \Rightarrow P = ($___ | ___$)$

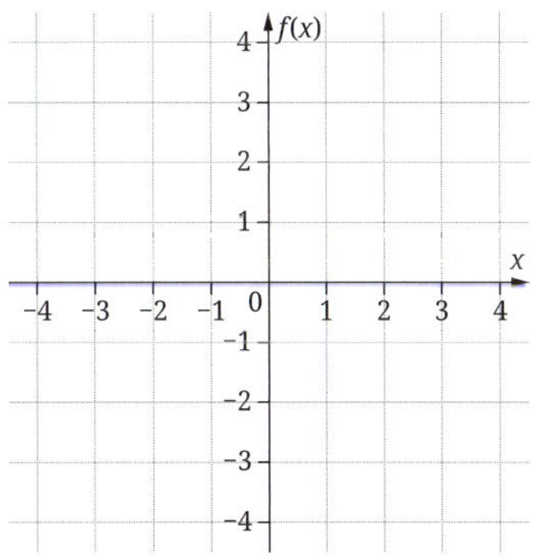

c) Grad 4, $f(0) = -3 \Rightarrow P = ($___ | ___$)$

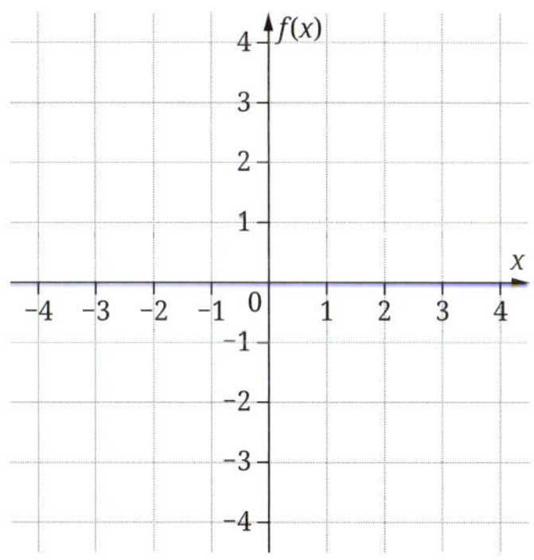

A8

Gegeben sind Wertetabellen der Funktionen f_1, f_2 und f_3. Kreuze die beiden zutreffenden Aussagen an.

Tipp Für einen Fixpunkt $F = (x \mid y)$ des Graphen einer Funktion gilt $x = y$.

x	0	1	2
$f_1(x)$	3	0	2

x	−2	1	3
$f_2(x)$	2	1	0

x	−1	0	4
$f_3(x)$	4	0	0

a)

f_1 hat eine Nullstelle bei $x = 1$.	☐
f_2 ist monoton fallend.	☐
f_3 hat keine Fixpunkte.	☐
$f_1(2) = f_2(-2)$	☐
Der Punkt $P = (0 \mid 1)$ liegt auf dem Graphen von f_1.	☐

b)

f_3 hat keine Nullstellen.	☐
f_2 ist sicher nicht monoton steigend.	☐
f_1 ist monoton fallend im Intervall [0; 1].	☐
f_2 hat einen Fixpunkt an der Stelle $x = 1$.	☐
$f_2(1) > f_3(-1)$	☐

Lösungen

A 9 Gegeben ist der Graph einer Polynomfunktion. Fülle die Wertetabelle aus.

x	−1	0	1	2
$f(x)$				

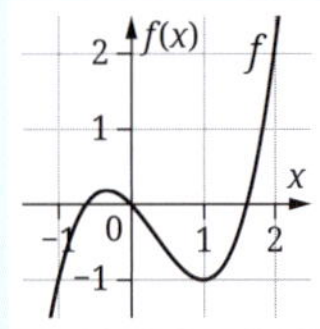

A 10 Gegeben ist der Graph der Funktion f. Kreuze die beiden zutreffenden Aussagen an.

f hat eine lokale Maximumstelle, die auch eine globale Maximumstelle ist.	☐
f ist im Intervall $[a; c]$ monoton steigend.	☐
An der Stelle $x = a$ befindet sich ein globales Maximum.	☐
$f(c) < f(d)$	☐
f ist für $x > c$ streng monoton fallend.	☐

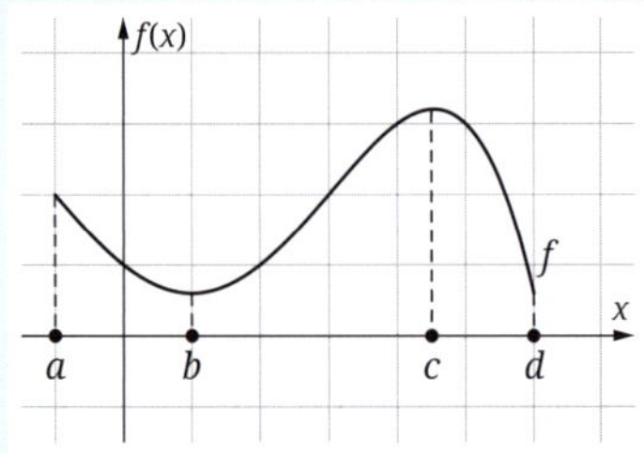

A 11 Ordne den gegebenen Graphen von Polynomfunktionen jeweils die zugehörige Funktionsgleichung zu.

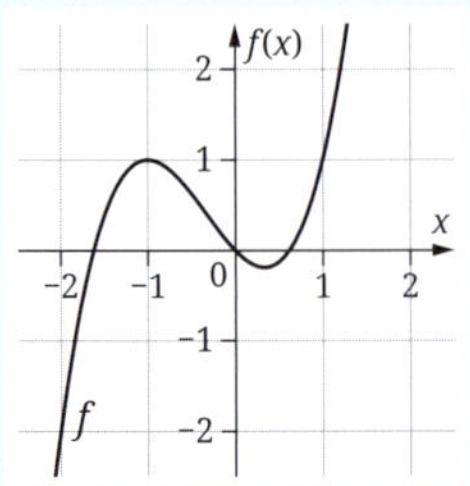	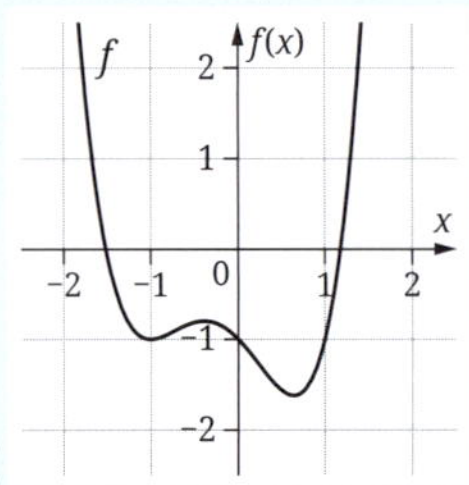	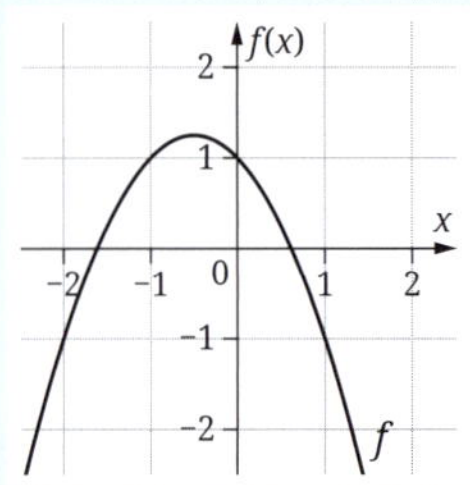	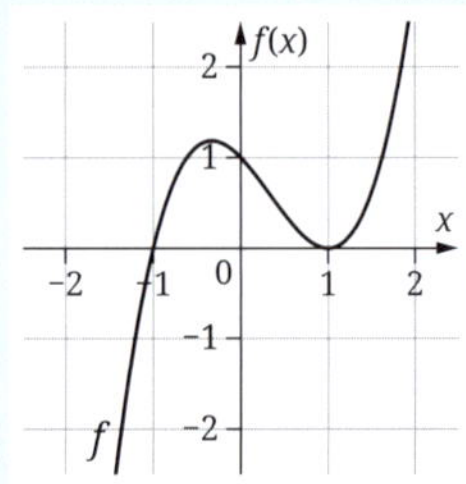

A	B	C
$f(x) = x^2 - x + 0{,}5$	$f(x) = x^3 + x^2 - x$	$f(x) = x^4 - x^3 - x^2 - x - 1$

D	E	F
$f(x) = x^2 - x + 1$	$f(x) = x^3 - x^2 - x + 1$	$f(x) = x^4 + x^3 - x^2 - x - 1$

A 12 Von einer reellen Funktion f ist eine Wertetabelle gegeben.
Ergänze die Textlücken im folgenden Satz durch Ankreuzen der jeweils richtigen Satzteile so, dass eine korrekte Aussage entsteht.
Die Funktion f ___①___, weil ___②___.

x	$f(x)$
0	10
2	8
5	15

①	
hat an der Stelle $x = 10$ eine Nullstelle	☐
ist im Intervall $[2; 5]$ monoton steigend	☐
kann im Intervall $[0; 5]$ nicht monoton steigend sein	☐

	②
☐	$f(2) < f(0)$
☐	$f(0) < f(5)$
☐	$f(10) = 0$

A 13 Ein Ball wird lotrecht nach oben geschossen. Seine Höhe über dem Boden t Sekunden nach dem Abschuss kann durch die Funktion $h(t) = 12 + 28t - 5t^2$ (in Metern) beschrieben werden.

a) Was bedeutet der Wert 12 in diesem Sachkontext?
b) Wann trifft der Ball auf dem Boden auf?
c) Berechne, wann der Ball die maximale Höhe erreicht und wie groß diese ist.
d) Gib eine sinnvolle Definitionsmenge der Funktion h an. Begründe deine Wahl.

Potenzfunktionen

6

Manchmal erzählen Eltern, dass sie in ihrer Schulzeit nicht gleich benotet wurden wie jemand in der Klasse, die oder der sogar die gleiche Arbeit oder Zeichnung abgegeben hatte. Allein, dass sie scheinbar von jemand anderem stammte, verschob die Wahrnehmung der beurteilenden Lehrperson. Um solchen Fallen zu entgehen, werden wir in diesem Kapitel etwas Verschobenes nicht als etwas gänzlich Neues interpretieren.

Grundlagen

G1 Funktionen der Form $f(x) = a \cdot x^z$ mit $z \in \mathbb{R}$ und $a \in \mathbb{R}^*$ heißen **Potenzfunktionen**. Die Zahlen a und z sind **Parameter der Funktion**. Sie bestimmen die Eigenschaften der Funktion und die Form des Graphen. In der Tabelle sind einige **Grundtypen von Potenzfunktionen** abgebildet.

$f(x) = a \cdot x^2$	$f(x) = a \cdot x^3$	$f(x) = a \cdot x^{-1} = \frac{a}{x}$	$f(x) = a \cdot x^{-2} = \frac{a}{x^2}$	$f(x) = a \cdot x^{\frac{1}{2}} = a \cdot \sqrt{x}$
$D = \mathbb{R}$	$D = \mathbb{R}$	$D = \mathbb{R} \setminus \{0\}$	$D = \mathbb{R} \setminus \{0\}$	$D = \mathbb{R}_0^+$
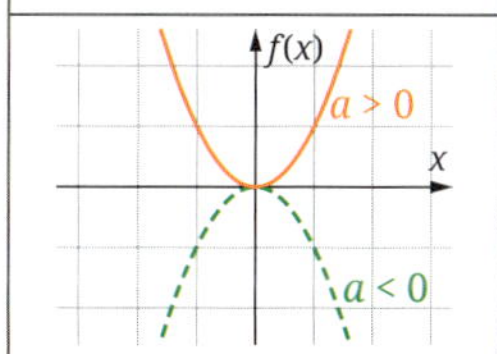	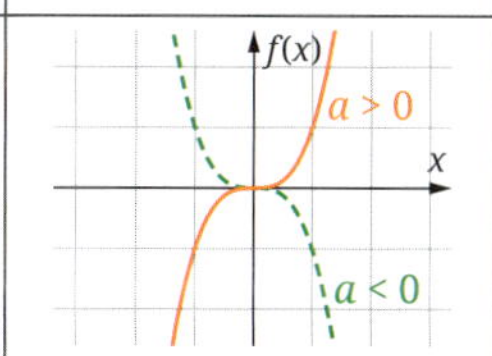	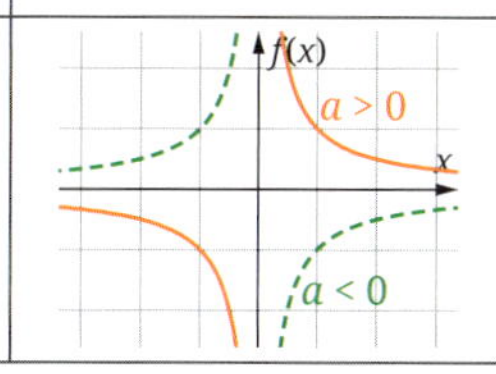	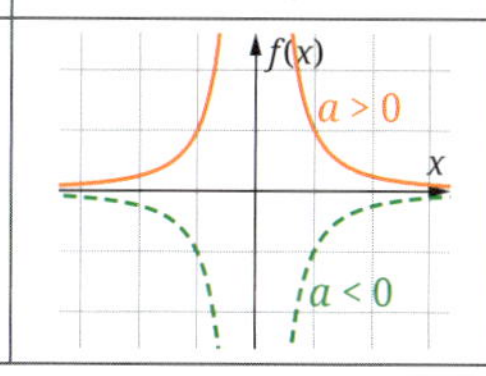	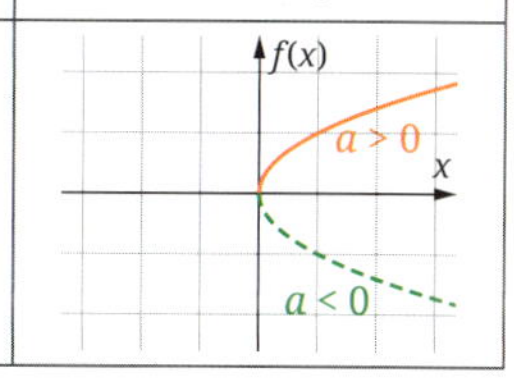

G2 Der Graph einer Funktion f ist symmetrisch bezüglich der y-Achse (**achsensymmetrisch**), wenn $f(x) = f(-x)$ für alle $x \in D$. Beispiele aus → G1: $f(x) = a \cdot x^2$ ($a > 0$) und $f(x) = a \cdot x^{-2}$ ($a > 0$) haben bzgl. der y-Achse spiegelgleiche Graphen.
Der Graph einer Funktion f ist symmetrisch bezüglich des Punkts $(0 \mid 0)$ (**punktsymmetrisch**), wenn $f(x) = -f(-x)$ für alle $x \in D$. Beispiele aus → G1: $f(x) = a \cdot x^3$ ($a > 0$) und $f(x) = a \cdot x^{-1}$ ($a > 0$) haben bzgl. des Ursprungs spiegelgleiche Graphen.

G3 Eine Gerade, der sich der Funktionsgraph immer weiter annähert, sie aber nie erreicht, heißt **Asymptote**. Die Grundtypen $a \cdot x^{-1}$ und $a \cdot x^{-2}$ besitzen je zwei Asymptoten: die x- und die y-Achse.

Werkzeuge

W1 Für eine Potenzfunktion mit der Gleichung $f(x) = a \cdot x^z$ gilt bei
z gerade: Die Punkte $P_1 = (1 \mid a)$ und $P_2 = (-1 \mid a)$ liegen auf dem Graphen;
z ungerade: Die Punkte $P_1 = (1 \mid a)$ und $P_2 = (-1 \mid -a)$ liegen auf dem Graphen.

W2 Die Zahl a beeinflusst den Graphen einer Potenzfunktion auf zwei Arten.
1. Wenn $a < 0$ ist, wird der Funktionsgraph an der x-Achse gespiegelt (siehe Graphen in → G1).
2. a bewirkt eine Stauchung ($a > 1$) bzw. Streckung ($a < 1$) der Funktion in Richtung der x-Achse. Dabei verläuft der Graph umso steiler, je größer der Betrag (d. h. ohne Vorzeichen) von a ist.

W3 Der Parameter c bei Funktionen der Form $a \cdot x^z + c$ bewirkt eine Verschiebung des Graphen entlang der y-Achse.
Bei $c > 0$ wird der Graph c Einheiten nach oben verschoben.
Bei $c < 0$ wird der Graph c Einheiten nach unten verschoben.

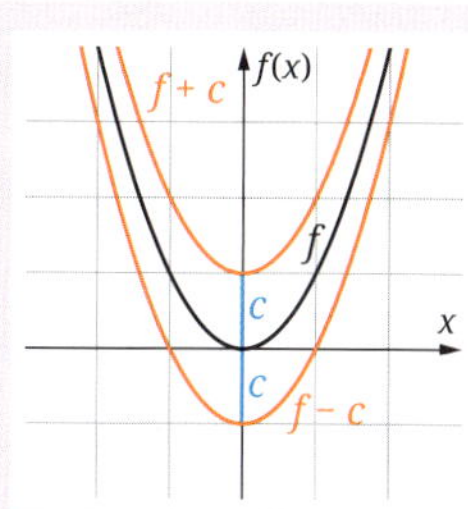

W4 Der Parameter b bei Funktionen der Form $a \cdot (x + b)^z$ bewirkt eine Verschiebung des Graphen entlang der x-Achse.
Bei $b > 0$ wird der Graph b Einheiten nach links verschoben.
Bei $b < 0$ wird der Graph b Einheiten nach rechts verschoben.

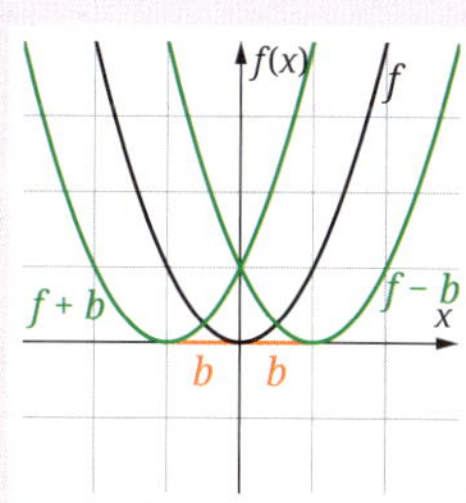

Beispiele

B 1 Gegeben ist die Funktion $f(x) = 2x^2 - 3$. Stelle sie grafisch dar.

Wie stelle ich eine Funktion der Form $f(x) = a \cdot x^z + c$ grafisch dar?

1 Die Werte a, z und c aus $f(x) = a \cdot x^z + c$ ablesen

$f(x) = 2x^2 - 3 \Longrightarrow a = 2, z = 2, c = -3$

2 Den Verlauf des richtigen Grundtypen durch den Punkt $(1 \mid a)$ im Koordinatensystem schwach einzeichnen

Wir zeichnen den Grundtyp $a \cdot x^2$ für $a > 0$ (→ G1). Dieser Graph verläuft durch den Punkt $P_1 = (1 \mid 2)$ und, da z gerade ist, durch $P_2 = (-1 \mid 2)$. (→ W1)

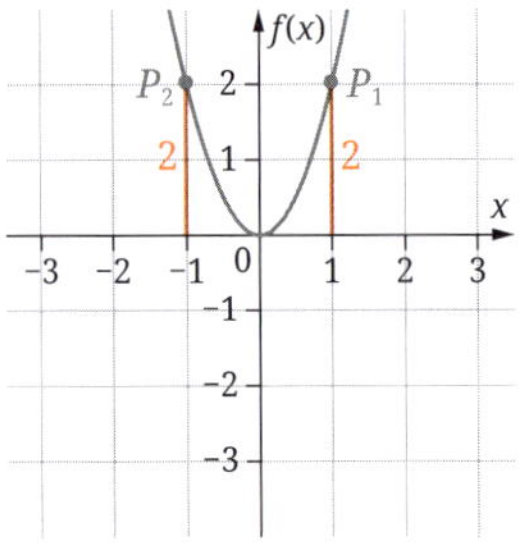

3 Den Grundtyp um den Wert c entlang der y-Achse verschieben

Die Punkte P_1 und P_2 werden um 3 nach unten verschoben. (→ W3)
Wir zeichnen anschließend den Graphen von f durch diese Punkte.

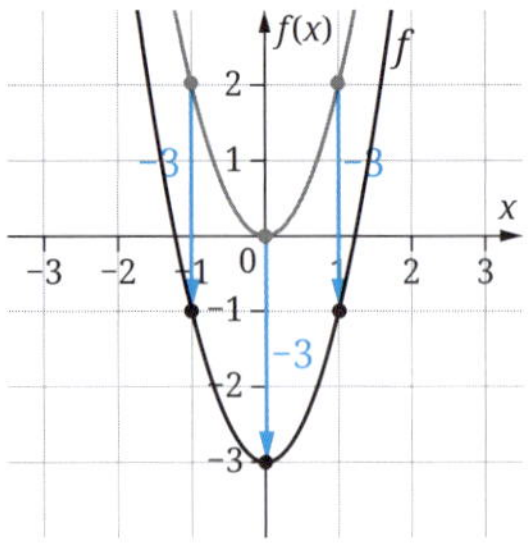

B 2 Gegeben ist der Graph einer Funktion $f(x) = a \cdot x^2 + c$. Bestimme die Werte der Parameter a und c.

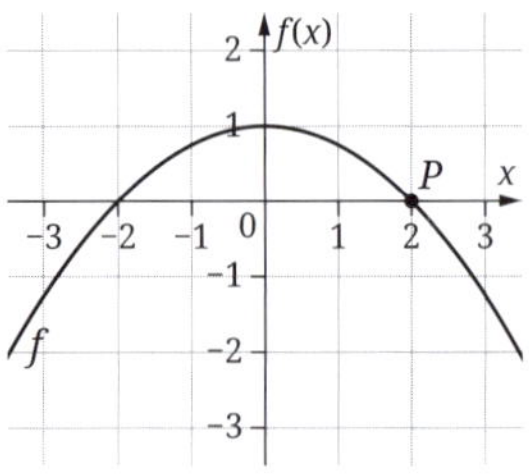

Wie bestimme ich die Parameter einer Funktion der Form $f(x) = a \cdot x^z + c$, wenn ihr Graph gegeben ist?

1 Den Wert von c sowie einen Punkt P (ungleich dem Scheitel- bzw. Sattelpunkt) mit ganzzahligen Koordinaten ablesen

Wir beachten → W3:
$c = 1$ und $P = (2 \mid 0)$

2 Den Wert von c sowie die Koordinaten des Punktes P in die Funktionsgleichung $f(x) = a \cdot x^z + c$ einsetzen und die entstehende Gleichung nach a lösen

$$0 = a \cdot 2^2 + 1 \quad | -1$$
$$-1 = a \cdot 4$$
$$a = -\frac{1}{4}$$

B 3 Von einer Funktion $f(x) = a \cdot x^2 + c$ sind zwei Punkte des Graphen bekannt: $P_1 = (-4 \mid -5)$ und $P_2 = (2 \mid 1)$. Bestimme die Funktionsgleichung von f.

Wie bestimme ich die Funktionsgleichung einer Funktion der Form $f(x) = a \cdot x^z + c$, wenn zwei Punkte des Graphen gegeben sind?

1 Die Punkte als Wertepaare aufschreiben und ihre Koordinaten in die Funktionsgleichung einsetzen

x	$f(x)$
−4	−5
2	1

I: $-5 = a \cdot (-4)^2 + c$
II: $1 = a \cdot 2^2 + c$

2 Die Gleichungen voneinander subtrahieren und daraus einen der Parameter berechnen

I: $-5 = a \cdot 16 + c$
II: $1 = a \cdot 4 + c$ } I–II

$-6 = a \cdot 12$
$a = -0{,}5$

3 Den erhaltenen Wert des Parameters in eine der beiden Gleichungen einsetzen und nach dem anderen Parameter lösen

$a = -0{,}5$ z. B. in II einsetzen:
$1 = -0{,}5 \cdot 2^2 + c \Longrightarrow c = 3$
Funktionsgleichung: $f(x) = -0{,}5x^2 + 3$

Aufgaben zu den Beispielen

B1 A Gegeben ist die Funktion $f(x) = \frac{2}{x^2} + 1$. Stelle sie grafisch dar.

1 Die Werte a, z und c aus $f(x) = a \cdot x^z + c$ ablesen

$a =$ ___, $z =$ ___, $c =$ ___

2 Den Verlauf des richtigen Grundtypen durch den Punkt $(1 \mid a)$ im Koordinatensystem schwach einzeichnen

Zeichne den Grundtyp $\frac{a}{x^2}$ für $a > 0$.

Dieser Graph verläuft durch den Punkt $P_1 = (1 \mid$ ___ $)$ und, da z gerade ist, durch $P_2 = (-1 \mid$ ___ $)$.

3 Den Grundtyp um den Wert c entlang der y-Achse verschieben

Die Punkte P_1 und P_2 werden um ___ nach ___ verschoben.

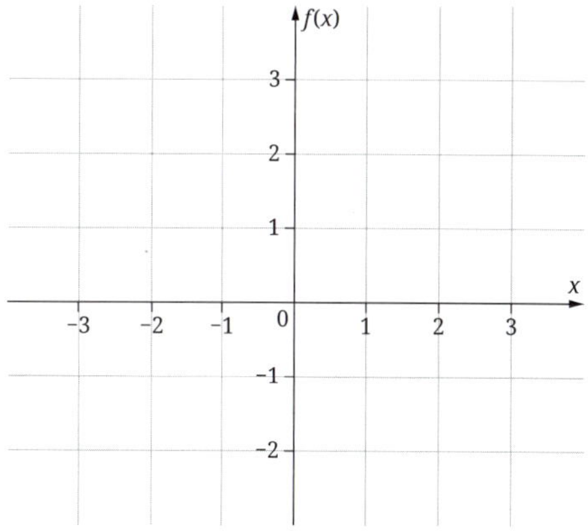

B2 A Gegeben ist der Graph einer Funktion $f(x) = a \cdot x^2 + c$. Bestimme die Werte der Parameter a und c.

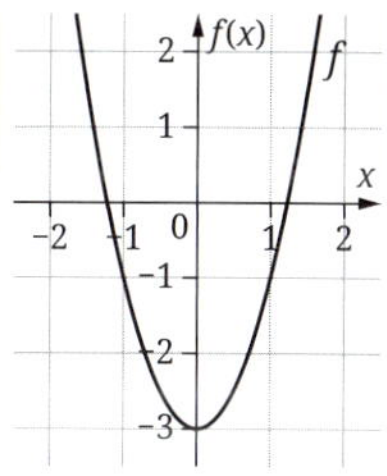

1 Den Wert von c sowie einen Punkt P (ungleich dem Scheitel- bzw. Sattelpunkt) mit ganzzahligen Koordinaten ablesen

$c =$ ___ und $P = ($ ___ $\mid$ ___ $)$

2 Den Wert von c sowie die Koordinaten des Punktes P in die Funktionsgleichung $f(x) = a \cdot x^z + c$ einsetzen und die entstehende Gleichung nach a lösen

___ $= a \cdot$ ___^{2} ___ ___ | ___

___

$a =$ ___

B3 A Von einer Funktion $f(x) = a \cdot x^2 + c$ sind zwei Punkte des Graphen bekannt: $P_1 = (-1 \mid 3)$ und $P_2 = (2 \mid 9)$. Bestimme die Funktionsgleichung von f.

1 Die Punkte als Wertepaare aufschreiben und ihre Koordinaten in die Funktionsgleichung einsetzen

x	$f(x)$

I: ___ $= a \cdot$ ___$^2 + c$

II: ___ $= a \cdot$ ___$^2 + c$

2 Die Gleichungen voneinander subtrahieren und daraus einen der Parameter berechnen

I: ___ $= a \cdot$ ___ $+ c$
II: ___ $= a \cdot$ ___ $+ c$ } I−II

___ $- a \cdot$ ___

$a =$ ___

3 Den erhaltenen Wert des Parameters in eine der beiden Gleichungen einsetzen und nach dem anderen Parameter lösen

$a =$ ___ in I oder II einsetzen:

___ $=$ ___ $\cdot$ ___$^2 + c \Rightarrow c =$ ___

Funktionsgleichung: $f(x) =$ ___ x^2 ___ ___

Aufgaben

A 1 → W 1

Kreuze alle Funktionen an, deren Graph durch den Punkt $P = (-1\,|\,-2)$ verläuft.

$f(x) = 2x^{-2}$	$f(x) = 2x^{-1}$	$f(x) = -2x^2$	$f(x) = -2x^3$	$f(x) = -2x$
☐	☐	☐	☐	☐

A 2 → G 1 → W 2

Ordne den Funktionsgleichungen der Potenzfunktionen $f(x) = a \cdot x^z$ jeweils ihren Graphen zu.

a)

$f(x) = 1x^2$	A
$f(x) = 2x^2$	
$f(x) = -2x^2$	
$f(x) = -0{,}5x^2$	

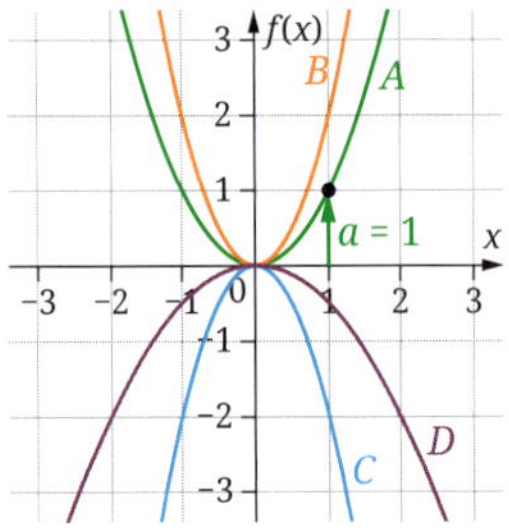

b)

$f(x) = 2x^{-1}$	
$f(x) = -x^{-2}$	
$f(x) = 0{,}25x^2$	
$f(x) = -3x^3$	

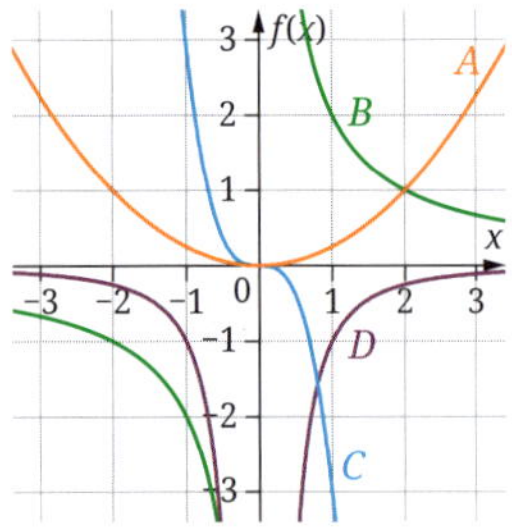

A 3 → G 1 → W 3

Die Funktion f hat die Form $f(x) = a \cdot x^z + c$, die Hochzahl z ist gerade. Schreibe die Funktionsgleichung ohne Brüche, ermittle die Werte der Parameter a, z und c und ordne der Funktion ihren Graphen zu.

	a	z	c	Graph
a) $f(x) = x^2 - 3$	1	2	−3	f_2
b) $f(x) = -\frac{1}{x^2} - 2 = -x^{\square} - 2$				
c) $f(x) = -2x^2 + 2$				
d) $f(x) = \frac{3}{x^2} - 1 = 3x^{\square} - 1$				

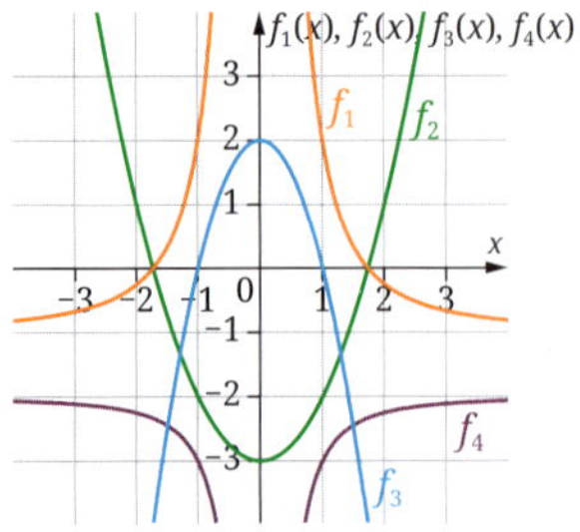

A 4 → G 1 → W 3

Die Funktion f hat die Form $f(x) = a \cdot x^z + c$, die Hochzahl z ist ungerade. Schreibe die Funktionsgleichung ohne Brüche, ermittle die Werte der Parameter a, z und c und ordne der Funktion ihren Graphen zu.

	a	z	c	Graph
a) $f(x) = 2x^3 + 1$	2	3	1	f_2
b) $f(x) = \frac{1}{x} - 2 = x^{\square} - 2$				
c) $f(x) = -\frac{2}{x} + 1 = -2x^{\square} + 1$				
d) $f(x) = -x^3 - 1$				

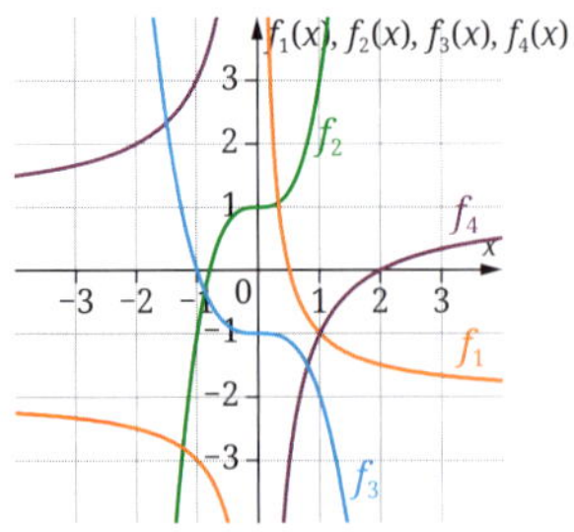

A 5 → B 2

Gegeben ist der Graph einer Potenzfunktion $f(x) = a \cdot x^z + c$. Bestimme den Wert des Parameters c, einen Punkt P auf dem Graphen von f und daraus den Wert des Parameters a.

a) $f_1(x) = a \cdot \sqrt{x} + c$

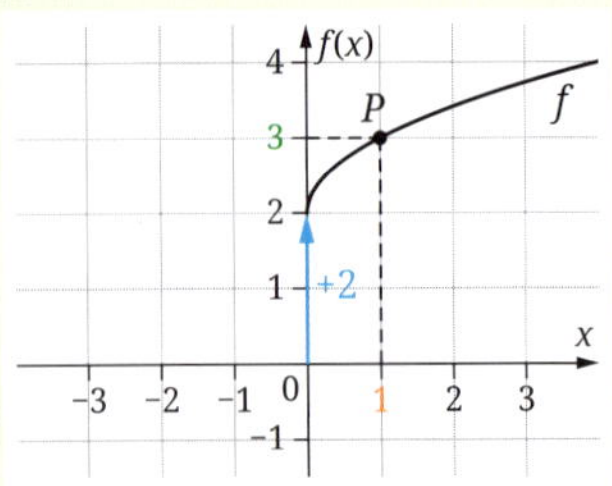

$c = 2$, $P = (1\,|\,3)$

$3 = a \cdot \sqrt{1} + 2 \Rightarrow a = 1$

b) $f_2(x) = a \cdot x^3 + c$

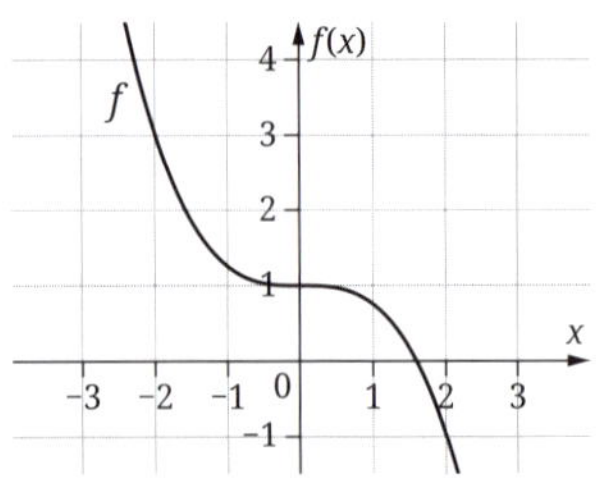

$c =$ ___ , $P = ($ ___ | ___ $)$

___ $= a \cdot$ ___^{3} ◯ ___ $\Rightarrow a =$ ___

c) $f_3(x) = a \cdot x^2 + c$

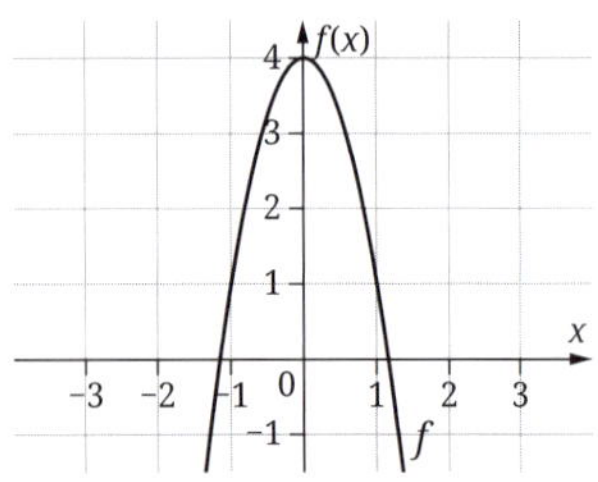

$c =$ ___ , $P = ($ ___ | ___ $)$

___ $= a \cdot$ ___^{2} ◯ ___ $\Rightarrow a =$ ___

Lösungen

A 6 Gegeben ist die Wertetabelle einer quadratischen Funktion $f(x) = a \cdot x^2 + c$. Bestimme a und c.

→ B3

a)

x	1	2
$f(x)$	−2	7

b)

x	4	6
$f(x)$	−5	−15

c)

x	−4	2
$f(x)$	6	3

d)

x	0	6
$f(x)$	−4	11

a) Wir setzen die Wertepaare (1 | −2) und (2 | 7) in $f(x) = a \cdot x^2 + c$ ein und lösen das Gleichungssystem.

$-2 = a \cdot 1^2 + c$ I: $-2 = a + c$ I–II: $-9 = -3a \Longrightarrow a = 3$

$7 = a \cdot 2^2 + c$ II: $7 = 4a + c$ a in I oder II einsetzen $\Longrightarrow c = -5$

A 7 Zeichne den Graphen der Funktion mittels Technologie und kreuze dann die zutreffenden Eigenschaften an.

→ G1–G3

	$D = \mathbb{R}$	besitzt Asymptoten	monoton steigend in $\mathbb{R}^+$	monoton fallend in $\mathbb{R}^-$	Graph symmetrisch zur y-Achse	Graph symmetrisch zum Ursprung
a) $f(x) = -x^2 + 1$	☐	☐	☐	☐	☐	☐
b) $f(x) = \frac{1}{x}$	☐	☐	☐	☐	☐	☐
c) $f_3(x) = x^3$	☐	☐	☐	☐	☐	☐
d) $f(x) = \sqrt{x}$	☐	☐	☐	☐	☐	☐

A 8 Skizziere den Graphen der gegebenen Funktion $f(x) = (x + b)^z$, indem du den Graphen des Grundtyps $a \cdot x^z$ um b Einheiten entlang der x-Achse verschiebst.

→ G1
→ W4

a) $f_1(x) = (x - 2)^2$
$b = -2 \Longrightarrow$ Der Graph von $f(x) = x^2$ wird 2 Einheiten nach rechts verschoben.

b) $f_2(x) = (x + 1)^2$
$b = +1 \Longrightarrow$ Der Graph von $f(x) = x^2$ wird 1 Einheit nach links verschoben.

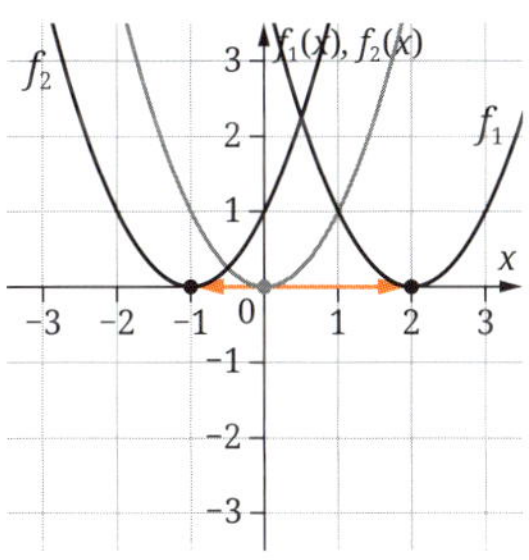

c) $f_1(x) = (x + 2)^3$
$b =$ ___ $\Longrightarrow$ Der Graph von $f(x) = x^3$ wird ___ Einheiten nach ______ verschoben.

d) $f_2(x) = (x - 1)^3$
$b =$ ___ $\Longrightarrow$ Der Graph von $f(x) = x^3$ wird ___ Einheit nach ______ verschoben.

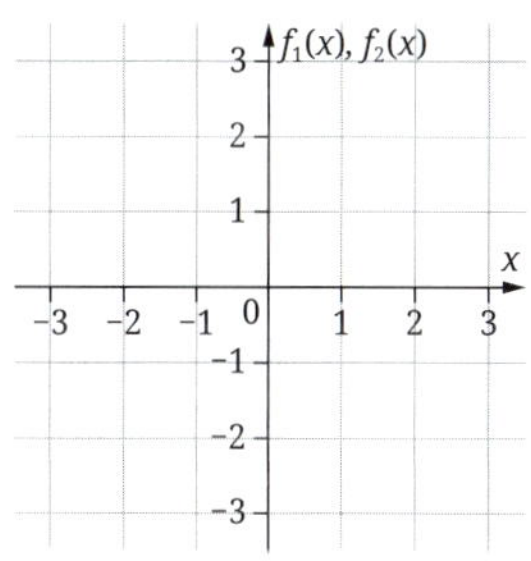

e) $f_1(x) = \frac{1}{x-1}$ f) $f_2(x) = \frac{1}{x+3}$ g) $f_1(x) = \frac{1}{(x+1)^2}$ h) $f_2(x) = \frac{1}{(x-2)^2}$ i) $f_1(x) = -(x-4)^2$

A 9 Gegeben ist eine Funktion der Form $f(x) = a \cdot x^z + b$. Fertige eine Skizze an, die die gegebenen Bedingungen der Parameter a, b und z erfüllt und gib anschließend an, wie viele Nullstellen die Funktion hat.

Tipp Die Bedeutung des Parameters ist nicht an den Buchstaben gebunden. Beispiel: In $a \cdot x^z + b$ übernimmt der Parameter b die Rolle, die c in der Funktionsgleichung $f(x) = a \cdot x^z + c$ hat.

a) $a > 0, b < 0$
$z = 2$

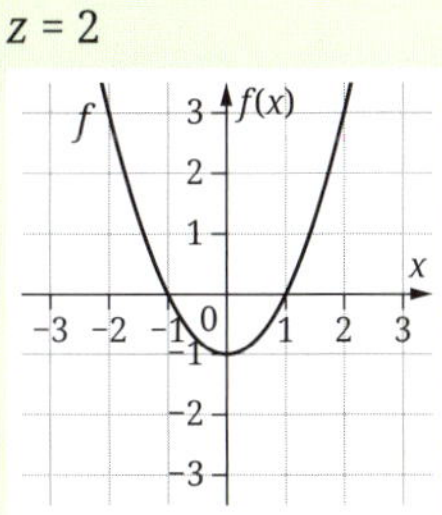

zwei Nullstellen

b) $a < 0, b > 0$
$z = -2$

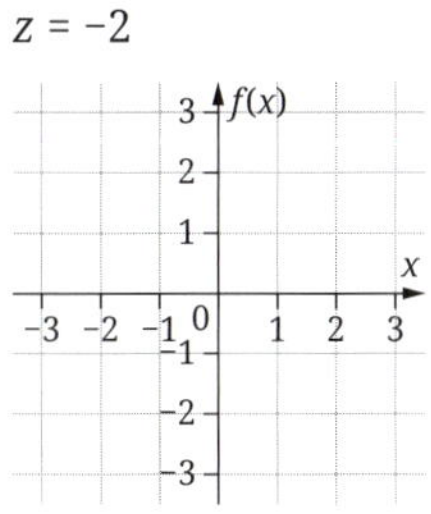

______

c) $a > 0, b = 0$
$z = 2$

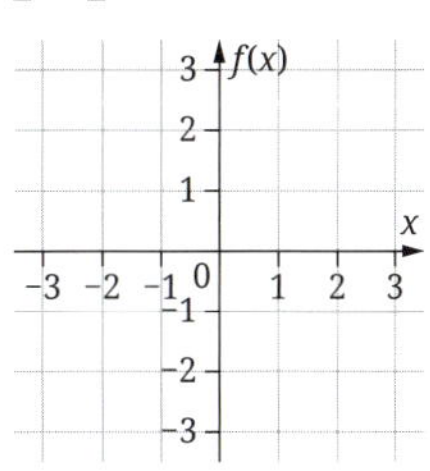

______

d) $a > 0, b < 0$
$z = 3$

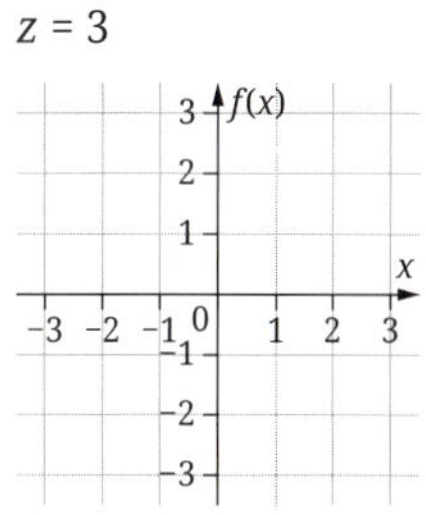

______

e) $a > 0, b = 0$
$z = -1$

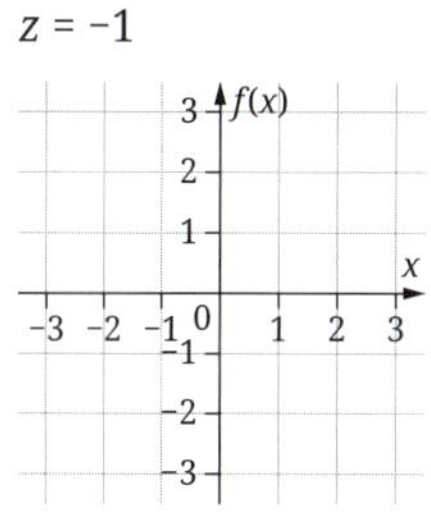

______

Lösungen

A 10 Gegeben ist die Funktion $f(x) = a \cdot x^2 + b$ mit $a > 0$ und $b < 0$.

Kreuze die beiden zutreffenden Aussagen an.

f ist in $\mathbb{R}$ monoton steigend.	☐
f besitzt zwei Nullstellen.	☐
f besitzt eine Maximumstelle bei $x = 0$.	☐
Der Punkt $(1 \mid a)$ liegt auf dem Graphen von f.	☐
Der Punkt $(0 \mid b)$ liegt auf dem Graphen von f.	☐

A 11 Gegeben ist der Graph der Funktion $f(x) = a \cdot x^3 + b$ mit $a > 0$ und $b < 0$.

Ermittle die Werte a und b.

a = ________

b = ________

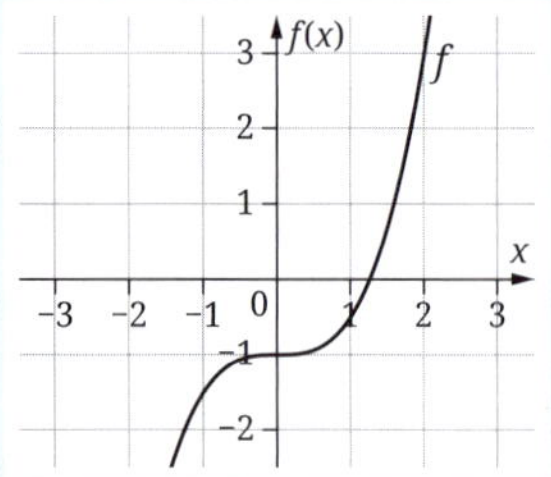

A 12 Gegeben ist eine Funktion $f(x) = a \cdot x^z + c$ mit einigen ihrer Eigenschaften:

- Der Graph von f ist symmetrisch zur y-Achse.
- Der Graph von f hat eine Asymptote.
- f besitzt an der Stelle $x = 1$ eine Nullstelle.
- f ist im Intervall $(0; \infty)$ streng monoton steigend.

Skizziere einen möglichen Graphen von f.

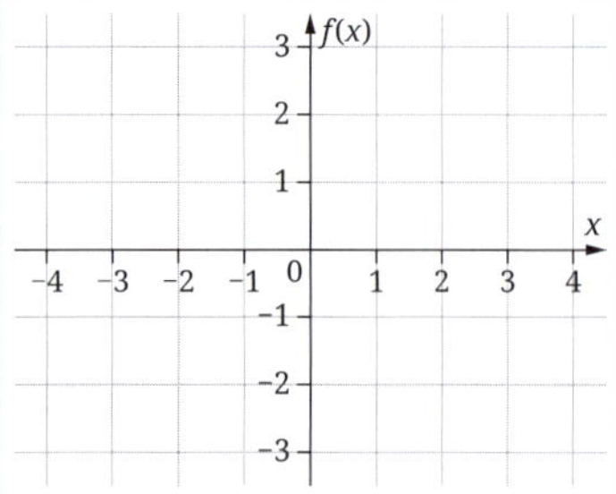

A 13 Gegeben sind die Funktionen $f_1(x) = x^2$ und $f_2(x) = \frac{1}{x^2}$.

Kreuze die beiden zutreffenden Aussagen an.

f_2 besitzt lokale Extremstellen.	☐
f_1 besitzt ein lokales Minimum.	☐
f_2 ist monoton fallend in $\mathbb{R}$.	☐
Die Graphen von f_1 und f_2 schneiden einander im Punkt $(1 \mid 1)$.	☐
Der Graph von f_2 ist symmetrisch zum Ursprung.	☐

A 14 In der Abbildung sind die Funktionen $f(x) = a \cdot x^3 + b$ und $g(x) = c \cdot x^3 + d$ dargestellt.

Kreuze die drei zutreffenden Aussagen an.

$a > c$	$b > d$	$a < c$	$d < 0$	$a < 0$
☐	☐	☐	☐	☐

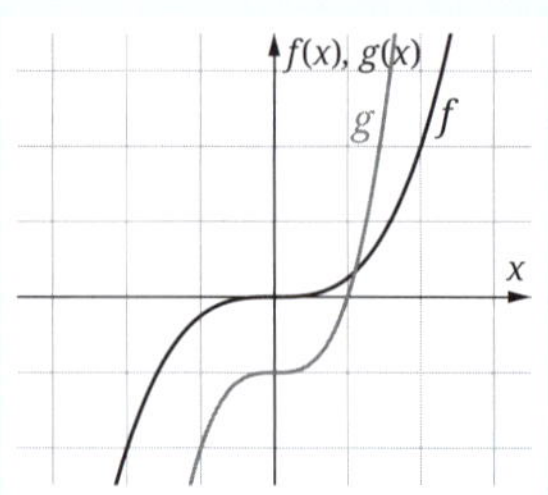

A 15 Gegeben sind die Funktionen $f_1(x) = x^2 + 1$, $f_2(x) = \frac{1}{x} - 1$ und $f_3(x) = 2\sqrt{x}$.

a) Gib die Definitionsmengen sowie die Nullstellen und lokalen Extremstellen von f_1, f_2 und f_3 an.
b) Gib alle Monotonieintervalle für f_1, f_2 und f_3 an.
c) Beschreibe, wie die Graphen der Funktonen $f_1(x + 1)$ und $f_1(x) - 1$ aus der Funktion $f_1(x)$ hervorgehen.
d) Kreuze die zutreffende Aussage an.

$f_1(x) = f_1(x) - 1$	$f_1(x) = f_1(x + 1)$	$f_1(x + 1) = x^2$	$f_1(x) - 1 = x^2$	$f_1(x + 1) = f_1(x) + f_1(1)$
☐	☐	☐	☐	☐

Änderungsmaße

7

Alex ist ein begeisterter Billardspieler. Im Internet findet er zufällig eine Formel für den Abstand einer geradlinig gestoßenen Kugel zur Bande in Abhängigkeit von der Zeit. Er möchte wissen, wie schnell eine Billardkugel rollt, berechnet ihre mittlere Geschwindigkeit und erhält verdutzt genau null. Seine Lehrerin klärt ihn schließlich auf: Man kann die Durchschnittgeschwindigkeit auf zwei Arten berechnen, hinsichtlich der Position oder hinsichtlich der zurückgelegten Strecke.

Grundlagen

G 1 Um die Änderung des Funktionswerts einer Funktion f in einem Intervall $[a; b]$ auszudrücken, gibt es je nach gewähltem Blickwinkel unterschiedliche, dazu passende Änderungsmaße.

Änderungsmaß	**Absolute Änderung** von f in $[a; b]$	**Relative Änderung** von f in $[a; b]$	**Mittlere Änderungsrate** von f in $[a; b]$	**Änderungsfaktor** von f in $[a; b]$
Formel	$f(b) - f(a)$	$\frac{f(b) - f(a)}{f(a)}$	$\frac{f(b) - f(a)}{b - a}$	$\frac{f(b)}{f(a)}$
Erkennungsmerkmal / Einheit	Die gesuchte Änderung hat dieselbe Einheit wie $f(x)$.	Eine **prozentuelle** Änderung ist gesucht (keine Einheit).	Eine **durchschnittliche** Änderung mit der Einheit $\frac{\text{Einheit von } f(x)}{\text{Einheit von } x}$ ist gesucht.	Eine **Vervielfachung** ist gesucht (keine Einheit).

G 2 Die mittlere Änderungsrate (**Differenzenquotient**) einer Funktion in $[a; b]$ entspricht grafisch der Steigung der **Sekante**, die durch die beiden Punkte des Funktionsgraphen an den Stellen a und b verläuft.
Die Steigungsformel einer Geraden und die Formel der mittleren Änderungsrate entsprechen einander daher (siehe Abbildung):
$k = \frac{\Delta y}{\Delta x} = \frac{f(b) - f(a)}{b - a}$

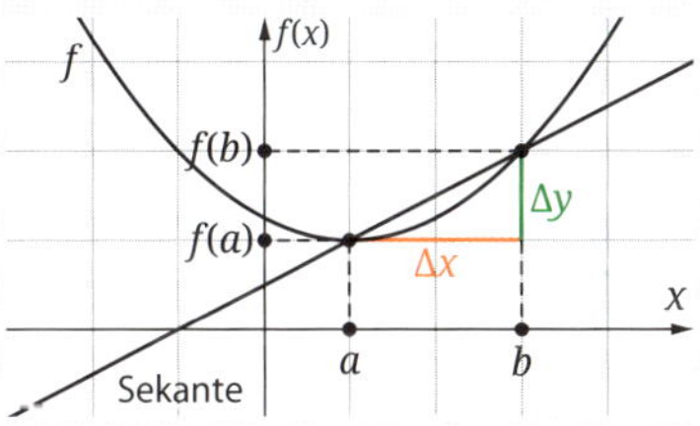

Werkzeuge

W1 Ist die Wertetabelle einer Funktion f gegeben, können daraus die Funktionswerte $f(a)$ und $f(b)$ zu den gegebenen x-Werten a und b abgelesen und in die Formel des jeweiligen Änderungsmaßes eingesetzt werden.

x	0	1	2	3
$f(x)$	0	4	10	15

Beispiel: Die mittlere Änderungsrate der Funktion f im Intervall [0; 3] beträgt $\frac{f(3) - f(0)}{3 - 0} = \frac{15 - 0}{3 - 0} = 5$.

W2 Ist der Graph einer Funktion f gegeben, sind die Funktionswerte $f(a)$ und $f(b)$ die y-Koordinaten der Punkte des Graphen an den gegebenen Stellen a und b.

W3 Ist die Funktion durch ein Säulendiagramm gegeben, sind die Funktionswerte $f(a)$ und $f(b)$ die Höhen der Säulen an den gegebenen Stellen a und b.

W4 Änderungsmaße, bei denen die betrachtete Funktion eine Strecke oder einen Ort $s(t)$ zum Zeitpunkt t darstellt (**Weg-Zeit-Funktion**), können z. B. wie folgt interpretiert werden.

Absolute Änderung: zurückgelegter Weg (wenn die Bewegungsrichtung im betrachteten Zeitraum nicht umgekehrt wird), Änderung der Länge, Höhenänderung, …

Relative Änderung: Wegänderung in Prozent, prozentuelle Änderung der Länge oder Höhe, …

Mittlere Änderungsrate: Durchschnittsgeschwindigkeit

Änderungsfaktor: Vervielfachung der Wegstrecke, der Länge oder Höhe, …

Beispiele

B 1 Die zurückgelegte Strecke einer kleinen Rakete kann in einem bestimmten Abschnitt mit der Formel $s(t) = 10t^2 + 4t$ berechnet werden ($s(t)$ in m und t in s).
a) Berechne die im Zeitintervall [5; 6] zurückgelegte Strecke.
b) Berechne die durchschnittliche Geschwindigkeit in den ersten drei Sekunden.

Wie berechne ich das gesuchte Änderungsmaß einer Funktion?

1 Das Änderungsmaß anhand von Einheit bzw. Erkennungsmerkmal in der Fragestellung identifizieren

Wir verwenden die Tabelle in → G1.

a) Einheit: Die zurückgelegte Strecke hat als Einheit m und somit **dieselbe Einheit wie $s(t)$**.
⟹ Änderungsmaß: **Absolute Änderung**

b) Erkennungsmerkmal: „**durchschnittlich**"
⟹ Änderungsmaß: **Mittlere Änderungsrate**

2 Das Intervall, in dem das Änderungsmaß gesucht ist, bestimmen und die Formel für das gesuchte Änderungsmaß mit den Grenzen aus dem Intervall sowie der Bezeichnung der Funktion anschreiben

Die Formeln entnehmen wir der Tabelle in → G1.

Intervall: [5; 6], Bezeichnung der Funktion: s
Formel: $f(b) - f(a) \rightarrow s(6) - s(5)$

Intervall: [0; 3], Bezeichnung der Funktion: s
Formel: $\frac{f(b) - f(a)}{b - a} \rightarrow \frac{s(3) - s(0)}{3 - 0}$

3 Für die Intervallgrenzen die Funktionswerte und daraus das gesuchte Änderungsmaß berechnen

Wir setzen die x-Werte (hier: t-Werte) 5 und 6 in die Funktionsgleichung $s(t)$ ein:
$t_1 = 5 \Longrightarrow s(5) = 10 \cdot 5^2 + 4 \cdot 5 = 270$
$t_2 = 6 \Longrightarrow s(6) = 10 \cdot 6^2 + 4 \cdot 6 = 384$
$s(6) - s(5) = 384 - 270 = 114$

Antwort: Die zurückgelegte Strecke beträgt 114 m.

Wir setzen die x-Werte (hier: t-Werte) 0 und 3 in die Funktionsgleichung $s(t)$ ein:
$t_1 = 0 \Longrightarrow s(0) = 10 \cdot 0^2 + 4 \cdot 0 = 0$
$t_2 = 3 \Longrightarrow s(3) = 10 \cdot 3^2 + 4 \cdot 3 = 102$
$\frac{s(3) - s(0)}{3 - 0} = \frac{102 - 0}{3} = 34$

Antwort: Die durchschnittliche Geschwindigkeit beträgt 34 m/s.

B 2 Der Wert einer Aktie (in Euro) in Abhängigkeit von der Zeit t (in Tagen) wird durch die Funktion $W(t)$ beschrieben. Interpretiere den Ausdruck im vorliegenden Kontext.

a) $\frac{W(30)}{W(0)} = 2$ **b)** $\frac{W(9) - W(8)}{W(8)} = -0{,}02$

Wie interpretiere ich die gegebene Formel eines Änderungsmaßes?

1 Das Änderungsmaß anhand der Formel erkennen

Wir ermitteln das Änderungsmaß mithilfe von → G1.

a) Änderungsfaktor **b)** Relative Änderung

2 Erkennen, welche Größe sich in welchem Zeitraum verändert

Größe: Wert der Aktie
Zeitraum: die ersten 30 Tage

Größe: Wert der Aktie
Zeitraum: vom 8. zum 9. Tag

3 Die Art der Änderung und die passende Einheit bestimmen

Die Art der Änderung erkennen wir anhand des Vorzeichens, die passende Einheit mithilfe von → G1.

Änderungsfaktor = +2
Art der Änderung: Zunahme
Einheit: keine

Relative Änderung = −0,02
Art der Änderung: Abnahme
Einheit: Prozent (bzw. keine)

4 Das Änderungsmaß samt den dazugehörigen Werten in Worten beschreiben

Wir führen die Informationen zu einer Interpretation für den Ausdruck zusammen.

Interpretation: Der **Änderungsfaktor** des Aktienwerts in den ersten 30 Tagen beträgt 2. (Der Wert hat sich verdoppelt.)

Interpretation: Die **relative Abnahme** des Aktienwerts vom 8. zum 9. Tag beträgt 2 %.

Aufgaben zu den Beispielen

B1 A Die Höhe der Schneedecke in einem Dorf kann nach dem letzten Schneefall der Wintersaison mit $h(t) = 135 - 0{,}8t^2$ berechnet werden, wobei $h(t)$ in cm und t in Tagen gegeben sind.

a) Berechne die durchschnittliche tägliche Änderung der Höhe der Schneedecke vom 4. zum 7. Tag.

b) Berechne, um wie viel Prozent sich die Höhe der Schneedecke in den ersten zwei Tagen ändert.

1 Das Änderungsmaß mithilfe von Einheit bzw. Erkennungsmerkmal in der Fragestellung identifizieren

a) Erkennungsmerkmal: ______

⟹ Änderungsmaß: ______

b) Erkennungsmerkmal: ______

⟹ Änderungsmaß: ______

2 Das Intervall, in dem das Änderungsmaß gesucht ist, bestimmen und die Formel für das gesuchte Änderungsmaß mit den Grenzen aus dem Intervall sowie der Bezeichnung der Funktion anschreiben

Intervall: [;],
Bezeichnung der Funktion:

Formel: ______ → ______

Intervall: [;],
Bezeichnung der Funktion:

Formel: ______ → ______

3 Für die Intervallgrenzen die Funktionswerte und daraus das gesuchte Änderungsmaß berechnen

$t_1 =$ ⟹ $h(\ \ ) =$ ______ $=$

$t_2 =$ ⟹ $h(\ \ ) =$ ______ $=$

$\frac{\ \ -\ \ }{\ \ -\ \ } =$

Antwort: ______

$t_1 =$ ⟹ $h(\ \ ) =$ ______ $=$

$t_2 =$ ⟹ $h(\ \ ) =$ ______ $=$

$\frac{\ \ -\ \ }{\ \ } \approx$

Antwort: ______

B2 A Die Körpertemperatur T in °C eines Körpers in Abhängigkeit von der Zeit t in Stunden wird durch die Funktion $T(t)$ beschrieben. Interpretiere den Ausdruck im vorliegenden Kontext.

a) $\frac{T(2) - T(1)}{T(1)} = 0{,}03$

b) $\frac{T(5) - T(3)}{2} = -0{,}5$

1 Das Änderungsmaß anhand der Formel erkennen

Achte auf den Nenner: Ist dieser die Differenz der x-Werte (Intervallgrenzen), so liegt eine mittlere Änderungsrate vor.

a) Änderungsmaß: ______

b) Änderungsmaß: ______

2 Erkennen, welche Größe sich in welchem Zeitraum verändert

Größe: ______

Zeitraum: ______

Größe: ______

Zeitraum: ______

3 Die Art der Änderung und die passende Einheit bestimmen

______ =

Art der Änderung: ______

Einheit: ______

______ =

Art der Änderung: ______

Einheit: ______

4 Das Änderungsmaß samt den dazugehörigen Werten in Worten beschreiben

Interpretation: ______

Interpretation: ______

Lösungen

Weitere Aufgaben

Aufgaben

A 1 → G 1

Berechne die absolute Änderung, die relative Änderung, die mittlere Änderungsrate sowie den Änderungsfaktor für die Funktion f im angegebenen Intervall $[a; b]$.

	absolute Änderung	relative Änderung	mittlere Änderungsrate	Änderungsfaktor
a) $f(x) = x^2$ in $[1; 3]$	$f(3) - f(1) =$ $= 3^2 - 1^2 = 8$	$\frac{f(3) - f(1)}{f(1)} =$ $= \frac{3^2 - 1^2}{1^2} = 8$	$\frac{f(3) - f(1)}{3 - 1} =$ $= \frac{3^2 - 1^2}{2} = 4$	$\frac{f(3)}{f(1)} = \frac{3^2}{1^2} = 9$
b) $f(x) = \sqrt{x}$ in $[4; 9]$	$f(\_\_) - f(\_\_) =$ $= \_\_ - \_\_ = \_\_$	$\frac{f(\_\_) - f(\_\_)}{f(\_\_)} =$ $= \frac{\_\_ - \_\_}{\_\_} = \_\_$	$\frac{f(\_\_) - f(\_\_)}{\_\_ - \_\_} =$ $= \frac{\_\_ - \_\_}{\_\_} = \_\_$	$\frac{f(\_\_)}{f(\_\_)} = \frac{\_\_}{\_\_} = \_\_$

c) $f(x) = x^3 - x^2$ in $[2; 4]$ **d)** $f(x) = 2x + 1$ in $[0; 5]$ **e)** $f(x) = \frac{1}{x}$ in $[1; 2]$

A 2 → B 1

Das Bevölkerungswachstum einer Gemeinde kann in einem bestimmten Zeitraum durch die Funktion $B(t) = t^3 + 85t + 5\,600$ (Bevölkerung t Jahre nach Beginn der Aufzeichnungen) modelliert werden. Berechne den gesuchten Wert.

a) Um wie viel Prozent steigt die Bevölkerung in den ersten fünf Jahren?
① Änderungsmaß identifizieren: relative Änderung
② Gesuchten Wert mit der Formel für das Änderungsmaß berechnen: $\frac{B(5) - B(0)}{B(0)} = \frac{6150 - 5600}{5600} \approx 0{,}098 = 9{,}8\ \%$

b) Auf das Wievielfache steigt die Bevölkerung vom ersten auf das zweite Jahr?
c) Wie groß ist das durchschnittliche Wachstum im Zeitintervall $[2; 6]$?
d) Um welchen Wert wächst die Bevölkerung im ersten Jahrzehnt?
e) Um wie viel Prozent steigt die Bevölkerung vom 3. auf das 6. Jahr?

A 3 → W 1

Die Tabellen zeigen das Höhenwachstum von drei Pflanzen, wobei $h_n(t)$ die Höhe der n-ten Pflanze in cm und t die Zeit in Wochen ist. Bearbeite die Aufgabenstellungen für alle drei Pflanzen.

Pflanze 1:

t	0	2	4	6
$h_1(t)$	0	10	15	18

Pflanze 2:

t	0	2	4	6
$h_2(t)$	0	7	10	11

Pflanze 3:

t	0	2	4	6
$h_3(t)$	0	4	8	12

a) Um wie viel cm ist die Pflanze in den ersten zwei Monaten im Mittel gewachsen?
b) Wie groß ist der Höhenunterschied in den letzten zwei Monaten des ersten Halbjahrs?
c) Gib die Vervielfachung der Höhe im Intervall $[2; 4]$ an.
d) Um wie viel Prozent wächst die Pflanze vom 2. zum 6. Monat?

Lösung Pflanze 1
$\frac{10 - 0}{2 - 0} = 5$ cm/Woche
$18 - 15 = 3$ cm
$\frac{15}{10} = 1{,}5$
$\frac{18 - 10}{10} = 0{,}8 = 80\ \%$

A 4 → G 1–G 2 → W 2

Bestimme die beschriebenen Änderungen der Funktion f in den jeweils angegebenen Intervallen.

a)
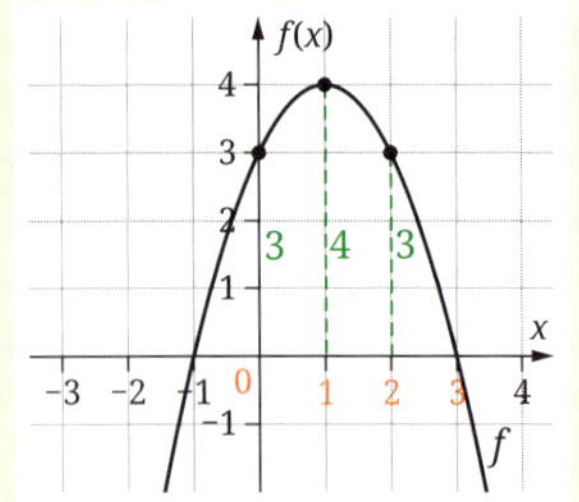

Steigung der Sekante in $[2; 3]$: $\frac{0 - 3}{3 - 2} = -3$

Änderungsfaktor der y-Werte in $[0; 1]$: $\frac{4}{3}$

b)
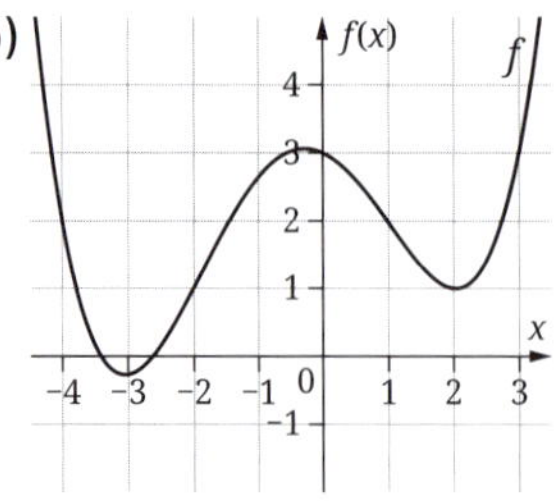

Vervielfachung der y-Werte in $[-4; 0]$

Differenzenquotient in $[-2; 3]$

c)
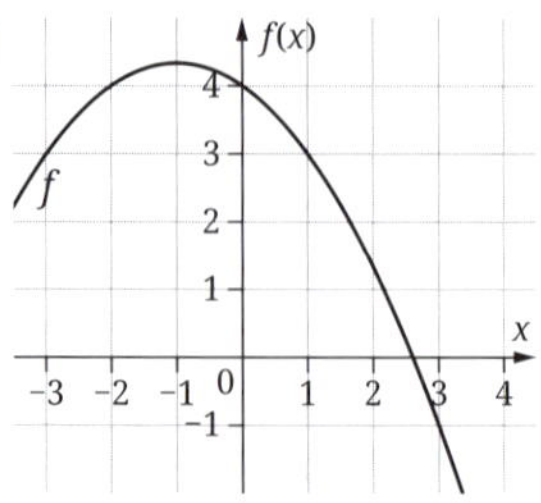

Relative Änderung der y-Werte in $[0; 1]$

Änderung der y-Werte in $[1; 3]$

d)
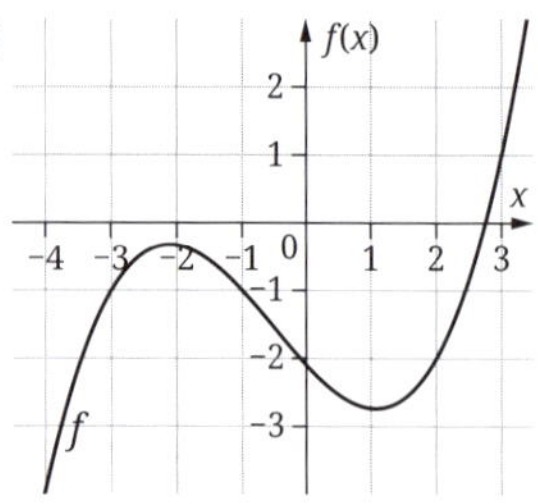

Mittlere Änderungsrate der y-Werte in $[-3; 2]$

Prozentuelle Änderung der y-Werte in $[-1; 2]$

Lösungen

A 5 Kreuze die Formeln an, die jedenfalls die relative Änderung einer Funktion berechnen.

$\frac{K(20) - K(5)}{5}$	$\frac{A(2) - A(0)}{A(0)}$	$\frac{T(30) - T(15)}{15}$	$\frac{f(30) - f(15)}{f(15)}$	$\frac{h(12) - h(3)}{9}$
☐	☐	☐	☐	☐

A 6 → W4 Die Funktion $h(t)$ gibt die Höhe einer Rakete (in km) zum Zeitpunkt t nach dem Start (in s) an. Die Rakete startet von einer Rampe, d. h $h(0) \neq 0$. Ordne den Formeln jeweils die zugehörige verbale Beschreibung zu.

$h(t) - h(0)$	
$\frac{h(t) - h(0)}{h(0)}$	
$\frac{h(t) - h(0)}{t}$	
$\frac{h(t)}{h(0)}$	

A	die Vervielfachung der Höhe nach t Sekunden
B	die Durchschnittsgeschwindigkeit im Zeitintervall $[0; t]$
C	die Höhenänderung (in km) in den ersten t Sekunden
D	der prozentuelle Höhenzuwachs vom Start zum Zeitpunkt t

A 7 → G1 Gib die Einheit des angegebenen Änderungsmaßes an.

a) Benzinverbrauch $B(x)$ in Liter, x in km

Einheit der absoluten Änderung: Liter

b) Luftdruck $p(h)$ in bar, h in m

Einheit des Änderungsfaktors: ______

c) Tagestemperatur $T(t)$ in Grad, t in h

Einheit der relativen Änderung: ______

d) Geschwindigkeit $v(t)$ in m/s, t in s.

Einheit der mittleren Änderungsrate: ______

A 8 → B2 Interpretiere das durch die Formel gegebene Änderungsmaß im gegebenen Sachzusammenhang.

a) $W(t)$… Wirkstoffmenge (in mg) im Blut eines Patienten t Stunden nach Einnahme des Medikaments

$\frac{W(24) - W(12)}{12}$: die mittlere Änderung der Wirkstoffmenge im Zeitintervall [12; 24] in mg/h

b) $E(x)$… Schadstoffemissionen (in t) eines Kraftwerks bei x erzeugten MWh Energie

$E(120) - E(100)$: ______ der ______ im Zeitintervall [;] in ______

c) $A(t)$… Wert einer Antiquität (in Euro) nach t Jahren

$\frac{A(12) - A(10)}{A(10)}$: ______ des ______ im Zeitintervall [;] in ______

d) $K(x)$… Produktionskosten von x Mengeneinheiten einer Ware

$\frac{K(2000)}{K(1000)}$: ______ der ______ im Mengenintervall [;]

A 9 → W3 Interpretiere den Ausdruck im gegebenen Zusammenhang.

a) $\frac{20831 - 9073}{9073} \approx 1{,}296$

b) $\frac{29523 - 14618}{2} = 7452{,}5$

c) $\frac{29523}{9073} \approx 3{,}254$

d) $14618 - 9073 = 5545$

e) $\frac{29523 - 20831}{20831} \approx 0{,}417$

f) $\frac{20831 - 9073}{2} = 5879$

Bestand E-Autos Österreich
Stand: jeweils 31. Dezember

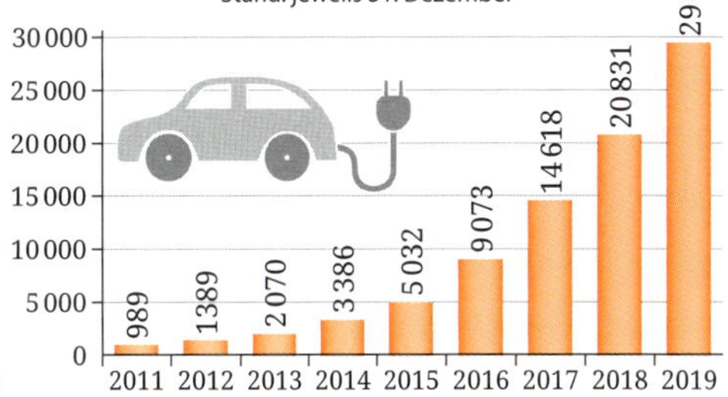

Quelle: Statistik Austria

A 10 → G2 Die Wertetabelle einer Funktion f ist gegeben. Bestimme y so, dass die Steigung k der Sekante des Funktionsgraphen im angegebenen Intervall $[a; b]$ den geforderten Wert annimmt.

a)

x	0	1	2	3
$f(x)$	10	2	5	y

Intervall [1; 3]
$k = 4$

b)

x	−3	2	5	8
$f_2(x)$	13	8	y	1

Intervall [−3; 5]
$k = -2$

Lösungen

A 11 Gegeben ist die Funktion $f(x) = -2x^2 + 4$. Kreuze die beiden zutreffenden Aussagen an.

Die Steigung der Sekante des Funktionsgraphen ist im Intervall $[-2; 0]$ negativ.	☐
Die absolute Änderung von f im Intervall $[-1; 0]$ ist kleiner als die absolute Änderung von f im Intervall $[2; 3]$.	☐
Die relative Änderung von f im Intervall $[-1; 1]$ beträgt 0.	☐
Die mittlere Änderungsrate von f im Intervall $[-2; 0]$ ist größer als die mittlere Änderungsrate im Intervall $[-2; 2]$.	☐
Die absolute Änderung der Funktion im Intervall $[0; 1]$ beträgt 2.	☐

A 12 Ein Jogger, der sich auf einen 24 h-Lauf vorbereitet, läuft einen Weg entlang, auf dem Laufdistanzen mit Kilometersteinen markiert sind. Die Funktion $s(t)$ gibt an, bei welchem Kilometer er sich nach t Stunden befindet. Kreuze die zutreffenden Aussagen an.

Die gelaufene Strecke des Joggers in den ersten zwei Stunden beträgt 15 km.	☐
Der Änderungsfaktor von s von der 4. zur 7. Stunde beträgt 0,4.	☐
Die mittlere Geschwindigkeit des Joggers in der letzten Stunde beträgt −5 km/h.	☐
Der Jogger legt in den ersten 7 Stunden eine Strecke von 15 km zurück.	☐
In den ersten 7 Stunden beträgt die mittlere Geschwindigkeit des Joggers 0 km/h.	☐

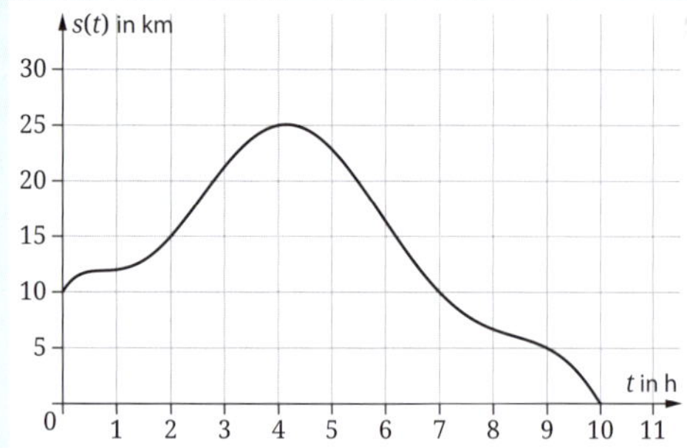

A 13 Die Temperatur einer Flüssigkeit während eines Erwärmungsvorgangs wird gemessen und als Funktion $T(t)$ beschrieben, wobei $T(t)$ in °C und t in Minuten angegeben sind.
Interpretiere den Ausdruck $\frac{T(5) - T(0)}{5} = 12$ im gegebenen Zusammenhang.

A 14 Die Grafik zeigt die jährliche Zuerkennung deutscher Staatsbürgerschaften für Britinnen und Briten im Zeitraum rund um das Brexit-Referendum im Jahr 2016. Von welchem Jahr zum nächsten war der prozentuelle Zuwachs an Einbürgerungen am höchsten? Begründe deine Antwort.

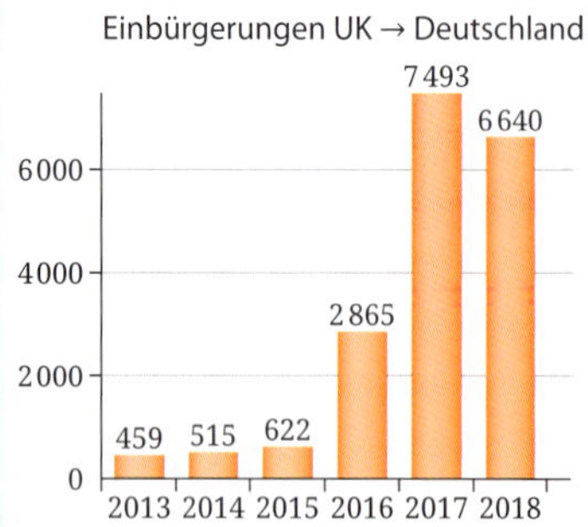

Quelle: DESTATIS

A 15 Der Wasserstand in einem Kanal wird jedes Jahr am gleichen Tag dokumentiert. In der Tabelle sind die Messdaten wiedergegeben.

Jahr	2010	2011	2012	2013	2014	2015	2016	2017	2018	2019
Wasserstand (cm)	301	305	306	296		286	307	300	310	311

a) Berechne, um wie viel Prozent sich der Wasserstand zwischen den Jahren 2010 und 2019 geändert hat. Gib dein Ergebnis auf zwei Kommastellen gerundet an.
b) Berechne den in der Tabelle fehlenden Wasserstand des Jahres 2014, wenn bekannt ist, dass der Wasserstand in den Jahren von 2010 bis 2014 im Durchschnitt um 1,5 cm pro Jahr gestiegen ist.
c) Berechne den Ausdruck $\frac{311}{286}$ und interpretiere ihn im gegebenen Zusammenhang.

Exponentialfunktionen

8

Einer Legende zufolge soll der Erfinder des Schachspiels in Indien im 3. oder 4. Jahrhundert nach Christus gelebt haben. Als Belohnung für seine Schöpfung wünschte er sich vom König Weizenkörner, und zwar auf jedes Feld des Spielbretts doppelt so viele wie auf dem vorherigen. Der König lachte, musste aber einige Tage später feststellen, dass im gesamten Land nicht so viele Weizenkörner zu finden waren. Wir werden in diesem Kapitel lernen, dass wiederholte Verdopplung ein exponentielles Wachstum ist.

Grundlagen

G1 Eine Funktion mit der allgemeinen Funktionsgleichung $f(x) = c \cdot a^x$ mit $c \in \mathbb{R}^*$, $a \in \mathbb{R}^+ \setminus \{1\}$ heißt **Exponentialfunktion**. c wird **Anfangswert** und a **Wachstumsfaktor** genannt.
Die Tabelle zeigt alle Varianten des Verlaufs für Graphen von Exponentialfunktionen $f(x) = c \cdot a^x$.

	$c > 0$ und $a > 1$	$c > 0$ und $0 < a < 1$	$c < 0$ und $0 < a < 1$	$c < 0$ und $a > 1$
Graph	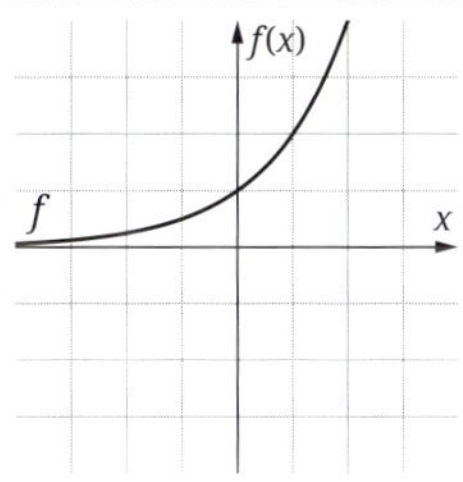	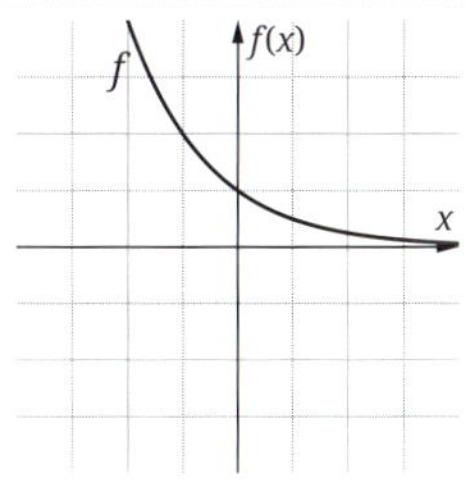	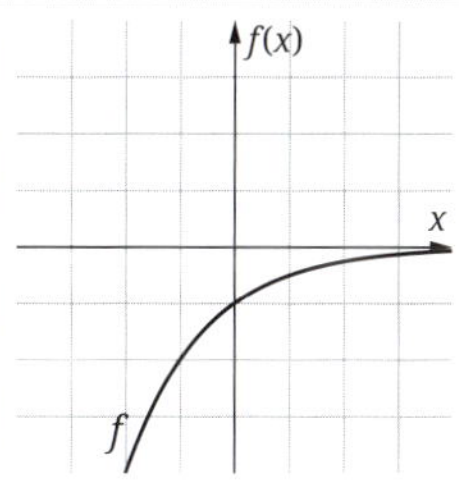	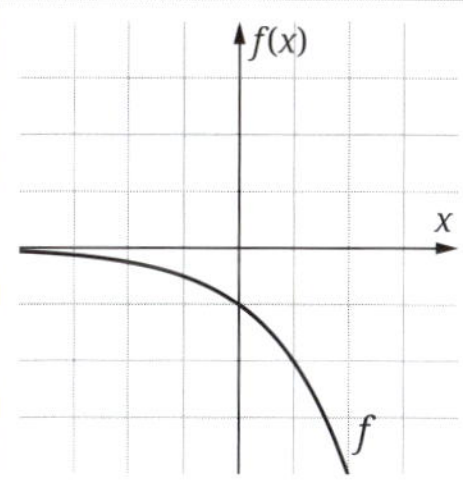
Definitionsmenge	$D = \mathbb{R}$	$D = \mathbb{R}$	$D = \mathbb{R}$	$D = \mathbb{R}$
Wertemenge	$W = \mathbb{R}^+$	$W = \mathbb{R}^+$	$W = \mathbb{R}^-$	$W = \mathbb{R}^-$
Monotonie in $\mathbb{R}$	streng monoton steigend	streng monoton fallend	streng monoton steigend	streng monoton fallend

G2 **Charakteristische Eigenschaft** einer Exponentialfunktion $f(x) = c \cdot a^x$:
Wird ein beliebiger x-Wert um eins erhöht, so ändert sich der zugehörige $f(x)$-Wert um das Vielfache a.
Beispiele: $f(0) = c \Longrightarrow f(1) = c \cdot a \Longrightarrow f(2) = c \cdot a \cdot a = c \cdot a^2$, usw.
Das bedeutet: Die relative Änderung und der Änderungsfaktor einer Exponentialfunktion sind für alle gleich breiten Intervalle konstant und hängen nur von a ab.

Werkzeuge

W1 Der Graph einer Exponentialfunktion $f(x) = c \cdot a^x$ verläuft stets durch die Punkte $(0 \mid c)$ und $(1 \mid c \cdot a)$.

W2 Der Parameter a gibt an, wie schnell die Funktion steigt bzw. abflacht:
Je größer der Wert von $a > 1$, desto schneller steigt der Graph bei Erhöhung der x-Werte an.
Je kleiner der Wert von a bei $0 < a < 1$, desto schneller flacht der Graph bei Erhöhung der x-Werte ab.

W3 Die in G2 beschriebene charakteristische Eigenschaft wird allgemein so geschrieben:
Erhöhung von x um eins: $f(x+1) = f(x) \cdot a$.
Erhöhung von x um h: $f(x+h) = f(x) \cdot a^h$.

W4 Mit einer anderen Schreibweise der charakteristischen Eigenschaft kann man den Parameter a sehr einfach berechnen, wenn zwei Punkte des Graphen $P_1 = (x_1 \mid y_1)$ und $P_2 = (x_2 \mid y_2)$ gegeben sind:
Einsetzen der Koordinaten in $\frac{y_2}{y_1} = a^{x_2 - x_1}$ und anschließendes Wurzelziehen liefern den Wert von a.

Beispiele

B 1 Gegeben ist eine Exponentialfunktion. Bestimme ihre Monotonie und skizziere ihren Graphen.

a) $f(x) = 3 \cdot 1{,}5^x$ **b)** $f(x) = 0{,}5^x$

Wie bestimme ich die Monotonie und erstelle eine Skizze einer Exponentialfunktion, wenn die Funktionsgleichung gegeben ist?

1 Die Werte c und a aus der Funktionsgleichung $f(x) = c \cdot a^x$ ablesen und anhand des Wertes von a feststellen, ob die Funktion streng monoton steigt oder fällt

a) $c = 3$ und $a = 1{,}5$
Wegen $a > 1$ ist die Funktion **streng monoton steigend**.

b) $c = 1$ und $a = 0{,}5$
Wegen $0 < a < 1$ ist die Funktion **streng monoton fallend**.

2 Den Punkt des Funktionsgraphen an der Stelle $x = 1$ ermitteln

Wir setzen $x = 1$ in die Funktionsgleichung ein und berechnen so die y-Koordinate des Punktes. (→ W1)

$f(1) = 3 \cdot 1{,}5^1 = 4{,}5 \Longrightarrow P = (1 \mid 4{,}5)$

$f(1) = 0{,}5^1 = 0{,}5 \Longrightarrow P = (1 \mid 0{,}5)$

3 Die Punkte $(0 \mid c)$ und P im Koordinatensystem eintragen und den Funktionsgraphen so durch die beiden Punkte zeichnen, dass er sich der x-Achse nähert, sie aber nicht berührt

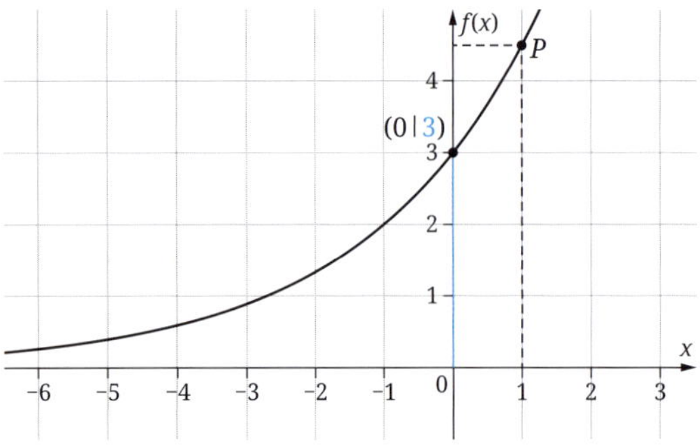

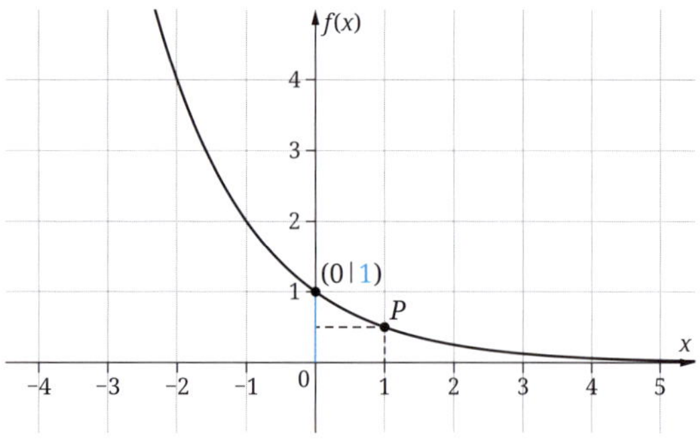

B 2 Gegeben ist der Graph einer Exponentialfunktion $f(x) = c \cdot a^x$. Bestimme c und a.

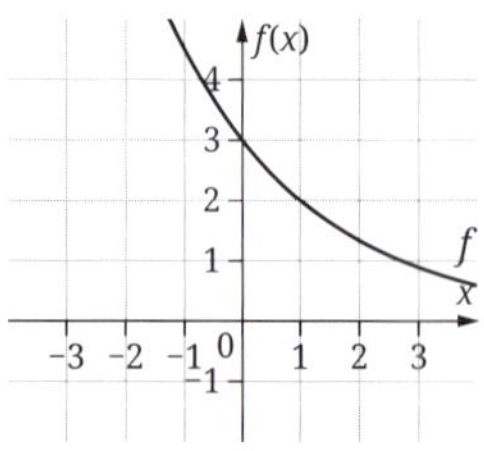

Wie bestimme ich die Parameter einer Exponentialfunktion, wenn ihr Graph gegeben ist?

1 Den Schnittpunkt des Graphen mit der y-Achse $(0 \mid c)$ sowie einen beliebigen weiteren Punkt P des Graphen (mit ganzzahligen Koordinaten) ablesen und ihre Koordinaten als Wertepaare in eine Wertetabelle schreiben

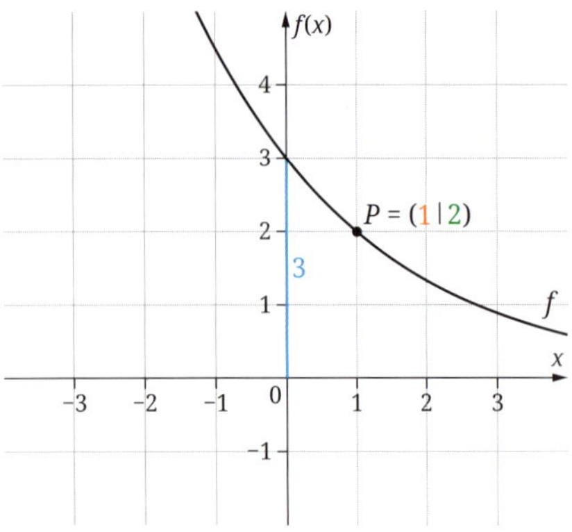

$c = 3$, $P = (1 \mid 2)$

x	$f(x)$
0	3
1	2

2 Die Werte aus der Tabelle in die Funktionsgleichung $f(x) = c \cdot a^x$ einsetzen und die entstehende Gleichung nach a lösen

$2 = 3 \cdot a^1 \quad | : 3$

$a = \frac{2}{3}$

Aufgaben zu den Beispielen

B1 A Gegeben ist eine Exponentialfunktion. Bestimme ihre Monotonie und skizziere ihren Graphen.

a) $f(x) = 2^x$

b) $f(x) = 6 \cdot \left(\frac{1}{3}\right)^x$

1 **Die Werte c und a aus der Funktionsgleichung $f(x) = c \cdot a^x$ ablesen und anhand des Wertes von a feststellen, ob die Funktion streng monoton steigt oder fällt**

a) $c =$ ___ und $a =$ ___

Wegen a ___ 1 ist die Funktion streng monoton ______.

b) $c =$ ___ und $a = \frac{\_\_\_}{\_\_\_}$

Wegen 0 ___ a ___ 1 ist die Funktion streng monoton ______.

2 **Den Punkt des Funktionsgraphen an der Stelle $x = 1$ ermitteln**

$f($___$) = 2^{___} =$ ___ $\Rightarrow P = ($___ | ___$)$

$f($___$) = 6 \cdot \left(\frac{1}{3}\right)^{___} =$ ___ $\Rightarrow P = ($___ | ___$)$

3 **Die Punkte $(0 \mid c)$ und P im Koordinatensystem eintragen und den Funktionsgraphen so durch die beiden Punkte zeichnen, dass er sich der x-Achse nähert, sie aber nicht berührt**

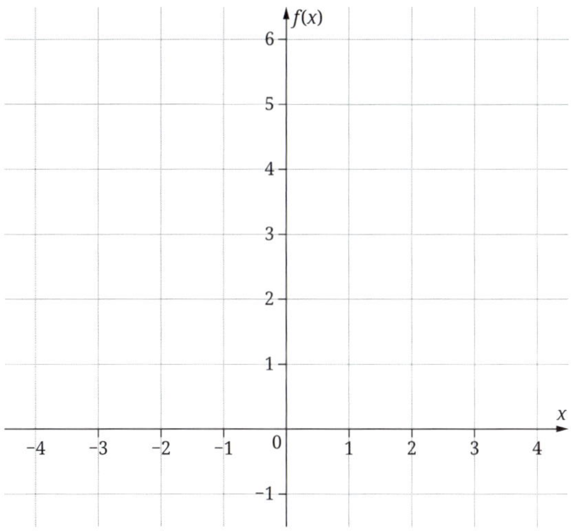

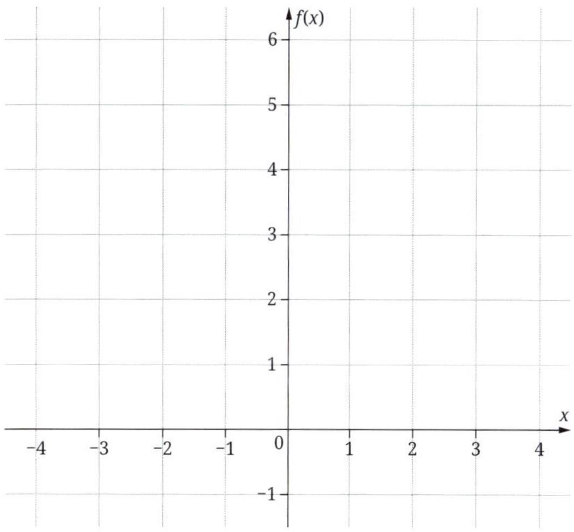

B2 A Gegeben ist der Graph einer Exponentialfunktion $f(x) = c \cdot a^x$. Bestimme c und a.

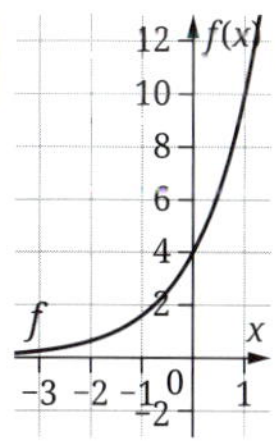

1 **Den Schnittpunkt des Graphen mit der y-Achse $(0 \mid c)$ sowie einen beliebigen weiteren Punkt P des Graphen (mit ganzzahligen Koordinaten) ablesen und ihre Koordinaten als Wertepaare in eine Wertetabelle schreiben**

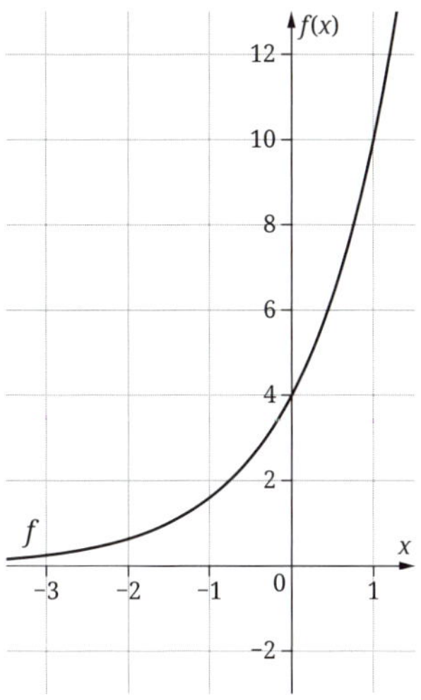

$c =$ ___,

$P = ($___ | ___$)$

x	$f(x)$

2 **Die Werte aus der Tabelle in die Funktionsgleichung $f(x) = c \cdot a^x$ einsetzen und die entstehende Gleichung nach a lösen**

___ $=$ ___ $\cdot\, a^{\_\_\_}$ | ______

$a =$ ___

Aufgaben

A 1 Stelle die beiden gegebenen Exponentialfunktionen grafisch dar.

→ G 1
→ W 1

a) $f_1(x) = 1{,}5^x$
$f_2(x) = -3 \cdot 0{,}8^x$
f_1: $c = 1$, $P_1 = (1\,|\,1{,}5)$
f_2: $c = -3$, $P_2 = (1\,|\,-2{,}4)$

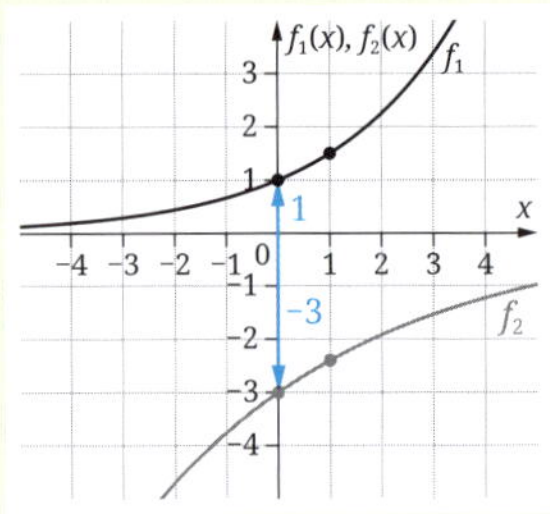

b) $f_1(x) = 2 \cdot 0{,}25^x$
$f_2(x) = -2 \cdot 2^x$
f_1: $c =$ ___, $P_1 = ($ ___ $|$ ___ $)$
f_2: $c =$ ___, $P_2 = ($ ___ $|$ ___ $)$

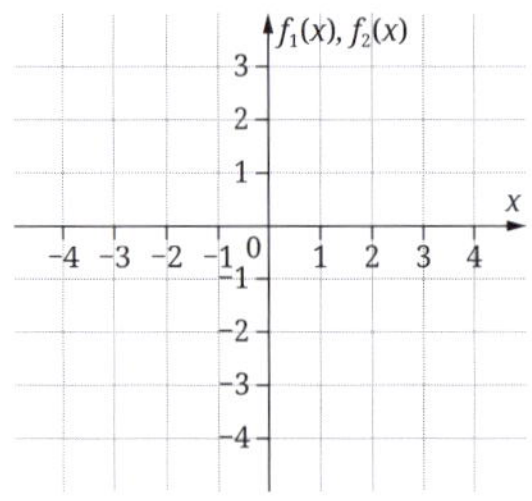

c) $f_1(x) = 3^x$
$f_2(x) = -3^x$
f_1: $c =$ ___, $P_1 = ($ ___ $|$ ___ $)$
f_2: $c =$ ___, $P_2 = ($ ___ $|$ ___ $)$

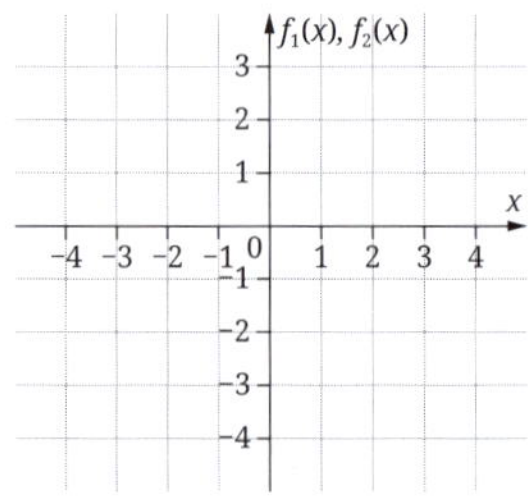

d) $f_1(x) = 2 \cdot 0{,}9^x$
$f_2(x) = -0{,}5^x$
f_1: $c =$ ___, $P_1 = ($ ___ $|$ ___ $)$
f_2: $c =$ ___, $P_2 = ($ ___ $|$ ___ $)$

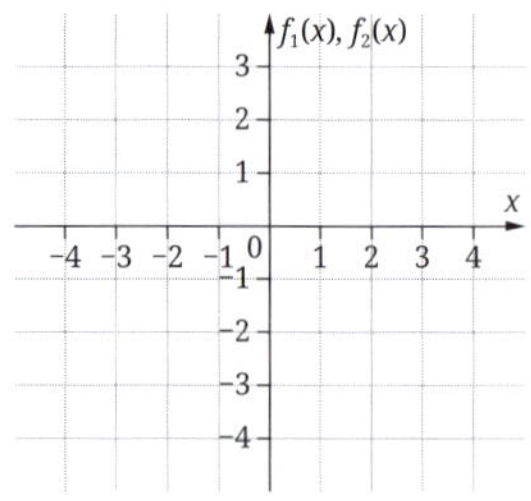

A 2 Gegeben sind Exponentialfunktionen. Kreuze jeweils das richtige Monotonieverhalten an.

→ G 1

	$f(x) = 4^x$	$f(x) = -0{,}5^x$	$f(x) = -2 \cdot 1{,}3^x$	$f(x) = 2 \cdot 3^x$	$f(x) = 5 \cdot 0{,}7^x$
streng monoton steigend	☐	☐	☐	☐	☐
streng monoton fallend	☐	☐	☐	☐	☐

A 3 Ordne den Funktionsgleichungen $f(x) = c \cdot a^x$ jeweils ihren Graphen zu.

→ W 1–W 2

a) Orientiere dich an c.

$f_1(x) = -0{,}5^x$	
$f_2(x) = 2^x$	
$f_3(x) = -3 \cdot 1{,}2^x$	
$f_4(x) = 2 \cdot 0{,}5^x$	

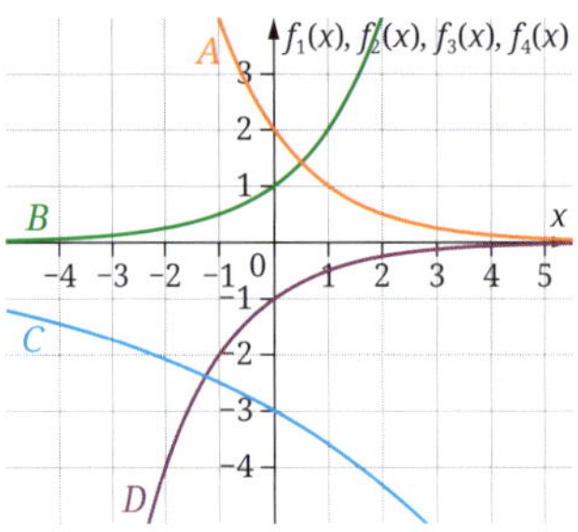

b) $c = 1$. Orientiere dich an a.

$f_1(x) = 1{,}5^x$	
$f_2(x) = 0{,}5^x$	
$f_3(x) = 0{,}1^x$	
$f_4(x) = 3^x$	

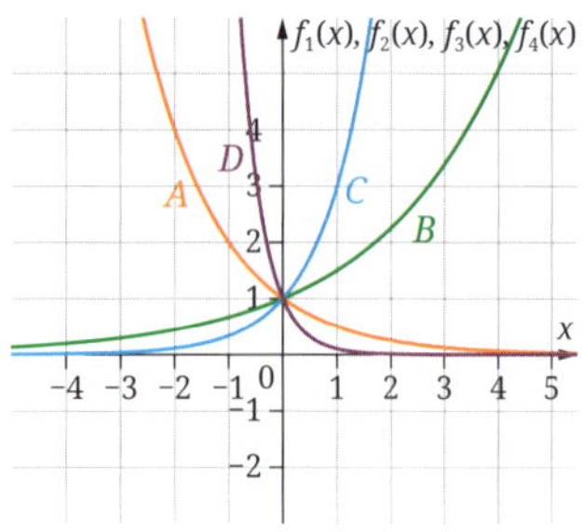

A 4 Gegeben sind die Graphen zweier Exponentialfunktionen $f(x) = a \cdot b^x$ und $g(x) = c \cdot d^x$. Setze die passenden Symbole (< oder = oder >) so ein, dass zutreffende Zusammenhänge entstehen.

→ W 2

Tipp Die Bedeutung des Parameters ist nicht an den verwendeten Buchstaben gebunden. Überprüfe daher stets, welche Rolle jeder Parameter in der Funktionsgleichung spielt. Beispiel: Auch $f(x) = a \cdot b^x$ beschreibt eine Exponentialfunktion, dabei sind a der Anfangswert und b der Wachstumsfaktor.

a)

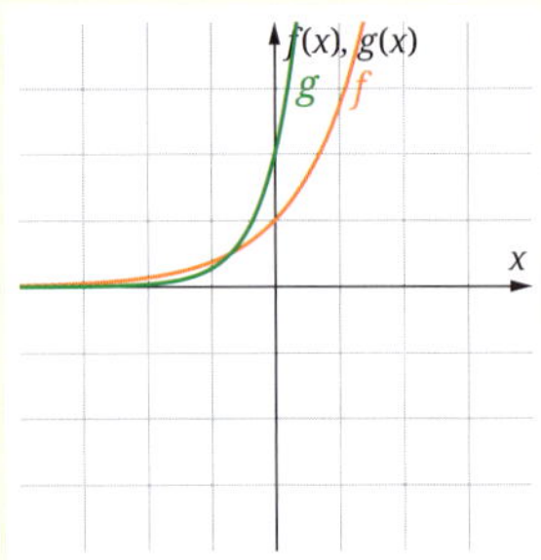

$a < c$
$b < d$

b)

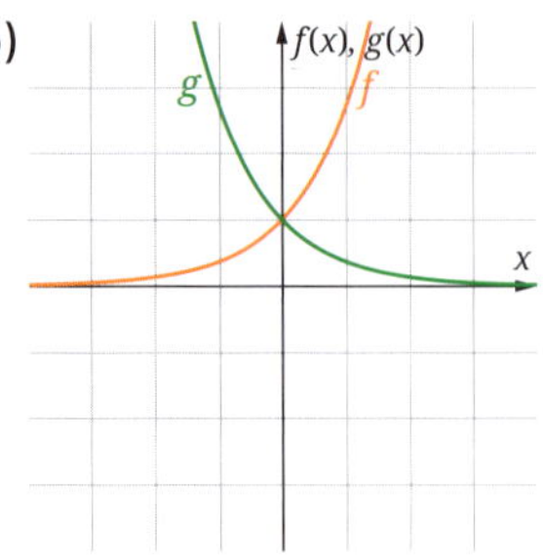

a ___ c
b ___ d

c)

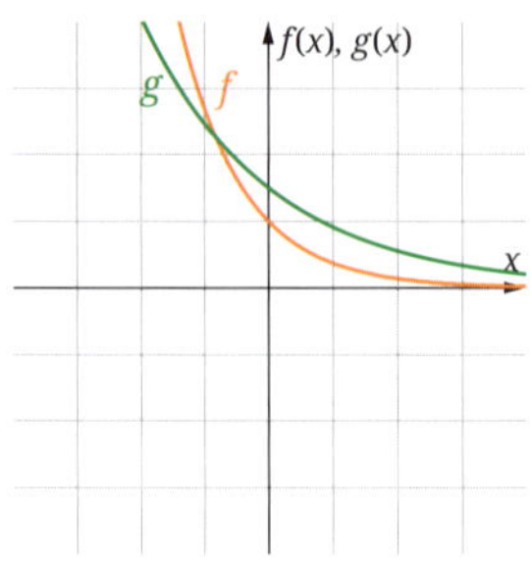

a ___ c
b ___ d

d)

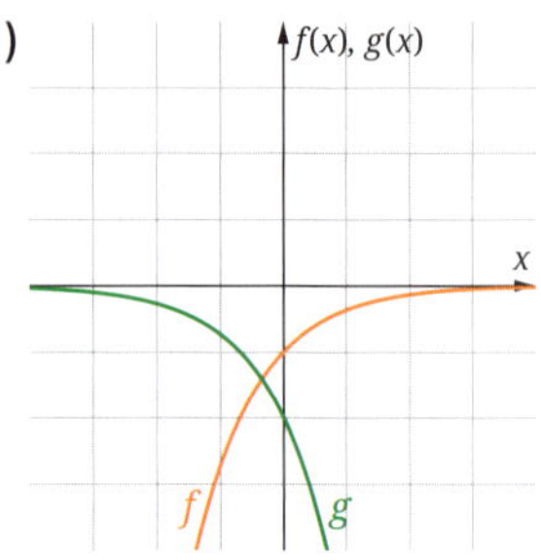

a ___ c
b ___ d

A 5 → B2

Bestimme die Funktionsgleichung der grafisch gegebenen Exponentialfunktion.

Tipp Für Exponentialfunktionen $f(x) = c \cdot a^x$ ist immer $a > 0$, daher kann a nur die positive Lösung einer Gleichung sein.

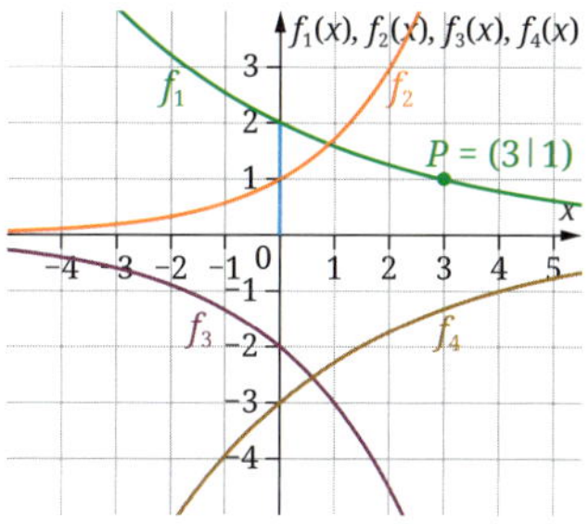

a) f_1: $c = 2$
$P_1 = (3|1)$
$1 = 2 \cdot a^3$
$\frac{1}{2} = a^3 \quad |\sqrt[3]{}$
$a \approx 0{,}7937$
Funktionsgleichung:
$f(x) = 2 \cdot 0{,}7937^x$

b) f_2: $c =$ ___
$P_2 = ($___ | ___$)$
___ = ___ $\cdot a$___
$a \approx$ ___
Funktionsgleichung: ___

c) f_3: $c =$ ___
$P_3 = ($___ | ___$)$
___ = ___ $\cdot a$___
$a =$ ___
Funktionsgleichung: ___

d) f_4: $c =$ ___
$P_4 = ($___ | ___$)$
___ = ___ $\cdot a$___
$a \approx$ ___
Funktionsgleichung: ___

A 6 → W4

Gegeben ist die Wertetabelle einer Exponentialfunktion $f(x) = c \cdot a^x$. Bestimme a und c.

a)

x	1	3
$f(x)$	10	5

b)

x	3	8
$f(x)$	14	12

c)

x	2	7
$f(x)$	4	24

d)

x	1	4
$f(x)$	6	8

Wir setzen die Wertepaare $(1|10)$ und $(3|5)$ in $\frac{y_2}{y_1} = a^{x_2 - x_1}$ ein:
$\frac{5}{10} = a^{3-1} \Longrightarrow a = \sqrt[2]{0{,}5} \approx 0{,}7071$
Wir setzen den Wert für a und einen der beiden durch die Wertetabelle gegebenen Punkte in $f(x) = c \cdot a^x$ ein, z. B.: $10 = c \cdot a^1 \Longrightarrow c = \frac{10}{a} \approx 14{,}1421$

A 7 → W3

Vervollständige die Aussagen so, dass sie charakteristische Eigenschaften von Exponentialfunktionen korrekt wiedergeben.

a) $f(x) = 2 \cdot 4^x$ $\quad f(x+1) = f(x) \cdot 4^1$ $\quad f(x+5) = f(x) \cdot 4^5$ $\quad f(x-1) = f(x) \cdot 4^{-1}$

b) $f(x) = 5 \cdot 0{,}8^x$ $\quad f(x+1) = f(x) \cdot$ ___ $\quad f(x+2) = f(x) \cdot$ ___ $\quad f(x-5) = f(x) \cdot$ ___

c) $f(x) = 3^x$ $\quad f(x+1) = f(x) \cdot$ ___ $\quad f(x-7) = f(x) \cdot$ ___ $\quad f(x+h) = f(x) \cdot$ ___

A 8 → W3–W4

Kreuze die beiden für die gegebene Funktion jedenfalls zutreffenden Aussagen an.

a) $f(x) = 2 \cdot 0{,}5^x$

$f(x+1) = f(x) + 0{,}5$	☐
$f(x+1) = f(x) \cdot 2$	☐
$f(x+3) = f(x) \cdot 0{,}5^3$	☐
$\frac{f(x+1)}{f(x)} = 0{,}5$	☐
$f(x-5) = f(x) - 5$	☐

b) $f(x) = c \cdot a^x$

$f(x-1) = \frac{f(x)}{c}$	☐
$f(x+1) = f(x) \cdot c$	☐
$f(x+2) = f(x) + 2$	☐
$f(x+1) = f(x) \cdot a$	☐
$\frac{f(x+h)}{f(x)} = a^h$	☐

A 9

Kreuze die zutreffende(n) Aussage(n) an.

Das relative Wachstum einer Exponentialfunktion hängt vom Anfangswert ab.	☐
Der Graph einer Exponentialfunktion berührt die x-Achse.	☐
Der Graph einer Exponentialfunktion mit Wachstumsfaktor $a > 0$ ist streng monoton steigend.	☐
Die relative Änderung einer Exponentialfunktion ist für alle gleich breiten Intervalle konstant.	☐

Lösungen

A 10 Gegeben sind die Graphen von zwei Exponentialfunktionen $f(x) = c \cdot a^x$ und $g(x) = b \cdot d^x$.

Kreuze die beiden zutreffenden Aussagen an.

$c > b$	$d < 1$	$a > d$	$c < 0$	$c < b$
☐	☐	☐	☐	☐

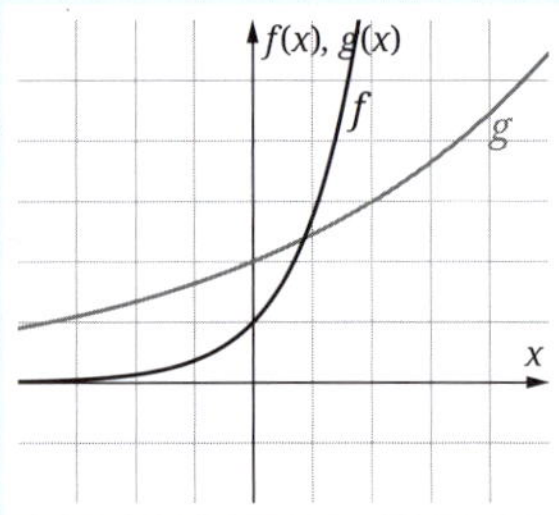

A 11 Von einer Exponentialfunktion $f(x) = c \cdot a^x$ kennt man die zwei Funktionswerte $f(0) = 10$ und $f(5) = 5$. Bestimme c und a.

$c =$ __________, $a \approx$ __________

A 12 Gib eine Funktionsgleichung der Funktion f an, die folgende Eigenschaften aufweist:
$f(0) = 25$ und $f(x + 1) = f(x) \cdot 0{,}8$

Funktionsgleichung: $f(x) =$ ____________________

A 13 Gegeben sind die Funktion $f(x) = k \cdot q^x$ sowie der Punkt $P = (1 \mid y)$, durch den der Graph von f verläuft. Drücke die Koordinate y durch k und q aus.

$y =$ __________

A 14 Gegeben ist die die Exponentialfunktion $f(x) = -3^x$. Kreuze die drei zutreffenden Aussagen an.

Die Funktion f ist in $\mathbb{R}$ streng monoton fallend.	☐
$f(x + 1) = f(x) - 3$	☐
$f(0) = -3$	☐
$f(x + 2) = f(x) \cdot 9$	☐
Die Definitionsmenge von f lautet $D = \mathbb{R}$.	☐

A 15 Ordne den Graphen von reellen Funktionen jeweils die zugehörige Funktionsgleichung zu.

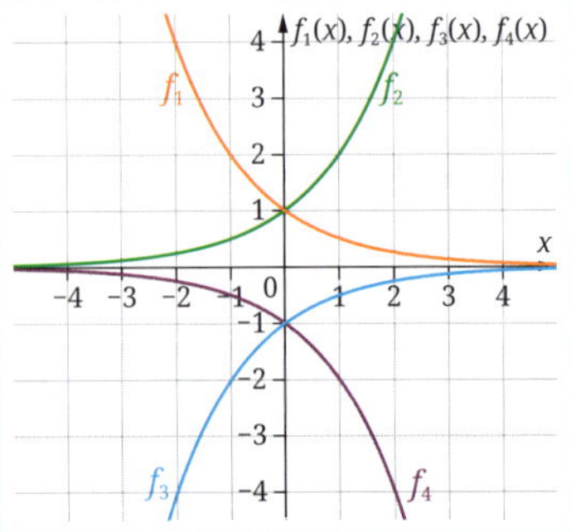

f_1	
f_2	
f_3	
f_4	

A	$f(x) = \left(\frac{1}{2}\right)^x$
B	$f(x) = 2 \cdot 0{,}25^x$
C	$f(x) = -2^x$
D	$f(x) = 1{,}5^x$
E	$f(x) = -0{,}5^x$
F	$f(x) = 2^x$

A 16 Vom Graphen einer Exponentialfunktion $f(x) = c \cdot a^x$ kennt man die zwei Punkte $P = (7 \mid 32)$ und $Q = (11 \mid 512)$. Bestimme die Funktionsgleichung.

Funktionsgleichung: $f(x) =$ ____________________

A 17 Gegeben ist die Exponentialfunktion $f(x) = 100 \cdot 0{,}9^x$.

a) Bestimme den Anfangswert und den Wachstumsfaktor dieser Exponentialfunktion.
b) Gib die Monotonie sowie die Definitions- und Wertemenge der Exponentialfunktion an.
c) Berechne den Funktionswert von f an der Stelle $x = 4$.
d) Das Wievielfache des Funktionswerts an der Stelle 2 stellt der Funktionswert an der Stelle 5 dar?

Exponentielle Modelle

9

Welche weitreichenden Konsequenzen ein, wenn auch nur zeitlich begrenztes, exponentielles Wachstum haben kann, zeigt die Katastrophe des Jahres 1986 im Kernkraftwerk Tschernobyl. Der Reaktor wurde nach einer Verkettung mehrerer ungünstiger Umstände innerhalb des Bruchteils einer Sekunde „überkritisch", d. h. die Zahl gespaltener Atome und damit die freigesetzte Energie wuchsen exponentiell, und der Reaktor explodierte. Mit exponentiellen Modellen kann man aber auch weniger gefährliche Szenarien untersuchen.

Grundlagen

G 1 Ein **Wachstums- oder Abnahmevorgang**, bei dem sich der Wert einer Größe stets um den gleichen Prozentsatz in jeweils gleich großen Zeitabschnitten ändert, wird durch eine Exponentialfunktion $N(t) = N_0 \cdot a^t$ oder $N(t) = N_0 \cdot e^{\lambda \cdot t}$ beschrieben, und diese Beschreibung heißt **exponentielles Modell**.

$N(t)$… Wert einer Größe zum Zeitpunkt t (abhängige Variable)
N_0… Anfangswert bzw. Wert zum Beginn des Messvorgangs ($t = 0$)
t… Zeit(punkt) (unabhängige Variable)
$e^{\lambda} = a$… **Wachstumsfaktor (Änderungsfaktor)**
λ… **Wachstumskonstante** bzw. **Zerfallskonstante**

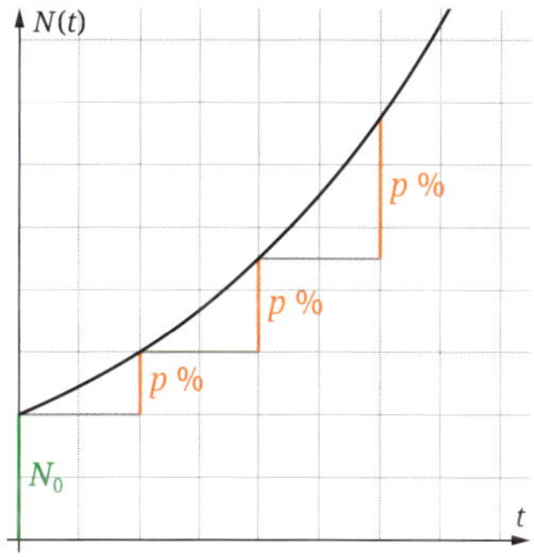

G 2 Eine **Zunahme** liegt genau dann vor, wenn $a > 1$ bzw. $\lambda > 0$ ist.
Eine **Abnahme** liegt genau dann vor, wenn $0 < a < 1$ bzw. $\lambda < 0$ ist.

G 3 Die **Halbwertszeit** ist jene Zeit t, die vergehen muss, bis von einer Größe nur noch die Hälfte des Ausgangswerts vorhanden ist. Beispiel: Von einem radioaktiven Stoff sind zum Beginn des Messvorgangs 48 g vorhanden. Der Stoff hat eine Halbwertszeit von 10 Minuten. Nach 10 Minuten sind noch 24 g vorhanden, nach weiteren 10 Minuten (insgesamt 20 Minuten) noch 12 g, usw.

Werkzeuge

W1 Bei Aufgaben, in denen ein Prozentanteil einer Größe gefragt oder gegeben ist, kann man zur Vereinfachung der Rechnung folgenden Trick anwenden: Man setzt den Anfangswert auf $N_0 = 100$, egal welchen Wert N_0 in Wirklichkeit annimmt, und rechnet somit direkt in Prozentanteilen. Das Ergebnis für $N(t)$ gibt dann an, auf wie viel Prozent des Anfangswerts der Wert zum Zeitpunkt t steigt oder fällt.

W2 Zur Umrechnung zwischen den zwei exponentiellen Modellen $N(t) = N_0 \cdot a^t$ und $N(t) = N_0 \cdot e^{\lambda \cdot t}$ berechnet man aus dem gegebenen Wert a den Wert λ und umgekehrt.
Formeln für die Umrechnung zwischen λ und a:
$e^{\lambda} = a$ bzw. $\lambda = \ln a$

W3 Für prozentuelle Änderungen pro Zeiteinheit kann der Parameter a schnell mit der Formel $a = 1 + \frac{p}{100}$ berechnet werden. Bei einer Zunahme wird für p ein positiver Wert und bei einer Abnahme ein negativer Wert in die Formel eingesetzt.
Beispiele: 5%ige Zunahme pro Jahr:
$a = 1 + \frac{5}{100} = 1{,}05$
12%ige Abnahme pro Sekunde:
$a = 1 - \frac{12}{100} = 0{,}88$

Beispiele

B 1 Eine Bakterienpopulation vermehrt sich exponentiell. Die Zunahme wird durch die Funktion $N(t) = 200 \cdot 1{,}15^t$ beschrieben, wobei $N(t)$ für die Bakterienzahl und t für die Zeit in Tagen steht.
a) Wie viele Bakterien gibt es nach 4 Tagen?
b) Wann ist die Bakterienzahl auf 1070 gestiegen?

Wie berechne ich die gesuchten Größen eines exponentiellen Modells, wenn die Funktionsgleichung gegeben ist?

1 Die Bedeutung der Größen $N(t)$ und t im gegebenen Zusammenhang ermitteln

t… Zeit in Tagen, $N(t)$… Bakterienzahl

2 Anhand der Aufgabenstellung ermitteln, welche der beiden Größen t und $N(t)$ gegeben und welche gesucht ist

a) gegeben: Zeit in Tagen $\Longrightarrow t = 4$
gesucht: Bakterienzahl $N(t)$

b) gegeben: Bakterienzahl $\Longrightarrow N(t) = 1070$
gesucht: Zeit t in Tagen

3 Den Wert der gegebenen Größe in die Funktionsgleichung einsetzen und die gesuchte Größe berechnen

a) $200 \cdot 1{,}15^4 \approx 349{,}8$

Antwort: Nach 4 Tagen gibt es ca. 350 Bakterien.

b)
$$1070 = 200 \cdot 1{,}15^t \quad |:200$$
$$5{,}35 = 1{,}15^t \quad |\ln$$
$$\ln(5{,}35) = \ln(1{,}15^t)$$
$$\ln(5{,}35) = t \cdot \ln(1{,}15) \quad |:\ln(1{,}15)$$
$$t \approx 12{,}0$$

Antwort: Nach ca. 12 Tagen gibt es 1 070 Bakterien.

B 2 Die Zahl N der E-Autos nimmt in einer Region anfänglich exponentiell zu und kann durch die Funktion $N(t) = 1050 \cdot 1{,}2^t$ modelliert werden, wobei t in Jahren gegeben ist.
a) Um wie viel Prozent steigt die Zahl der E-Autos nach diesem Modell in drei Jahren?
b) Nach wie vielen Jahren ist die Zahl der Autos im Vergleich zum Anfang um 44 % gestiegen?

Wie bestimme ich Werte(paare) eines exponentiellen Modells, wenn die Funktionsgleichung gegeben und Prozentsätze gefragt sind?

1 In die Funktionsgleichung für N_0 den Wert 100 einsetzen

Mit dem Trick aus → W1 rechnen wir N_0 und $N(t)$ direkt in Prozent.
$N(t) = 100 \cdot 1{,}2^t$

2 Anhand der Aufgabenstellung ermitteln, welche der beiden Größen t und $N(t)$ gegeben und welche gesucht ist

a) gegeben: Zeit in Jahren $\Longrightarrow t = 3$
gesucht: Prozentsatz der E-Autos $N(t)$

b) gegeben: Prozentsatz der E-Autos $\Longrightarrow N(t) = 144$
Zu Beginn sind immer 100 % einer Größe vorhanden, daher bedeutet eine Zunahme um 44 %, dass 100 % + 44 % = 144 % vorhanden sind.
gesucht: Zeit t in Jahren

3 Den Wert der gegebenen Größe in die Funktionsgleichung einsetzen und die gesuchte Größe berechnen

a) $100 \cdot 1{,}2^3 = 172{,}8$
Der Prozentsatz der E-Autos ist auf 172,8 % gestiegen, d. h. es gibt um 72,8 % mehr E-Autos als drei Jahre zuvor.

Antwort: In drei Jahren steigt die Zahl der E-Autos um 72,8 %.

b)
$$144 = 100 \cdot 1{,}2^t \quad |:100$$
$$1{,}44 = 1{,}2^t \quad |\ln$$
$$\ln(1{,}44) = \ln(1{,}2^t)$$
$$\ln(1{,}44) = t \cdot \ln 1{,}2 \quad |:\ln(1{,}2)$$
$$t = 2$$

Antwort: Nach zwei Jahren gibt es um 44 % mehr E-Autos als zu Beginn.

Aufgaben zu den Beispielen

B1 A Die Einwohnerzahl N einer Region nimmt infolge fehlender Arbeitsplätze eine Zeit lang exponentiell ab. Diese Abnahme wird durch die Funktion $N(t) = 9040 \cdot 0{,}89^t$ beschrieben, t in Jahren.

a) Wie viele Einwohner werden laut diesem Modell in fünf Jahren in der Region leben?

b) Wann wird die Bevölkerungszahl demnach auf 4068 Einwohner gesunken sein?

1 Die Bedeutung der Größen $N(t)$ und t im gegebenen Zusammenhang ermitteln

t… ______, $N(t)$… ______

2 Anhand der Aufgabenstellung ermitteln, welche der beiden Größen t und $N(t)$ gegeben und welche gesucht ist

a) gegeben: ______ $\Rightarrow t =$ ___

gesucht: ______

b) gegeben: ______ $\Rightarrow N(t) =$ ___

gesucht: ______

3 Den Wert der gegebenen Größe in die Funktionsgleichung einsetzen und die gesuchte Größe berechnen

$9040 \cdot 0{,}89^{\square} \approx$ ___

___ $= 9040 \cdot 0{,}89^t$ | : ___

___ $= 0{,}89^t$ | ___

___ (___) = ___ $(0{,}89^t)$

___ (___) $= t \cdot$ ___ | : ___

$t \approx$ ___

Antwort: ______

Antwort: ______

B2 A Eine Krankheit verbreitet sich anfänglich exponentiell, die Zahl der erkrankten Personen wird durch die Funktion $N(t) = N_0 \cdot 1{,}13^t$ beschrieben, wobei t in Wochen angegeben ist.

a) Um wie viel Prozent steigt die Zahl erkrankter Personen in vier Wochen?

b) Wie lange dauert es, bis die Zahl der erkrankten Personen um 28 % steigt?

1 In die Funktionsgleichung für N_0 den Wert 100 einsetzen

$N(t) =$ ___ $\cdot 1{,}13^t$

2 Anhand der Aufgabenstellung ermitteln, welche der beiden Größen t und $N(t)$ gegeben und welche gesucht ist

a) gegeben: ______

$\Rightarrow t =$ ___

gesucht: ______

b) gegeben: ______

100 % + ___ % = ___ % $\Rightarrow N(t) =$ ___

gesucht: ______

3 Den Wert der gegebenen Größe in die Funktionsgleichung einsetzen und die gesuchte Größe berechnen

a) $100 \cdot 1{,}13^{\square} \approx$ ___

b)

___ $= 100 \cdot 1{,}13^t$ | : ___

___ $= 1{,}13^t$ | ___

___ (___) = ___ $(1{,}13^t)$

___ (___) $= t \cdot$ ___ | : ___

$t \approx$ ___

Antwort: ______

Antwort: ______

Lösungen

Weitere Aufgaben

Aufgaben

A 1
→ B 1

Das Passagieraufkommen N (in Mio.) einer staatlichen Eisenbahn steigt exponentiell und wird durch die Funktion $N(t) = 43 \cdot 1{,}12^t$ beschrieben, t steht für die Zeit in Jahren. Kreuze für jede Fragestellung an, ob die Größe t oder $N(t)$ gegeben ist, und berechne die andere Größe.

	gegeben: t	$N(t)$	Ansatz und Ergebnis
a) Wie lange dauert es, bis die Eisenbahn 54 Mio. Passagiere befördert?	☐	☒	$54 = 43 \cdot 1{,}12^t \Longrightarrow t \approx 2{,}0$
b) Wie viele Passagiere wird die Eisenbahn in 7 Jahren befördern?	☐	☐	
c) Wie lange dauert es, bis die Eisenbahn doppelt so viele Passagiere wie zu Beginn befördert?	☐	☐	
d) Wie viele Passagiere wird die Eisenbahn in 10 Jahren befördern?	☐	☐	

A 2
→ B 2
→ W 1

Der Zerfall eines radioaktiven Elements wird durch die Funktion $N(t) = N_0 \cdot 0{,}9761^t$ beschrieben, wobei $N(t)$ für die Zahl radioaktiver Atome und t für die Zeit in Jahren steht. Kreuze für jede Fragestellung an, ob die Größe t oder $N(t)$ gegeben ist, und berechne die andere Größe.

	gegeben: t	$N(t)$	Ansatz und Ergebnis
a) Wie lange dauert es, bis nur noch 1 % der Anfangsmenge vorhanden ist?	☐	☒	$1 = 100 \cdot 0{,}9761^t \Longrightarrow t \approx 190{,}37$
b) Wie lange dauert es, bis nur noch 10 % der Anfangsmenge vorhanden sind?	☐	☐	
c) Wie viel Prozent der Anfangsmenge sind nach 60 Jahren noch vorhanden?	☐	☐	

A 3
→ G 3

Die Funktion, die die Menge (in Gramm) einer radioaktiven Substanz in Abhängigkeit von der Zeit t (in Wochen) beschreibt, ist grafisch gegeben. Gib die Halbwertszeit der Substanz an.

a)
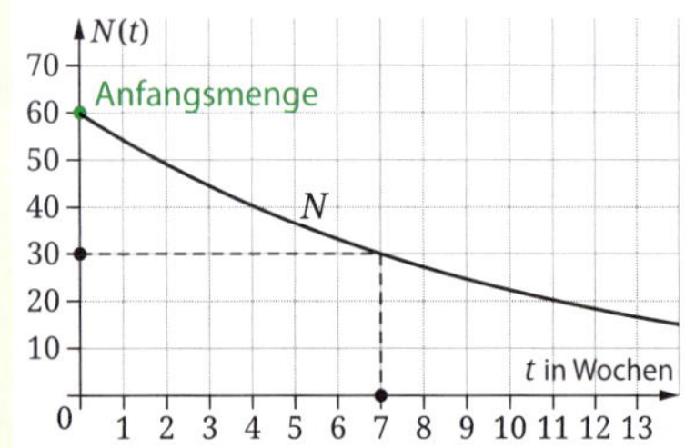

Nach 7 Wochen sind 30 g (die Hälfte von N_0) vorhanden.
⟹ Halbwertszeit t = 7 Wochen

b)
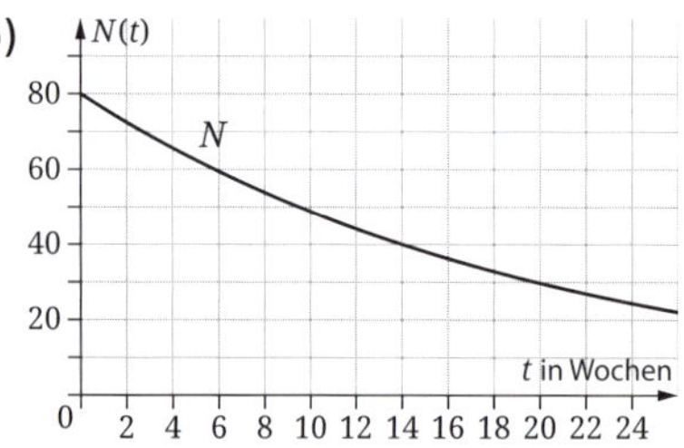

Nach ____ Wochen sind ____ g (die Hälfte von N_0) vorhanden.
⟹ Halbwertszeit t = ____ Wochen

c)
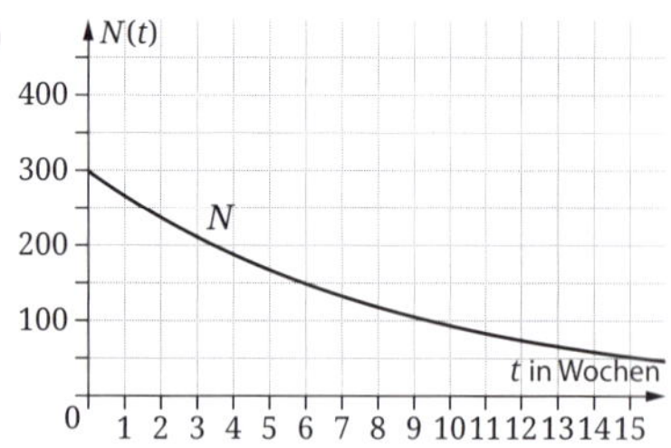

Nach ____ Wochen sind ____ g (die Hälfte von N_0) vorhanden.
⟹ Halbwertszeit t = ____ Wochen

A 4
→ G 3
→ W 1

Gegeben ist eine Exponentialfunktion, die den Zerfall einer radioaktiven Menge in Abhängigkeit von der Zeit t in Wochen beschreibt. Bestimme die Halbwertszeit der Substanz.

Tipp Für Aufgaben mit Halbwertszeiten ist der Trick aus → W 1 besonders nützlich: Rechne in Prozent und verwende $N_0 = 100$ und $N(t) = 50$.

a) $N(t) = N_0 \cdot e^{-0{,}02t}$

Wir können in Prozent rechnen: $N_0 = 100$

$50 = 100 \cdot e^{-0{,}02t} \quad |:100$

$0{,}5 = e^{-0{,}02t} \quad |\ln$

$\ln(0{,}5) = \ln(e^{-0{,}02t})$

$\ln(0{,}5) = -0{,}02t \cdot \underbrace{\ln(e)}_{1} \quad |:(-0{,}02)$

$t \approx 34{,}66$

b) $N(t) = 1200 \cdot 0{,}896^t$

Hier ist N_0 gegeben, die Hälfte davon ist 600.

$600 = 1200 \cdot 0{,}896^t \quad |:1200$

$0{,}5 = 0{,}896^t \quad |\ln$

$\ln(0{,}5) = \ln(0{,}896^t)$

$\ln(0{,}5) = t \cdot \ln(0{,}896) \quad |:\ln(0{,}896)$

$t \approx 6{,}31$

c) $N(t) = N_0 \cdot e^{-0{,}004 \cdot t}$ **d)** $N(t) = 180 \cdot 0{,}97^t$ **e)** $N(t) = 240 \cdot e^{-0{,}142 \cdot t}$ **f)** $N(t) = N_0 \cdot 0{,}9996^t$

Lösungen

A 5

→ G3
→ W1

Von einem Zerfallsprozess sind der Anfangswert N_0 und die Halbwertszeit t_h gegeben. Vervollständige die Wertetabelle der Funktion, die den Zerfall beschreibt.

a) $t_h = 4$, $N_0 = 240$

t	$N(t)$
0	240
4	120
8	60

(+ 4 ; + 4 | : 2 ; : 2)

b) $t_h = 10$, $N_0 = 90$

t	$N(t)$
0	90
10	
20	

c) $t_h = 7$

t	$N(t)$
0	100

d) $t_h = T$

t	$N(t)$
0	100

A 6

→ G1

Kreuze alle Graphen an, die ein exponentielles Modell darstellen.

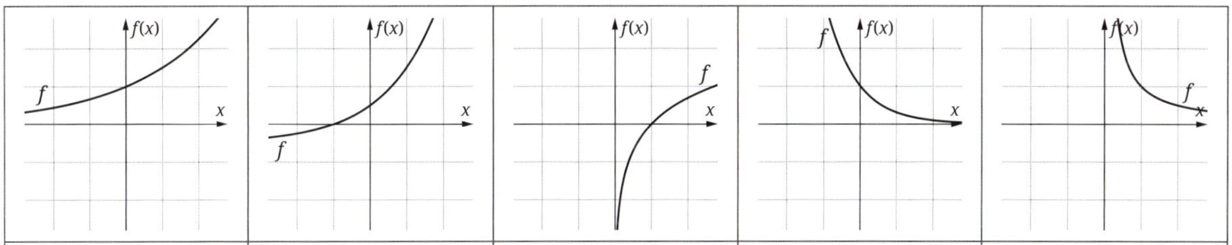

☐ ☐ ☐ ☐ ☐

A 7

→ G2

Kreuze die beiden Gleichungen von Exponentialfunktionen an, die eine Abnahme beschreiben.

$N(t) = 5 \cdot 2^t$	$N(t) = 20 \cdot e^{0{,}02t}$	$N(t) = \frac{1{,}04^t}{3}$	$N(t) = 70 \cdot 0{,}92^t$	$N(t) = \frac{1}{5} \cdot e^{-2t}$
☐	☐	☐	☐	☐

A 8

→ W1

Die gegebene Funktionsgleichung stellt ein exponentielles Wachstums- oder Abnahmegesetz mit t in Jahren dar. Berechne, um wie viel Prozent die Anfangsmenge in einem Jahr zu- oder abnimmt.

a) $N(t) = N_0 \cdot e^{-0{,}045t}$
$100 \cdot e^{-0{,}045 \cdot 1} \approx 95{,}6 \Longrightarrow 95{,}6\,\% - 100\,\% = -4{,}4\,\% \Longrightarrow$ Abnahme von ca. 4,4 % pro Jahr

b) $H(t) = 80 \cdot 1{,}07^t$
$100 \cdot 1{,}07^1 = 107 \Longrightarrow 107\,\% - 100\,\% = +7\,\% \longrightarrow$ Zunahme von 7 % pro Jahr

c) $B(t) = N_0 \cdot e^{0{,}012t}$ **d)** $M(t) = \frac{1}{2} \cdot e^t$ **e)** $N(t) = N_0 \cdot 0{,}94^t$ **f)** $M(t) = 200 \cdot e^{-0{,}8t}$ **g)** $N(t) = 2^t$

A 9

→ W2

Eine Exponentialfunktion kann entweder mit der Basis e oder mit einer allgemeinen Basis a geschrieben werden. Stelle die gegebene Funktionsgleichung mit der jeweils anderen Basis dar.

a) $N(t) = N_0 \cdot 0{,}87^t$
$a = 0{,}87$
$\lambda = \ln(0{,}87) \approx -0{,}13926 \Longrightarrow N(t) = N_0 \cdot e^{-0{,}13926t}$

b) $N(t) = N_0 \cdot e^{0{,}5t}$
$\lambda = 0{,}5$
$a = e^{0{,}5} \approx 1{,}64872 \Longrightarrow N(t) = N_0 \cdot 1{,}64872^t$

c) $N(t) = N_0 \cdot 1{,}24^t$ **d)** $N(t) = N_0 \cdot e^{\frac{1}{3}t}$ **e)** $N(t) = N_0 \cdot 1{,}08^t$ **f)** $N(t) = N_0 \cdot e^{-0{,}04t}$ **g)** $N(t) = N_0 \cdot 0{,}5^t$

A 10

→ W3

Interpretiere die Werte N_0 und a im gegebenen Zusammenhang.

Tipp Es gibt exponentielle Modelle, in denen die unabhängige Variable eine andere als die Zeit ist. Die prozentuelle Zu- oder Abnahme wird dann pro Einheit dieser Größe angegeben.

a) $N(t) = 150 \cdot 0{,}92^t$, $N(t)$… Wirkstoffmenge eines Medikaments in g, t… Zeit in Minuten
$a = 0{,}92 = 92\,\% \Longrightarrow 92\,\% - 100\,\% = -8\,\%$, d. h.:
Interpretation von a: Pro Minute nimmt die Wirkstoffmenge des Medikaments um 8 % ab.
Interpretation von $N_0 = 150$: Zu Beginn beläuft sich die Wirkstoffmenge auf 150 g.

b) $N(t) = 60\,000 \cdot 1{,}2^t$, $N(t)$… Zahl der verkauften Produkte einer Firma , t… Zeit in Jahren seit 2010
c) $K(n) = 2\,000 \cdot 1{,}015^n$, $K(n)$… Kapital in Euro, n… Zeit in Jahren seit Einzahlung
d) $p(h) = 1013{,}25 \cdot 0{,}88^h$, $p(h)$… Luftdruck in mbar, h… Höhe ab Meeresniveau in km

Lösungen

A 11 Das Zerfallsgesetz eines radioaktiven Elements lautet $N(t) = N_0 \cdot 0{,}6321^t$ mit t in Tagen. Berechne die Halbwertszeit.

A 12 Ein Pulver wird in einem Lösungsmittel aufgelöst. $N(t) = 120 \cdot e^{-0{,}78t}$ gibt die Menge des noch nicht aufgelösten Pulvers in kg nach t Minuten an. Kreuze die beiden zutreffenden Aussagen an.

Pro Minute werden 78 % der vorhandenen Pulvermenge aufgelöst.	☐
Nach einer Minute sind noch 120 kg Pulver vorhanden.	☐
Nach einer Minute sind nur noch etwa 45,84 % der Anfangsmenge an Pulver vorhanden.	☐
Die Abnahme der Pulvermenge kann durch die Funktion $N(t) = 120 \cdot 0{,}78^t$ beschrieben werden.	☐
Zu Beginn sind 120 kg Pulver vorhanden.	☐

A 13 Die Einwohnerzahl einer Region kann seit dem Jahr 2010 ($t = 0$) durch die Funktion $B(t) = 8400 \cdot 1{,}045^t$ beschrieben werden. Interpretiere die Zahlen 8400 und 1,045 im gegebenen Zusammenhang.

A 14 Ein Material wird erhitzt, wodurch seine Temperatur einige Minuten lang exponentiell ansteigt. Die Funktion $T(t) = 36 \cdot 1{,}32^t$ gibt die Temperatur des Materials (in °C) t Minuten nach Messbeginn an. Gib an, wie lange es dauert, bis das Material eine Temperatur von 83 °C erreicht.

A 15 Die Besucherzahl einer Nachrichten-Website nimmt an einem bestimmten Tag von 13:00 Uhr bis 17:00 Uhr exponentiell zu und kann durch die Funktion $N(t) = 33 \cdot 1{,}2^t$ dargestellt werden. Wie viele Besucher der Website wurden demnach um 16:00 Uhr gezählt? Wähle für 13:00 Uhr $t = 0$.

A 16 Trifft ein Lichtstrahl auf eine Glasschicht, nimmt die Intensität des Lichtstrahls im Glas pro zurückgelegtem Zentimeter exponentiell ab. Die Lichtintensität I nach zurückgelegter Strecke d wird durch die Funktion $I(d) = I_0 \cdot 0{,}95^d$ beschrieben. Berechne, um wie viel Prozent die Lichtintensität nach 6 cm abgenommen hat.

A 17 Skizziere die Exponentialfunktion f mit Anfangswert 160 und Halbwertszeit $t_h = 40$ im nebenstehenden Koordinatensystem. Ergänze die fehlenden Werte in der Wertetabelle von f.

		t_h	$2 \cdot t_h$	$3 \cdot t_h$	$4 \cdot t_h$	$5 \cdot t_h$
t	0	40				
$f(t)$	160					

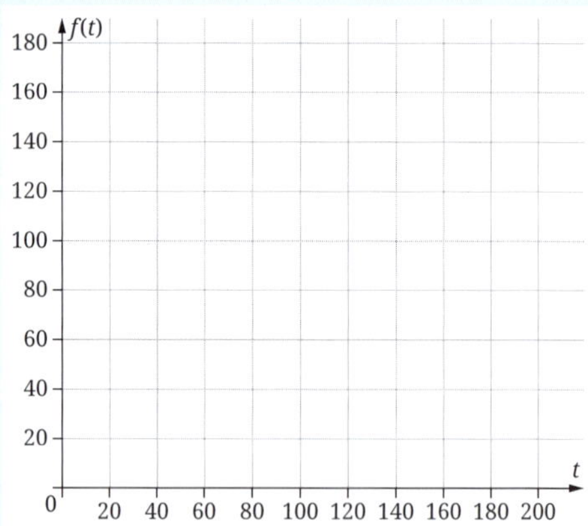

A 18 Zu Beginn der COVID-19-Pandemie wurde in den Medien oft vom exponentiellen Wachstum der Krankheitsfälle berichtet. Die Funktionsgleichung $I(t) = 1039 \cdot 1{,}2548^t$ stellt ein einfaches Modell für die Anzahl der Infizierten in Österreich nach t Tagen ($t = 0$ entspricht dem 15.03.2020) für den Fall dar, dass sich die Zahlen weiter so entwickelt hätten wie im Durchschnitt des Zeitraums 15.03.2020 bis 19.03.2020.

a) Berechne, wie viele Infizierte es laut diesem Modell am 19.03.2020 gegeben hat.
b) Nach wie vielen Tagen hätte sich laut dem Modell die Zahl der Infizierten verdoppelt? Runde auf ganze Tage.
c) Um wie viel Prozent steigt die Zahl der Infizierten in diesem Modell pro Tag bzw. nach einer Woche?
d) Wie viele Infizierte hätte es laut diesem Modell nach 20 Tagen (am 04.04.2020) gegeben? (Tatsächlich gab es am 04.04.2020 12 088 infizierte Personen.)

Modellierung von Wachstum und Zerfall

Während eines gemeinsamen Mittagessens finden zwei Bankangestellte heraus, dass beide privat in Aktien investieren. Während der eine wild gestikulierend von den Berg- und Talfahrten seines Portfolios berichtet, betrachtet seine Kollegin die Entwicklungen ziemlich gelassen. „Wie kannst du da nur so ruhig bleiben?" beantwortet sie mit: „Ich habe ein Modell!" Tatsächlich ist die Wahl des richtigen Modells für eine angemessene Beschreibung der Wirklichkeit entscheidend.

Grundlagen

G 1 Um eine Textaufgabe mit einem **Wachstums- oder Abnahmeprozess** zu lösen, der durch eine **Exponentialfunktion** modelliert wird, muss die Funktionsgleichung aufgestellt werden. Dafür benötigt man den Wert des **Wachstumsfaktors** a, den man je nach Aufgabentyp unterschiedlich ermittelt.

Aufgabentyp	Ansatz/Lösung
Die Prozentzahl p der Änderung ist gegeben.	Den Wert a mit $a = 1 + \frac{p}{100}$ (Zunahme) bzw. $a = 1 - \frac{p}{100}$ (Abnahme) berechnen
Der Anfangswert N_0 und ein Wertepaar $(t_g \mid N_g)$ sind gegeben. Der Index g steht hier für „gegeben".	Alle drei gegebenen Werte in die Funktionsgleichung einsetzen: $N_g = N_0 \cdot a^{t_g}$, dann nach a auflösen
Die Halbwertszeit t_h ist gegeben, d. h. nach t_h Zeiteinheiten sind von anfänglich 100 % noch 50 % vorhanden.	Die Gleichung $50 = 100 \cdot a^{t_h}$ nach a auflösen

G 2 Die folgende Übersicht stellt die Unterschiede zwischen linearem und exponentiellem Wachstum dar.

<table>
<tr><th>Lineares Wachstum</th><th>Exponentielles Wachstum</th></tr>
<tr><td>Das Wachstum erfolgt durch fortlaufendes Addieren eines festen Wertes (k... Steigung) zu einem Ausgangs- oder Anfangswert d:
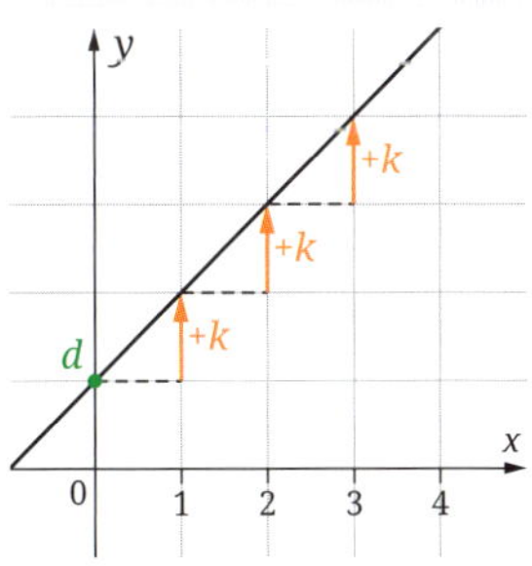

$y = d + \underbrace{k + k + \dots + k}_{x\text{-mal}}$
$y = k \cdot x + d$</td>
<td>Das Wachstum erfolgt durch fortlaufendes Multiplizieren des Ausgangs- oder Anfangswerts N_0 mit einem festen Wert (a... Wachstumsfaktor).
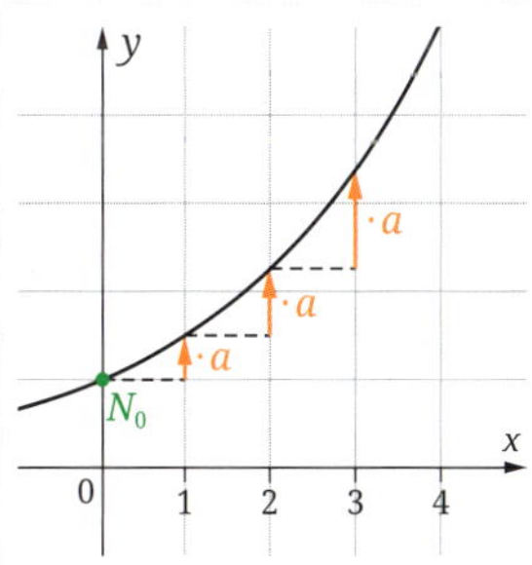

$y = N_0 \cdot \underbrace{a \cdot a \cdot \dots \cdot a}_{x\text{-mal}}$
$y = N_0 \cdot a^x$</td></tr>
</table>

Werkzeuge

W1 Wachstums- und Abnahmeprozesse, die durch eine Exponentialfunktion beschrieben werden, erkennt man in Textangaben an einer Änderungsrate. Diese ist in **Prozent** gegeben, oder als Vervielfachung/Teilung der Größe wie zum Beispiel **Verdopplung** bzw. **Halbierung**.

W2 Die rechnerische Überprüfung, ob ein lineares bzw. exponentielles Modell vorliegt, geschieht mittels der durchschnittlichen Steigung (mittlere Änderungsrate) bzw. dem Änderungsfaktor.

Die durchschnittliche Steigung $k = \frac{f(x_2) - f(x_1)}{x_2 - x_1}$ ist für alle Intervalle $[x_1; x_2]$ konstant. ⟹ lineares Wachstum

Der Änderungsfaktor $a = \sqrt[x_2 - x_1]{\frac{f(x_2)}{f(x_1)}}$ ist für alle Intervalle $[x_1; x_2]$ konstant. ⟹ exponentielles Wachstum

Grundkompetenzen: FA-R 1.7 + 5.5 + 5.6

Beispiele

B 1 In einer Provinz steigt die Waldfläche eine Zeit lang exponentiell an. Bei der ersten Messung waren 3,6 Mio. Hektar mit Wald bedeckt, die Fläche ist seither jährlich um 2 % gewachsen. Gib die Funktionsgleichung für die Waldfläche $N(t)$ nach t Jahren an.

Wie stelle ich die Funktionsgleichung eines exponentiellen Modells auf, wenn die prozentuelle Änderung pro Zeiteinheit gegeben ist?

1 Den Anfangswert N_0 aus der Angabe ablesen und den Wachstumsfaktor a aus der prozentuellen Änderung berechnen

$N_0 = 3{,}6$ (in Mio. ha)
Es liegt eine Zunahme vor, daher wird $p = +2$ in die Formel $a = 1 + \frac{p}{100}$ eingesetzt: $a = 1 + \frac{2}{100} = 1{,}02$.

2 Die Werte von a und N_0 in $N(t) = N_0 \cdot a^t$ einsetzen

Funktionsgleichung: $N(t) = 3{,}6 \cdot 1{,}02^t$

B 2 Die Hörerzahl eines Podcasts stieg von 6 Mio. im Jahr 2016 auf 11 Mio. im Jahr 2020. Gib die Gleichung der Funktion N an, die unter der Annahme eines exponentiellen Wachstums jedem Zeitpunkt t (in Jahren mit $t = 0$ für 2016) die Hörerzahl $N(t)$ in Mio. zuordnet.

Wie erstelle ich ein exponentielles Modell, wenn der Anfangswert und ein Wertepaar gegeben sind?

1 Die in der Angabe vorkommenden Werte den Größen N_0, t und $N(t)$ zuordnen

$N_0 = 6$, weil die Hörerzahl 2016 6 Mio. betrug.
$t = 4$, weil von 2016 auf 2020 vier Jahre vergangen sind.
$N(t) = 11$, weil nach vier Jahren die Hörerzahl 11 Mio. betrug.

2 Die Werte in $N(t) = N_0 \cdot a^t$ einsetzen und a berechnen

$11 = 6 \cdot a^4 \quad |:6$
$\frac{11}{6} = a^4 \quad |\sqrt[4]{\ }$
$a \approx 1{,}1636$

3 Die Werte von N_0 und a in $N(t) = N_0 \cdot a^t$ einsetzen

Funktionsgleichung: $N(t) = 6 \cdot 1{,}1636^t$

B 3 Die Halbwertszeit des radioaktiven Jod-Isotops ^{131}I beträgt ca. 8 Tage. Gib das Zerfallsgesetz an.

Wie stelle ich die Funktionsgleichung eines exponentiellen Modells auf, wenn die Halbwertszeit gegeben ist?

1 $N_0 = 100$ und $N(t) = 50$ setzen sowie die Halbwertszeit t der Angabe entnehmen

$N_0 = 100$, weil zu Beginn 100 % der Anfangsmenge vorhanden sind.
$N(t) = 50$, weil nach 8 Tagen nur noch 50 % der Anfangsmenge vorhanden sind.
$t = 8$

2 Die Werte in $N(t) = N_0 \cdot a^t$ einsetzen und a berechnen

$50 = 100 \cdot a^8 \quad |:100$
$0{,}5 = a^8 \quad |\sqrt[8]{\ }$
$a \approx 0{,}9170$

3 Den Wert von a in $N(t) = N_0 \cdot a^t$ einsetzen

Für N_0 setzen wir keinen Zahlenwert ein, da in der Angabe kein Anfangswert gegeben ist.
Funktionsgleichung: $N(t) = N_0 \cdot 0{,}917^t$ (t in Tagen)

Modellschritte

Aufgaben zu den Beispielen

B 1 A Eine Infektionskrankheit breitet sich exponentiell aus. Die Zahl erkrankter Personen steigt um 7 % pro Woche. Als man die ersten Fälle entdeckte, waren bereits 120 Personen erkrankt. Gib die Funktionsgleichung für die Zahl der Erkrankten $N(t)$ zum Zeitpunkt t Tage nach der Entdeckung an.

1 Den Anfangswert N_0 aus der Angabe ablesen und den Wachstumsfaktor a aus der prozentuellen Änderung berechnen

N_0 = ____

Es liegt eine ____________ vor, daher wird p = ____ in $a = 1$ ◯ $\frac{p}{100}$ eingesetzt: $a = 1$ ◯ $\frac{\_\_\_}{100}$ = ____.

2 Die Werte von a und N_0 in $N(t) = N_0 \cdot a^t$ einsetzen

Funktionsgleichung: $N(t)$ = ____ · ____^{t}

B 2 A Der Gehalt an Vitamin C einer Apfelsorte sinkt bei Lagerung annähernd exponentiell von 13,8 mg pro 100 g Äpfel bei der Ernte auf 9 mg pro 100 g Äpfel 31 Tage nach der Ernte. Gib die Gleichung der Funktion N an, die jedem Zeitpunkt t Tage nach der Ernte die Menge an Vitamin C pro 100 g Äpfel zuordnet.

1 Die in der Angabe vorkommenden Werte den Größen N_0, t und $N(t)$ zuordnen

N_0 = ____, weil der Gehalt bei der Ernte ____ mg beträgt.

t = ____, weil nach der Ernte ____ Tage vergehen.

$N(t)$ = ____, weil nach ____ Tagen der Gehalt an Vitamin C pro 100 g Äpfel ____ mg beträgt.

2 Die Werte in $N(t) = N_0 \cdot a^t$ einsetzen und a berechnen

____ = ____ · a^___ | ________

$\frac{\_\_\_}{\_\_\_}$ = a^___ | ________

$a \approx$ ____

3 Die Werte von N_0 und a in $N(t) = N_0 \cdot a^t$ einsetzen

Funktionsgleichung: $N(t)$ = ____ · ____^{t}

B 3 A Das radioaktive Jod-Isotop ^{123}I Jod hat eine Halbwertszeit von ca. 13,22 h. Gib das Zerfallsgesetz an.

1 N_0 = 100 und $N(t)$ = 50 setzen sowie die Halbwertszeit t der Angabe entnehmen

N_0 = ____, weil zu Beginn ____ % der Anfangsmenge vorhanden sind.

$N(t)$ = ____, weil nach ____ Stunden nur noch ____ der Anfangsmenge vorhanden sind.

t = ____

2 Die Werte in $N(t) = N_0 \cdot a^t$ einsetzen und a berechnen

____ = ____ · a^___ | ________

$\frac{\_\_\_}{\_\_\_}$ = a^___ | ________

$a \approx$ ____

3 Den Wert von a in $N(t) = N_0 \cdot a^t$ einsetzen

Funktionsgleichung: $N(t)$ = ____ · ____^{t}

Lösungen | Weitere Aufgaben

Aufgaben

A 1 Gib die passende Funktionsgleichung für den exponentiellen Wachstums- bzw. Abnahmeprozess an.

→ B 1

a) Eine Menge wird jede Stunde um 20 % kleiner.
$1 - \frac{20}{100} = 0{,}8 \Longrightarrow N(t) = N_0 \cdot 0{,}8^t$

b) Eine Menge wird jede Stunde um $\frac{1}{5}$ kleiner.
$1 - \frac{1}{5} = \frac{4}{5} \Longrightarrow N(t) = N_0 \cdot \left(\frac{4}{5}\right)^t$

c) Eine Menge wird jede Stunde um $\frac{1}{5}$ größer.
$1 \bigcirc \square = \square \Longrightarrow N(t) = N_0 \cdot \left(\square\right)^t$

d) Eine Menge wird jede Stunde um 82 % kleiner.
$1 \bigcirc \frac{\square}{100} = \square \Longrightarrow N(t) = N_0 \cdot \square^t$

e) Eine Menge wird jede Minute um 13 % größer.
$1 \bigcirc \frac{\square}{100} = \square \Longrightarrow N(t) = N_0 \cdot \square^t$

f) Eine Menge wird jede Stunde halbiert.
$N(t) = N_0 \cdot \left(\square\right)^t$

A 2 In der Textaufgabe ist die prozentuelle Änderung pro Zeiteinheit bekannt. Berechne die gesuchte Größe.

→ B 1

a) Die Zahl der Bäume in einem Bezirk steigt exponentiell um 6 % pro Jahr. Zu Beginn der Aufzeichnungen wurden 40 000 Bäume gezählt. Wie viele Bäume gibt es laut Modell 10 Jahre nach Aufzeichnungsbeginn?
① Wir stellen die Funktionsgleichung auf: $N(t) = 40\,000 \cdot 1{,}06^t$
② Wir berechnen die gesuchte Größe: $40\,000 \cdot 1{,}06^{10} \approx 71\,634$ Bäume

b) In einer Schule verbreitet sich ein Gerücht exponentiell. Zu Beginn kennen 10 Personen das Gerücht, pro Tag steigt die Zahl der Personen, die das Gerücht kennen, um 15 %. Berechne die Verdopplungszeit.
① Wir stellen die Funktionsgleichung auf: $N(t) = 10 \cdot 1{,}15^t$
② Wir berechnen die gesuchte Größe: $20 = 10 \cdot 1{,}15^t \Longrightarrow t \approx 5{,}0$ Tage

c) Die Geschwindigkeit einer mit 10 m/s fliegenden Rakete steigt in einem bestimmten Zeitraum annähernd exponentiell und erhöht sich pro Sekunde um 7 %. Berechne die Verdopplungszeit der Geschwindigkeit.

d) 200 g Pulver werden in Wasser geschüttet, pro Minute werden 20 % der Pulvermenge aufgelöst. Berechne die Halbwertszeit der Pulvermenge, die noch nicht aufgelöst ist.

e) Ein Patient erhält 120 mg eines Medikaments verabreicht, nach einer Stunde sind 62 % der wirksamen Substanz abgebaut worden. Wie viel mg sind nach 4 Stunden noch vorhanden?

A 3 In der Textaufgabe ist ein Wertepaar eines exponentiellen Modells bekannt. Bestimme zuerst die Funktionsgleichung und anschließend die gesuchte Größe.

→ B 2

a) In einem Raum nimmt die Temperatur ab. Es wird eine exponentielle Abnahme der Temperatur angenommen. Zu Beginn der Messung beträgt die Temperatur 50 °C, drei Stunden später ist die Temperatur auf 37 °C gefallen. Wann ist die Temperatur auf 30 °C gesunken?
① N_0, t, $N(t)$ aus der Angabe (nicht der Frage) bestimmen: $N_0 = 50$, $t = 3$, $N(t) = 37$
② a berechnen, Funktionsgleichung aufstellen: $37 = 50 \cdot a^3 \Longrightarrow a \approx 0{,}9045$; Funktionsgleichung: $N(t) = 50 \cdot 0{,}9045^t$
③ gesuchte Größe: $30 = 50 \cdot 0{,}9045^t \Longrightarrow t \approx 5{,}1$

b) Zum Zeitpunkt der Entdeckung einer neuen Infektionskrankheit sind 430 Personen infiziert, 4 Tage später ist diese Zahl auf 680 gestiegen. Wie viele Infizierte sind nach 13 Tagen zu erwarten?

c) Ein Social Media-Posting wird geteilt und verbreitet sich zunächst exponentiell. Bis 06:00 Uhr ($t = 0$) wurde es insgesamt 230-mal, bis 16:00 Uhr insgesamt 730-mal geteilt. Um wie viel Uhr wird es insgesamt 1 300-mal geteilt worden sein?

A 4 Die Halbwertszeit eines radioaktiven Isotops ist gegeben. Bestimme die gesuchte Größe.

→ B 3

a) Halbwertszeit ^{137}Cs: ca. 30 Jahre. Wann ist nur noch 1 % der Anfangsmenge vorhanden?
① N_0, t, $N(t)$ aus der Angabe (nicht der Frage) bestimmen: $N_0 = 100$, $t = 30$, $N(t) = 50$
② a berechnen, Funktionsgleichung aufstellen: $50 = 100 \cdot a^{30} \Longrightarrow a \approx 0{,}97716$; Funktionsgleichung: $N(t) = N_0 \cdot 0{,}97716^t$
③ gesuchte Größe: $1 = 100 \cdot 0{,}97716^t \Longrightarrow t \approx 199{,}3$ Jahre

b) Halbwertszeit ^{59}Fe: ca. 44,5 Tage. Wann sind nur noch 4 % der Anfangsmenge vorhanden?

c) Halbwertszeit ^{38}K: ca. 7,6 Minuten. Wie viel Prozent der Anfangsmenge sind nach 20 Minuten noch vorhanden?

A5
→ B2

Die Staatsschulden eines Landes wachsen seit 1970 jährlich um den gleichen Prozentsatz. Gib das Wachstumsgesetz der Schulden an und berechne den fehlenden Wert in der Tabelle. Wähle $t = 0$ für das Jahr 1970.

a)

Jahr	Schulden [Mrd. €]
1970	150
1990	189
2000	

b)

Jahr	Schulden [Mrd. €]
1970	80
1980	87,82
2005	

c)

Jahr	Schulden [Mrd. €]
1970	125
1995	153
2010	

d)

Jahr	Schulden [Mrd. €]
1970	110
2000	181,65
2015	

a) ① Wir setzen zwei Wertepaare $N(t) = N_0 \cdot a^t$ ein ($t = 0$ für 1970):

0	150
20	189

$N_0 = 150$, $t = 20$, $N(t) = 189$
⟹ (Rechnung wie in B2)
⟹ Funktionsgleichung: $N(t) = 150 \cdot 1{,}0116^t$

② Jahr 2000: $t = 30 \Longrightarrow$ gesucht: $N(30)$
$150 \cdot 1{,}0116^{30} \approx 212{,}15$ Mrd. €

A6
→ W1

Kreuze die beiden Größen an, deren Wachstums- bzw. Abnahmevorgänge durch Exponentialfunktionen modelliert werden können.

a)

zurückgelegter Weg s in Abhängigkeit von der Zeit t bei konstanter Geschwindigkeit v	☐
Tierpopulation, die jährlich um 2 % abnimmt	☐
Flächeninhalt A eines Quadrates in Abhängigkeit von der Seitenlänge a	☐
Kapital, das jährlich mit 3 % verzinst wird	☐
Länge eines Tropfsteins, die pro Jahr 2 mm zunimmt	☐

b)

Volumen V eines Zylinders in Abhängigkeit von der Höhe h	☐
Fahrtkosten, die pro gefahrenem km um € 1,40 steigen	☐
Bakterienkultur, die sich alle 3 Stunden verdoppelt	☐
Durchschnittsnote eines Schülers, die sich jährlich um 0,2 verschlechtert	☐
Wirkungsmenge eines Medikaments im Blut, von dem stündlich $\frac{2}{3}$ abgebaut wird	☐

A7
→ G2
→ W2

Gib an, ob die Daten der Wertetabelle exponentiell oder linear modelliert werden können.

a)

t	$N(t)$
0	124
1	62
4	7,75

b)

t	$N(t)$
0	18,4
1	19,2
7	24

c)

t	$L(t)$
1	100
2	112
3	144

d)

x	$T(x)$
18	1000
20	1500
24	3375

e)

h	$p(h)$
0	100
5	70
16	4

a) Wir berechnen für alle aufeinanderfolgenden Wertepaare die mittlere Änderungsrate und den Änderungsfaktor:

Mittlere Änderungsrate in [0; 1]: $\frac{62 - 124}{1 - 0} = -62$ und in [1; 4]: $\frac{7{,}75 - 62}{4 - 1} \approx -18{,}08 \Longrightarrow$ kein lineares Modell möglich

Änderungsfaktor in [0; 1]: $\frac{62}{124} = 0{,}5$ und in [1; 4]: $\sqrt[4-1]{\frac{7{,}75}{62}} = 0{,}5 \Longrightarrow$ exponentielles Modell möglich

A8

Gegeben ist die **Logarithmusfunktion** $f(x) = \log_2(x)$. Fülle die Wertetabelle aus und stelle die Funktion im nebenstehenden Koordinatensystem grafisch dar. Schließe daraus die allgemeinen Eigenschaften von Logarithmusfunktionen: Definitionsmenge, Monotonie, Nullstelle(n) sowie Asymptote(n).

x	0,5	1	2	3	4
$f(x)$					

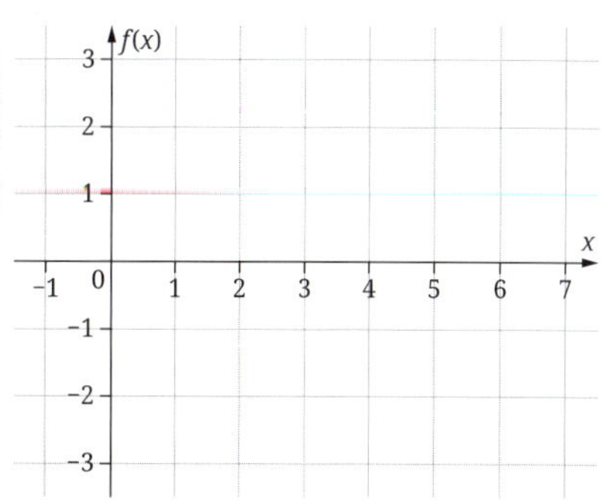

A 9 Ein Kapital wird jährlich mit 1,5 % verzinst. Berechne, wie lange es bis zur Verdopplung des Kapitals dauert.

Verdopplungszeit: ____________________

A 10 Eine Bakterienpopulation verdoppelt sich alle 6 Wochen. Kreuze die beiden Funktionsgleichungen an, die diesen Zusammenhang am besten beschreiben (t in Wochen).

$N(t) = N_0 \cdot 2^6$	$N(t) = N_0 \cdot 1{,}12^t$	$N(t) = N_0 \cdot e^{1{,}12 \cdot t}$	$N(t) = N_0 \cdot 1{,}5^t$	$N(t) = N_0 \cdot e^{0{,}12 \cdot t}$
☐	☐	☐	☐	☐

A 11 Die Halbwertszeit eines radioaktiven Elements beträgt 40 Jahre. Kreuze die zutreffenden Aussagen an.

Nach einem Jahr beträgt die Restmenge nur noch 20 % der Anfangsmenge.	☐
Die Zerfallsfunktion lautet $N(t) = N_0 \cdot 0{,}4^t$.	☐
Nach 120 Jahren ist nur noch $\frac{1}{8}$ der Anfangsmenge vorhanden.	☐
Die Abnahme der Menge radioaktiver Atome wird durch die Funktion $N(t) = N_0 \cdot e^{-0{,}0173t}$ beschrieben (t in Jahren).	☐
Nach 80 Jahren sind keine radioaktiven Atome mehr vorhanden.	☐

A 12 Im Jahr 2015 hatte ein Bezirk laut Melderegister 23 000 Einwohnerinnen und Einwohner und im Jahr 2020 25 400 Einwohnerinnen und Einwohner. Wie viele Einwohnerinnen und Einwohner werden im Bezirk im Jahr 2030 leben, wenn eine exponentielle Zunahme angenommen wird?

Einwohnerzahl im Jahr 2030 laut diesem Modell: ____________________

A 13 Ordne den Änderungsprozessen jeweils die passende Funktionsgleichung (t in Stunden) zu.

Die Menge ist in einer Stunde um 60 % gesunken.	
Die Menge ist in einer Stunde um $\frac{3}{5}$ gestiegen.	
Die Menge ist in einer Stunde auf $\frac{1}{5}$ gesunken.	
Die Menge ist in einer Stunde um 20 % gesunken.	

A	$N(t) = N_0 \cdot 0{,}2^t$
B	$N(t) = N_0 \cdot 0{,}6^t$
C	$N(t) = N_0 \cdot 1{,}2^t$
D	$N(t) = N_0 \cdot 0{,}8^t$
E	$N(t) = N_0 \cdot 0{,}4^t$
F	$N(t) = N_0 \cdot 1{,}6^t$

A 14 Die Halbwertszeit des Isotops ^{58}Co beträgt 70,86 Tage. Gib an, wie viel Prozent der Anfangsmenge nach einem Tag zerfallen sind.

Nach einem Tag sind ca. ______________ % der Anfangsmenge zerfallen.

A 15 Die Zahl der Antilopen in einem Naturschutzgebiet wird seit dem Jahr 2000 dokumentiert. Einige Ergebnisse sind in der Tabelle angegeben.

Jahr	2000	2010	2020
Antilopenzahl	7400	9021	10 996

a) Weise nach, dass im von der Tabelle abgedeckten Zeitraum ein annähernd exponentielles Wachstum vorlag.
b) Um wie viel Prozent ist die Antilopenpopulation in 10 Jahren jeweils gestiegen?
c) Wie viele Antilopen gab es laut diesem Modell im Jahr 2014?
d) Gib die Funktionsgleichung für die Antilopenpopulation in der Form $N(t) = N_0 \cdot e^{\lambda \cdot t}$ an ($t = 0$ für das Jahr 2000).

Winkelfunktionen

11

Im Kinofilm „Und täglich grüßt das Murmeltier" durchlebt ein Mann ein und denselben Tag immer wieder. Das periodische Durchleben gleicher Alltagssituationen treibt ihn fast in den Wahnsinn, bis er lernt, das als Chance zu begreifen und wichtige Dinge in seinem Leben in den Griff zu bekommen. In diesem Kapitel ergreifen wir die Chance, Periodizität zu verstehen und so das Thema Winkelfunktionen zu meistern.

Grundlagen

G1 Die Abbildung zeigt den Graphen der elementaren **Sinusfunktion sin(x)**, der den Koordinatenursprung enthält. Sein Verlauf wiederholt sich in regelmäßigen Abständen: Eine Funktion f mit dieser Eigenschaft heißt **periodisch**, d.h. es gibt eine Zahl $p \in \mathbb{R}^+$ mit $f(x + p) = f(x)$. Diese Zahl p heißt eine **Periode** von f.

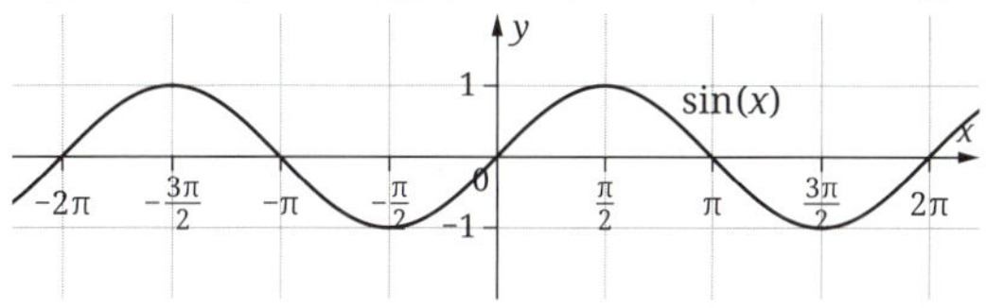

Beispiel: $\sin(x) = \sin(x + 2\pi) = \sin(x + 4\pi) = \ldots$, d.h. $p = 2\pi, 4\pi, \ldots$ sind Perioden der Funktion $\sin(x)$.

G2 **Allgemeine Sinusfunktion: $f(x) = a \cdot \sin(b \cdot x)$**

$|a|$… Der positive Wert des Parameters a wird **Amplitude** genannt und gibt die maximale Höhe des Funktionsgraphen über der x-Achse an. Für $a < 0$ ist der Graph an der x-Achse gespiegelt.

b… gibt an, wie viele Bögen (Wellenberge und -täler) der Graph in einem Intervall der Länge π (z.B. $[0; \pi]$) durchläuft.

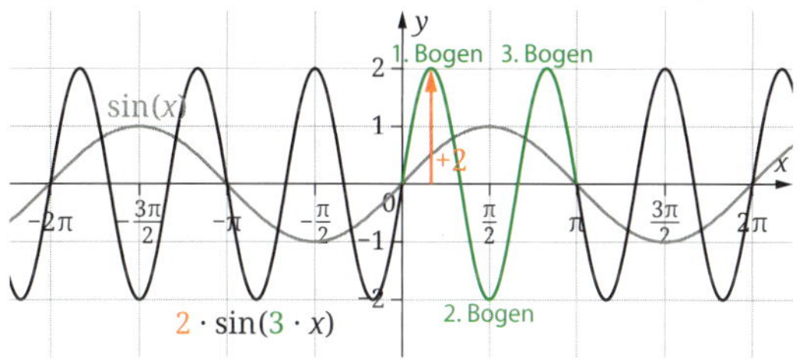

Die Abbildung zeigt die Auswirkung der Parameter a und b auf den Graphen der elementaren Sinusfunktion am Beispiel $a = 2$ und $b = 3$.

G3 Die kleinste Periode einer Winkelfunktion wird **Periodenlänge** genannt. Sie entspricht der Länge einer vollständigen Schwingung im Graphen der Funktion. Formel: $p = \frac{2\pi}{b}$.
Die kleinste Periode von $\sin(x)$ und $\cos(x)$ ist 2π.

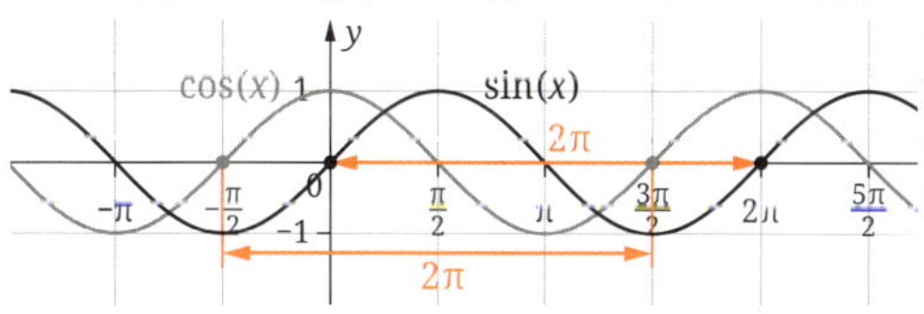

Werkzeuge

W1 Der Parameter $c \in \mathbb{R}$ einer Funktion der Form $f(x) = \sin(x + c)$ gibt die Verschiebung des Graphen der elementaren Sinusfunktion entlang der x-Achse an. c wird auch **Phasenverschiebung** genannt.
$c > 0$: Der Graph wird um c nach links verschoben.
$c < 0$: Der Graph wird um c nach rechts verschoben.

W2 Die Cosinusfunktion ist eine phasenverschobene Sinusfunktion:
$\sin\left(x + \frac{\pi}{2}\right) = \cos(x)$ und $\sin\left(x - \frac{3\pi}{2}\right) = \cos(x)$.

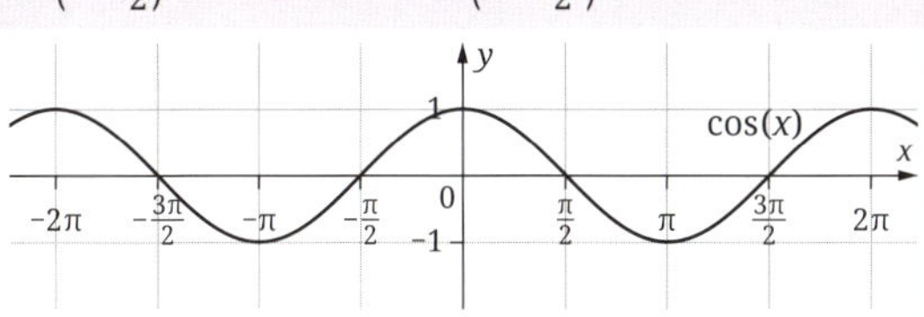

W3 Beschreibt $s(t)$ die Auslenkung (Elongation) eines Pendels aus dem Ruhezustand zum Zeitpunkt t, so gilt $b = \frac{2\pi}{T}$, wobei T die **Schwingungsdauer** (= Periodenlänge auf der t-Achse) bezeichnet. Für die Frequenz (Anzahl der vollständigen Schwingungen pro Sekunde) f der Schwingung gilt $f = \frac{1}{T} = \frac{b}{2\pi}$.

W4 Die Umrechnung vom Gradmaß g in das Bogenmaß a und umgekehrt erfolgt durch die Formeln $a = \frac{\pi \cdot g}{180°}$ und $g = \frac{a \cdot 180°}{\pi}$.

Grundkompetenzen: FA-R 6.1 + 6.2 + 6.3 + 6.4 + 6.5

Beispiele

B 1 Gegeben sind die Funktionen **a)** $f(x) = 2 \cdot \sin(4x)$ und **b)** $g(x) = -\sin(3x)$. Stelle sie grafisch dar.

Wie stelle ich eine Sinusfunktion der Form $a \cdot \sin(b \cdot x)$ grafisch dar?

1 **Die Parameter a und b aus der Funktionsgleichung ablesen und ihre Bedeutung angeben**

a) $a = +2$: Die Amplitude beträgt 2 und es gibt keine Spiegelung an der x-Achse.
$b = 4$: Der Graph durchläuft in jedem Intervall der Länge π 4 Bögen.

b) $a = -1$: Die Amplitude beträgt 1 und es gibt eine Spiegelung an der x-Achse.
$b = 3$: Der Graph durchlauft in jedem Intervall der Länge π 3 Bögen.

2 **Die elementare Sinusfunktion schwach einzeichnen und das Intervall $[0; \pi]$ beginnend bei $(0 | 0)$ in b Teile teilen**

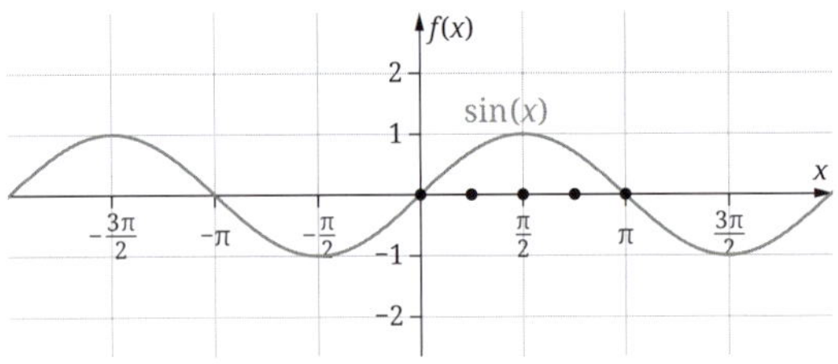

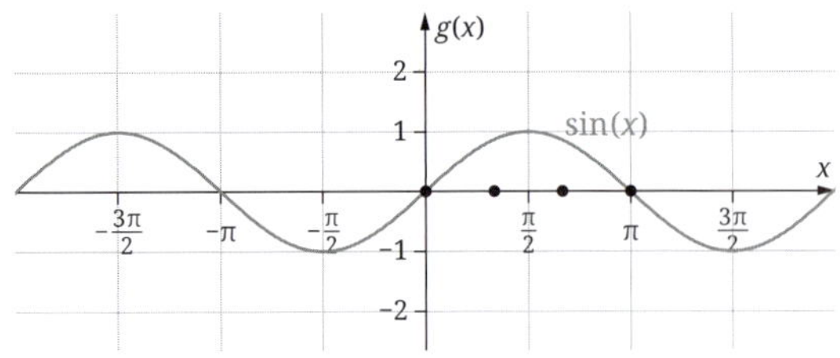

3 **Von $(0 | 0)$ ausgehend die Bögen des Funktionsgraphen mit Höhe a durch die Teilungspunkte verlaufend einzeichnen**

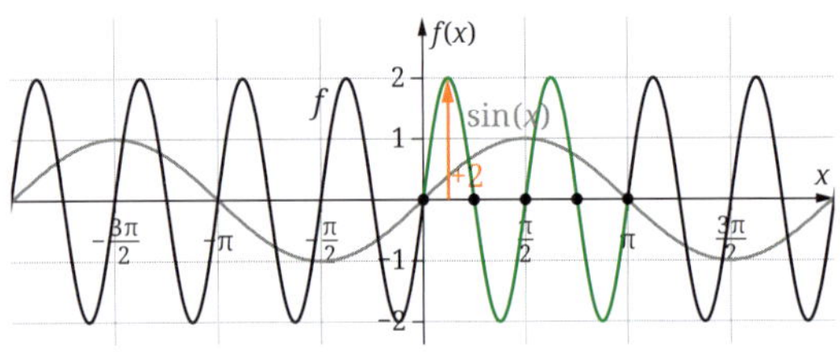

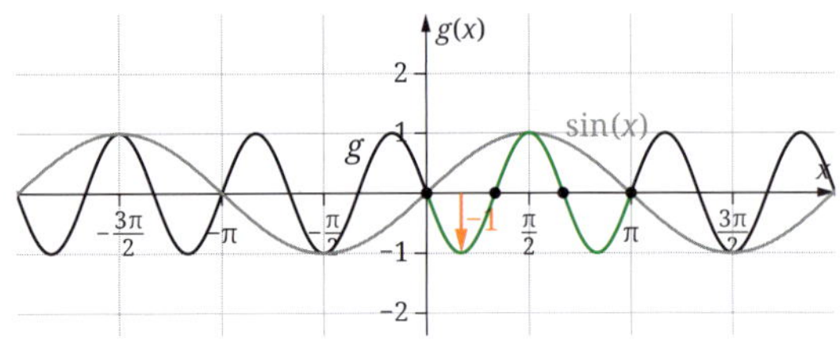

B 2 Gegeben sind die Funktionen **a)** $f(x) = \sin(x - \pi)$ und **b)** $g(x) = \cos\left(x + \frac{\pi}{2}\right)$. Stelle sie grafisch dar.

Wie berücksichtige ich die Phasenverschiebung beim Graphen einer Winkelfunktion?

1 **Den Parameter c aus der Funktionsgleichung ablesen und seine Bedeutung angeben**

a) $c = -\pi$: Der Graph der Funktion $\sin(x)$ wird um π Einheiten nach rechts verschoben.

b) $c = +\frac{\pi}{2}$: Der Graph der Funktion $\cos(x)$ wird um $\frac{\pi}{2}$ Einheiten nach links verschoben.

2 **Die elementare Winkelfunktion schwach einzeichnen, den Hochpunkt eines Bogens sowie eine Nullstelle in einem Intervall der Breite π markieren**

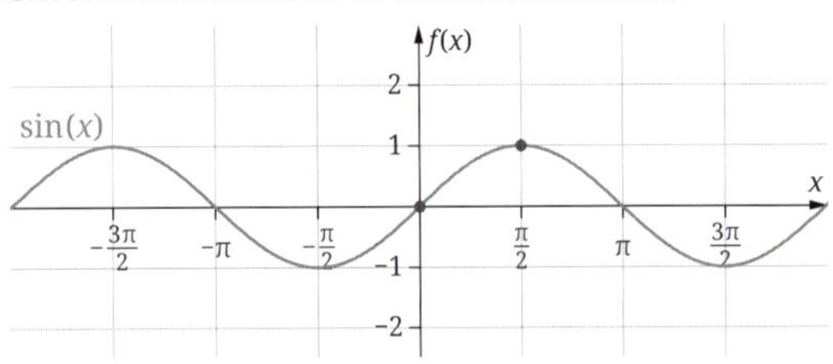

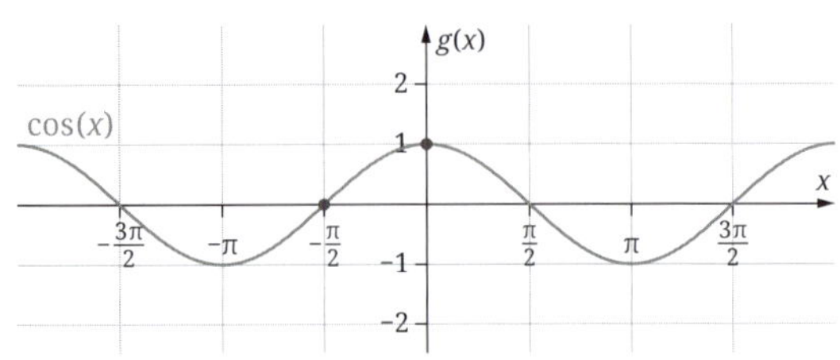

3 **Den Hochpunkt und die Nullstelle um den Wert von c in die richtige Richtung entlang der x-Achse verschieben und den Graphen zeichnen**

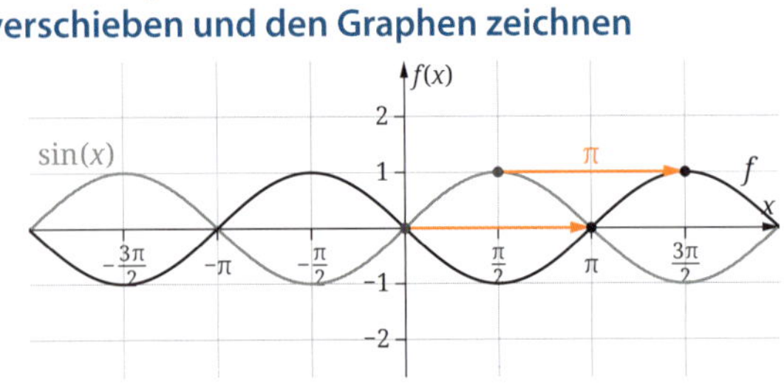

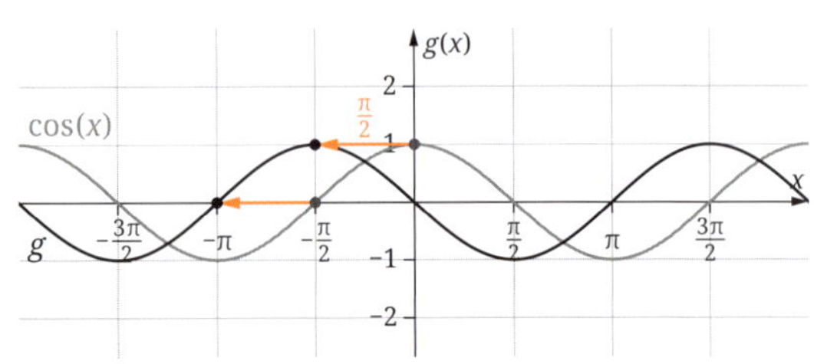

Aufgaben zu den Beispielen

B1 A Gegeben sind die Funktionen **a)** $f(x) = -2 \cdot \sin(2x)$ und **b)** $g(x) = 1{,}5 \cdot \sin(3x)$. Stelle sie grafisch dar.

1 Die Parameter a und b aus der Funktionsgleichung ablesen und ihre Bedeutung angeben

a) $a =$ ___ : Die Amplitude beträgt ___ und es gibt ___ Spiegelung an der x-Achse.
$b =$ ___ : Der Graph durchläuft in jedem Intervall der Länge π ___ Bögen.

b) $a =$ ___ : Die Amplitude beträgt ___ und es gibt ___ Spiegelung an der x-Achse.
$b =$ ___ : Der Graph durchläuft in jedem Intervall der Länge π ___ Bögen.

2 Die elementare Sinusfunktion schwach einzeichnen und das Intervall $[0; \pi]$ beginnend bei $(0 \mid 0)$ in b Teile teilen

3 Von $(0 \mid 0)$ ausgehend die Bögen des Funktionsgraphen mit Höhe a durch die Teilungspunkte verlaufend einzeichnen

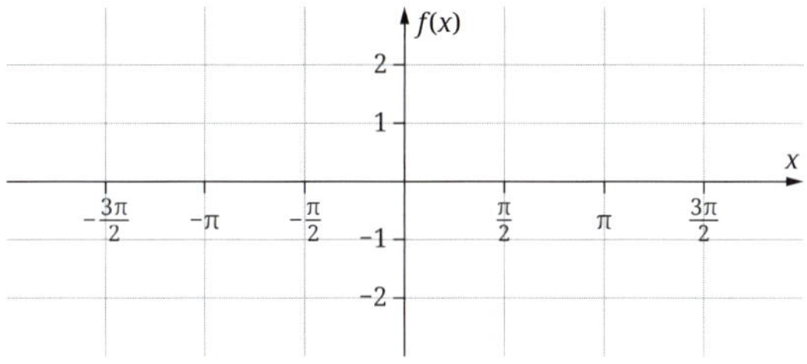

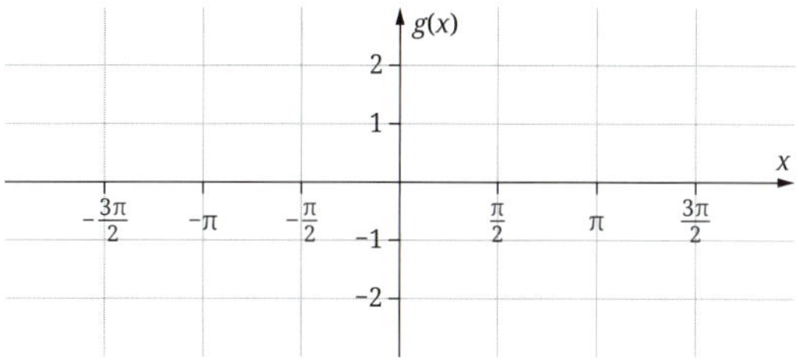

B2 A Gegeben sind die Funktionen **a)** $f(x) = \sin(x + \pi)$ und **b)** $g(x) = \cos\left(x - \frac{\pi}{2}\right)$. Stelle sie grafisch dar.

1 Den Parameter c aus der Funktionsgleichung ablesen und seine Bedeutung angeben.

a) $c =$ ___ : Der Graph der Funktion $\sin(x)$ wird um ___ Einheiten nach ___ verschoben.

b) $c =$ ___ : Der Graph der Funktion $\cos(x)$ wird um ___ Einheiten nach ___ verschoben.

2 Die elementare Winkelfunktion schwach einzeichnen, den Hochpunkt eines Bogens sowie eine Nullstelle in einem Intervall der Breite π markieren

3 Den Hochpunkt und die Nullstelle um den Wert von c in die richtige Richtung entlang der x-Achse verschieben und den Graphen zeichnen

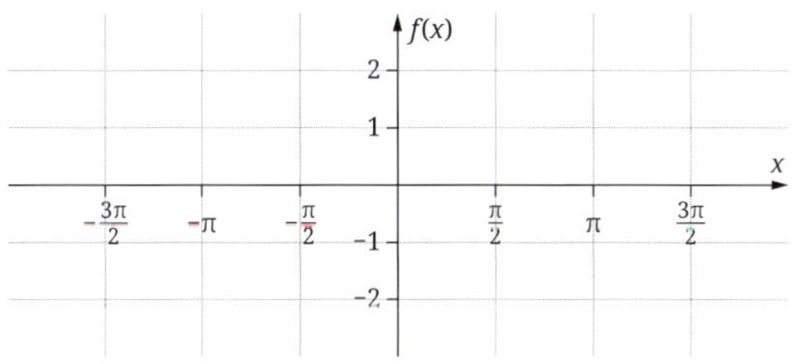

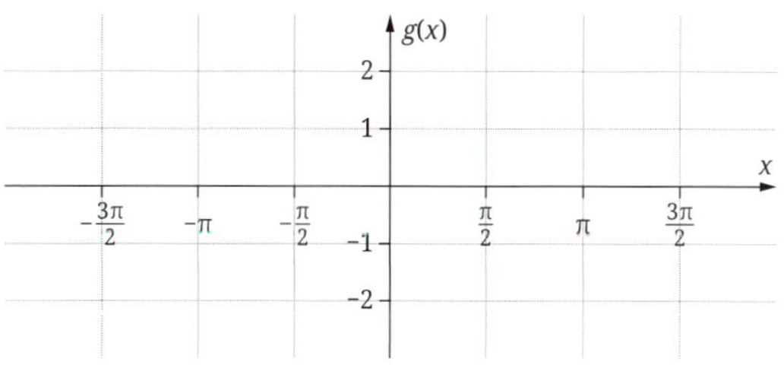

Lösungen

Weitere Aufgaben

Aufgaben

A 1 Skizziere den Graphen der gegebenen Funktion der Form $a \cdot \sin(x)$.

→ B 1

a) $f_1(x) = 2 \cdot \sin(x) \Longrightarrow a = 2$
$f_2(x) = -4 \cdot \sin(x) \Longrightarrow a = -4$

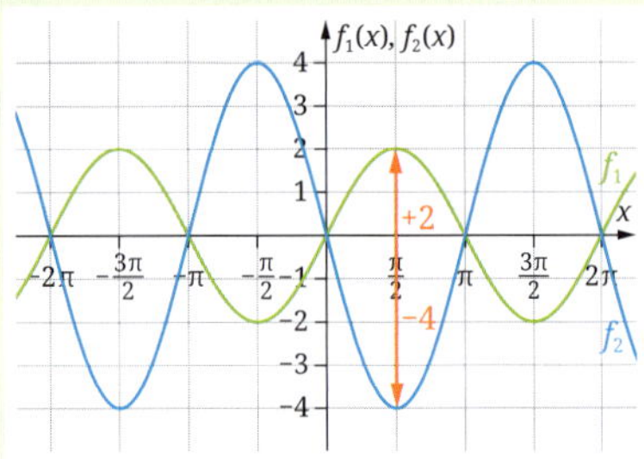

b) $f(x) = 3 \cdot \sin(x) \Longrightarrow a =$ ___

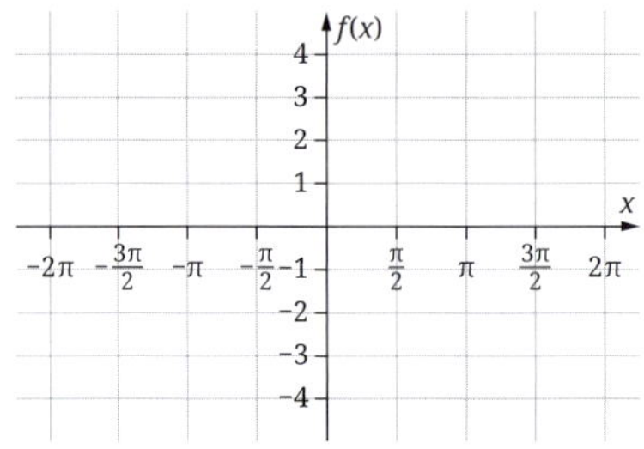

c) $f(x) = -1{,}5 \cdot \sin(x) \Longrightarrow a =$ ___

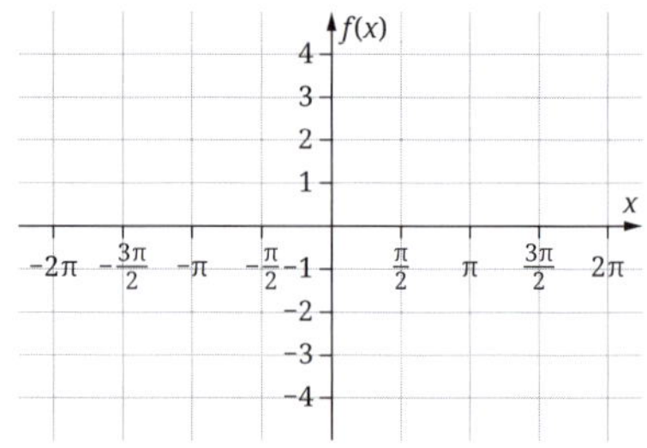

A 2 Skizziere den Graphen der gegebenen Funktion der Form $\sin(b \cdot x)$.

→ B 1

a) $f_1(x) = \sin(3x)$
$b = 3 \Longrightarrow$ Anzahl Bögen in $[0; \pi]$: 3
$f_2(x) = \sin(0{,}5x)$
$b = 0{,}5 \Longrightarrow$ Anzahl Bögen in $[0; \pi]$: $\frac{1}{2}$

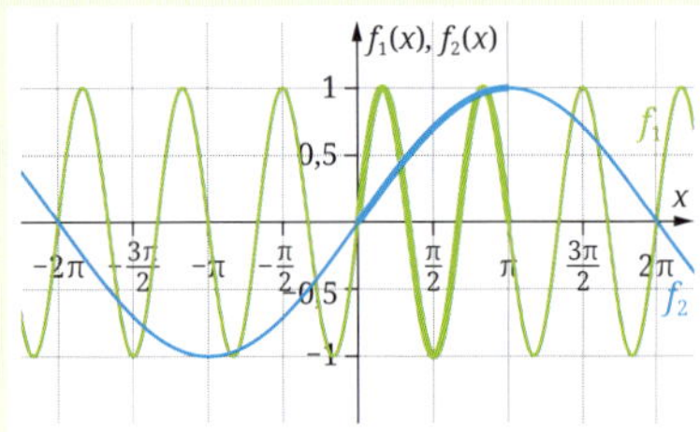

b) $f(x) = \sin(2x)$
$b =$ ___
$\Longrightarrow$ Anzahl Bögen in $[0; \pi]$: ___

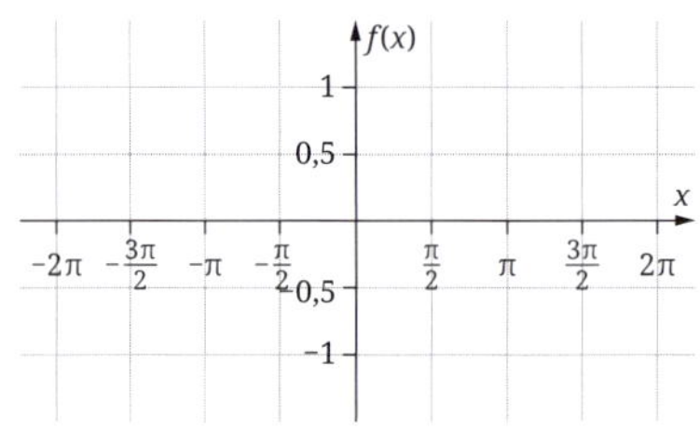

c) $f(x) = \sin(1{,}5x)$
$b =$ ___
$\Longrightarrow$ Anzahl Bögen in $[0; \pi]$: ___

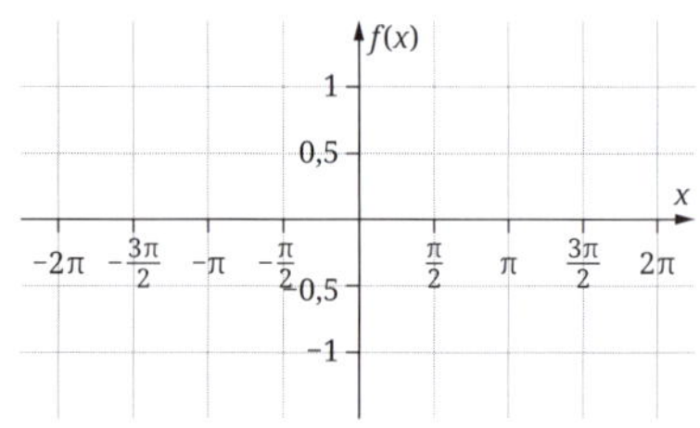

A 3 Bestimme jeweils die Werte der Parameter a und b der beiden dargestellten Winkelfunktionen $a \cdot \sin(b \cdot x)$.

→ G 2

a)

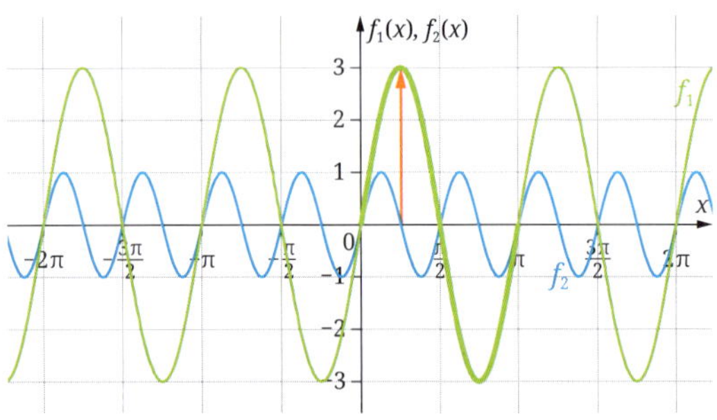

f_1: $a = 3$, $b = 2$ f_2: $a =$ ___ ; $b =$ ___

b)

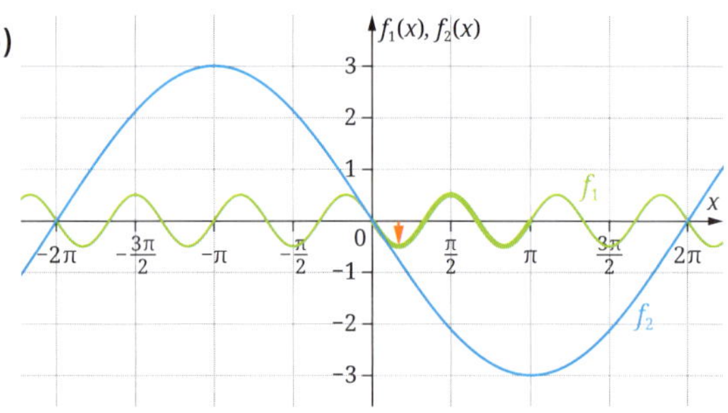

f_1: $a = -0{,}5$, $b = 3$ f_2: $a =$ ___ ; $b =$ ___

A 4 Gegeben sind die Graphen von zwei Winkelfunktionen $f(x) = a \cdot \sin(b \cdot x)$ und $g(x) = c \cdot \sin(d \cdot x)$.
Setze die passenden Symbole so ein, dass zutreffende Zusammenhänge entstehen: < oder = oder >.

→ G 2

a)

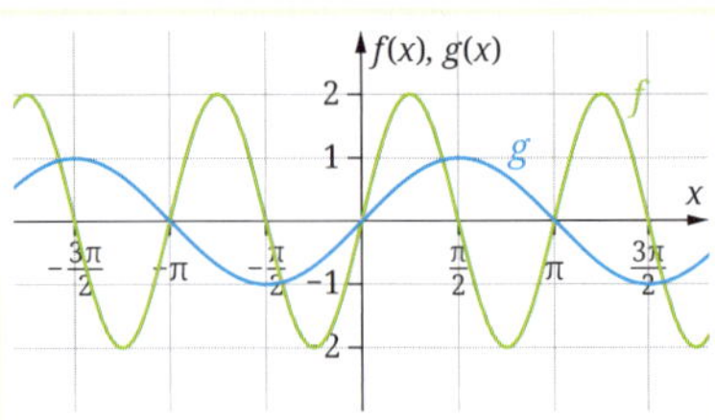

$a > c$ $b > d$

b)

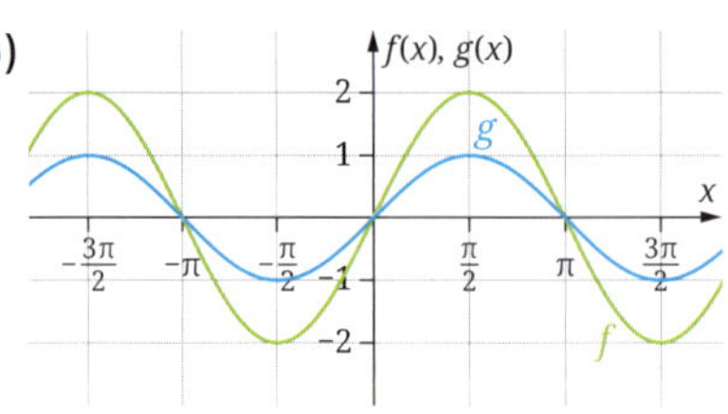

a ◯ c b ◯ d

c)

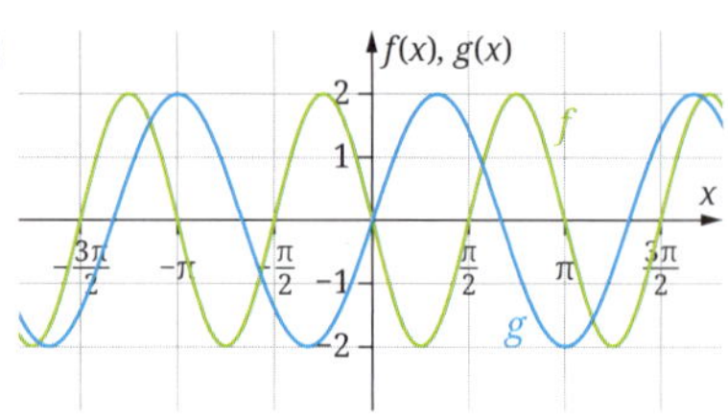

a ◯ c b ◯ d

A 5 Fertige eine Skizze des Graphen der Funktion $f(x) = 2 \cdot \sin(x)$ an und lies daraus ihre Nullstellen im Intervall $[-2\pi; 2\pi]$ sowie ihre lokalen Extremstellen im Intervall $[0; 4\pi]$ ab.

Lösungen

A 6 → B 2 → W 1

Der Graph der elementaren Sinusfunktion ist bereits eingezeichnet. Stelle die Funktionen der Form $\sin(x + c)$ grafisch dar, die eine Verschiebung des Graphen entlang der x-Achse bewirken.

a) $f_1(x) = \sin\left(x + \frac{\pi}{2}\right)$ Der Graph wird um $\frac{\pi}{2}$ nach links verschoben.

$f_2(x) = \sin\left(x - \frac{3\pi}{2}\right)$ Der Graph wird um ____ nach ____ verschoben.

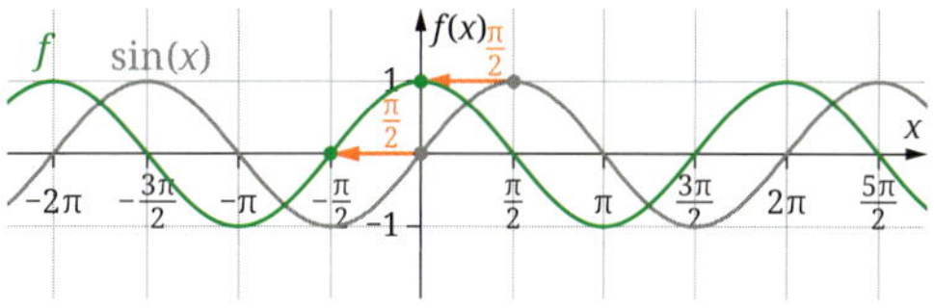

b) $f_1(x) = \sin\left(x - \frac{\pi}{2}\right)$ Der Graph wird um ____ nach ____ verschoben.

$f_2(x) = \sin(x + 2\pi)$ Der Graph wird um ____ nach ____ verschoben.

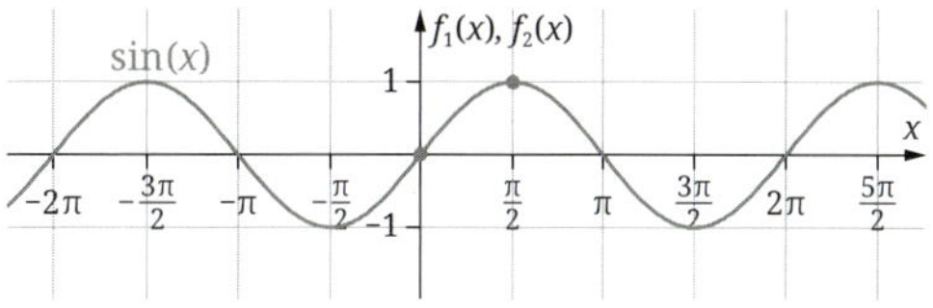

A 7 → W 2

Kreuze die beiden korrekten Gleichungen an. Skizziere dazu jeweils die beiden Funktionen und vergleiche.

$\sin(x + \pi) = \cos(x)$	$\sin\left(x - \frac{\pi}{2}\right) = \cos(x)$	$\sin\left(x - \frac{3\pi}{2}\right) = \cos(x)$	$\sin\left(x + \frac{\pi}{2}\right) = \cos(x)$	$\sin(x - \pi) = \cos(x)$
☐	☐	☐	☐	☐

A 8

Zeichne den Graphen der Funktion f durch Verschiebung der elementaren Sinus- bzw. Cosinusfunktion entlang der y-Achse.

a) $f_1(x) = \sin(x) + 1$ **c)** $f_1(x) = \sin(x) + 2$ **e)** $f_1(x) = \cos(x) + 2$

b) $f_2(x) = \sin(x) - 2$ **d)** $f_2(x) = \sin(x) - 3$ **f)** $f_2(x) = \cos(x) - 1$

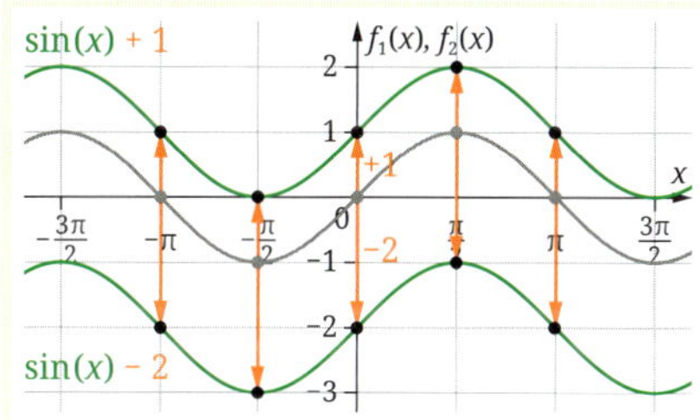

A 9 → G 3

Berechne die kleinste Periode p der gegebenen Funktion f.

a) $f(x) = 3 \cdot \sin(4x)$ $b = 4 \Rightarrow p = \frac{2\pi}{4} = \frac{\pi}{2}$

b) $f(x) = -\sin(3x)$ **c)** $f(x) = \sin(\pi x)$ **d)** $f(x) = 4 \cdot \sin\left(\frac{x}{2}\right)$ **e)** $f(x) = \sin\left(\frac{2x}{\pi}\right)$

A 10 → G 2 → W 3

Die Abbildung stellt die Elongation $s(t)$ in Abhängigkeit von der Zeit (in Sekunden) für drei unterschiedliche Pendel dar. Lies für jedes Pendel die Schwingungsdauer aus dem Graphen ab und errechne daraus die Frequenz. Lies die Amplitude der Schwingung ab und gib die Funktionsgleichung der Winkelfunktion $s(t) = a \cdot \sin(b \cdot t)$ an, die diese Pendelbewegung beschreibt.

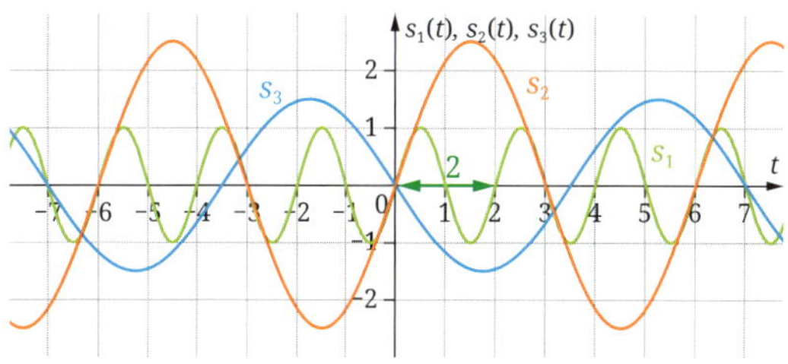

s_1: Die Länge einer Schwingung beträgt $2 - 0 = 2 \Rightarrow T_1 = 2\text{ s} \Rightarrow f_1 = \frac{1}{T} = 0{,}5\text{ s}^{-1}$

Amplitude = 1, nicht an der x-Achse gespiegelt $\Rightarrow a_1 = +1$, außerdem $b_1 = \frac{2\pi}{2} = \pi \Rightarrow s_1(t) = 1 \cdot \sin(\pi \cdot t)$

A 11 → W 4

Führe die Umrechnungen durch.

Gradmaß g in Bogenmaß a

a) $g = 5° \Rightarrow a = \frac{\pi \cdot 5°}{180°} \approx 0{,}0873$

b) $g = 125° \Rightarrow a = \frac{\pi \cdot \_\_\_}{180°} \approx$ ____

c) $g = 210° \Rightarrow a = \frac{\pi \cdot \_\_\_}{180°} \approx$ ____

Bogenmaß a in Gradmaß g

d) $a = 0{,}74 \Rightarrow g = \frac{0{,}74 \cdot 180°}{\pi} \approx 42{,}4°$

e) $a = 1{,}45 \Rightarrow g = \frac{\_\_\_ \cdot 180°}{\pi} \approx$ ____

f) $a = 3 \Rightarrow g = \frac{\_\_\_ \cdot 180°}{\pi} \approx$ ____

Lösungen

A 12 Ordne den Graphen der Winkelfunktionen jeweils ihre Funktionsgleichung zu.

f_1	
f_2	
f_3	
f_4	

A	$\cos(2x)$
B	$-4 \cdot \sin(0{,}5x)$
C	$-4 \cdot \sin(x)$
D	$\sin(3x)$
E	$3 \cdot \sin\left(\frac{x}{2}\right)$
F	$2 \cdot \cos(x)$

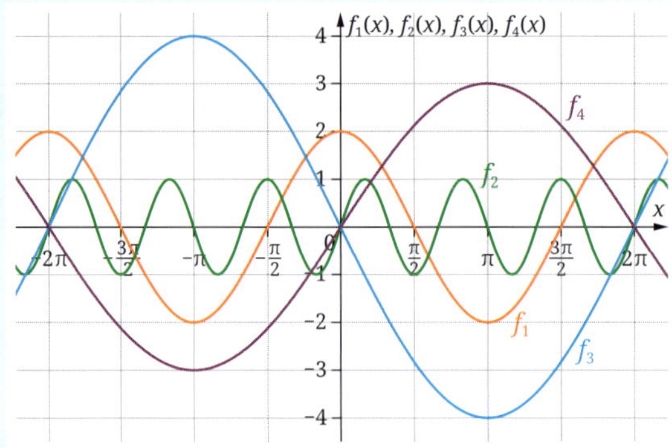

A 13 Gegeben ist die Funktion $f(x) = 5 \cdot \sin\left(\frac{x}{4}\right)$. Gib die Länge der kürzesten Periode p an.

$p =$ ____________________

A 14 Gegeben ist die Funktion $f(x) = -\sin(3x)$. Kreuze die beiden zutreffenden Aussagen an.

f besitzt genau eine lokale Extremstelle im Intervall $[0; \pi]$.	☐
Die Amplitude von f beträgt 3.	☐
f besitzt eine Nullstelle bei $x = \frac{\pi}{3}$.	☐
Die kleinste Periode von f beträgt $\frac{2\pi}{3}$.	☐
f ist monoton fallend in $\left[0; \frac{\pi}{3}\right]$.	☐

A 15 Gegeben ist die Funktion $f(x) = \sin(x + c)$ mit $c \in \mathbb{R}$.
Ergänze die Textlücken im folgenden Satz durch Ankreuzen der jeweils richtigen Satzteile so, dass eine korrekte Aussage entsteht.

Ist ___①___, dann gilt ___②___

①	
$c = -\frac{\pi}{2}$	☐
$c = \frac{3\pi}{2}$	☐
$c = \frac{\pi}{2}$	☐

	②
☐	$f(x) = \cos(x)$
☐	$f(x) = \sin(x)$
☐	$f(x) = -\sin(x)$

A 16 Stelle die Funktion $f(x) = 2 \cdot \sin(x) + 1$ im nebenstehenden Koordinatensystem grafisch dar.

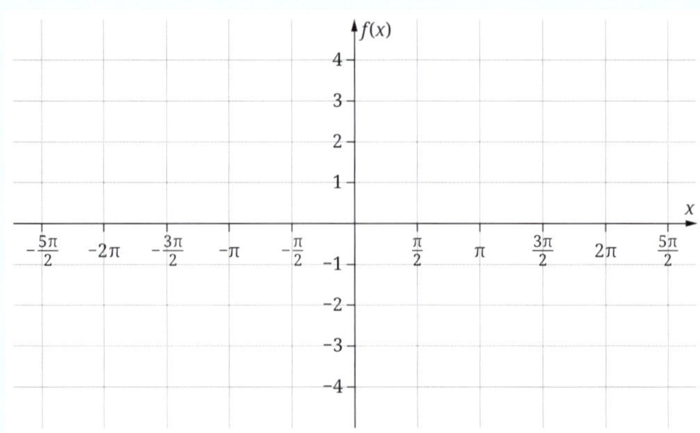

A 17 Gegeben ist die Funktion $f(x) = -3 \cdot \sin(4x)$.

a) Stelle f grafisch dar.
b) Gib alle Nullstellen im Intervall $[0; \pi]$ an.
c) Bestimme die kleinste Periode p.

Formeln und Funktionen

Welch gewaltige Kraft in einer mathematischen Definition stecken kann, zeigt der folgende alte Witz: Wie schafft es ein Mathematiker, einen Löwen in freier Wildbahn in einem Käfig einzuschließen? – Er setzt sich in den Käfig und definiert das Innere des Käfigs als außen. Auch beim Übergang von Formeln zu Funktionen kommen Definitionen zum Einsatz, mit denen ein und dasselbe Objekt unterschiedlich betrachtet wird.

Grundlagen

G 1 Die Tabelle zeigt einige Grundtypen von Potenzfunktionen und ihre Eigenschaften. Dabei ist $a \in \mathbb{R}^+$.

$a \cdot x$	$a \cdot x^2$	$a \cdot x^3$	$\frac{a}{x^1} = a \cdot x^{-1}$	$\frac{a}{x^2} = a \cdot x^{-2}$	$a \cdot \sqrt{x} = a \cdot x^{\frac{1}{2}}$
Lineare Funktion	Quadratische Funktion	Kubische Funktion	Gebrochen rationale Funktionen		Wurzelfunktion
direkte Proportionalitätsfunktion			indirekte Proportionalitätsfunktion		
$D = \mathbb{R}$	$D = \mathbb{R}$	$D = \mathbb{R}$	$D = \mathbb{R} \setminus \{0\} = \mathbb{R}^*$	$D = \mathbb{R} \setminus \{0\} = \mathbb{R}^*$	$D = \mathbb{R}_0^+$
			Asymptoten: x- und y-Achse	Asymptoten: x- und y-Achse	
symmetrisch bzgl. $(0 \mid 0)$	symmetrisch bzgl. y-Achse	symmetrisch bzgl. $(0 \mid 0)$	symmetrisch bzgl. $(0 \mid 0)$	symmetrisch bzgl. y-Achse	
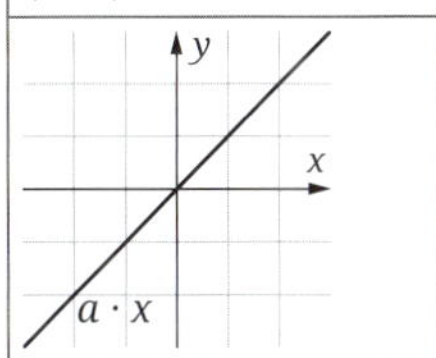	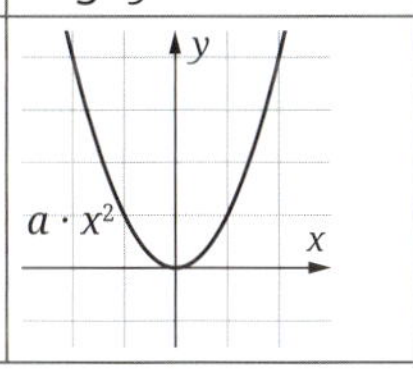	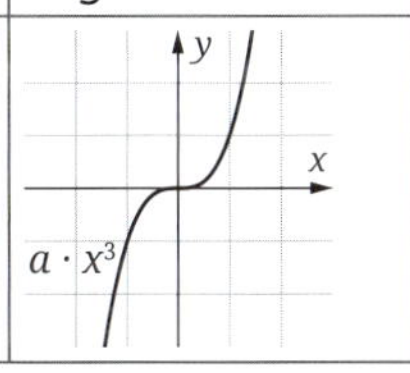	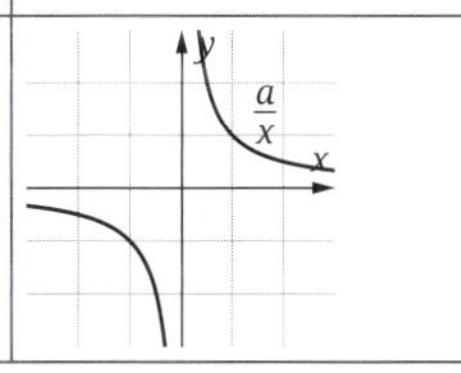	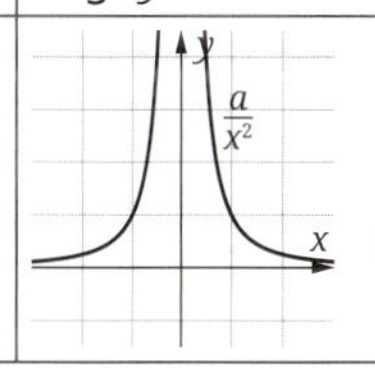	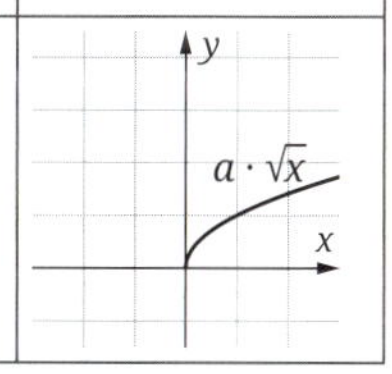

G 2 Die Tabelle ist eine Übersicht über Exponential-, Logarithmus -und Winkelfunktionen und ihre Eigenschaften. Dabei sind $a, b \in \mathbb{R}^+$.

$a \cdot b^x$	$a \cdot \log_b(x)$	$a \cdot \sin(b \cdot x)$	$a \cdot \cos(b \cdot x)$
Exponentialfunktion	Logarithmusfunktion	Sinusfunktion	Cosinusfunktion
$D = \mathbb{R}$	$D = \mathbb{R}^+$	$D = \mathbb{R}$	$D = \mathbb{R}$
Asymptote: x-Achse	Asymptote: y-Achse		
		symmetrisch bzgl. $(0 \mid 0)$	symmetrisch bzgl. y-Achse
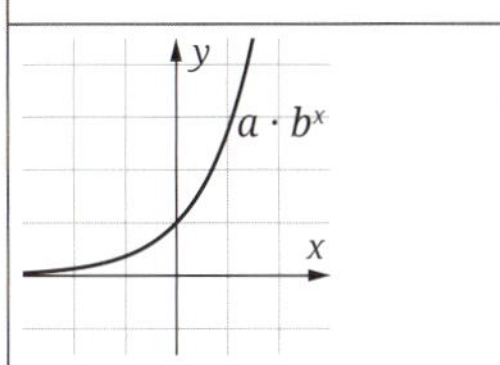	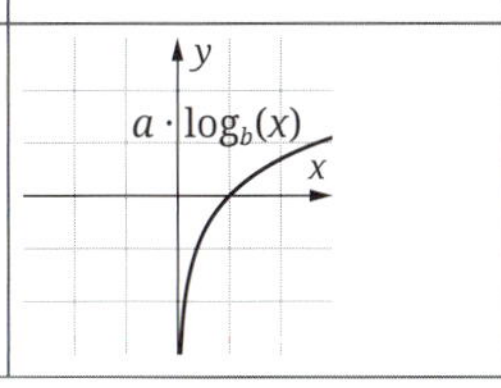	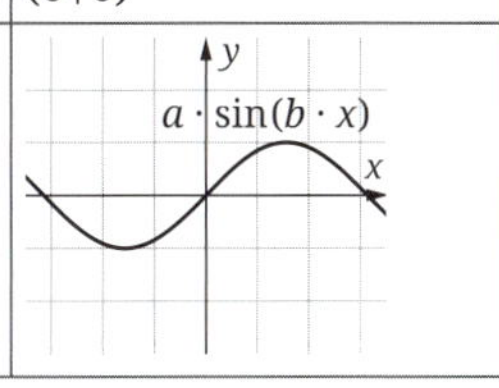	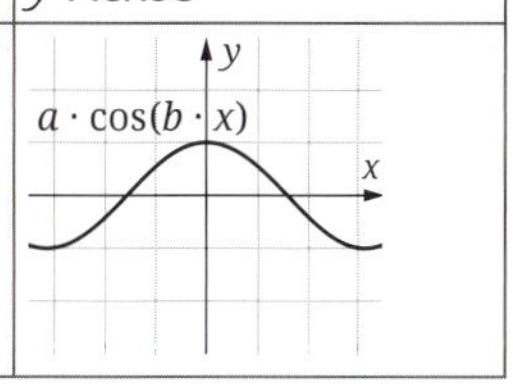

G 3 Die Schreibweisen $f(x) = y$ und $f: x \mapsto y$ dienen der Festlegung von **unabhängiger und abhängiger Variable**.
Beispiel: $s(t) = v \cdot t$ bzw. $s: t \mapsto v \cdot t$ legen t als unabhängige Variable und s als abhängige Variable fest.

G 4 Manchmal betrachtet in **Funktionen in mehreren Variablen** (mehrdimensionale Funktionen).
Ein Funktionswert wird berechnet, indem man für jede Variable einen Zahlenwert einsetzt.
Beispiel: $f(x, y, z) = x + y + z$ ist eine Funktion in drei Variablen; $f(2, 5, 12) = 2 + 5 + 12 = 19$

Beispiele

B1 Gegeben ist die Formel $A = \frac{x^3 \cdot \sqrt{y}}{z}$. Skizziere die Graphen der Funktionen $A(x)$ für $y, z > 0$, $A(y)$ für $x, z > 0$ und $A(z)$ für $x, y > 0$.

Wie skizziere ich eine Funktion, die durch eine Formel gegeben ist?

1 Die abhängige und die unabhängige Variable bestimmen

Funktion: $A(x)$
unabhängige Variable: x
abhängige Variable: A

Funktion: $A(y)$
unabhängige Variable: y
abhängige Variable: A

Funktion: $A(z)$
unabhängige Variable: z
abhängige Variable: A

2 Alle Buchstaben mit Ausnahme der beiden Variablen durch 1 ersetzen und den Term vereinfachen

$A(x) = \frac{x^3 \cdot \sqrt{1}}{1} = x^3$

$A(y) = \frac{1^3 \cdot \sqrt{y}}{1} = \sqrt{y}$

$A(z) = \frac{1^3 \cdot \sqrt{1}}{z} = \frac{1}{z}$

3 Die vereinfachte Funktionsgleichung mit den bekannten Grundtypen vergleichen und den identifizierten Grundtyp skizzieren

$A(x) = x^3 \Longrightarrow$ Hochzahl: 3
Funktionstyp: $a \cdot x^3$

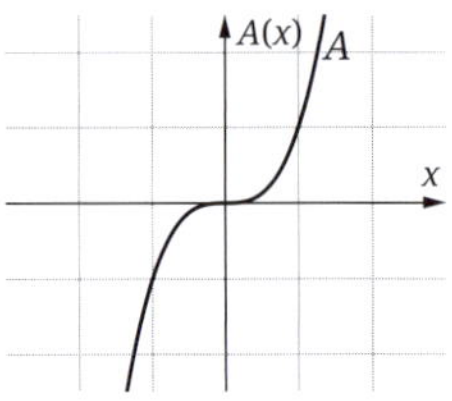

$A(y) = \sqrt{y} = y^{\frac{1}{2}} \Longrightarrow$ Hochzahl: $\frac{1}{2}$
Funktionstyp: $a \cdot \sqrt{x}$

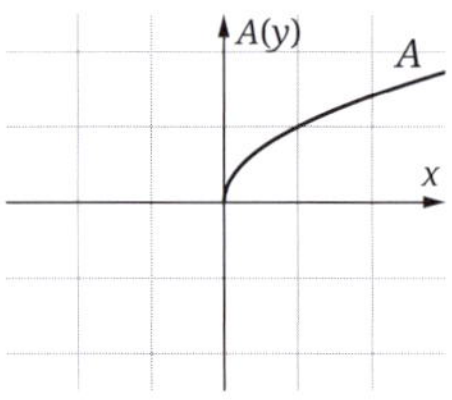

$A(z) = \frac{1}{z} = z^{-1} \Longrightarrow$ Hochzahl: -1
Funktionstyp: $\frac{a}{x} = a \cdot x^{-1}$

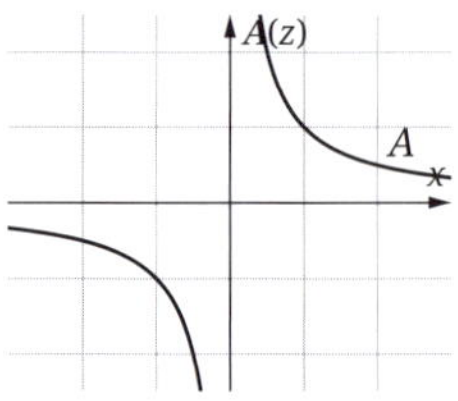

B2 Gegeben ist die Formel $F = \frac{2r^2 \cdot m}{h}$. Gib an, wie sich die Größe F ändert, wenn
a) r verdoppelt wird, **b)** h gedrittelt wird, **c)** m verdoppelt und h vervierfacht wird.

Wie stelle ich fest, wie sich eine Größe in einer Formel in Abhängigkeit von den anderen Größen ändert?

1 Die abhängige und die unabhängige(n) Variable(n) in der Formel festlegen

a) F ändert sich in Abhängigkeit von r:
unabhängige Variable: r
abhängige Variable: F

b) F ändert sich in Abhängigkeit von h:
unabhängige Variable: h
abhängige Variable: F

c) F ändert sich in Abhängigkeit von m und h:
unabhängige Variablen: m, h
abhängige Variable: F

2 Alle Zahlen und jene Variablen, die nicht vervielfacht werden, durch 1 ersetzen und für alle anderen Variablen den Wert ihrer Vervielfachung einsetzen, anschließend den Term vereinfachen

2, m, h werden zu 1.
r wird zu 2.

$F = \frac{1 \cdot 2^2 \cdot 1}{1} = 4$

F wird vervierfacht.

2, r, m werden zu 1.
h wird zu $\frac{1}{3}$.

$F = \frac{1 \cdot 1^2 \cdot 1}{\frac{1}{3}} = 3$

F wird verdreifacht.

2, r werden zu 1.
m wird zu 2.
h wird zu 4.

$F = \frac{1 \cdot 1^2 \cdot 2}{4} = \frac{1}{2}$

F wird halbiert.

Aufgaben zu den Beispielen

B 1 A Gegeben ist die Formel $V = \frac{s^2 \cdot r^3}{t^2}$. Skizziere die Graphen der Funktionen $V(s)$ für $r, t > 0$, $V(r)$ für $s, t > 0$ und $V(t)$ für $r, s > 0$.

1 Die abhängige und die unabhängige Variable bestimmen

Funktion: $V(s)$
unabhängige Variable: ___
abhängige Variable: ___

Funktion: $V(r)$
unabhängige Variable: ___
abhängige Variable: ___

Funktion: $V(t)$
unabhängige Variable: ___
abhängige Variable: ___

2 Alle Buchstaben mit Ausnahme der beiden Variablen durch 1 ersetzen und den Term vereinfachen

$V = \frac{s^2 \cdot \square^3}{\square^2} = \square$

$V = \frac{\square^2 \cdot r^3}{\square^2} = \square$

$V = \frac{\square^2 \cdot \square^3}{t^2} = \frac{\square}{\square}$

3 Die vereinfachte Funktionsgleichung mit den bekannten Grundtypen vergleichen und den identifizierten Grundtyp skizzieren

$V(s) = \square \Rightarrow$ Hochzahl: ___
Funktionstyp: $a \cdot x^{\square}$

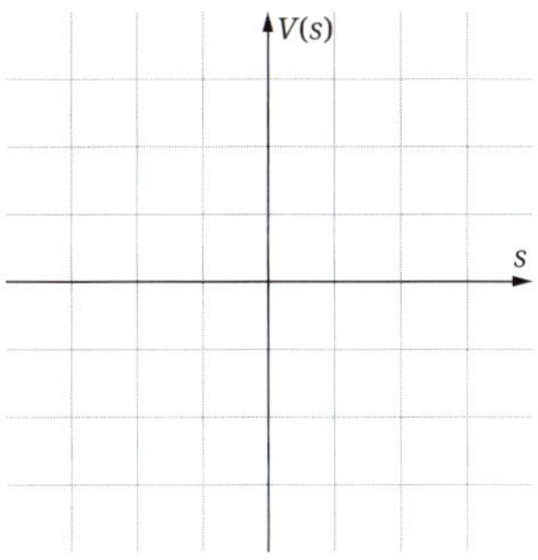

$V(r) = \square \Rightarrow$ Hochzahl: ___
Funktionstyp: $a \cdot x^{\square}$

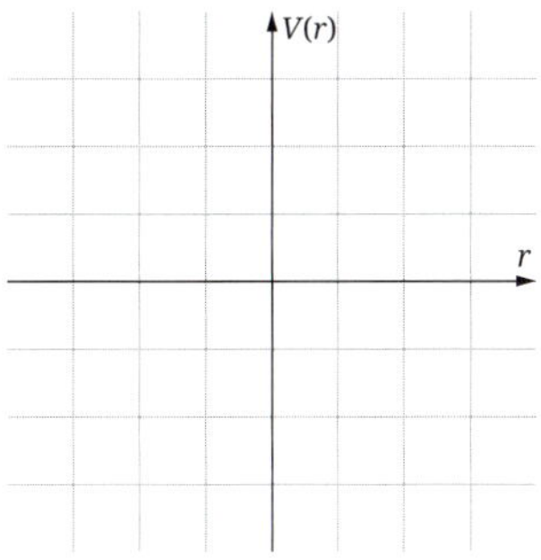

$V(t) = \frac{\square}{\square} = \square^{\square} \Rightarrow$ Hochzahl: ___
Funktionstyp: $a \cdot x^{\square}$

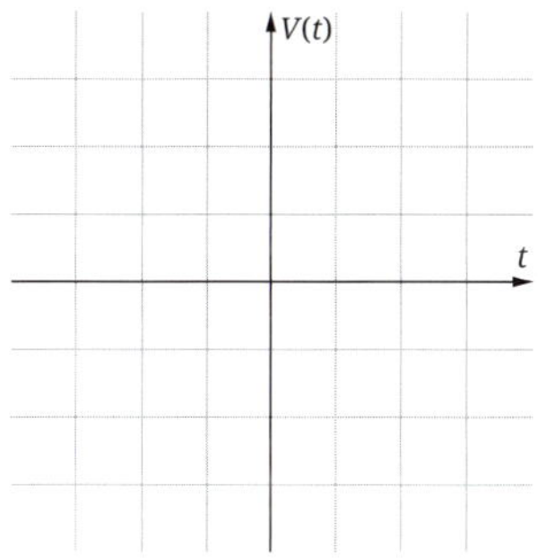

B 2 A Gegeben ist die Formel $P = \frac{3a \cdot \sqrt{b}}{c^2}$. Gib an, wie sich die Größe P ändert, wenn
a) a gedrittelt wird, **b)** b vervierfacht wird, **c)** a verdoppelt und c halbiert wird.

1 Die abhängige und die unabhängige(n) Variable(n) in der Formel festlegen

a) P ändert sich in Abhängigkeit von ___:
unabhängige Variable: ___
abhängige Variable: ___

b) P ändert sich in Abhängigkeit von ___:
unabhängige Variable: ___
abhängige Variable: ___

c) P ändert sich in Abhängigkeit von ___ und ___:
unabhängige Variablen: ___ und ___
abhängige Variable: ___

2 Alle Zahlen und jene Variablen, die nicht vervielfacht werden, durch 1 ersetzen und für alle anderen Variablen den Wert ihrer Vervielfachung einsetzen, anschließend den Term vereinfachen

a) ___, ___, ___ werden zu ___.
___ wird zu ___.

$P = \frac{\square \cdot \square \cdot \sqrt{\square}}{\square^2} = \square \Rightarrow$

P wird ___.

b) ___, ___, ___ werden zu ___.
___ wird zu ___.

$P = \frac{\square \cdot \square \cdot \sqrt{\square}}{\square^2} = \square \Rightarrow$

P wird ___.

c) ___, ___ werden zu ___.
___ wird zu ___.
___ wird zu ___.

$P = \frac{\square \cdot \square \cdot \sqrt{\square}}{(\square)^2} = \square \Rightarrow$

P wird ___.

Aufgaben

A 1 Ermittle die unabhängige und die abhängige Variable, beschrifte die Koordinatenachsen mit diesen Variablen und skizziere den Graphen der Funktion.

→ B 1

a) $v(t) = \frac{s}{t}$ $(s > 0)$

unabhängige Variable: t

abhängige Variable: v

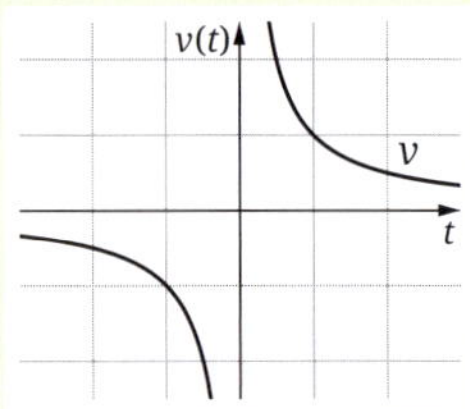

b) $h(m) = \frac{m}{x^2 \cdot \rho}$ $(x, \rho > 0)$

unabh. Variable: ___

abhängige Variable: ___

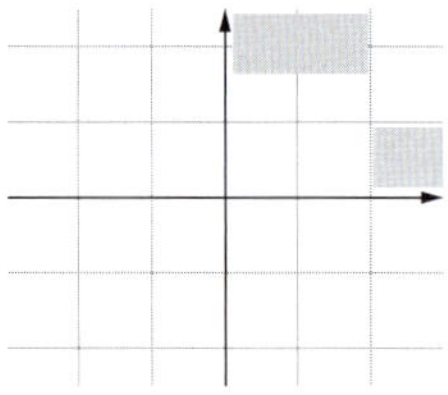

c) $V(r) = r^2 \cdot \pi \cdot h$ $(h > 0)$

unabh. Variable: ___

abhängige Variable: ___

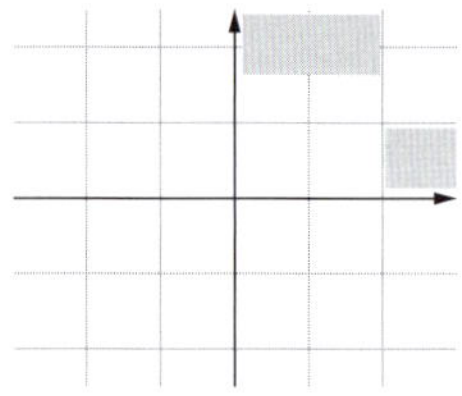

d) $x(s) = \frac{\sqrt{2s}}{e}$ $(e > 0)$

unabh. Variable: ___

abhängige Variable: ___

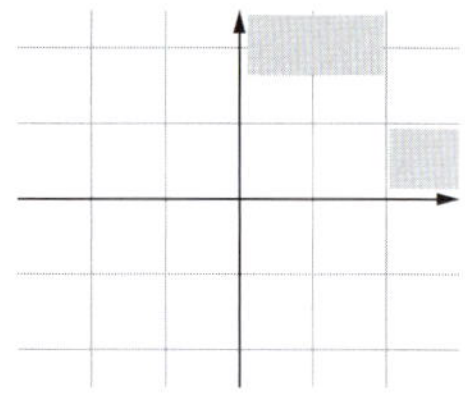

A 2 Gegeben sind die Formeln $M = \frac{m}{n^2 \cdot k}$ mit $n, k \neq 0$, $F = c^3 \frac{\sqrt{a}}{b}$ mit $b \neq 0$ und $L = \frac{3r}{h} \cdot g^2$ mit $h \neq 0$. Bestimme den Funktionstyp der gegebenen Funktion.

→ B 1

a) $M(m)$ $\frac{m}{1^2 \cdot 1} = m = m^1 \Longrightarrow$ Hochzahl 1 $\Longrightarrow$ Grundtyp $a \cdot x$

b) $M(n)$ $\frac{\_\_}{\_\_ \cdot \_\_} = \frac{\_\_}{\_\_} = \_\_ \Longrightarrow$ Hochzahl ___ $\Longrightarrow$ Grundtyp $a \cdot x^{\_\_}$

c) $M(k)$ $\frac{\_\_}{\_\_ \cdot \_\_} = \frac{\_\_}{\_\_} = \_\_ \Longrightarrow$ Hochzahl ___ $\Longrightarrow$ Grundtyp $a \cdot x^{\_\_}$

d) $F(c)$ **e)** $F(a)$ **f)** $F(b)$ **g)** $L(r)$ **h)** $L(h)$ **i)** $L(g)$

A 3 Gegeben ist die Formel $s = \frac{p^2 \cdot q}{t}$ mit $t \neq 0$. Bestimme die abhängige und die unabhängige Variable der angegebenen Funktion und gib ihren Grundtyp an.

→ G 1
→ G 3

a) $f: t \mapsto s$ unabhängige Variable: t abhängige Variable: s $s = \frac{1^2 \cdot 1}{t} = \frac{1}{t} \Longrightarrow$ Grundtyp: $\frac{a}{x}$

b) $f: s \mapsto q$ unabhängige Variable: s abhängige Variable: q Wir formen die Formel zuerst nach q um: $s = \frac{p^2 \cdot q}{t} \Longrightarrow q = \frac{s \cdot t}{p^2}$

$q = \frac{s \cdot 1}{1^2} = s \Longrightarrow$ Grundtyp: $a \cdot x$

c) $f: p \mapsto s$ **d)** $f: q \mapsto s$ **e)** $f: s \mapsto p$ **f)** $f: p \mapsto q$

A 4 Setze die angegebenen Werte in die mehrdimensionale Funktion ein.

→ G 4

a) $V(r, h) = r^2 \cdot \pi \cdot h$; $V(2, 3) = 2^2 \cdot \pi \cdot 3 \approx 37{,}7$

b) $s(a, t) = \frac{a}{2} \cdot t^2$; $s(4, 7) = \frac{\_\_}{2} \cdot \_\_^2 = \_\_$

c) $A(a, b) = a \cdot b$; $A(5, 1)$ **d)** $z(x, y) = 3x^2 \cdot \sqrt{y}$; $z(-2, 16)$ **e)** $p(n, V, T) = \frac{n \cdot R \cdot T}{V}$; $p(2, 10, 300)$

A 5 Gegeben ist eine mehrdimensionale Funktion. Gib die gesuchte eindimensionale Funktion an.

→ G 4

a) $E(m, v) = \frac{m \cdot v^2}{2}$ … kinetische Energie eines Körpers mit Masse m in kg und Geschwindigkeit v in m/s
Stelle die kinetische Energie in Abhängigkeit von der Geschwindigkeit für einen 5 kg schweren Körper dar.
$m = 5 \Longrightarrow E(v) = 2{,}5 \cdot v^2$

b) $B(l, m) = \frac{m}{l^2}$ … Body-Mass-Index (BMI) für eine Person der Masse m in kg und der Körpergröße l in m
Stelle den BMI als Funktion der Masse für eine 1,8 m große Person dar.

c) $w(e, V, m) = \frac{0{,}8 \cdot e \cdot V}{0{,}55 \cdot m}$ … Blutalkoholkonzentration in Promille eines Jugendlichen der Masse m nach Konsumation eines Getränks vom Volumen V in Milliliter und mit der Alkoholkonzentration e
Stelle die Blutalkoholkonzentration als Funktion der Masse m für 500 Milliliter Bier (e = 5 %) dar.

A 6 → B 2

Gegeben ist die Formel $F = \frac{1}{4\pi\varepsilon_0} \cdot \frac{q_1 \cdot q_2}{r^2}$. Gib an, wie sich die Größe F ändert, wenn sich andere Größen wie angegeben ändern.

a) r wird gedrittelt. $\frac{1}{1 \cdot 1 \cdot 1} \cdot \frac{1 \cdot 1}{\left(\frac{1}{3}\right)^2} = 9 \Longrightarrow$ $\Longrightarrow F$ wird verneunfacht.

b) q_1 wird vervierfacht. $\frac{1}{\_\_ \cdot \_\_ \cdot \_\_} \cdot \frac{\_\_ \cdot \_\_}{\_\_^2} = \_\_$ $\Longrightarrow F$ wird ____________.

c) q_2 und r werden verdoppelt. **d)** q_1 und r werden halbiert. **e)** r wird verdoppelt und q_1 halbiert.

A 7 → B 1 → G 1

Gegeben ist die Formel $A = \frac{m \cdot n^2}{4} \cdot \frac{1}{k}$. Stelle für die angegebene Funktion fest, ob sie eine direkte, eine indirekte Proportionalität oder weder noch beschreibt.

a) $A(m)$ alles außer m durch 1 ersetzen: $\frac{m \cdot 1^2}{1} \cdot \frac{1}{1} = m \Longrightarrow$ Grundtyp $a \cdot x \Longrightarrow$ direkte Proportionalität

b) $k(A)$ Umformen: $k = \frac{m \cdot n^2}{4} \cdot \frac{1}{A} \Longrightarrow \frac{1 \cdot 1^2}{1} \cdot \frac{1}{A} = \frac{1}{A} \Longrightarrow$ Grundtyp $\frac{a \cdot 1}{x} \Longrightarrow$ indirekte Proportionalität

c) $A(k)$ **d)** $A(n)$ **e)** $n(k)$ **f)** $m(A)$ **g)** $m(k)$ **h)** $k(n)$

A 8 → G 1–G 2

Ordne den Graphen jeweils die passende Funktionsgleichung (mit $a, b \in \mathbb{R}^+$) zu.

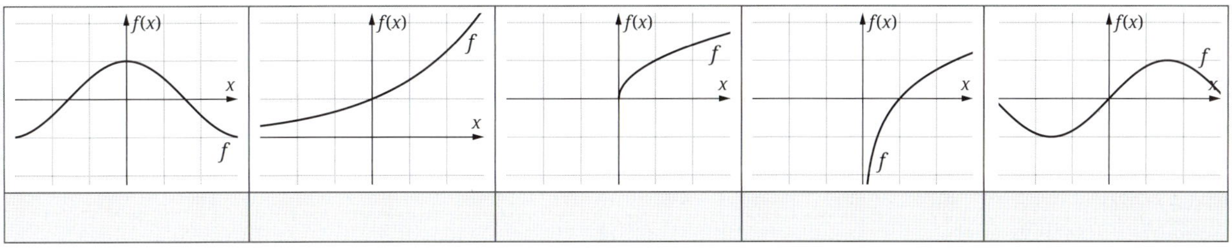

A	B	C	D	E
$f(x) = a \cdot x^b$	$f(x) = a \cdot b^x$	$f(x) = a \cdot \sin(b \cdot x)$	$f(x) = a \cdot \cos(b \cdot x)$	$f(x) = a \cdot \log_b(x)$

A 9 → G 1–G 2

Kreuze alle Funktionsgleichungen an, die für $a > 0$ im gesamten Definitionsbereich streng monoton fallend sind.

$f(x) = a \cdot x^{-1}$	$f(x) = -a \cdot x^3$	$f(x) = a \cdot x^{0,5}$	$f(x) = a \cdot 0{,}5^x$	$f(x) = a \cdot x^2$
☐	☐	☐	☐	☐

A 10

Erstelle für jede Funktion eine Skizze des Graphen und kreuze diejenigen Eigenschaften an, die auf die Funktion jedenfalls zutreffen.

$f_1(x) = a_1 \cdot x$ mit $a_1 < 0$ $f_3(x) = a_3 \cdot x^2$ mit $a_3 > 0$ $f_5(x) = a_5 \cdot \sin(x)$ mit $a_5 > 0$

$f_2(x) = a_2 \cdot 2^x$ mit $a_2 > 0$ $f_4(x) = a_4 \cdot x^{-2}$ mit $a_4 < 0$ $f_6(x) = a_6 \cdot \sqrt{x}$

	f_1	f_2	f_3	f_4	f_5	f_6
streng monoton steigend in $\mathbb{R}^+$	☐	☐	☐	☐	☐	☐
besitzt Nullstellen	☐	☐	☐	☐	☐	☐
ist periodisch	☐	☐	☐	☐	☐	☐
ist punktsymmetrisch bzgl. (0 | 0)	☐	☐	☐	☐	☐	☐
besitzt die x-Achse als Asymptote	☐	☐	☐	☐	☐	☐
besitzt lokale Extremstellen	☐	☐	☐	☐	☐	☐

Tipp Ist $a < 0$, wird der Graph des Grundtyps der Funktion an der x-Achse gespiegelt.

A 11 Die kinetische Energie E_{kin} ist die Energie eines Körpers aufgrund seiner Bewegung und wird mithilfe der Formel $E_{kin} = \frac{1}{2} m \cdot v^2$ berechnet, wobei m die Masse und v die Geschwindigkeit des Körpers sind. Kreuze die beiden zutreffenden Aussagen an.

Wird m verdoppelt und v halbiert, bleibt die kinetische Energie E_{kin} unverändert.	☐
Wird m halbiert und v verdoppelt, verdoppelt sich die kinetische Energie E_{kin}.	☐
Wird m vervierfacht, verdoppelt sich die kinetische Energie E_{kin}.	☐
Wird v gedrittelt, wird die kinetische Energie E_{kin} auch gedrittelt.	☐
Wird m geviertelt und v verdoppelt, bliebt die kinetische Energie E_{kin} unverändert.	☐

A 12 Gegeben ist die Formel für das Volumen eines Drehzylinders $V = r^2 \cdot \pi \cdot h$. Ordne den Zuordnungsvorschriften jeweils den zugehörigen Graphen der dadurch festgelegten Funktion zu.

$r \mapsto V$ (h konstant)	$h \mapsto V$ (r konstant)	$V \mapsto r$ (h konstant)	$r \mapsto h$ (V konstant)

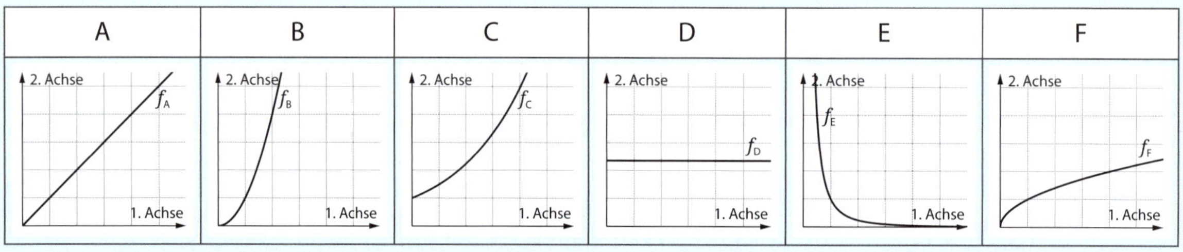

A 13 Der Abschnitt eines Blutgefäßes wird vereinfacht als zylindrische Röhre mit Radius r angenommen. Die Strömungsgeschwindigkeit v des Blutes hängt vom Abstand x zur Mitte der Röhre, der Maximalgeschwindigkeit v_{max} und r ab. Es gilt $v(x, v_{max}, r) = v_{max} \cdot \left(1 - \frac{x^2}{r^2}\right)$. Das Wievielfache der Maximalgeschwindigkeit beträgt die Strömungsgeschwindigkeit, wenn x genau die Hälfte des Radius beträgt?

A 14 Ordne den Funktionsgleichungen jeweils die zugehörige Aussage über die Funktion zu. Es gilt stets $a > 0$.

$f(x) = a \cdot x$	
$f(x) = a \cdot \sin(x)$	
$f(x) = \frac{a}{x^2}$	
$f(x) = a \cdot x^2$	

A	Die Funktion ist monoton fallend in $\mathbb{R}$.
B	Der Funktionsgraph besitzt genau einen Tiefpunkt.
C	Der Funktionsgraph nähert sich asymptotisch der x-Achse.
D	Der Funktionsgraph ist periodisch.
E	Es liegt eine direkte Proportionalitätsfunktion vor.
F	Es liegt eine indirekte Proportionalitätsfunktion vor.

A 15 Die Formel für das Volumen eines quadratischen Prismas lautet $V = a^2 \cdot h$, wobei a die Seitenlänge der quadratischen Grundfläche ist und h die Höhe des Prismas.

a) Wie ändert sich das Volumen des Prismas, wenn die Höhe h verdoppelt wird?
b) Wie muss a geändert werden, damit V geviertelt wird?
c) Gib an, welche der beiden Funktionen $V(a)$ und $V(h)$ eine direkte Proportionalitätsfunktion ist, und begründe deine Antwort.
d) Stelle die Funktion $a(V)$ mit $h = 1$ im Intervall [0; 5] im Koordinatensystem grafisch dar.

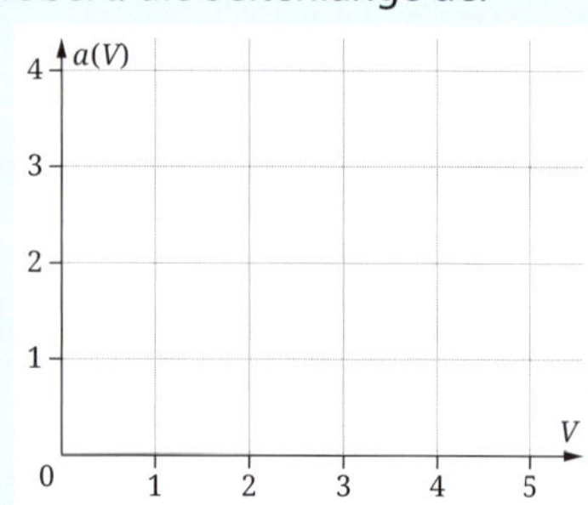

Zahlenfolgen und ihre Eigenschaften

13

Philips Vater sagt: „Heuer schenken wir uns alle gegenseitig selbstbemalte Eier zu Ostern. Philip, rechnest du bitte aus, wie viele Eier wir besorgen müssen? Es kommen 30 Leute."
Philip erstellt eine Folge für 2, 3, 4 Personen und erkennt, dass es $1 \cdot 2$, $2 \cdot 3$, $3 \cdot 4$, bei n Personen also insgesamt $(n-1) \cdot n$ Eier sind. Philip schreit: „Papa, ich glaube, wir brauchen Opas Anhänger!"

Grundlagen

G 1 Unter einer (unendlichen) **Zahlenfolge** versteht man eine Auflistung von unendlich vielen Zahlen. Die Zahlen einer Folge werden mit einem **Index**, der bei 0 oder 1 starten kann, durchnummeriert und als **Folgenglieder** bezeichnet. Mögliche Schreibweisen dafür sind $(a_0, a_1, a_2, \ldots)$ bzw. $(a_1, a_2, a_3, \ldots)$ oder auch (a_n) mit $n \in \mathbb{N}$ bzw. $n \in \mathbb{N}^*$.

In diesem Kapitel startet der Index der Einfachheit halber immer bei 1, also $(a_n) = (a_1, a_2, a_3, \ldots)$.

Für manche Zahlenfolgen kann eine **Termdarstellung (explizite Darstellung)** angegeben werden.

Beispiel: Für die Folge der ungeraden natürlichen Zahlen (1, 3, 5, 7,…) gilt $a_1 = 1$, $a_2 = 3$, $a_3 = 5$, …
Eine Termdarstellung dieser Folge lautet $a_n = 2n - 1$.

G 2 Eine Folge (a_n) heißt **monoton steigend** bzw. **streng monoton steigend**, wenn $a_{n+1} \geq a_n$ bzw. $a_{n+1} > a_n$ für alle $n \in \mathbb{N}^*$, d. h. jedes Folgenglied ist größer oder gleich bzw. strikt größer als das vorherige.

Eine Folge a_n heißt **(streng) monoton fallend**, wenn $a_{n+1} \leq a_n$ (bzw. $a_{n+1} < a_n$) für alle $n \in \mathbb{N}^*$.

Eine Folge a_n heißt **monoton**, wenn sie monoton steigend oder monoton fallend ist.

G 3 Eine Folge (a_n) besitzt den **Grenzwert** $a = \lim\limits_{n \to \infty} a_n$ (Schreibweise auch $a_n \to a$), wenn in jedem Intervall um die Zahl a alle Folgenglieder bis auf endlich viele liegen. Eine Folge, die einen Grenzwert besitzt, heißt **konvergent**, sonst **divergent**.

Beispiel: Die Folge $a_n = \frac{1}{n}$ besitzt den Grenzwert 0, geschrieben $\lim\limits_{n \to \infty} \frac{1}{n} = 0$ oder $\frac{1}{n} \to 0$.

G 4 Eine Folge mit Grenzwert 0 wird **Nullfolge** genannt. Potenzen und Vielfache einer Nullfolge sind ebenfalls Nullfolgen: $\frac{a}{n^b} \to 0$ mit $b \neq 0$. Beispiele für Nullfolgen dieser Art sind: $\left(\frac{5}{n}\right)$, $-\left(\frac{1}{n^2}\right)$, $\left(\frac{7}{n^3}\right)$.

G 5 Eine Zahl $S_o \in \mathbb{R}$ heißt eine **obere Schranke** der Folge (a_n), wenn alle Folgenglieder kleiner (oder gleich) S_o sind, d. h. $a_n \leq S_o$ für alle $n \in \mathbb{N}^*$.

Eine Zahl $S_u \in \mathbb{R}$ heißt eine **untere Schranke** der Folge (a_n), wenn alle Folgenglieder größer (oder gleich) S_u sind, d. h. $a_n \geq S_u$ für alle $n \in \mathbb{N}^*$.

Eine Folge, die sowohl eine untere als auch eine obere Schranke besitzt, heißt **beschränkt**.

Eine Folge besitzt entweder keine oder unendlich viele Schranken, denn ist z. B. S eine obere Schranke, so ist jede größere Zahl als S ebenfalls eine obere Schranke.

Werkzeuge

W1 Für jede monoton steigende Folge ist das erste Folgenglied a_1 die größte untere Schranke.

Für jede monoton fallende Folge ist das erste Folgenglied a_1 die kleinste obere Schranke.

W2 Durch Lösen der Ungleichung $|a_n - a| < \varepsilon$ wird bestimmt, ab welchem Index n alle Folgenglieder im Intervall $[a - \varepsilon; a + \varepsilon]$ um den Grenzwert a liegen. a und der Abstand ε müssen dafür bekannt sein.

Beispiele

B 1 Gegeben ist die Folge (a_n) mit $a_n = \frac{1+3n}{2n-1}$. Berechne die ersten vier Folgenglieder und stelle die Folge grafisch dar.

Wie berechne ich die Glieder einer Folge in Termdarstellung und stelle sie grafisch dar?

1 Setze für das n-te Folgenglied die Zahl n in die Termdarstellung ein und berechne den Wert

$a_1 = \frac{1+3\cdot 1}{2\cdot 1-1} = 4$ $a_2 = \frac{1+3\cdot 2}{2\cdot 2-1} \approx 2{,}33$ $a_3 = \frac{1+3\cdot 3}{2\cdot 3-1} = 2$ $a_4 = \frac{1+3\cdot 4}{2\cdot 4-1} \approx 1{,}86$

2 Schreibe die Folgenglieder als Punkte und zeichne diese in ein Koordinatensystem ein

Folgenglied	Punkt
$a_1 = 4$	(1 | 4)
$a_2 \approx 2{,}33$	(2 | 2,33)
$a_3 = 2$	(3 | 2)
$a_4 \approx 1{,}86$	(4 | 1,86)

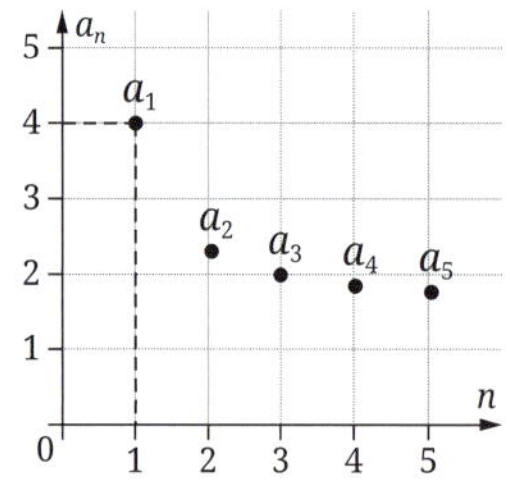

B 2 Gegeben ist die konvergente Folge $a_n = \frac{5n^2+4n}{2n^2-3}$. Berechne ihren Grenzwert a.

Wie bestimme ich den Grenzwert einer konvergenten Folge, die als Bruchterm gegeben ist?

1 Den Ausdruck $\lim\limits_{n\to\infty}$ vor die Termdarstellung schreiben

$\lim\limits_{n\to\infty} \frac{5n^2+4n}{2n^2-3} =$

2 Jeden Term durch die größte vorkommende Potenz von n dividieren

$= \lim\limits_{n\to\infty} \frac{\frac{5n^2}{n^2}+\frac{4n}{n^2}}{\frac{2n^2}{n^2}-\frac{3}{n^2}} =$

3 Jeden Term, wenn möglich, durch Kürzen vereinfachen und die Nullfolgen markieren

Wir verwenden → G4.

$= \lim\limits_{n\to\infty} \frac{5+\frac{4}{n}}{2-\frac{3}{n^2}}$

4 Die Nullfolgen gleich 0 setzen und den sich daraus ergebenden Wert berechnen

$\frac{5+0}{2-0} = \frac{5}{2} = 2{,}5 \Rightarrow$ Grenzwert $a = 2{,}5$

B 3 Gegeben ist die Folge (a_n) mit $a_n = \frac{6+n}{2n}$. Berechne eine obere und eine untere Schranke der Folge.

Wie bestimme ich Schranken einer Folge, deren Termdarstellung als Bruchterm darstellbar ist?

1 Die ersten vier Folgenglieder der Folge berechnen und ihre Monotonie feststellen

$a_1 = \frac{7}{2} = 3{,}5$; $a_2 = \frac{8}{4} = 2$; $a_3 = \frac{9}{6} = 1{,}5$; $a_4 = \frac{10}{8} = 1{,}25 \Rightarrow$ Die Folge ist streng monoton fallend.

2 Den Grenzwert der Folge bestimmen

$a = \lim\limits_{n\to\infty} \frac{6+n}{2n} = 0{,}5$

3 Das erste Folgenglied und den Grenzwert abhängig von der Monotonie als obere bzw. untere Schranke ermitteln

Da die Folge streng monoton fallend ist, ist das erste Folgenglied der größte Wert der Folge. Die Folgenglieder streben fallend gegen den Grenzwert und unterschreiten ihn nie.

$a_1 = 3{,}5$ ist der größte Wert der Folge (a_n). $\Rightarrow a_1 = 3{,}5$ ist eine obere Schranke der Folge (a_n).
$a = 0{,}5$ ist der Grenzwert der Folge (a_n). $\Rightarrow a = 0{,}5$ ist eine untere Schranke der Folge (a_n).

Aufgaben zu den Beispielen

B1 A Gegeben ist die Folge (a_n) mit $a_n = \frac{1}{2}(n^2 - n)$. Berechne die ersten vier Folgenglieder und stelle die Folge grafisch dar.

1 **Setze für das n-te Folgenglied die Zahl n in die Termdarstellung ein und berechne den Wert**

$a_1 = \frac{1}{2}(\_\_\_^2 - \_\_\_) = \_\_\_$, $a_2 = \frac{1}{2}(\_\_\_^2 - \_\_\_) = \_\_\_$, $a_3 = \frac{1}{2}(\_\_\_^2 - \_\_\_) = \_\_\_$, $a_4 = \frac{1}{2}(\_\_\_^2 - \_\_\_) = \_\_\_$

2 **Gib die Folgenglieder als Punkte an und zeichne diese in ein Koordinatensystem ein**

Folgenglied	Punkt
a_1 = ___	(___ | ___)
a_2 = ___	(___ | ___)
a_3 = ___	(___ | ___)
a_4 = ___	(___ | ___)

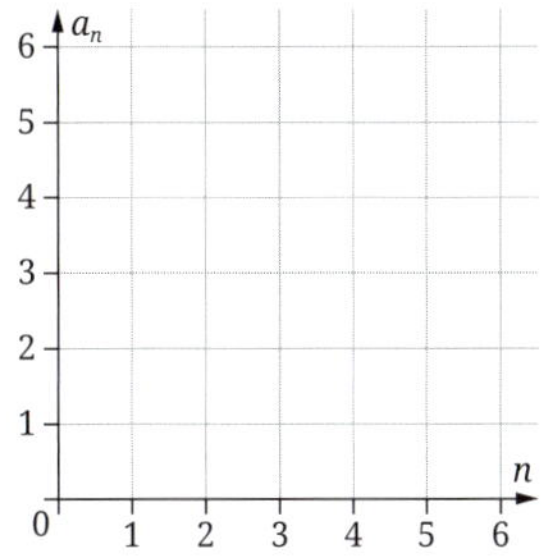

B2 A Gegeben ist die konvergente Folge $a_n = \frac{3n-4}{2+5n}$. Berechne ihren Grenzwert a.

1 **Den Ausdruck $\lim\limits_{n \to \infty}$ vor die Termdarstellung schreiben**

$\_\_\_ \frac{3n-4}{2+5n}$

2 **Jeden Term durch die größte vorkommende Potenz von n dividieren**

$= \lim\limits_{n \to \infty} \frac{\frac{3n}{\_\_\_} - \frac{4}{\_\_\_}}{\frac{2}{\_\_\_} + \frac{5n}{\_\_\_}}$

3 **Jeden Term, wenn möglich, durch Kürzen vereinfachen und die Nullfolgen markieren**

$= \lim\limits_{n \to \infty} \frac{\_\_\_ - \frac{4}{\_\_\_}}{\frac{2}{\_\_\_} + \_\_\_}$

4 **Die Nullfolgen gleich 0 setzen und den sich daraus ergebenden Wert berechnen**

$\frac{\_\_\_ - \_\_\_}{\_\_\_ + \_\_\_} = \_\_\_ = \_\_\_ \Rightarrow$ Grenzwert a = ___

B3 A Gegeben ist die Folge $a_n = \frac{-3-n}{n+2}$. Berechne eine obere und eine untere Schranke der Folge.

1 **Die ersten vier Folgenglieder der Folge berechnen und ihre Monotonie feststellen**

a_1 = ___ ≈ ___ ; a_2 = ___ = ___ ; a_3 = ___ = ___ ; a_4 = ___ ≈ ___

$\Rightarrow$ Die Folge ist streng monoton ______________ .

2 **Den Grenzwert der Folge bestimmen**

a = ______________ = ___

3 **Das erste Folgenglied und den Grenzwert abhängig von der Monotonie als obere bzw. untere Schranke ermitteln**

a_1 = ___ ist der ______________ der Folge (a_n). $\Rightarrow a_1$ = ___ ist eine ______________ Schranke von (a_n).

a = ___ ist der ______________ der Folge (a_n). $\Rightarrow a$ = ___ ist eine ______________ Schranke von (a_n).

Lösungen

Weitere Aufgaben

Aufgaben

A 1 Berechne die ersten vier Folgenglieder der Folge, stelle sie grafisch dar und gib deine Vermutung über das Monotonieverhalten der Folge an.

→ B 1
→ G 2

a) $a_n = \frac{16}{n}$

$a_1 = 16$; $a_2 = 8$;

$a_3 \approx 5{,}33$; $a_4 = 4$

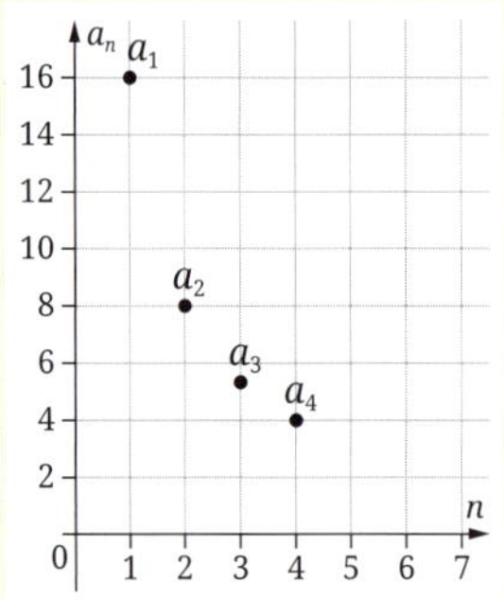

Monotonie: streng monoton fallend

b) $a_n = 2^n$

$a_1 =$ ___; $a_2 =$ ___;

$a_3 =$ ___; $a_4 =$ ___

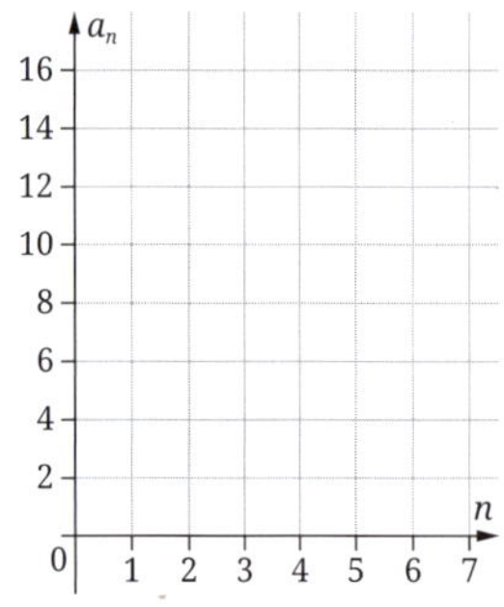

Monotonie: ___

c) $a_n = -3n + 15$

$a_1 =$ ___; $a_2 =$ ___;

$a_3 =$ ___; $a_4 =$ ___

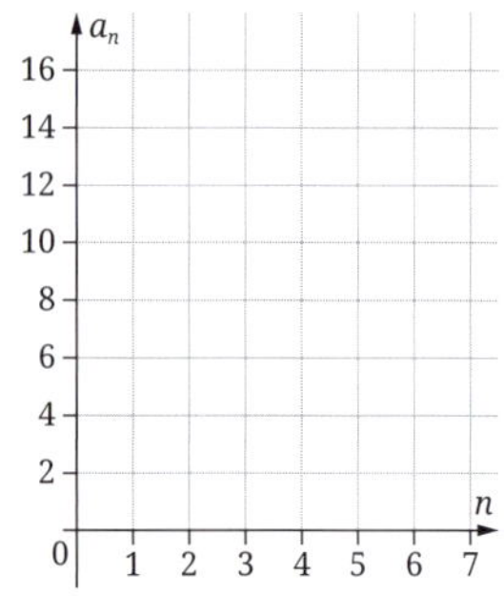

Monotonie: ___

d) $a_n = (-1)^n + 5$

$a_1 =$ ___; $a_2 =$ ___;

$a_3 =$ ___; $a_4 =$ ___

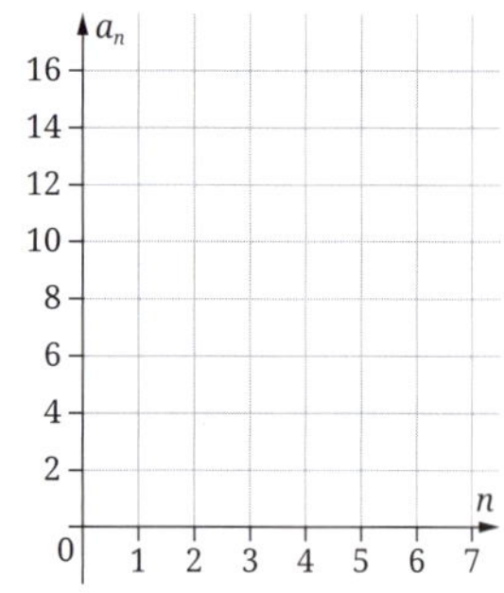

Monotonie: ___

A 2 Berechne den Grenzwert der gegebenen Folge (a_n).

→ G 4

a) $a_n = \frac{1}{n^2} + \frac{5}{n} - 2$

Wir identifizieren alle Nullfolgen in der Termdarstellung der Folge: $\underbrace{\frac{1}{n^2}}_{\text{Nullfolge}} + \underbrace{\frac{5}{n}}_{\text{Nullfolge}} - 2$

Wir setzen im Grenzwert alle Nullfolgen gleich null: $\lim\limits_{n \to \infty} \frac{1}{n^2} + \frac{5}{n} - 2 = 0 + 0 - 2 = -2$

b) $a_n = 4 + \frac{50}{n^2}$ **c)** $a_n = \frac{12}{n^3} - \frac{5}{n}$ **d)** $a_n = \sqrt{\frac{7}{n} + 4}$ **e)** $a_n = \sqrt{\frac{12}{n^2} - \frac{1}{n} + 9}$

A 3 Gib an, ob die Folge konvergent oder divergent ist. Gib im Falle der Konvergenz den Grenzwert an.

→ B 2

a) $a_n = \frac{6n-5}{2n+1}$ $\lim\limits_{n \to \infty} \frac{6n-5}{2n+1} = \lim\limits_{n \to \infty} \frac{\frac{6n}{n} - \frac{5}{n}}{\frac{2n}{n} + \frac{1}{n}} = \lim\limits_{n \to \infty} \frac{6 - \frac{5}{n}}{2 + \frac{1}{n}} = \frac{6-0}{2+0} = 3$ Die Folge ist konvergent, ihr Grenzwert lautet $a = 3$.

b) $a_n = \frac{n^2}{n+1}$ $\lim\limits_{n \to \infty} \frac{n^2}{n+1} = \lim\limits_{n \to \infty} \frac{\frac{n^2}{n^2}}{\frac{n}{n^2} + \frac{1}{n^2}} = \lim\limits_{n \to \infty} \frac{1}{\frac{1}{n} + \frac{1}{n^2}} = \frac{1}{0+0}$ Die Folge ist divergent, sie besitzt keinen Grenzwert.

c) $a_n = \frac{3n^2-1}{n+2}$ **d)** $a_n = \frac{2n-7}{n}$ **e)** $a_n = \frac{-n+8}{2n+1}$ **f)** $a_n = \frac{-n^3-2}{n^2+4}$

A 4 Kreuze die Termdarstellungen der beiden konvergenten Folgen an.

$a_n = \frac{n^2-5}{2n-1}$	$b_n = \sqrt{1 - \frac{1}{n}}$	$c_n = 2^n$	$d_n = 4n - 5$	$e_n = \frac{(-1)^n}{n}$
☐	☐	☐	☐	☐

A 5 Bestimme, ob (a_n) eine obere oder eine untere Schranke besitzt und gib diese gegebenenfalls an.

→ W 1

a) $a_n = 2n$ Monotonie erkennen: Wir berechnen die ersten Folgenglieder: $a_1 = 2$, $a_2 = 4$, $a_3 = 6$.
(a_n) ist monoton steigend, d. h. das kleinste Folgenglied hat den Wert 2.
$\Longrightarrow a_1 = 2$ ist eine untere Schranke von (a_n).

b) $a_n = 1 - 3n$ **c)** $a_n = 4 + 5n$ **d)** $a_n = 1{,}5^n$ **e)** $a_n = -\sqrt{n}$ **f)** $a_n = \frac{n^2}{n+1}$

A 6 Untersuche, ob die Zahl S wie angegeben eine Schranke der Folge (a_n) mit $n \in \mathbb{N}^*$ ist.

→ G5

a) $a_n = \frac{2n+1}{n}$ Ist $S = 3$ eine obere Schranke?

$\frac{2n+1}{n} \leq 3 \quad | \cdot n$

$2n + 1 \leq 3n \quad | -2n$

$1 \leq n$

Da n nur ganzzahlige positive Werte annimmt, ist $1 \leq n$ eine wahre Aussage. $\Rightarrow S = 3$ ist eine obere Schranke von (a_n).

b) $a_n = n - 2$ Ist $S = 0$ eine untere Schranke?

$n - 2 \geq 0 \quad | +2$

$n \geq 2$

Das Ergebnis $n \geq 2$ bedeutet, dass $S = 0$ erst ab dem Folgenglied a_2 eine Schranke wäre, für a_1 ergibt sich jedoch die falsche Aussage $1 \geq 2$.
$\Rightarrow S = 0$ ist keine untere Schranke von (a_n).

c) $a_n = \frac{1-3n}{3n}$ $S = -2$ untere Schranke?

d) $a_n = 1 - 2n$ $S = 1$ untere Schranke?

e) $a_n = \frac{n^2+1}{n^2}$ $S = 2$ obere Schranke?

f) $a_n = 0{,}25 - \frac{1}{n^2}$ $S = 0$ untere Schranke?

A 7 Stelle eine Vermutung über die Monotonie der Folge (a_n) auf und beweise sie.

→ G2

a) $a_n = \frac{n+2}{4n}$

① $a_1 = 0{,}75 > a_2 = 0{,}5 > a_3 \approx 0{,}42 \Rightarrow$ Vermutung: (a_n) streng monoton fallend

② Wir schreiben die Ungleichung zur Vermutung auf: $a_{n+1} < a_n$

③ Wir setzen n und $n + 1$ in die Termdarstellung ein und vereinfachen: $\frac{(n+1)+2}{4(n+1)} < \frac{n+2}{4n}$

$\frac{n+3}{4n+4} < \frac{n+2}{4n}$

④ Wir lösen die Ungleichung mithilfe von Äquivalenzumformungen: $(n+3) \cdot 4n < (n+2) \cdot (4n+4)$

$4n^2 + 12n < 4n^2 + 4n + 8n + 8$

$0 < 8$

Beweis der Vermutung: Sie ist richtig, weil die dazu äquivalente Aussage $0 < 8$ eine wahre Aussage ist.

b) $a_n = \frac{3n-1}{n+2}$ **c)** $a_n = \frac{2n-7}{n}$ **d)** $a_n = \frac{-n+8}{2n+1}$ **e)** $a_n = \frac{-n-2}{n+4}$

A 8 Gib an, ab welchem Index n alle Folgenglieder der Folge (a_n) vom Grenzwert a einen kleineren Abstand als $\varepsilon = 0{,}1$ haben, d. h. im Intervall $[a - \varepsilon; a + \varepsilon]$ enthalten sind.

→ W2

a) $a_n = \frac{n-1}{2n}$, $a = \frac{1}{2}$

Wir halten uns an → W2 und setzen a_n, a und ε in den Ansatz $|a_n - a| < \varepsilon$ ein: $\left|\frac{n-1}{2n} - \frac{1}{2}\right| < 0{,}1$.

Diese Ungleichung lösen wir mit Technologie nach der Variablen n und erhalten $n > 5$ (für $n \in \mathbb{N}^*$).
Antwort: Ab $n = 6$ ist der Abstand aller Folgenglieder von (a_n) kleiner als 0,1.

b) $a_n = \frac{3n-5}{4n}$, $a = \frac{3}{4}$ **c)** $a_n = 1 + \frac{3}{n}$, $a = 1$ **d)** $a_n = \frac{2n+7}{n+1}$, $a = 2$

A 9 Ergänze die gesuchten Eigenschaften und Werte der Folge (a_n).

a) $a_n = (-1)^n \cdot n$ **b)** $a_n = (-1)^n$ **c)** $a_n = \frac{(-1)^n}{n}$ **d)** $a_n = (-1)^n + n$ **e)** $a_n = (-1)^{2n}$ **f)** $a_n = (-1)^{2n} + n$

Die ersten drei Folgenglieder	Monotonie	Konvergenz	Schranken S_u und S_o
a) $a_1 = -1$, $a_2 = 2$, $a_3 = -3$	nicht monoton	divergent	keine
b) $a_1 =$ ___, $a_2 =$ ___, $a_3 =$ ___			
c) $a_1 =$ ___, $a_2 =$ ___, $a_3 \approx$ ___			
d) $a_1 =$ ___, $a_2 =$ ___, $a_3 =$ ___			
e) $a_1 =$ ___, $a_2 =$ ___, $a_3 =$ ___			
f) $a_1 =$ ___, $a_2 =$ ___, $a_3 =$ ___			

Lösungen

A 10 Kreuze die Termdarstellungen aller Folgen an, deren drittes Folgenglied gleich 4 ist.

$a_n = n$	☐
$a_n = 4n$	☐
$a_n = 3n - 8$	☐
$a_n = 4$	☐
$a_n = \frac{4n}{3}$	☐

A 11 Kreuze die beiden zutreffenden Aussagen an.

Es gibt Folgen, die sowohl monoton steigend als auch monoton fallend sind.	☐
Jede Folge, die weder eine untere noch eine obere Schranke besitzt, ist divergent.	☐
Jede beschränkte Folge besitzt einen Grenzwert.	☐
Jede monoton fallende Folge besitzt eine untere Schranke.	☐
Es gibt eine Folge, die genau eine Schranke besitzt.	☐

A 12 Kreuze alle Zahlen an, die eine untere Schranke der Folge $a_n = \frac{2500}{n^2}$ sind.

–5	☐
0	☐
5	☐
50	☐
25 000	☐

A 13 Gegeben ist die Folge (a_n) mit $a_n = -\frac{2n}{n^2+1}$. Bestimme eine untere und eine obere Schranke dieser Folge.

Untere Schranke: ___________ Obere Schranke: ___________

A 14 Gegeben ist die Folge (a_n) mit $a_n = \frac{(-1)^n}{n}$.
Ergänze die Textlücken im folgenden Satz durch Ankreuzen der jeweils richtigen Satzteile so, dass eine korrekte Aussage entsteht.

Die Folge (a_n) ist ___①___ und besitzt den Grenzwert ___②___ .

①	
monoton fallend	☐
monoton steigend	☐
nicht monoton	☐

②	
☐	–1
☐	0
☐	1

A 15 Gegeben ist die Folge (a_n) mit $a_n = \frac{5n+3}{2n+1}$.

a) Berechne die ersten fünf Folgenglieder.
b) Ist die Folge monoton? Beweise deine Vermutung.
c) Ist die Folge konvergent? Wenn ja, gib den Grenzwert an.
d) Ist die Folge beschränkt? Wenn ja, gib eine Schranke an.

Arithmetische Folgen

14

Ein Reporter besucht eine Imkerei: „Unglaublich, wie effizient die Bienen den Platz nutzen." Der Imker antwortet: „Ja, wenn man von einer Wabe kreisförmig nach außen geht, kommen in jedem Ring sechs Waben dazu. Arithmetische Folgen kommen an den unerwartetsten Stellen vor." Verdutzt meint der Reporter: „Was ein Imker alles wissen muss!" – „Na ja, eigentlich bin ich Mathematiker, die Imkerei mache ich nur zum Zeitvertreib."

Grundlagen

G 1 Eine Folge (a_n) heißt eine **arithmetische Folge**, wenn die **Differenz** k zweier aufeinanderfolgender Folgenglieder a_n und a_{n+1} immer gleich groß ist, d. h. $a_{n+1} - a_n = k$ mit $k \in \mathbb{R}$.
Beispiel: Die Folge $a_n = (1, 3, 5, 7, \ldots)$ ist arithmetisch, da $3 - 1 = 2$, $5 - 3 = 2$, $7 - 5 = 2$, usw., d. h. $k = 2$.

G 2 Mögliche **Termdarstellungen** einer arithmetischen Folge (a_n) sind:
$a_n = k \cdot n + a_0$ mit $n \in \mathbb{N}$, wenn der Index bei $n = 0$ startet. Das erste Glied ist dann a_0.
$a_n = k \cdot (n - 1) + a_1$ mit $n \in \mathbb{N}^*$, wenn der Index bei $n = 1$ startet. Das erste Glied ist dann a_1.
(Bei manchen Textaufgaben ist es von Vorteil, als erstes Folgenglied a_0 zu wählen, z. B. Fixkosten.)
Beispiel: Eine Termdarstellung der Folge $(a_n) = (1, 3, 5, 7, \ldots)$ mit $a_1 = 1$ lautet $a_n = 2 \cdot (n - 1) + 1$.

G 3 Zeichnet man für eine arithmetische Folge (a_n) die Punkte $(n \mid a_n)$ in ein Koordinatensystem ein, so liegen diese auf einer Geraden. Eine arithmetische Folge kann daher als lineare Funktion mit Definitionsbereich $D = \mathbb{N}$ bzw. $D = \mathbb{N}^*$ gedeutet werden.

Termdarstellung $a_n = k \cdot n + a_0$	**Termdarstellung $a_n = k \cdot (n-1) + a_1$**
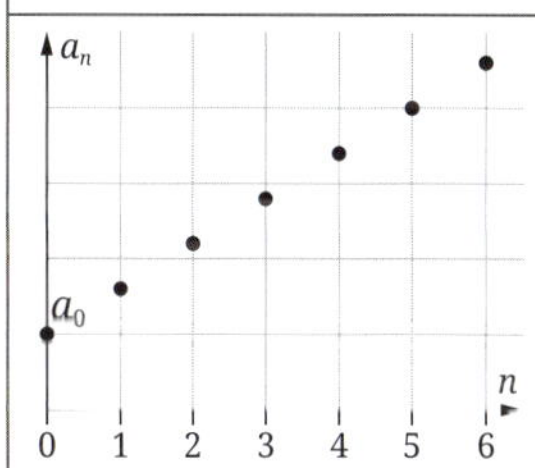	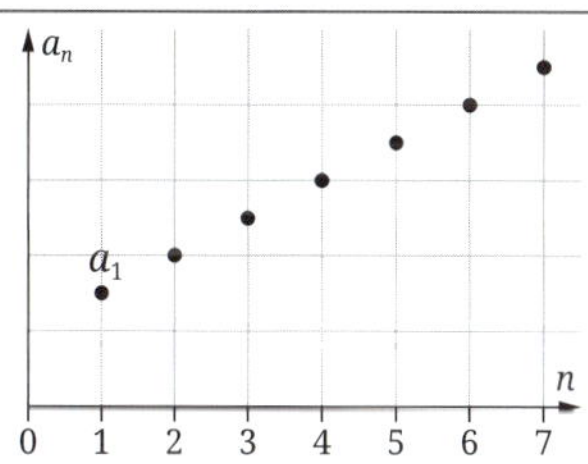

Werkzeuge

W1 **Monotonie, Konvergenz und Beschränktheit einer arithmetischen Folge** (a_n) sind eindeutig durch die Differenz k bestimmt.

$a_n = k \cdot n + a_0$	$k > 0$	$k = 0$	$k < 0$
Monotonie	streng monoton steigend	konstant, d. h. monoton steigend UND monoton fallend	streng monoton fallend
Grenzwert	Es gibt keinen Grenzwert.	a_0	Es gibt keinen Grenzwert.
Schranken	a_0 ist eine untere Schranke. Es gibt keine obere Schranke.	a_0 ist eine untere UND eine obere Schranke	a_0 ist eine obere Schranke. Es gibt keine untere Schranke.

W2 Für die Differenz k einer arithmetischen Folge (a_n) gilt $k = \frac{a_m - a_n}{m - n}$, wenn a_m und a_n zwei beliebige Folgenglieder $(m \neq n)$ sind.

W3 Bei Anwendungsaufgaben gibt die Zahl k an, um wie viel die Folgenglieder pro Einheit (z. B. Stunde, Meter, …) zunehmen oder abnehmen. k kann im Angabetext meistens anhand des beigestellten Wortes „pro" gefunden werden.

Beispiele

B1 Gegeben ist die Folge $(a_n) = (21, 16, 11, 6, \ldots)$. Gib eine Termdarstellung der Folge an.

Wie stelle ich fest, dass eine arithmetische Folge vorliegt, und bestimme eine Termdarstellung?

1 Die Differenzen für je zwei aufeinanderfolgende Glieder der Folge berechnen und aus den ermittelten Werten schließen, ob die Folge arithmetisch ist

$16 - 21 = -5$
$11 - 16 = -5$
$6 - 11 = -5$

Die Differenzen aller benachbarten Folgenglieder sind gleich.
$\Longrightarrow (a_n)$ ist eine arithmetische Folge.

2 Die Differenz k und das erste Folgenglied a_1 in $a_n = k \cdot (n-1) + a_1$ einsetzen

$a_n = -5 \cdot (n-1) + 21$

B2 Bestimme eine Termdarstellung der arithmetischen Folge (a_n) mit den Folgengliedern $a_2 = 5$ und $a_5 = 11$.

Wie bestimme ich eine Termdarstellung einer arithmetischen Folge, wenn zwei Folgenglieder gegeben sind?

1 Die Differenz k berechnen

Wir verwenden → W2:
$a_2 = 5$
$a_5 = 11$ $\Longrightarrow k = \frac{11-5}{5-2} = 2$

2 Die Werte von k und einem der beiden Folgenglieder in $a_n = k \cdot (n-1) + a_1$ einsetzen und a_1 berechnen

Wir setzen $k = 2$ und z. B. $a_2 = 5$ ein:
$5 = 2 \cdot (2-1) + a_1$
$5 = 2 + a_1 \Longrightarrow a_1 = 3$

3 Die Werte von k und a_1 in $a_n = k \cdot (n-1) + a_1$ einsetzen

Termdarstellung:
$a_n = 2 \cdot (n-1) + 3$

B3 Ein Bauunternehmen macht folgende Angaben für den Bau einer Straße: Die Fixkosten für die Freigabe der Strecke betragen 12 Mio. Euro und pro asphaltiertem Kilometer Strecke werden 4,7 Mio. Euro verrechnet.
a) Berechne die Kosten für die ersten 52 Kilometer der Strecke.
b) Welche Streckenlänge kann für 999 Mio. gebaut werden?

Wie löse ich eine Textaufgabe zu arithmetischen Folgen?

1 Feststellen, ob eine Zu- oder Abnahme vorliegt, und den Wert von k im Text identifizieren

Es liegt eine Zunahme vor, weil die Kosten mit jedem Kilometer steigen.
Wir orientieren uns an → W3: $k = +4{,}7$, da die Kosten pro Kilometer um 4,7 Mio. Euro zunehmen.

2 Die Bedeutung von a_n festlegen und daraus eine passende Termdarstellung ableiten

a_n gibt die Kosten in Mio. Euro für n asphaltierte Kilometer an.
Die Fixkosten sind die Kosten bei 0 asphaltierten Kilometern. $\Longrightarrow a_0 = 12$
Wir verwenden laut → G2 $a_n = k \cdot n + a_0$. $\Longrightarrow$ Termdarstellung: $a_n = 4{,}7n + 12$

3 Die gegebenen und die gesuchten Größen als a_n oder n identifizieren

a) Gegebene Größe: 52 Kilometer → n
Gesuchte Größe: Kosten in Euro → a_n

b) Gegebene Größe: Kosten 999 Mio. Euro → a_n
Gesuchte Größe: Streckenlänge in km → n

4 Die Werte der gegebenen Größen in die Termdarstellung einsetzen und die Werte der gesuchten Größen ermitteln

a)
$a_{52} = 4{,}7 \cdot 52 + 12$
$a_{52} = 256{,}4$

Die Kosten betragen 256,4 Mio. Euro.

b)
$999 = 4{,}7n + 12$
$987 = 4{,}7 \cdot n$
$n = 210$

Es können 210 Kilometer gebaut werden.

Aufgaben zu den Beispielen

B1 A Gegeben ist die Folge $(a_n) = (-18, 15, 48, 81, \ldots)$. Gib eine Termdarstellung der Folge an.

1 **Die Differenzen für je zwei aufeinanderfolgende Glieder der Folge berechnen und aus den ermittelten Werten schließen, ob die Folge arithmetisch ist**

☐ ○ ☐ = ☐
☐ ○ ☐ = ☐
☐ ○ ☐ = ☐

Die Differenzen aller benachbarten Folgenglieder sind ______.

$\Rightarrow (a_n)$ ______.

2 **Die Differenz k und das erste Folgenglied a_1 in $a_n = k \cdot (n-1) + a_1$ einsetzen**

$a_n =$ ☐ $\cdot (n-1)$ ○ ☐

B2 A Bestimme eine Termdarstellung der arithmetischen Folge (a_n) mit den Folgengliedern $a_7 = 80$ und $a_{13} = 32$.

1 **Die Differenz k berechnen**

$a_7 =$ ☐
$a_{13} =$ ☐
$\Rightarrow k = \frac{☐ - ☐}{☐ - ☐} =$ ☐

2 **Die Werte von k und einem der beiden Folgenglieder in $a_n = k \cdot (n-1) + a_1$ einsetzen und a_1 berechnen**

☐ = ☐ · (☐ − 1) + a_1

______ $\Rightarrow a_1 =$ ☐

3 **Die Werte von k und a_1 in $a_n = k \cdot (n-1) + a_1$ einsetzen**

Termdarstellung:
$a_n =$ ☐ $\cdot (n-1)$ ○ ☐

B3 A Bei einem Glücksspiel werden 20 Preise vergeben. Das Preisgeld im ersten Rang beträgt 120 Euro und in jedem weiteren Rang um 8 Euro weniger als im vorherigen.
a) Wie hoch ist das Preisgeld für den 10. Rang?
b) In welchem Rang erhält man ein Preisgeld in Höhe von 80 Euro?

1 **Feststellen, ob eine Zu- oder Abnahme vorliegt, und den Wert von k im Text identifizieren**

Es liegt eine ______ vor, weil das Preisgeld mit jedem Rang ______.

$k =$ ☐, da das Preisgeld mit jedem Rang um ☐ Euro ___nimmt.

2 **Die Bedeutung von a_n festlegen und daraus eine passende Termdarstellung ableiten**

a_n gibt ______ an.

Im ersten Rang beträgt das Preisgeld 120 Euro. $\Rightarrow a_{☐} =$ ☐

Wir verwenden $a_n = k \cdot$ ______ $+ a_{☐}$. $\Rightarrow$ Termdarstellung: $a_n =$ ______

3 **Die gegebenen und die gesuchten Größen als a_n oder n identifizieren**

a) Gegebene Größe: ☐. Rang → ☐
Gesuchte Größe: Preisgeld in Euro → ☐

b) Gegebene Größe: Preisgeld ☐ Euro → ☐
Gesuchte Größe: Rang → ☐

4 **Die Werte der gegebenen Größen in die Termdarstellung einsetzen und die Werte der gesuchten Größen ermitteln**

$a_{10} = -8 \cdot ($☐$ - 1) + 120$

$a_{10} =$ ☐

☐ $= -8 \cdot (n-1) + 120$

______

______

$n =$ ☐

Lösungen | Weitere Aufgaben

Aufgaben

A 1 Stelle fest, ob die angegebene Folge eine arithmetische Folge ist. Wenn ja, gib ihre Termdarstellung an.

→ B1

a) $(1, 2, 4, 8, \ldots)$ $2 - 1 \neq 4 - 2 \Longrightarrow$ keine arithmetische Folge

b) $\left(\frac{1}{2}, -\frac{1}{4}, -1, -\frac{7}{4}, \ldots\right)$ $-\frac{1}{4} - \frac{1}{2} = -1 - \left(-\frac{1}{4}\right) = -\frac{7}{4} - (-1) = -\frac{3}{4}$ $\Longrightarrow$ arithmetische Folge Termdarstellung: $a_n = -\frac{3}{4} \cdot (n - 1) + \frac{1}{2}$

c) $(-1, 1, -1, 1, \ldots)$ **d)** $(\sqrt{2}, 2, 2\sqrt{2}, 4, \ldots)$ **e)** $(-5, -3, -1, 1, \ldots)$ **f)** $\left(-\frac{\pi}{3}, 0, \frac{\pi}{3}, \frac{2\pi}{3}, \ldots\right)$

A 2 Bestimme eine Termdarstellung der Folge (a_n), einmal für den Fall, dass die Folge mit a_0 beginnt, einmal für den Fall, dass sie mit a_1 beginnt.

→ G1–G2

	Wert von k	**Folge beginnt mit a_0: $a_n = k \cdot n + a_0$**	**Folge beginnt mit a_1: $a_n = k \cdot (n - 1) + a_1$**
a) $(a_n) = (-1, 1, 3, 5, \ldots)$	$k = 3 - 1 = 2$	$a_n = 2n - 1$	$a_n = 2 \cdot (n - 1) - 1$ $a_n = 2n - 3$
b) $(a_n) = (10, 7, 4, 1, \ldots)$	______	______	______ ______
c) $(a_n) = \left(0, \frac{1}{4}, \frac{2}{4}, \frac{3}{4}, \ldots\right)$	______	______	______ ______

A 3 Stelle die Folge im angegebenen Bereich im Koordinatensystem grafisch dar. Achte darauf, ob die Folge bei $n = 0$ oder $n = 1$ startet.

→ G3

a) $a_n = 0{,}5n + 1$ für $0 \le n \le 5$

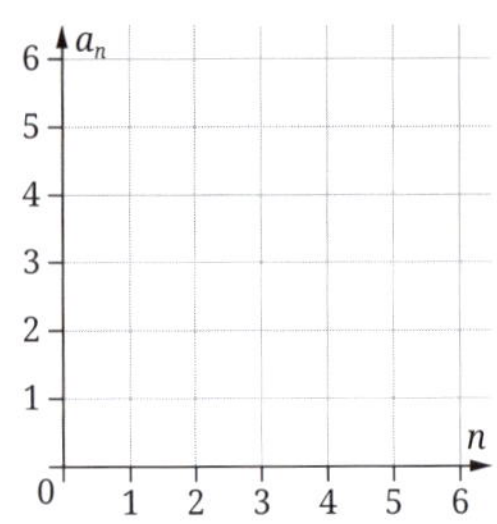

b) $a_n = -n + 6$ für $1 \le n \le 6$

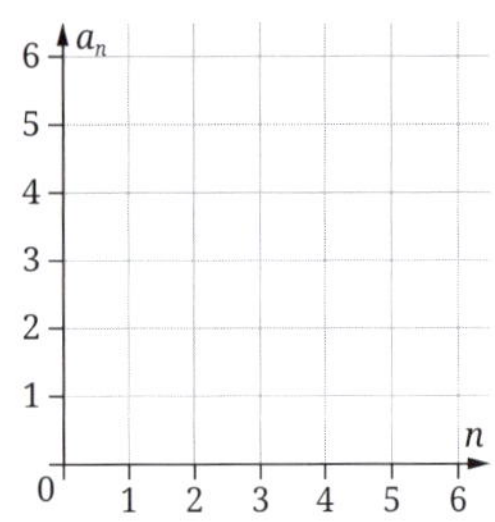

A 4 Berechne das erste Folgenglied a_1 der arithmetischen Folge (a_n) und gib ihre Termdarstellung an.

→ B2

a) Gegeben: $a_{10} = 23$ und $k = 5$ $23 = 5 \cdot (10 - 1) + a_1 \Leftrightarrow 23 = 45 + a_1 \Longrightarrow a_1 = -22$
Termdarstellung: $a_n = 5 \cdot (n - 1) - 22$

b) Gegeben: $a_4 = 54$ und $k = -2$ ___ = ___ · (___ − 1) + a_1 ⇔ ___ = ___ + a_1 ⟹ a_1 = ___
Termdarstellung: a_n = ___ · $(n - 1)$ ◯ ___

c) Gegeben: $a_{12} = 5$ und $k = 0{,}6$ **d)** Gegeben: $a_2 = 3$ und $k = -\frac{1}{2}$ **e)** Gegeben: $a_7 = \frac{15}{4}$ und $k = -2$

A 5 Von der arithmetischen Folge (a_n) sind zwei Folgenglieder gegeben. Gib eine Termdarstellung der Folge an.

→ B2

a) $a_3 = -1$, $a_7 = 7$ $k = \frac{7 - (-1)}{7 - 3} = 2$ $-1 = 2 \cdot (3 - 1) + a_1 \Longrightarrow a_1 = -5$ $a_n = 2 \cdot (n - 1) - 5$

b) $a_5 = 20$, $a_8 = 29$ k = (___ − ___)/(___ − ___) = ___ ___ = ___ · (___ − 1) + a_1 ⟹ a_1 = ___ a_n = ___ · $(n - 1)$ ◯ ___

c) $a_9 = -3$, $a_{11} = -5$ **d)** $a_1 = 102$, $a_6 = 77$ **e)** $a_7 = -45$, $a_{13} = 87$ **f)** $a_{19} = 782$, $a_{62} = 911$

A 6 Gib eine Termdarstellung der in Tabellenform dargestellten arithmetischen Folge (a_n) an.

→ B2

a)

n	a_n	
1	5	$\Rightarrow a_1 = 5$
3	15	$\Rightarrow a_3 = 15$

Wir rechnen wie in A5 und erhalten $a_n = 5 \cdot (n - 1) + 5$.

b)

n	a_n
5	76,25
13	70,25

c)

n	a_n
6	32
12	74

d)

n	a_n
14	−22,5
37	−80

A 7 Von der Folge (a_n) sind drei Glieder bekannt. Überprüfe, ob (a_n) eine arithmetische Folge sein kann.

→ W2

a)

n	a_n
2	7
4	11
9	20

Wir berechnen k für je zwei benachbarte Folgenglieder:
$k_1 = \frac{11-7}{4-2} = 2$, $k_2 = \frac{20-11}{9-4} = \frac{9}{5}$
Die Werte sind nicht gleich.
$\Rightarrow (a_n)$ kann keine arithmetische Folge sein.

b)

n	a_n
5	9
6	12
9	21

c)

n	a_n
3	40
8	30
10	15

A 8 Gib die Differenz, das erste Folgenglied und eine Termdarstellung der durch die Textangabe gegebenen arithmetischen Folge an.

→ B3

a) Ein Lager soll binnen einiger Tage geräumt werden. Am ersten Tag befinden sich 14 Tonnen Material im Lager und pro Tag können 3 Tonnen weggeführt werden. a_n ist die Menge an Material in Tonnen und n die Anzahl der Tage.
$k = -3$, $a_1 = 14$ $\quad a_n = -3 \cdot (n - 1) + 14$

b) Ein Crossfit-Sportler steigert die Anzahl an Klimmzügen bis zu einem jährlichen Event pro Woche um drei. In der ersten Woche schafft er 100, in der n-ten Woche a_n Klimmzüge.
$k =$ ___ $a_1 =$ ___ $\quad a_n =$ ___ $\cdot (n - 1) +$ ___

c) In jeder Sitzreihe eines Theaters haben zwei Personen mehr Platz als in der Reihe davor. Die 1. Reihe hat 15 Plätze, die n-te Reihe a_n Plätze.
$k =$ ___ $a_1 =$ ___ $\quad a_n =$ ___ $\cdot (n - 1) +$ ___

A 9 In einem Park wurden Baumreihen gepflanzt. Die arithmetische Folge (a_n) mit $a_n = -4 \cdot (n - 1) + 100$ gibt die Zahl der Bäume a_n in der n-ten Reihe an. Gib die gegebene und die gesuchte Größe an und berechne die gesuchte Größe.

→ B3

	gegeben	gesucht	Ansatz + Ergebnis
a) Wie viele Bäume gibt es in der 10. Reihe?	$n = 10$	a_n	$a_n = -4 \cdot (10 - 1) + 100 = 64$
b) In welcher Reihe gibt es 56 Bäume?	___ = ___	___	
c) Wie viele Bäume gibt es in der ersten Reihe?	___ = ___	___	
d) Ab welcher Reihe steht kein Baum mehr?	___ = ___	___	

A 10 Ergänze die gesuchten Eigenschaften und Werte der arithmetischen Folge (a_n).

→ W1

	Monotonie	konvergent/divergent	S_u	S_o
a) $a_n = 2 \cdot n - 7$	streng monoton steigend	divergent	−7	–
b) $a_n = -3 \cdot n + 100$				
c) $a_n = 2$				
d) $a_n = 0,5 \cdot n + 35$				

Lösungen

A 11 Kreuze die beiden zutreffenden Aussagen an.

Eine arithmetische Folge ist entweder streng monoton steigend oder streng monoton fallend.	☐
Eine arithmetische Folge besitzt stets entweder eine untere oder eine obere Schranke.	☐
Es gibt mindestens eine arithmetische Folge, die monoton steigend und konvergent ist.	☐
Eine konstante arithmetische Folge (a_n) besitzt den Grenzwert a_1.	☐
Das erste Folgenglied einer arithmetischen Folge hat immer den kleinsten Wert aller Folgenglieder.	☐

A 12 Gegeben ist eine Folge (a_n) mit der Termdarstellung $a_n = k \cdot n + a_0$.
Ergänze die Textlücken im folgenden Satz durch Ankreuzen der jeweils richtigen Satzteile so, dass eine korrekte Aussage entsteht.

Die Folge (a_n) ist ___①___, wenn ___②___.

①	
streng monoton fallend	☐
konstant gleich null	☐
beschränkt	☐

	②
☐	$k = 0$
☐	$a_0 < 0$ und $k > 0$
☐	$a_0 > 0$ und $k > 0$

A 13 Kreuze die beiden Darstellungen an, die dieselbe arithmetische Folge beschreiben.

<table>
<tr>
<td><table><tr><th>n</th><th>a_n</th></tr><tr><td>2</td><td>13</td></tr><tr><td>5</td><td>7</td></tr><tr><td>8</td><td>1</td></tr></table></td>
<td>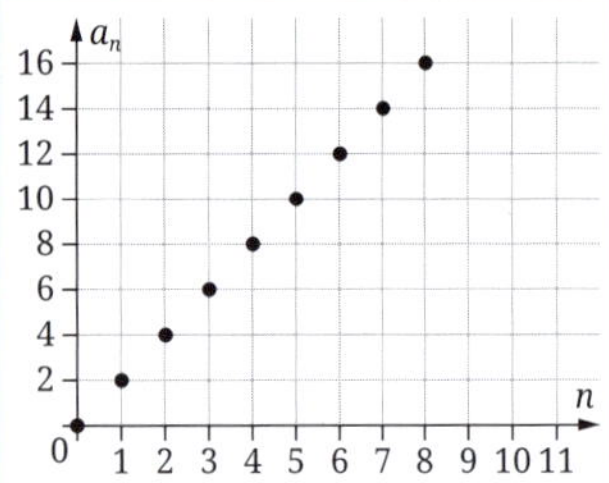</td>
<td>$a_n = 2 \cdot (n - 1) + 13$</td>
<td>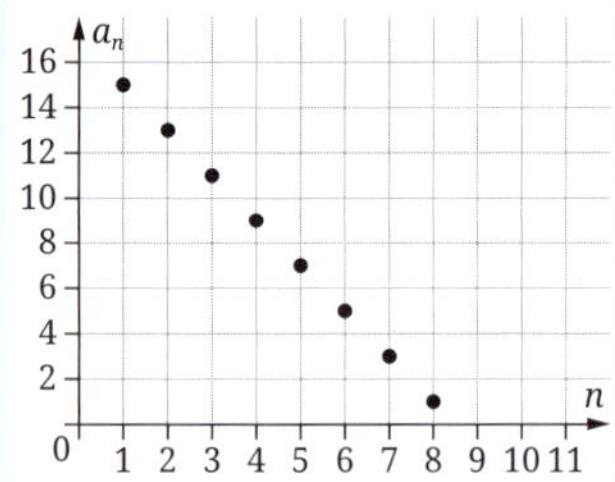</td>
<td>$a_n = -3n + 17$</td>
</tr>
<tr><td>☐</td><td>☐</td><td>☐</td><td>☐</td><td>☐</td></tr>
</table>

A 14 Von einer arithmetischen Folge sind die Folgenglieder $a_3 = 12$ und $a_8 = 42$ bekannt. Berechne a_{10}.

a_{10} = ____________________

A 15 An die besten Teilnehmerinnen und Teilnehmer eines Pokerturniers werden Preise vergeben. Der 10. Platz erhält 450 Euro. Für jede bessere Platzierung gibt es um 20 Euro mehr als für die vorherige.
Berechne das Preisgeld für den 3. Platz.

Preisgeld für den 3. Platz: ____________________

A 16 Gegeben ist die arithmetische Folge $(a_n) = (-3, -1, 1, \ldots)$ mit $n \in \mathbb{N}^*$.

a) Bestimme eine Termdarstellung der Folge (a_n).
b) Stelle die Folge (a_n) in einem Koordinatensystem grafisch dar.
c) Berechne a_{23}.
d) Bestimme die Monotonie der Folge (a_n).
e) Bestimme eine Schranke der Folge (a_n) und gib an, ob es sich um eine obere oder untere Schranke handelt.

Geometrische Folgen

15

In Finanznachrichten liest man oft das Zitat: „Der Zinseszinseffekt ist das achte Weltwunder. Wer ihn versteht, verdient daran, alle anderen bezahlen ihn." Damit wir nicht zu den Leuten gehören, die ihn bezahlen müssen, behandeln wir in diesem Kapitel eine der Grundlagen der Zinseszinsen: exponentiell wachsende Folgen, sogenannte geometrische Folgen.

Grundlagen

G1 Eine Folge (b_n) heißt eine **geometrische Folge**, wenn der **Quotient** $q = \frac{b_{n+1}}{b_n} \neq 0$ zweier benachbarter Folgenglieder b_n und b_{n+1} immer gleich groß ist. Mögliche **Termdarstellungen** von (b_n) lauten dann:

$b_n = b_0 \cdot q^n \ (n \in \mathbb{N})$ Dabei ist $b_0 \neq 0$ das erste Folgenglied, d. h. die Nummerierung startet bei 0.

$b_n = b_1 \cdot q^{n-1} \ (n \in \mathbb{N}^*)$ Dabei ist $b_1 \neq 0$ das erste Folgenglied, d. h. die Nummerierung startet bei 1.

Beispiel: Der Quotient zweier aufeinanderfolgender Glieder der Folge (1, 3, 9, 27, …) ist immer 3: $q = \frac{3}{1} = \frac{9}{3} = \frac{27}{9} = 3$, usw. Das erste Folgenglied ist $b_0 = 1$, daher gilt $b_n = 1 \cdot 3^n$

G2 Eine geometrische Folge kann für $q > 0$ als Exponentialfunktion mit Definitionsbereich $D = \mathbb{N}^*$ gedeutet werden.

Eine geometrische Folge b_n wird grafisch dargestellt, indem man die Punkte $(n \mid b_n)$ in ein Koordinatensystem einzeichnet.

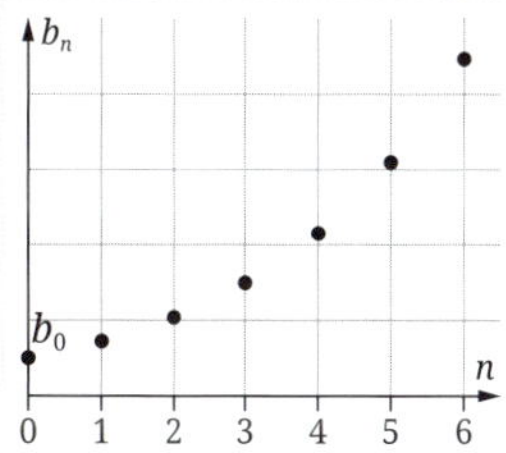

Werkzeuge

W1 **Monotonie, Konvergenz und Beschränktheit einer geometrischen Folge** (b_n) sind eindeutig durch den Quotienten q und das Vorzeichen von b_0 bestimmt.

$b_n = b_0 \cdot q^n$		$q > 1$	$q = 1$	$0 < q < 1$
Monotonie	$b_0 > 0$	streng monoton steigend	konstant, d. h. monoton steigend UND monoton fallend	streng monoton fallend
	$b_0 < 0$	streng monoton fallend		streng monoton steigend
Grenzwert		Es gibt keinen Grenzwert. (divergent)	b_0	0
Schranken	$b_0 > 0$	b_0 ist eine untere Schranke. keine obere Schranke	b_0 ist eine untere UND eine obere Schranke	0 ist eine untere Schranke. b_0 ist eine obere Schranke.
	$b_0 < 0$	b_0 ist eine obere Schranke. keine untere Schranke		0 ist eine obere Schranke. b_0 ist eine untere Schranke.

Ist q negativ, dann ist (b_n) nicht monoton und für $q < -1$ divergent bzw. für $-1 < q < 0$ konvergent (Grenzwert 0).

W2 Der Parameter q steht für die Änderung des Anfangswerts um p Prozent.

Zunahme	Abnahme
$q = 1 + \frac{p}{100}$	$q = 1 - \frac{p}{100}$

W3 Für zwei beliebige Folgenglieder b_m und b_n $(m \neq n)$ gilt stets der Zusammenhang $\frac{b_m}{b_n} = q^{m-n}$.

Aus dieser Gleichung kann immer der Quotient q ermittelt werden.

Beispiel: $b_4 = 12$ und $b_6 = 300 \Longrightarrow \frac{300}{12} = q^{6-4}$

$25 = q^2 \Longrightarrow q = 5$ oder $q = -5$

Beispiele

B 1 Gegeben ist die Folge $(b_n) = (0{,}5; 1{,}5; 4{,}5; 13{,}5; ...)$. Gib die Termdarstellung von (b_n) an.

Wie stelle ich fest, dass eine geometrische Folge vorliegt, und bestimme eine Termdarstellung?

1 Die Quotienten für je zwei aufeinanderfolgende Glieder der Folge berechnen und aus den ermittelten Werten schließen, ob die Folge geometrisch ist

$\frac{1{,}5}{0{,}5} = 3 \qquad \frac{4{,}5}{1{,}5} = 3 \qquad \frac{13{,}5}{4{,}5} = 3$

Die Quotienten aller benachbarten Folgenglieder sind gleich. $\Longrightarrow (b_n)$ ist eine geometrische Folge.

2 Den Quotienten q und das erste Folgenglied b_0 in die Formel $b_n = b_0 \cdot q^n$ einsetzen

$b_n = 0{,}5 \cdot 3^n$

Dieser Schritt ist nicht nötig, wenn die Quotienten in Schritt 1 nicht immer gleich sind, dann ist (b_n) keine geometrische Folge.

B 2 Bestimme eine Termdarstellung der geometrischen Folge (b_n) mit den Folgengliedern $b_2 = 16$ und $b_5 = 128$.

Wie bestimme ich eine Termdarstellung einer geometrischen Folge, wenn zwei Folgenglieder gegeben sind?

1 Den Quotienten q aus der Formel $\frac{b_m}{b_n} = q^{m-n}$ berechnen

Wir verwenden → W3:

$b_2 = 16$, $b_5 = 128 \Longrightarrow \frac{128}{16} = q^{5-2}$

$8 = q^3 \Longrightarrow q = 2$

2 Die Werte von q und einem der beiden Folgenglieder in $b_n = b_0 \cdot q^n$ einsetzen und b_0 berechnen

Wir setzen $q = 2$ und z. B. $b_2 = 16$ ein:

$16 = b_0 \cdot 2^2$

$b_0 = 4$

3 Die Werte von q und b_0 in $b_n = b_0 \cdot q^n$ einsetzen

Termdarstellung:

$b_n = 4 \cdot 2^n$

B 3 Einer Patientin wird um 9:00 Uhr ein Medikament mit 150 mg Wirkstoff verabreicht. Die Menge des Wirkstoffs nimmt im Blut pro Stunde um 40 % ab.

a) Berechne, wie viel Milligramm Wirkstoff um 13:00 Uhr noch im Blut vorhanden sind.

b) Nach wie vielen Stunden beträgt die Wirkstoffmenge 32,4 mg?

Wie löse ich eine Textaufgabe zu geometrischen Folgen?

1 Feststellen, ob eine Zu- oder Abnahme vorliegt, und den Wert von q im Text identifizieren

Es liegt eine Abnahme vor, weil die Wirkstoffmenge pro Stunde abnimmt.

$q = 1 - \frac{40}{100} = 0{,}6$, da die Abnahme 40 % beträgt. (→ W2)

2 Die Werte von q und b_0 im Text identifizieren und in $b_n = b_0 \cdot q^n$ einsetzen

b_n gibt die Wirkstoffmenge nach n Stunden an.

Die verabreichte Wirkstoffmenge ist die Menge nach 0 Stunden. $\Longrightarrow b_0 = 150$

Wir verwenden → G1: $b_n = b_0 \cdot q^n \Longrightarrow$ Termdarstellung: $b_n = 150 \cdot 0{,}6^n$

3 Die gegebenen und die gesuchten Größen als b_n oder n identifizieren

a) Gegeben: Zeitpunkt 13:00 → n, und zwar $n = 4$
Gesuchte Größe: Menge in mg → b_n

b) Gegebene Größe: Menge 32,4 mg → b_n
Gesuchte Größe: Zeit in h → n

4 Die Werte der gegebenen Größen in die Termdarstellung einsetzen und die Werte der gesuchten Größen ermitteln

a) $b_4 = 150 \cdot 0{,}6^4 = 19{,}44$ mg

Die Wirkstoffmenge um 13:00 beträgt 19,44 mg.

b) $32{,}4 = 150 \cdot 0{,}6^n$

$0{,}216 = 0{,}6^n$

$n = \frac{\ln(0{,}216)}{\ln(0{,}6)} = 3$

Hinweis: Rechenweg vgl. B1 in Kapitel 9

Nach 3 Stunden sind noch 32,4 mg vorhanden.

Aufgaben zu den Beispielen

B1 A Gegeben ist die Folge $(b_n) = (80; 10; 1{,}25; 0{,}15625...)$. Gib die Termdarstellung von (b_n) an.

1 **Die Quotienten für je zwei aufeinanderfolgende Glieder der Folge berechnen und aus den ermittelten Werten schließen, ob die Folge geometrisch ist**

$\frac{\_\_\_}{\_\_\_} = \_\_\_$ $\frac{\_\_\_}{\_\_\_} = \_\_\_$ $\frac{\_\_\_}{\_\_\_} = \_\_\_$

Die Quotienten aller benachbarten Folgenglieder sind ___.

$\Longrightarrow (b_n)$ ist eine ___.

2 **Den Quotienten q und das erste Folgenglied b_0 in $b_n = b_0 \cdot q^n$ einsetzen**

$b_n = \_\_\_ \cdot \_\_\_^n$

B2 A Bestimme eine Termdarstellung der geometrischen Folge (b_n) mit den Folgengliedern $b_3 = 189$ und $b_5 = 1\,701$ sowie $q > 0$.

1 **Den Quotienten q aus der Formel $\frac{b_m}{b_n} = q^{m-n}$ berechnen**

$b_{\_} = \_\_\_$

$b_{\_} = \_\_\_$

$\Longrightarrow \frac{\_\_\_}{\_\_\_} = q^{\_ - \_}$

$\_\_\_ = q^{\_} \Longrightarrow$

$q = \_\_\_$

2 **Die Werte von q und einem der beiden Folgenglieder in $b_n = b_0 \cdot q^n$ einsetzen und b_0 berechnen**

$\_\_\_ = b_0 \cdot \_\_\_^{\_}$

$b_0 = \_\_\_$

3 **Die Werte von q und b_0 in $b_n = b_0 \cdot q^n$ einsetzen**

Termdarstellung:
$b_n = \_\_\_ \cdot \_\_\_^{\_}$

B3 A Die Temperatur einer Substanz in einem chemischen Prozess beträgt zu Beginn 16 °C und steigt pro Sekunde um 1,5 %.
a) Berechne die Temperatur nach 15 Sekunden.
b) Nach wie vielen Sekunden hat sich die Temperatur in °C verdoppelt?

1 **Feststellen, ob eine Zu- oder Abnahme vorliegt und den Wert von q im Text identifizieren**

Es liegt eine ___nahme vor, weil die Temperatur der Substanz ___.

$q = \left(1 \_\_\_ \frac{\_\_\_}{100}\right) = \_\_\_$, da die Zunahme ___ % beträgt. (→ W2)

2 **Die Werte von q und b_0 im Text identifizieren und in $b_n = b_0 \cdot q^n$ einsetzen**

b_n gibt ___ nach n ___ an.

Die Anfangstemperatur ist die Temperatur nach ___ Sekunden. $\Longrightarrow b_{\_} = \_\_\_$

Termdarstellung: $b_n = \_\_\_ \cdot \_\_\_^n$

3 **Die gegebenen und die gesuchten Größen als b_n oder n identifizieren**

a) Gegebene Größe: ___ Sekunden → ___
Gesuchte Größe: ___ → ___

b) Gegebene Größe: neue Temperatur ___ °C → ___
Gesuchte Größe: ___ → ___

4 **Die Werte der gegebenen Größen in die Termdarstellung einsetzen und die Werte der gesuchten Größen ermitteln**

$b_{\_} = 16 \cdot 1{,}015^{\_} \approx \_\_\_$

Die Temperatur nach ___ Sekunden beträgt ca. ___ °C.

$\_\_\_ = 16 \cdot 1{,}015^n$

$\_\_\_ = 1{,}015^n \Longrightarrow n \approx \_\_\_$

Die Temperatur in °C hat sich nach ca. ___ Sekunden verdoppelt.

Lösungen | Weitere Aufgaben

Aufgaben

A 1 Stelle fest, ob die angegebene Folge eine geometrische Folge ist. Wenn ja, gib ihre Termdarstellung an.

→ B1

a) $(1, \sqrt{3}, 3, 3\sqrt{3}, \ldots)$ $\frac{\sqrt{3}}{1} = \frac{3}{\sqrt{3}} = \frac{3\sqrt{3}}{3} = \sqrt{3} \Longrightarrow$ geometrische Folge Termdarstellung: $b_n = 1 \cdot \sqrt{3}^n$

b) $(5, 7, 9, 11, \ldots)$ $\frac{7}{5} \neq \frac{9}{7} \Longrightarrow$ keine geometrische Folge

c) $(80, 40, 20, 10, \ldots)$ **d)** $(\sqrt{5}, \sqrt{10}, \sqrt{15}, \sqrt{20}, \ldots)$ **e)** $\left(\frac{3}{4}, \frac{3}{5}, \frac{12}{25}, \frac{48}{125}, \ldots\right)$ **f)** $\left(1, \frac{1}{2}, \frac{1}{3}, \frac{1}{4}, \ldots\right)$

A 2 Stelle die Folge im angegebenen Bereich im Koordinatensystem grafisch dar.

→ G2

a) $b_n = 2 \cdot 1{,}1^n$ für $0 \leq n \leq 8$

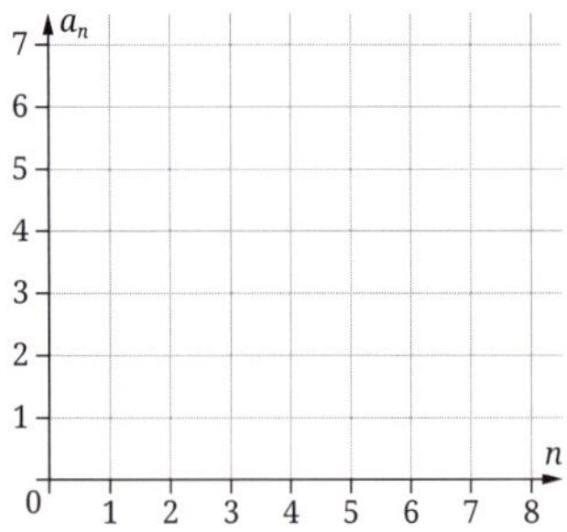

b) $b_n = 7 \cdot 0{,}8^n$ für $0 \leq n \leq 10$

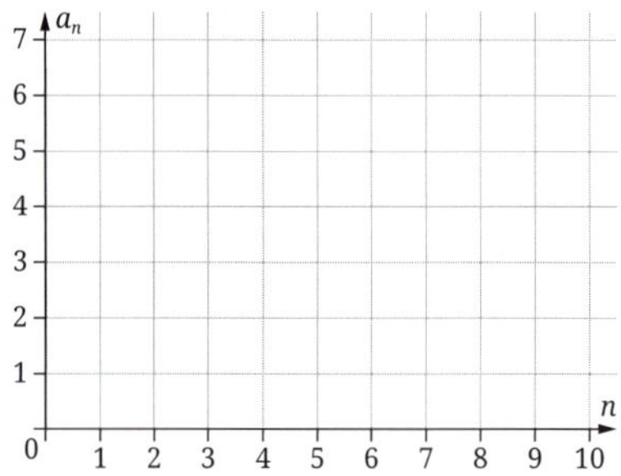

A 3 Berechne das erste Folgenglied b_0 der geometrischen Folge (b_n) und gib ihre Termdarstellung an.

a) Gegeben: $b_4 = 35$ und $q = 0{,}7$ $35 = b_0 \cdot 0{,}7^4 \Leftrightarrow 35 = b_0 \cdot 0{,}24 \Longrightarrow b_0 \approx 145{,}83$
Termdarstellung: $b_n = 145{,}83 \cdot 0{,}7^n$

b) Gegeben: $b_3 = 18$ und $q = 1{,}3$ ___ $= b_0 \cdot$ ___^{___} $\Leftrightarrow$ ___ $= b_0 \cdot$ ___ $\Longrightarrow b_0 \approx$ ___
Termdarstellung: $b_n =$ ___ $\cdot$ ___^{n}

c) $b_5 = 75;\ q = 1{,}05$ **d)** $b_4 = 0{,}2;\ q = \frac{1}{5}$ **e)** $b_8 = 1280;\ q = 2$ **f)** $b_{11} = 10;\ q = 0{,}95$

A 4 Von der geometrischen Folge (b_n) mit $q > 0$ sind zwei Folgenglieder gegeben. Gib die Termdarstellung der Folge an.

→ B2

a) $b_4 = 175$, $b_7 = 266$

$\frac{266}{175} = q^{7-4}$
$1{,}52 = q^3 \quad |\sqrt[3]{\ }$
$q \approx 1{,}1498$

$175 = b_0 \cdot q^4$
$b_0 = \frac{175}{q^4} \approx 100{,}13$

$b_n = 100{,}13 \cdot 1{,}1498^n$

b) $b_{12} = 203{,}4$, $b_{20} = 87{,}5$

$\frac{\_\_\_}{\_\_\_} = q^{\_\_\_ - \_\_\_}$
___ $\approx q^{\_\_\_} \quad |\sqrt[\_\_\_]{\ }$
$q \approx$ ___

___ $= b_0 \cdot$ ___^{___}
$b_0 = \frac{\_\_\_}{\_\_\_} \approx$ ___

$b_n =$ ___ $\cdot$ ___^{n}

c) $b_5 = 18{,}56;\ b_7 = 31{,}37$ **d)** $b_3 = 34{,}17;\ b_{10} = 4{,}56$ **e)** $b_{15} = 180{,}1;\ b_{22} = 237$ **f)** $b_8 = 230;\ b_{12} = 189$

A 5 Gib eine Termdarstellung der in Tabellenform dargestellten geometrischen Folge (b_n) mit $q > 0$ an.

→ B2

a)

n	b_n
8	5337,5
19	2133,1

$\Longrightarrow b_8 = 5337{,}5$
$\Longrightarrow b_{19} = 2133{,}1$

Wir rechnen wie in A4 und erhalten $b_n \approx 10400 \cdot 0{,}92^n$.

b)

n	b_n
4	445,7
8	584,2

c)

n	b_n
2	106,3
7	91,3

d)

n	b_n
10	815,6
23	4479,6

A6 Von der Folge (b_n) sind drei Glieder bekannt. Überprüfe, ob (b_n) eine geometrische Folge sein kann.

→ W3

a)

n	b_n
5	25,0
6	25,8
10	27,6

Wir berechnen den Quotienten q für je zwei benachbarte Folgenglieder:

$\frac{25,8}{25} = q_1^{6-5}$ $\quad$ $\frac{27,6}{25,8} = q_2^{10-6}$

$q_1 = 1,032$ $\quad$ $q_2 \approx 1,017$

Die Werte sind nicht gleich.
$\Longrightarrow$ (b_n) kann keine geometrische Folge sein.

b)

n	b_n
10	10
11	13
12	16

c)

n	b_n
2	4096
3	1024
7	4

A7 Gib den Quotienten, das erste Folgenglied und eine Termdarstellung der durch die Textangabe gegebenen geometrischen Folge an.

→ B3
→ W2

a) Der Luftdruck eines Autoreifens beträgt bei der Montage 2,2 bar. Der Reifen verliert 12 % seines Drucks pro Monat. b_n ist der Druck nach n Monaten.
$q = 1 - \frac{12}{100} = 0,88$ $\quad$ $b_0 = 2,2$ $\quad$ $b_n = 2,2 \cdot 0,88^n$

b) Eine Zielscheibe besteht aus konzentrischen Kreisen. Der erste Radius hat die Länge $r = 12$ cm und jeder weitere um 1/4 weniger als der vorherige. b_n ist die Länge des n-ten Radius.
$q = 1 - \frac{1}{4} = \frac{3}{4}$ $\quad$ $b_0 = 12$ $\quad$ $b_n = 12 \cdot \left(\frac{3}{4}\right)^n$

c) Von einem radioaktiven Element sind zu Beginn einer Messreihe 25 000 noch nicht zerfallene Atome vorhanden. Nach jeder Stunde sind es um 10 % weniger als zuvor. b_n gibt die Anzahl noch nicht zerfallener Atome nach n Stunden an.
$q =$ ___ $\quad$ $b_0 =$ ___ $\quad$ $b_n =$ ___ $\cdot$ ___

d) Von einer Strecke mit einer Länge von 18 cm ausgehend wird eine „Spirale" so gezeichnet, dass immer gegen den Uhrzeigersinn eine im rechten Winkel zur vorherigen Strecke stehende Strecke gezeichnet wird, die um 2/5 kürzer ist als die vorherige. b_n ist die Länge der n-ten Strecke.
$q = 1 -$ ___ $=$ ___ $\quad$ $b_0 =$ ___ $\quad$ $b_n =$ ___ $\cdot$ ___

e) Ein Ball wird aus einer Höhe von 5 m fallen gelassen. Jedes Mal, wenn er auf dem Boden aufkommt, erreicht er beim nächsten Aufstieg 5/7 der vorherigen Höhe. b_n gibt die erreichte Höhe nach n Bodenkontakten an.
$q =$ ___ $\quad$ $b_0 =$ ___ $\quad$ $b_n =$ ___ $\cdot$ ___

f) Anfänglich besteht eine Bakterienkultur aus 120 Bakterien, pro Minute steigt die Bakterienzahl um 5 % an. b_n gibt die Bakterienzahl nach n Minuten an.
$q =$ ___ $\quad$ $b_0 =$ ___ $\quad$ $b_n =$ ___ $\cdot$ ___

g) Ein Startkapital von 5.000 € wird mit 4 % pro Jahr verzinst. (b_n) ist das Kapital nach n Jahren.
$q =$ ___ $\quad$ $b_0 =$ ___ $\quad$ $b_n =$ ___ $\cdot$ ___

A8 Ein Investment von 10 000 GE erbringt eine jährliche Rendite von $p = 6$ %. Erstelle eine Formel, die das Kapital nach n Jahren angibt. Berechne anschließend, nach wie vielen Jahren das Kapital den angegebenen Betrag übersteigt.

→ B3
→ W2

a) $K_n = 15\,000$ GE **b)** $K_n = 20\,000$ GE **c)** $K_n = 100\,000$ GE **d)** $K_n = 1\,000\,000$ GE

A9 Ergänze die gesuchten Eigenschaften und Werte der geometrischen Folge (b_n).

→ W1

	Monotonie	Konvergenz	Grenzwert	S_u	S_o
a) $b_n = 2^n$	streng monoton steigend	divergent	–	1	–
b) $b_n = 0,5 \cdot 0,2^n$					
c) $b_n = 4 \cdot 0,8^n$					
d) $b_n = 0,3 \cdot 1,1^n$					

Lösungen

A 10 Gegeben ist die geometrische Folge (b_n) mit $b_n = 100 \cdot 0{,}3^n$. Kreuze die beiden zutreffenden Aussagen an.

Die Folge (b_n) ist monoton steigend.	☐
Die Folge (b_n) ist konvergent.	☐
Die Folge (b_n) besitzt keinen Grenzwert.	☐
Das Folgenglied $b_2 = 9$ gehört der Folge (b_n) an.	☐
Die Folge ist unbeschränkt.	☐

A 11 Ordne den geometrischen Folgen $(b_0, b_1, b_2, \ldots)$ jeweils die zugehörige Termdarstellung zu.

$(b_n) = \left(1, \frac{1}{2}, \frac{1}{4}, \frac{1}{8}, \ldots\right)$	
$(b_n) = (1, 2, 4, 8, \ldots)$	
$(b_n) = \left(1, \frac{\sqrt{2}}{2}, \frac{1}{2}, \frac{\sqrt{2}}{4}, \ldots\right)$	
$(b_n) = (1, \sqrt{2}, 2, 2\sqrt{2}, \ldots)$	

A	$b_n = \sqrt{2}^n$
B	$b_n = 2^n$
C	$b_n = \left(\frac{\sqrt{2}}{2}\right)^n$
D	$b_n = \left(\frac{1}{2}\right)^n$

A 12 Von einer geometrischen Folge (b_n) sind zwei Folgenglieder bekannt: $b_4 = 80$ und $b_2 = 30$. Berechne b_5.

$b_5 \approx$ ____________________

A 13 Zeichne die Folge (b_n) mit $b_n = 80 \cdot 0{,}5^n$ für $0 \le n \le 6$ in das nebenstehende Koordinatensystem ein.

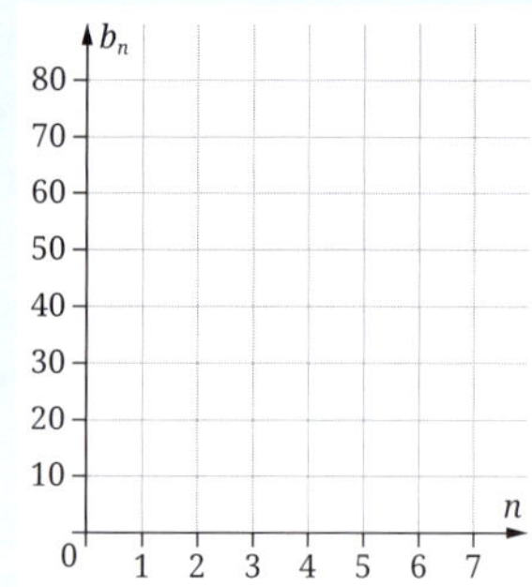

A 14 Im Jahr 2011 ergab eine Bevölkerungszählung für eine Region 67 000 Einwohner. Die Bevölkerungszahl stieg jährlich annähernd um 5 %. Berechne, ab welchem Jahr es mehr als 103 000 Einwohner gab.

Ab dem Jahr ________________

A 15 Kreuze die beiden Wertetabellen an, die eine geometrische Folge darstellen können.

n	b_n
1	0
2	2
3	4

☐

n	b_n
2	2 400
3	480
5	19,2

☐

n	b_n
4	1
7	5
9	25

☐

n	b_n
10	16
11	9
12	4

☐

n	b_n
4	417
10	1 668
19	13 344

☐

A 16 Gegeben ist die geometrische Folge $(b_n) = \left(\frac{125}{16}, \frac{25}{8}, \frac{5}{4}, \frac{1}{2}, \ldots\right)$.

a) Gib eine Termdarstellung der Folge (b_n) an.
b) Bestimme den Grenzwert der Folge (b_n).
c) Berechne b_5. (Die Folge beginnt bei b_0).
d) Bestimme die Monotonie der Folge (b_n).
e) Bestimme eine Schranke der Folge (b_n) und gib an, ob sie eine obere oder eine untere Schranke ist.

Rekursive Darstellung von Folgen

16

Dass Vorgängen in der Natur gleichermaßen Komplexität wie auch Einfachheit innewohnt, zeigt sich eindrucksvoll an der berühmten Fibonacci-Folge. Ihre explizite Darstellung $f_n = \frac{1}{\sqrt{5}}\left[\left(\frac{1+\sqrt{5}}{2}\right)^n - \left(\frac{1-\sqrt{5}}{2}\right)^n\right]$ erzeugt die Zahlenfolge $(0, 1, 1, 2, 3, 5, 8, 13, \ldots)$, bei der sich jede Zahl ganz einfach durch die Summe der beiden vorangehenden Zahlen ergibt.
In diesem Kapitel ergreifen wir die Chance und lassen der Einfachheit den Vortritt.

Grundlagen

G1 Die **rekursive Darstellung einer Folge** gibt den Zusammenhang zwischen je zwei aufeinanderfolgenden Folgengliedern wieder. Kennt man das Folgenglied x_0, kann man mithilfe der rekursiven Darstellung das Folgenglied x_1 berechnen, aus dem Folgenglied x_{20} das Folgenglied x_{21}, usw.

G2 Die **rekursive Darstellung einer arithmetischen Folge** besteht aus der Formel $a_{n+1} = a_n + k$ und dem Anfangsglied a_0, wobei $k \in \mathbb{R}$ die Differenz zwischen zwei aufeinanderfolgenden Folgengliedern ist.

Beispiel: Gegeben ist die arithmetische Folge $a_n = (1, 3, 5, 7, \ldots)$.

$1 \xrightarrow{+2} 3 \xrightarrow{+2} 5 \xrightarrow{+2} 7$

rekursive Darstellung: $a_0 = 1$
$a_{n+1} = a_n + 2$

G3 Die **rekursive Darstellung einer geometrischen Folge** besteht aus der Formel $b_{n+1} = b_n \cdot q$ und dem Anfangsglied b_0, wobei $q \in \mathbb{R}^*$ der Quotient zwischen zwei aufeinanderfolgenden Folgengliedern ist.

Beispiel: Gegeben ist die geometrische Folge $b_n = (3, 9, 27, 81, \ldots)$.

$3 \xrightarrow{\cdot 3} 9 \xrightarrow{\cdot 3} 27 \xrightarrow{\cdot 3} 81$

rekursive Darstellung: $b_0 = 3$
$b_{n+1} = b_n \cdot 3$

Werkzeuge

W1 Bei der Umwandlung von der expliziten auf die rekursive Darstellung und umgekehrt orientiert man sich bei einer arithmetischen Folge an den Werten k und a_0.
Beispiel:
explizit $a_n = -3n + 4$ rekursiv $a_0 = 4$
$a_{n+1} = a_n - 3$

W2 Bei der Umwandlung von der expliziten auf die rekursive Darstellung und umgekehrt orientiert man sich bei einer geometrischen Folge an den Werten q und b_0.
Beispiel:
explizit $b_n = 50 \cdot \left(\frac{1}{3}\right)^n$ rekursiv $b_0 = 50$
$b_{n+1} = b_n \cdot \frac{1}{3}$

W3 Mit der rekursiven Darstellung kann man ausgehend von einem beliebigen Folgenglied die nachfolgenden (und davorliegenden) Folgenglieder der Reihe nach berechnen.
Beispiel: $a_5 = 13$, $a_{n+1} = a_n + 8$
Dann sind $a_6 = a_5 + 8 = 13 + 8 = 21$ und $a_7 = a_6 + 8 = 21 + 8 = 29$.

Beispiele

B 1 Gegeben ist eine arithmetische Folge (a_n) mit $n \in \mathbb{N}$. Gib eine rekursive Darstellung der Folge an.
a) $(a_n) = (2, 5, 8, 11, \ldots)$ **b)** $(a_n) = 5 - 3n$

Wie bestimme ich eine rekursive Darstellung einer arithmetischen Folge?

1 Bestimme die Differenz k der zwei ersten Glieder der Folge (a_n)

a) Wir berechnen die Differenz der ersten beiden Folgenglieder: $5 - 2 = 3$

b) Wir lesen k aus der Termdarstellung ab. (→ W1)
$k = -3$

2 Das Anfangsglied a_0 ablesen und die Differenz k in $a_{n+1} = a_n + k$ einsetzen

rekursive Darstellung: $a_0 = 2$
$a_{n+1} = a_n + 3$

rekursive Darstellung: $a_0 = 5$
(→ W1) $a_{n+1} = a_n - 3$

B 2 Gegeben ist eine geometrische Folge (b_n) mit $n \in \mathbb{N}$. Gib eine rekursive Darstellung der Folge an.
a) $(b_n) = \left(\frac{1}{3}, \frac{5}{9}, \frac{25}{27}, \frac{125}{81}, \ldots\right)$ **b)** $(b_n) = \frac{7}{2^n}$

Wie bestimme ich eine rekursive Termdarstellung einer geometrischen Folge?

1 Bestimme den Quotienten q zwischen den zwei ersten Gliedern der Folge (b_n)

a) Wir berechnen den Quotienten der ersten beiden Folgenglieder: $q = \frac{\frac{5}{9}}{\frac{1}{3}} = \frac{5}{3}$

b) Wir berechnen zuerst die ersten beiden Folgenglieder und anschließend den Quotienten:
$b_0 = \frac{7}{2^0} = 7$ und $b_1 = \frac{7}{2^1} = \frac{7}{2} \Rightarrow q = \frac{\frac{7}{2}}{7} = \frac{1}{2}$

2 Das Anfangsglied b_0 ablesen und den Quotienten q in $b_{n+1} = b_n \cdot q$ einsetzen

rekursive Darstellung: $b_0 = \frac{1}{3}$
$b_{n+1} = b_n \cdot \frac{5}{3}$

rekursive Darstellung: $b_0 = 7$
(→ W2) $b_{n+1} = b_n \cdot \frac{1}{2}$

Aufgaben zu den Beispielen

B 1 A Gegeben ist eine arithmetische Folge. Gib eine rekursive Darstellung der Folge an.
a) $a_n = (7, 3, -1, -5, \ldots)$ **b)** $a_n = -1 + 8n$

1 Bestimme die Differenz k der zwei ersten Glieder der Folge (a_n)

a) $k = \square - \square = \square$ **b)** $k = \square$

2 Das Anfangsglied a_0 ablesen und die Differenz k in $a_{n+1} = a_n + k$ einsetzen

$a_0 = \square$
$a_{n+1} = a_n \bigcirc \square$

$a_0 = \square$
$a_{n+1} = a_n \bigcirc \square$

B 2 A Gegeben ist eine geometrische Folge. Gib eine rekursive Darstellung der Folge an.
a) $b_n = (8, 12, 18, 27, \ldots)$ **b)** $b_n = \frac{6}{3^n}$

1 Bestimme den Quotienten q zwischen den zwei ersten Gliedern der Folge (b_n)

a) $q = \frac{\square}{\square} = \square$

b) $b_0 = \frac{\square}{\square^{\square}} = \square$ und $b_1 = \frac{\square}{\square^{\square}} = \square \Rightarrow q = \frac{\square}{\square} = \frac{\square}{\square}$

2 Das Anfangsglied b_0 ablesen und die Differenz k in $b_{n+1} = b_n \cdot q$ einsetzen

$b_0 = \square$
$b_{n+1} = b_n \bigcirc \square$

$b_0 = \square$
$b_{n+1} = b_n \bigcirc \square$

Aufgaben

A 1 Gegeben ist eine arithmetische Folge (a_n) mit $n \in \mathbb{N}$. Bestimme eine rekursive Darstellung der Folge.

→ B 1

a) $(10, 5, 0, -5, \ldots)$ $a_0 = 10$ $k = 5 - 10 = -5$ $a_0 = 10,\ a_{n+1} = a_n - 5$

b) $(12, 20, 28, 36, \ldots)$ $a_0 = \square$ $k = \square - \square = \square$ $a_0 = \square,\ a_{n+1} = a_n \bigcirc \square$

c) $(0{,}5; 2{,}2; 3{,}9; 5{,}6; \ldots)$ **d)** $\left(\frac{1}{10}, -\frac{9}{10}, -\frac{19}{10}, -\frac{29}{10}, \ldots\right)$ **e)** $\left(2, \frac{1}{3}, -\frac{4}{3}, -\frac{9}{3}, \ldots\right)$ **f)** $\left(\frac{3\pi}{2}, \frac{5\pi}{2}, \frac{7\pi}{2}, \frac{9\pi}{2}, \ldots\right)$

A 2 Gegeben ist eine arithmetische Folge (a_n) mit $n \in \mathbb{N}$. Bestimme eine rekursive Darstellung der Folge.

→ B 1

a) $a_n = \frac{n+2}{2} \Longrightarrow a_n = \frac{1}{2}n + 1$ $a_0 = 1$ $k = \frac{1}{2}$ $a_0 = 1,\ a_{n+1} = a_n + \frac{1}{2}$

b) $a_n = \frac{2n+3}{3} \Longrightarrow a_n = \frac{\square}{\square}n + \square$ $a_0 = \square$ $k = \frac{\square}{\square}$ $a_0 = \square,\ a_{n+1} = a_n \bigcirc \frac{\square}{\square}$

c) $a_n = 4 - 4n$ **d)** $a_n = -1{,}5n + 3$ **e)** $a_n = 3(2n - 4)$ **f)** $a_n = \frac{5 - 3n}{4}$

A 3 Gegeben ist eine geometrische Folge (b_n) mit $n \in \mathbb{N}$. Bestimme eine rekursive Darstellung der Folge.

→ B 2

a) $\left(2, \frac{2}{5}, \frac{2}{25}, \frac{2}{125}, \ldots\right)$ $b_0 = 2$ $q = \frac{\frac{2}{5}}{2} = \frac{1}{5}$ $b_0 = 2,\ b_{n+1} = b_n \cdot \frac{1}{5}$

b) $(7; 0{,}7; 0{,}07; 0{,}007; \ldots)$ $b_0 = \square$ $q = \frac{\square}{\square} = \square$ $b_0 = \square,\ b_{n+1} = b_n \bigcirc \square$

c) $(400; 80; 16; 3{,}2; \ldots)$ **d)** $(3, 3\sqrt{3}, 9, 9\sqrt{3}, \ldots)$ **e)** $\left(\frac{5}{3}, \frac{25}{9}, \frac{125}{27}, \frac{625}{81}, \ldots\right)$ **f)** $(5; 6; 7{,}2; 8{,}64; \ldots)$

A 4 Gegeben ist eine geometrische Folge (b_n) mit $n \in \mathbb{N}$. Bestimme eine rekursive Darstellung der Folge.

→ B 2

a) $b_n = \frac{3}{2^n} \Longrightarrow b_n = 3 \cdot \left(\frac{1}{2}\right)^n$ $b_0 = 3$ $q = \frac{1}{2}$ $b_0 = 3,\ b_{n+1} = b_n \cdot \frac{1}{2}$

b) $b_n = \frac{5}{4^n} \Longrightarrow b_n = \square \cdot \left(\frac{1}{\square}\right)^n$ $b_0 = \square$ $q = \frac{\square}{\square}$ $b_0 = \square,\ b_{n+1} = b_n \bigcirc \frac{\square}{\square}$

c) $b_n = 3^n \cdot 4$ **d)** $b_n = \frac{2^n}{5^n}$ **e)** $b_n = \frac{1{,}5^n}{2}$ **f)** $b_n = \frac{1}{4 \cdot 3^n}$

A 5 Gib zur gegebenen expliziten bzw. rekursiven Darstellung der Folge die jeweils andere Darstellung an.

→ W 1–W 2

a) arithmetische Folgen

explizite Darstellung	rekursive Darstellung
$a_n = 2n + 9$	$a_0 = 9,\ a_{n+1} = a_n + 2$
$a_n = -5n - 1$	$a_0 = \square,\ a_{n+1} = a_n \bigcirc \square$
$a_n = 3n$	$a_0 = \square,\ a_{n+1} = a_n \bigcirc \square$
$a_n = -5 \cdot n + 20$	$a_0 = 20,\ a_{n+1} = a_n - 5$
$a_n = \square \cdot n \bigcirc \square$	$a_0 = 0,\ a_{n+1} = a_n + 1$
$a_n = \square \cdot n \bigcirc \square$	$a_0 = -3,\ a_{n+1} = a_n - 2$

b) geometrische Folgen

explizite Darstellung	rekursive Darstellung
$b_n = 120 \cdot 0{,}7^n$	$b_0 = 120,\ b_{n+1} = b_n \cdot 0{,}7$
$b_n = 40 \cdot 1{,}04^n$	$b_0 = \square,\ b_{n+1} = b_n \bigcirc \square$
$b_n = 0{,}5^n$	$b_0 = \square,\ b_{n+1} = b_n \bigcirc \square$
$b_n = 10 \cdot 0{,}3^n$	$b_0 = 10,\ b_{n+1} = b_n \cdot 0{,}3$
$b_n = \square \cdot \square^n$	$b_0 = 1,\ b_{n+1} = 0{,}2b_n$
$b_n = \square \cdot \square^n$	$b_0 = 2,\ b_{n+1} = 6b_n$

A 6 Berechne die nächsten zwei Folgenglieder der Folge (x_n).

→ W 3

a) $x_0 = 20$, $x_{n+1} = 2 \cdot x_n - 5$

$x_1 = 2 \cdot x_0 - 5 = 2 \cdot 20 - 5 = 35$

$x_2 = 2 \cdot x_1 - 5 = 2 \cdot 35 - 5 = 65$

b) $x_{n+1} = x_n + 2$, $x_2 = 5$

c) $x_{n+1} = x_n \cdot 0{,}5$, $x_{11} = 300$

d) $x_{n+1} = x_n + n$, $x_2 = 1$

e) $x_{n+2} = x_{n+1} + x_n$, $x_0 = 1$ und $x_1 = 1$

Lösungen

A 7 Gegeben ist eine rekursive Darstellung der Folge (x_n): $x_{n+1} = x_n - 6$ mit $x_0 = 5$. Gib die Werte der Folgenglieder x_1, x_2 und x_3 an.

x_1 = ________________, x_2 = ________________, x_3 = ________________

A 8 Gegeben ist die geometrische Folge (x_n) mit $x_n = \left(\frac{1}{3}\right)^n$. Gib eine rekursive Darstellung der Folge an.

A 9 Kreuze die beiden rekursiven Vorschriften an, die zu arithmetischen Folgen gehören.

$x_{n+1} = 2 \cdot x_n + 1$	☐
$x_{n+1} = \frac{1}{2} \cdot x_n$	☐
$x_{n+1} = x_n + 5$	☐
$x_{n+1} = x_n - x_{n-1}$	☐
$x_{n+1} = -2 + x_n$	☐

A 10 Ordne den rekursiven Darstellungen der Folgen die jeweils zugehörige explizite Darstellung zu.

$x_{n+1} = x_n - 4$, $x_0 = 1$	
$x_{n+1} = x_n \cdot 4$, $x_0 = 1$	
$x_{n+1} = x_n + 4$, $x_0 = 1$	
$x_{n+1} = \frac{x_n}{4}$, $x_0 = 1$	

A	$x_n = -4 + n$
B	$x_n = \frac{n}{4}$
C	$x_n = -4n + 1$
D	$x_n = 1 + 4n$
E	$x_n = 4^n$
F	$x_n = \left(\frac{1}{4}\right)^n$

A 11 Gegeben ist eine rekursive Darstellung der Folge (x_n): $x_{n+1} = x_n \cdot 2$ und $x_0 = 1$. Kreuze die beiden zutreffenden Aussagen an.

Die Folge (x_n) ist monoton fallend.	☐
Eine explizite Darstellung der Folge lautet $x_n = 2^n$.	☐
Die Folge (x_n) ist eine arithmetische Folge.	☐
Das Folgenglied $x_3 = 8$ gehört der Folge (x_n) an.	☐
Eine explizite Darstellung der Folge lautet $x_n = n^2$.	☐

A 12 Ein Energielieferant verrechnet als Grundpreis pauschal 80 Euro pro Jahr. Der Arbeitspreis beträgt 0,06 Euro pro Kilowattstunde (kWh). Die Folge $(p_0, p_1, p_2, p_3, \ldots)$ gibt den Gesamtpreis für null, eine, zwei, drei, … verbrauchte kWh an.

Gib eine rekursive Darstellung dieser Folge an und berechne den Gesamtpreis für 5000 kWh.

p_0 = ________________, p_{n+1} = ____________________________,

p_{5000} = ________________

A 13 Gegeben ist die Folge $(y_n) = (8, 4\sqrt{2}, 4, 2\sqrt{2}, \ldots)$.

a) Gib eine rekursive Darstellung der Folge an.
b) Gib an, ob die angegebene Folge eine geometrische oder arithmetische Folge bildet, und begründe deine Antwort.
c) Gib eine explizite Darstellung der Folge an.

Reihen

17

Ein Lehrer im 18. Jahrhundert gab seiner Klasse auf, die Zahlen von 1 bis 100 zu addieren. Ein neunjähriger Bub legte verblüffenderweise kurz darauf das Ergebnis auf seinen Tisch. Diesem Buben namens Carl Friedrich Gauß und anderen Mathematikerinnen und Mathematikern ist es zu verdanken, dass wir praktische Rechenformeln haben, mit denen wir Zahlen blitzschnell summieren können. In diesem Kapitel wandeln wir auf den Spuren dieser Genies und bilden sogar Summen von unendlich vielen Zahlen.

Grundlagen

G 1 Eine **Reihe** $(S_n) = (S_1, S_2, S_3, \ldots)$ ist eigentlich selbst eine Folge, die aus einer gegebenen Folge $(a_n) = (a_1, a_2, a_3, \ldots)$ durch fortlaufende Summation abgeleitet wird: $S_n = a_1 + a_2 + \cdots + a_n$. In vielen Fällen interessiert man sich nicht für die gesamte (unendliche) Reihe (S_n), sondern nur für eine bestimmte Summe: Die sogenannte **endliche Folge** $(a_1, a_2, \ldots, a_n)$ hat die (endliche) **Summe** $S_n = a_1 + \cdots + a_n$.

G 2 Die Glieder einer (endlichen) **arithmetischen Reihe** können bei gegebener expliziter Darstellung $a_n = k \cdot (n-1) + a_1$ (Start der Folge bei a_1) mit der folgenden Formel berechnet werden:

$$S_n = \frac{n}{2} \cdot (a_1 + a_n)$$

$n\ldots$ Anzahl der Folgenglieder von (a_n), die addiert werden
$a_1\ldots$ das erste Folgenglied
$a_n\ldots$ das letzte Folgenglied, wenn n Folgenglieder addiert werden

G 3 Die Glieder einer (endlichen) **geometrischen Reihe** können bei gegebener expliziter Darstellung $b_n = b_1 \cdot q^{n-1}$ (Start der Folge bei b_1) mit der folgenden Formel berechnet werden:

$$S_n = b_1 \cdot \frac{1-q^n}{1-q}$$

$n\ldots$ Anzahl der Folgenglieder von (b_n), die addiert werden
$b_1\ldots$ das erste Folgenglied
$q = \frac{b_{n+1}}{b_n}\ldots$ der Quotient der Folge (b_n)

G 4 Die **Summe einer unendlichen geometrischen Reihe** existiert nur dann, wenn $|q| < 1$. Man sagt in diesem Fall, die Reihe ist konvergent mit Grenzwert S, oder auch: Sie **konvergiert** gegen den **Grenzwert** S.

$$S = b_1 \cdot \frac{1}{1-q}$$

Werkzeuge

W1 Die geometrische Folge $K_n = K_0 \cdot \left(1 + \frac{p}{100}\right)^n$ hat die rekursive Darstellung $K_{n+1} = \left(1 + \frac{p}{100}\right) \cdot K_n$.

W2 Wird insgesamt n Jahre lang jedes Jahr eine Rate K bei einem Zinssatz von $p\,\%$ angelegt, so gilt mit $q = 1 + \frac{p}{100}$ für den Gesamtwert aller Raten nach n Jahren: $S_n = K \cdot q + K \cdot q^2 + \cdots + K \cdot q^n = K \cdot q \cdot \frac{1-q^n}{1-q}$.

W3 In Anwendungsaufgaben zu geometrischen Reihen ist es oft wichtig festzustellen, aus wie vielen Folgengliedern die Summe besteht. Dabei werden zwei Fälle unterschieden:

$b + b \cdot q + b \cdot q^2 + \cdots + b \cdot q^k$
Das Anfangsglied wird nicht mit q multipliziert.
Die Summe besteht aus $k+1$ Folgengliedern.
(Es gibt k Summanden mit den Potenzen q^1 bis q^k und noch einen Summanden ohne q.)

$b \cdot q + b \cdot q^2 + \cdots + b \cdot q^k$
Das Anfangsglied wird mit q multipliziert.
Die Summe besteht aus k Folgengliedern.
(Es gibt k Summanden mit den Potenzen q^1 bis q^k.)

Beispiele

B1 Gegeben ist die endliche arithmetische Folge $(a_n) = (1, 5, 9, \ldots, 81)$. Berechne die Summe der Reihe $1 + 5 + 9 + \cdots + 81$.

Wie bestimme ich die Summe einer endlichen arithmetischen Reihe?

1 Die Differenz k der Folge berechnen und das erste Folgenglied a_1 sowie das letzte Folgenglied a_n ablesen

Wir berechnen k als Differenz der ersten beiden Folgenglieder: $k = 5 - 1 = 4$.

$a_1 = 1,\ a_n = 81$

2 Die ermittelten Werte in $a_n = a_1 + k \cdot (n - 1)$ einsetzen und nach n umformen

$81 = 1 + 4 \cdot (n - 1)$

$81 = 1 + 4n - 4$

$81 = -3 + 4n \quad |+3$

$84 = 4n \quad |:4$

$n = 21$

3 Mit $S_n = \frac{n}{2} \cdot (a_1 + a_n)$ die gesuchte Summe berechnen

$S_{21} = \frac{21}{2} \cdot (1 + 81) = 861$

B2 Berechne die Summe der endlichen geometrischen Reihe.

a) $5 + 5 \cdot 0{,}9 + 5 \cdot 0{,}9^2 + \cdots + 5 \cdot 0{,}9^9$

b) $3 \cdot 2 + 3 \cdot 2^2 + 3 \cdot 2^3 + \cdots + 3 \cdot 2^{11}$

Wie bestimme ich die Summe einer endlichen geometrischen Reihe?

1 Die ersten beiden Folgenglieder b_1 und b_2 aus der Folge ablesen und daraus $q = \frac{b_2}{b_1}$ berechnen

Wir berechnen q als Quotient der ersten beiden Folgenglieder.

a) $b_1 = 5,\ b_2 = 5 \cdot 0{,}9 \Longrightarrow q = \frac{5 \cdot 0{,}9}{5} = 0{,}9$

b) $b_1 = 3 \cdot 2,\ b_2 = 3 \cdot 2^2 \Longrightarrow q = \frac{3 \cdot 2^2}{3 \cdot 2} = 2$

2 Die Anzahl der Folgenglieder n in der Summe feststellen

Wir verwenden → W3.

a) $5 + 5 \cdot 0{,}9^1 + 5 \cdot 0{,}9^2 + \cdots + 5 \cdot 0{,}9^9$

Das Anfangsglied wird nicht mit q multipliziert.

$\Longrightarrow n = 10$

b) $3 \cdot 2 + 3 \cdot 2^2 + 3 \cdot 2^3 + \cdots + 3 \cdot 2^{11}$

Das Anfangsglied wird mit q multipliziert.

$\Longrightarrow n = 11$

3 Mit $S_n = b_1 \cdot \frac{1 - q^n}{1 - q}$ die gesuchte Summe berechnen

a) $S_{10} = 5 \cdot \frac{1 - 0{,}9^{10}}{1 - 0{,}9} \approx 32{,}57$

b) $S_{11} = 3 \cdot 2 \cdot \frac{1 - 2^{11}}{1 - 2} = 12\,282$

B3 Berechne die Summe der unendlichen geometrischen Reihe $18 + 18 \cdot 0{,}1 + 18 \cdot 0{,}1^2 + \cdots$.

Wie bestimme ich die Summe einer unendlichen geometrischen Reihe?

1 Die ersten beiden Folgenglieder b_1 und b_2 aus der Folge ablesen und daraus $q = \frac{b_2}{b_1}$ berechnen

Wir berechnen q als Quotient der ersten beiden Folgenglieder.

$b_1 = 18,\ b_2 = 18 \cdot 0{,}1 \Longrightarrow q = \frac{18 \cdot 0{,}1}{18} = 0{,}1$

2 Mit $S = b_1 \cdot \frac{1}{1 - q}$ die gesuchte Summe berechnen

$S = 18 \cdot \frac{1}{1 - 0{,}1} = 20$

Aufgaben zu den Beispielen

B1 A Gegeben ist die endliche arithmetische Folge $(a_n) = (2, 8, 14, ..., 98)$. Berechne die Summe der Reihe $2 + 8 + 14 + \cdots + 98$.

1 Die Differenz k der Folge berechnen und das erste Folgenglied a_1 sowie das letzte Folgenglied a_n ablesen

$k =$ ___ $-$ ___ $=$ ___

$a_1 =$ ___, $a_n =$ ___

2 Die ermittelten Werte in $a_n = a_1 + k \cdot (n - 1)$ einsetzen und nach n umformen

___ $=$ ___ $+$ ___ $\cdot (n - 1)$

___

___

___

$n =$ ___

3 Mit $S_n = \frac{n}{2} \cdot (a_1 + a_n)$ die gesuchte Summe berechnen

$S_{\_\_} = \frac{\_\_}{2} \cdot ($ ___ $+$ ___ $) =$ ___

B2 A Berechne die Summe der endlichen geometrischen Reihe.

a) $18 \cdot 0{,}7 + 18 \cdot 0{,}7^2 + 18 \cdot 0{,}7^3 + \cdots + 18 \cdot 0{,}7^8$

b) $4 + 4 \cdot 1{,}5 + 4 \cdot 1{,}5^2 + \cdots + 4 \cdot 1{,}5^{14}$

1 Die ersten beiden Folgenglieder b_1 und b_2 aus der Folge ablesen und daraus $q = \frac{b_2}{b_1}$ berechnen

a) $b_1 =$ ___, $b_2 =$ ___ $\Rightarrow q = \frac{\_\_}{\_\_} =$ ___

b) $b_1 =$ ___, $b_2 =$ ___ $\Rightarrow q = \frac{\_\_}{\_\_} =$ ___

2 Die Anzahl der Folgenglieder n in der Summe feststellen

$18 \cdot 0{,}7 + 18 \cdot 0{,}7^2 + 18 \cdot 0{,}7^3 + \cdots + 18 \cdot 0{,}7^8$

Das Anfangsglied wird ___ mit q multipliziert.

$\Rightarrow n =$ ___

$4 + 4 \cdot 1{,}5 + 4 \cdot 1{,}5^2 + \cdots + 4 \cdot 1{,}5^{14}$

Das Anfangsglied wird ___ mit q multipliziert.

$\Rightarrow n =$ ___

3 Mit $S_n = b_1 \cdot \frac{1 - q^n}{1 - q}$ die gesuchte Summe berechnen

$S_{\_\_} =$ ___ $\cdot \frac{1 - \_\_^{\_\_}}{1 - \_\_} \approx$ ___

$S_{\_\_} =$ ___ $\cdot \frac{1 - \_\_^{\_\_}}{1 - \_\_} \approx$ ___

B3 A Berechne die Summe der unendlichen geometrischen Reihe $6 \cdot 0{,}4 + 6 \cdot 0{,}4^2 + 6 \cdot 0{,}4^3 + \cdots$.

1 Die ersten beiden Folgenglieder b_1 und b_2 aus der Folge ablesen und daraus $q = \frac{b_2}{b_1}$ berechnen

$b_1 =$ ___, $b_2 =$ ___ $\Rightarrow q = \frac{\_\_}{\_\_} =$ ___

2 Mit $S = b_1 \cdot \frac{1}{1 - q}$ die gesuchte Summe berechnen

$S =$ ___ $\cdot \frac{1}{1 - \_\_} =$ ___

Lösungen Weitere Aufgaben

Aufgaben

A 1 Berechne die Summe der gegebenen endlichen arithmetischen Reihe.

→ G 2

a) $\underbrace{(23 + 33 + 43 + 53 + 63 + 73 + 83)}_{\text{7 Folgenglieder}}$ $\quad a_1 = 23,\ a_n = 83,\ n = 7 \Longrightarrow S_7 = \frac{7}{2} \cdot (23 + 83) = 371$

b) $230 + 280 + 330 + 380 + 430 + 480 \quad a_1 = \square,\ a_n = \square,\ n = \square$

$\Longrightarrow S_{\square} = \underline{\qquad\qquad}$

c) $12 + 8 + 4 + 0 + (-4) + (-8) + (-12) + (-16)$ d) $\frac{5}{6} + \frac{7}{6} + \frac{3}{2} + \frac{11}{6} + \frac{13}{6} + \frac{5}{2} + \frac{17}{6} + \frac{19}{6}$ e) $\left(-\frac{7\pi}{2}\right) + (-5\pi) + \left(-\frac{13\pi}{2}\right) + (-8\pi)$

A 2 Berechne die Summe der gegebenen endlichen arithmetischen Reihe.

→ B 1

a) $7 + 12 + 17 + \dots + 107 \quad k = 5 \quad a_1 = 7 \quad 107 = 7 + 5 \cdot (n - 1) \quad S_{21} = \frac{21}{2} \cdot (7 + 107)$

$a_n = 107 \quad n = 21 \quad S_{21} = 1197$

b) $5 + 22 + 39 + \dots + 192 \quad k = \square \quad a_1 = \square \quad \square = \square + \square \cdot (n - 1) \quad S_{\square} = \frac{\square}{2} \cdot (\square + \square)$

$a_n = \square \quad n = \square \quad S_{\square} = \square$

c) $13 + 2 + (-9) + \dots + (-427)$

d) $12{,}4 + 15{,}1 + 17{,}8 + 20{,}5 + \dots + 873{,}7$

e) $17 + \frac{97}{6} + \frac{46}{3} + \frac{29}{2} + \dots + \frac{7}{6}$

f) $\pi + 3\pi + 5\pi + 7\pi + \dots + 123\pi$

A 3 Gegeben ist eine Termdarstellung der arithmetischen Folge (a_n). Berechne die gesuchte Summe der zugehörigen arithmetischen Reihe.

a) Termdarstellung: $a_n = 20 \cdot n - 1$, gesucht: S_{12}
Weil die Summe der ersten 12 Folgenglieder gesucht ist, berechnen wir a_1 und a_{12}.
$a_1 = 20 \cdot 1 - 1 = 19$
$a_{12} = 20 \cdot 12 - 1 = 239 \qquad S_{12} = \frac{12}{2} \cdot (19 + 239) = 1548$

b) Termdarstellung: $a_n = 3 + 4 \cdot n$, gesucht: S_{30}
Weil die Summe der ersten $\square$ Folgenglieder gesucht ist, berechnen wir a_1 und $a_{\square}$.
$a_1 = 3 + 4 \cdot \square = \square$
$a_{\square} = 3 + 4 \cdot \square = \square \qquad S_{30} = \underline{\qquad\qquad} = \square$

c) Termdarstellung: $a_n = 5 - \frac{1}{2} \cdot n$, gesucht: S_{43}

d) Termdarstellung: $a_n = 2{,}3 \cdot n + 15{,}7$; gesucht: S_{15}

e) Termdarstellung: $a_n = 0{,}5n$, gesucht: S_{90}

f) Termdarstellung: $a_n = -\frac{n}{4} + 67$, gesucht: S_{25}

A 4 Gegeben ist eine arithmetische Folge (a_n), wobei S_n die Summe der ersten n Folgenglieder ist. Berechne den Wert der gesuchten Größe.

a) $a_1 = 15,\ a_n = 90,\ S_n = 3360,\ n = ?$
Wir setzen alle bekannten Größen in die Formel $S = \frac{n}{2} \cdot (a_1 + a_n)$ ein: $3360 = \frac{n}{2} \cdot (15 + 90)$.
Wir formen nach der gesuchten Größe um: $3360 = \frac{n}{2} \cdot 105 \quad | \cdot 2$
$6720 = n \cdot 105 \quad | : 105$
$n = 64$

b) $a_1 = 5,\ a_n = 81,\ S_n = 1419,\ n = ?$

c) $a_1 = 101,\ n = 14,\ S_n = 5852,\ a_n = ?$

d) $a_n = 140,\ S_n = 5396,\ n = 71,\ a_1 = ?$

e) $a_1 = -2,\ a_n = -82,\ S_n = -1050,\ n = ?$

A 5 Berechne die folgenden Summen.

a) die Summe der ersten 10 natürlichen Zahlen, beginnend bei 1

b) die Summe aller geraden Zahlen kleiner gleich 100

c) die Summe aller natürlichen Zahlen von 1 bis 1000, die durch 5 teilbar sind

Lösungen

A 6 Berechne die Summe der endlichen geometrischen Reihe.

→ B2 → W3

	b_1	$q = \frac{b_2}{b_1}$	n	$S_n = b_1 \cdot \frac{1-q^n}{1-q}$
a) $\frac{5}{3} + \left(\frac{5}{3}\right)^2 + \left(\frac{5}{3}\right)^3 + \dots + \left(\frac{5}{3}\right)^{15}$	$\frac{5}{3}$	$\frac{5}{3}$	15	$S_{15} = \frac{5}{3} \cdot \frac{1-\left(\frac{5}{3}\right)^{15}}{1-\frac{5}{3}} \approx 5314{,}56$
b) $1 + 0{,}8 + 0{,}8^2 + \dots + 0{,}8^8$	1	0,8	8 + 1 = 9	$S_9 = 1 \cdot \frac{1-0{,}8^9}{1-0{,}8} \approx 4{,}33$
c) $3 \cdot \frac{1}{2} + 3 \cdot \left(\frac{1}{2}\right)^2 + 3 \cdot \left(\frac{1}{2}\right)^3 + \dots + 3 \cdot \left(\frac{1}{2}\right)^{15}$				

d) $\sqrt{2} + \sqrt{2}^2 + \sqrt{2}^3 + \dots + \sqrt{2}^{12}$ **e)** $7 + 7 \cdot \left(\frac{1}{3}\right) + 7 \cdot \left(\frac{1}{3}\right)^2 + \dots + 7 \cdot \left(\frac{1}{3}\right)^{10}$ **f)** $2 + \frac{2}{5} + \frac{2}{5^2} + \dots + \frac{2}{5^7}$

A 7 Berechne die Summe der endlichen geometrische Reihe.

→ B2 → W3

a) $\underbrace{1}_{3^0} + \underbrace{3}_{3^1} + \underbrace{9}_{3^2} + \dots + \underbrace{2187}_{3^?}$

Wir probieren mit dem Taschenrechner aus, um welche Potenz von 3 es sich bei der Zahl 2187 handelt: $3^7 = 2187$.
$\Rightarrow b_1 = 1$, $q = 3$ und $n = 7 + 1 = 8$

Wir berechnen die Summe der Reihe: $S = 1 \cdot \frac{1-3^8}{1-3} = 3280$.

b) $\underbrace{7}_{7^1} + \underbrace{49}_{7^2} + \underbrace{343}_{7^3} + \dots + \underbrace{117649}_{7^?}$

$7^{\square} = 117649 \Rightarrow b_1 = \square$, $q = \square$, $n = \square$

$S_{\square} =$ ____

c) $1 + 2 + 4 + \dots + 256$ **e)** $1 + \frac{4}{3} + \frac{16}{9} + \dots + \frac{4096}{729}$

d) $5 + 25 + 125 + \dots + 78125$ **f)** $\frac{2}{3} + \frac{4}{9} + \frac{8}{27} + \dots + \frac{1024}{59049}$

A 8 Berechne die Summe der unendlichen geometrische Reihe.

→ B3

	b_1	$q = \frac{b_2}{b_1}$	$S = b_1 \cdot \frac{1}{1-q}$
a) $80 + \frac{80}{2} + \frac{80}{2^2} + \dots$	80	$\frac{1}{2}$	$S = 80 \cdot \frac{1}{1-\frac{1}{2}} = 160$
b) $20 \cdot \frac{1}{2} + 20 \cdot \left(\frac{1}{2}\right)^? + 20 \cdot \left(\frac{1}{2}\right)^3 + \dots$			
c) $1 - \frac{3}{4} + \frac{9}{16} - \dots$			

d) $4 + 0{,}4 + 0{,}04 + \dots$ **e)** $5 - \frac{5}{3} + \frac{5}{3^2} - \dots$ **f)** $\left(\frac{1}{4}\right) + \left(\frac{1}{4}\right)^2 + \left(\frac{1}{4}\right)^3 + \dots$ **g)** $\pi + \frac{\pi}{3} + \frac{\pi}{9} + \dots$

A 9 Gegeben ist eine unendliche geometrische Folge (b_n), wobei S die Summe der aus ihr gebildeten Reihe darstellt. Berechne den Wert der gesuchten Größe.

a) $S = 600$, $b_1 = 24$, $q = ?$
Wir setzen alle bekannte Größen in die Formel $S = b_1 \cdot \frac{1}{1-q}$ ein: $600 = 24 \cdot \frac{1}{1-q}$

Wir formen nach der gesuchten Größe um:

$$600 = 24 \cdot \frac{1}{1-q} \quad |:24$$
$$25 = \frac{1}{1-q} \quad |\cdot(1-q)$$
$$25 \cdot (1-q) = 1 \quad |:25$$
$$1 - q = 0{,}04$$
$$q = 0{,}96$$

b) $S = 64$, $b_1 = 2$, $q = ?$ **d)** $S = 348$; $q = 0{,}5$; $b_1 = ?$

c) $S = 5$; $q = 0{,}9$; $b_1 = ?$ **e)** $S = 800$, $b_1 = 55$, $q = ?$

Beispiele

B4 In einem Kinosaal mit insgesamt 15 Sitzreihen besteht die erste Reihe aus 50 Sitzplätzen. Jede weitere Reihe hat um zwei Plätze weniger als die vor ihr liegende. Wie viele Sitzplätze hat der Kinosaal insgesamt?

Wie löse ich eine Textaufgabe zu arithmetischen Reihen?

1 Das erste Folgenglied a_1, die Differenz k und die Anzahl der Folgenglieder n im Angabetext identifizieren

$a_1 = 50$: Die erste Sitzreihe hat 50 Sitzplätze.
$k = -2$: Die Anzahl der Sitzplätze verringert sich um 2 Plätze je Sitzreihe.
$n = 15$: Es sind insgesamt 15 Sitzreihen.

2 Die ermittelten Werte in $a_n = a_1 + k \cdot (n-1)$ einsetzen und das letzte Folgenglied a_n berechnen

$a_{15} = 50 + (-2) \cdot (15 - 1) = 22$

3 Mit $S_n = \frac{n}{2} \cdot (a_1 + a_n)$ die gesuchte Summe berechnen

$S_{15} = \frac{15}{2} \cdot (50 + 22) = 540$

B5 Ein Halbkreis mit Radius $r = 6$ wird durch einen Halbkreis fortgesetzt, dessen Radius $\frac{3}{4}$ des vorherigen Radius beträgt. Der Radius des nächsten Halbkreises beträgt wieder $\frac{3}{4}$ des vorherigen Radius, usw. Es entsteht eine Spirale. Berechne die Länge der Spirale, die aus den ersten fünf Halbkreisen besteht.

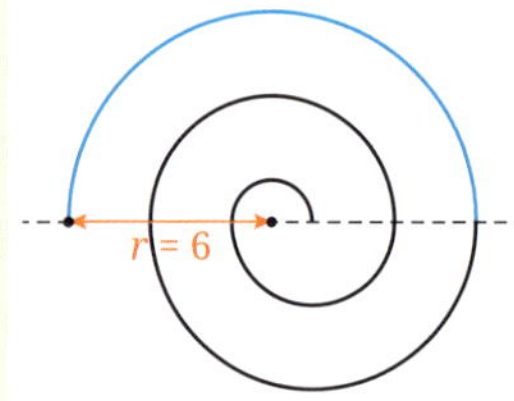

Wie löse ich eine Textaufgabe zu geometrischen Reihen?

1 Die Bedeutung von b_n festlegen und die ersten beiden Glieder b_1 und b_2 sowie $q = \frac{b_2}{b_1}$ bestimmen

Gefragt wird nach der Länge der Spirale. $\Longrightarrow$ b_n steht für den Umfang des n-ten Halbkreises.
Umfang eines Kreises: $u = 2 \cdot r \cdot \pi \Longrightarrow$ Umfang eines Halbkreises: $u = r \cdot \pi$

Umfang des ersten Halbkreises: $b_1 = r_1 \cdot \pi = 6\pi$
Umfang des zweiten Halbkreises: $b_2 = \underbrace{\frac{3}{4} r_1}_{r_2} \cdot \pi = 4{,}5\pi$
Quotient $q = \frac{b_2}{b_1} = \frac{4{,}5 \cdot \pi}{6 \cdot \pi} = \frac{3}{4}$

2 Die passende Summenformel anschreiben und alle Werte einsetzen

Gesucht ist eine endliche Summe, weil 5 Längen addiert werden müssen: $n = 5$.

$$S_n = b_1 \cdot \frac{1 - q^n}{1 - q} = 6\pi \cdot \frac{1 - \left(\frac{3}{4}\right)^5}{1 - \frac{3}{4}} \approx 57{,}51$$

B6 Alina möchte in fünf Jahren eine Weltreise machen und legt insgesamt fünfmal pro Jahr 500 Euro auf ein Sparkonto, das jährlich mit 2 % verzinst wird. Welchen Betrag wird sie zu Beginn ihrer Weltreise zur Verfügung haben?

Wie bestimme ich den Gesamtwert von n gleich großen Raten?

1 Den Wert der Rate K, die Zinsdauer n, den Zinssatz p % sowie den Aufzinsungsfaktor $q = 1 + \frac{p}{100}$ bestimmen

$K = 500$, $n = 5$
$p = 2\,\% \Longrightarrow q = 1 + \frac{2}{100} = 1{,}02$

2 Alle Werte in die Formel für den Gesamtwert aller Raten einsetzen und ausrechnen

Wir verwenden → W2: $S_n = K \cdot q \cdot \frac{1 - q^n}{1 - q} \Longrightarrow S_5 = 500 \cdot 1{,}02 \cdot \frac{1 - 1{,}02^5}{1 - 1{,}02} = 2.654{,}06$ Euro

Aufgaben zu den Beispielen

B4 A Es soll ein 20 Meter tiefer Brunnen gegraben werden. Der erste Meter kostet 500 Euro. Die Kosten für jeden darauffolgenden Meter sind um 25 Euro höher als für den Meter davor. Wie hoch sind die Kosten für den ganzen Brunnen?

1 Das erste Folgenglied a_1, die Differenz k und die Anzahl der Folgenglieder n im Angabetext identifizieren

$a_1 =$ ___

$k =$ ___

$n =$ ___

2 Die ermittelten Werte in $a_n = a_1 + k \cdot (n - 1)$ einsetzen und das letzte Folgenglied a_n berechnen

$a_{\_\_} =$ ___ + ___ $\cdot$ (___ $- 1) =$ ___

3 Mit $S_n = \frac{n}{2} \cdot (a_1 + a_n)$ die gesuchte Summe berechnen

$S_{\_\_} = \frac{\_\_}{2} \cdot ($ ___ + ___ $) =$ ___

B5 A Ein halbes Quadrat mit der Seitenlänge $a = 10$ wird durch ein weiteres halbes Quadrat so fortgesetzt, dass die Seitenlänge $\frac{4}{5}$ der Seitenlänge des vorherigen Quadrats beträgt, usw. Dieser Vorgang wird unendlich oft wiederholt. Berechne die Gesamtlänge der entstehenden Figur.

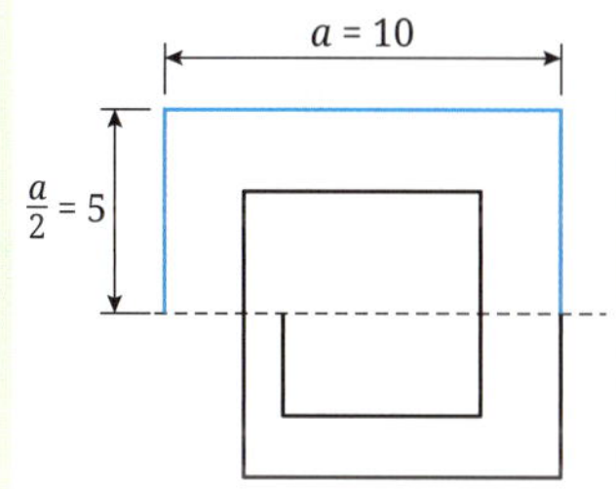

1 Die Bedeutung von b_n festlegen und die ersten beiden Glieder b_1 und b_2 sowie $q = \frac{b_2}{b_1}$ bestimmen

Gefragt wird nach der Länge der Figur. b_n steht für den Umfang ___.

Umfang des ersten halben Quadrats: $b_1 =$ ___ $=$ ___

Umfang des zweiten halben Quadrats: $b_2 =$ ___ $=$ ___

Quotient $q = \frac{\_\_}{\_\_} = \frac{\_\_}{\_\_}$

2 Die passende Summenformel anschreiben und alle Werte einsetzen

Gesucht ist eine ___ Summe. $\Rightarrow S =$ ___ $\cdot \frac{1}{1 - \frac{\_\_}{\_\_}} =$ ___

B6 A Herr Wagner möchte sich eine kleine Zusatzpension ansparen und zahlt 30 Mal zu Jahresbeginn jeweils 800 Euro in eine Pensionsversicherung mit einer Rendite von 2,5 % ein. Welchen Betrag hat er nach 30 Jahren zum Pensionsantritt gespart?

1 Den Wert der Rate K, die Zinsdauer n, den Zinssatz p % sowie den Aufzinsungsfaktor $q = 1 + \frac{p}{100}$ bestimmen

$K =$ ___, $n =$ ___

$p =$ ___ % $\Rightarrow q = 1 + \frac{\_\_}{100} =$ ___

2 Alle Werte in die Formel für den Gesamtwert aller Raten einsetzen und ausrechnen

$S_n = K \cdot q \cdot \frac{1 - q^n}{1 - q} \Rightarrow S_{\_\_} =$ ___ $\cdot$ ___ $\cdot \frac{1 - \_\_}{1 - \_\_} =$ ___ Euro

Lösungen Weitere Aufgaben

Aufgaben

A 10

→ B4

Bestimme die Werte von a_1, k und n der als Textaufgabe gegebenen arithmetischen Folge (a_n). Berechne das letzte Glied der Folge und die gesuchte Summe der Folgenglieder.

a) Der zehnte Platz bei einem Sportturnier erhält ein Preisgeld von 20 Euro, jeder bessere Platz um 15 Euro mehr als der vorherige. Wie hoch ist das insgesamt ausbezahlte Preisgeld?

$a_1 = 20,\ k = 15,\ n = 10 \Longrightarrow a_{10} = 20 + 15 \cdot (10 - 1) = 155,\ S_{10} = \frac{10}{2} \cdot (20 + 155) = 875$

b) Sieben Lagen Baumstämme wurden gestapelt. Wie viele Stämme wurden insgesamt gestapelt, wenn die erste Reihe aus 12 Stämmen besteht und jede darüber liegende Lage einen Stamm weniger enthält?

$a_1 = \square,\ k = \square,\ n = \square \Longrightarrow a_{\square} = \square + \square \cdot (\square - 1) = \square,\ S_{\square} = \frac{\square}{2} \cdot (\square + \square) = \square$

c) Berechne die Summe 30 aufeinanderfolgender ungerader Zahlen, beginnend bei 23.

d) Eine Läuferin erhöht ihre Trainingsstrecke jede Woche um 0,6 Kilometer. Am ersten Tag ist sie acht Kilometer gelaufen. Wie viele Kilometer hat sie nach zehn Wochen Training insgesamt zurückgelegt?

A 11

Eine Schule möchte einen Ball veranstalten und holt dazu Angebote von zwei Eventagenturen ein.
Angebot 1: Für die Ausarbeitung des Konzepts werden einmalig 1.200 Euro verrechnet. Die Organisation eines Balles kostet dafür jedes Jahr pauschal nur 400 Euro (auch im ersten Jahr).
Angebot 2: Die Veranstaltung des ersten Balles kostet 800 Euro, die jedes weiteren Balles um 50 Euro weniger als die des vorherigen.

a) Stelle eine Formel auf, die die Gesamtkosten K_n für n Jahre bei Angebot 1 darstellt.
b) Stelle eine Formel auf, die die Gesamtkosten K_n für n Jahre bei Angebot 2 darstellt.
c) Welches Angebot ist zu Beginn (für nur einen Ball), und welches nach fünf Jahren günstiger?
d) Die Schule schließt mit Agentur 1 einen Vertrag mit einer Mindestdauer von fünf Jahren ab. Wie viele Jahre darf der Vertrag maximal laufen, damit er günstiger ist als bei Angebot 2? Beantworte diese Frage unter Verwendung von Technologie.

A 12

→ B5

Bestimme das erste Folgenglied und den Quotienten der als Textaufgabe gegebenen geometrischen Folge sowie die gesuchte Summe der daraus gebildeten Reihe.

a) Ein Halbkreis mit Radius $r = 6$ wird durch einen Halbkreis fortgesetzt, dessen Radius $\frac{5}{8}$ des vorherigen Radius beträgt. Der Radius des nächsten Halbkreises beträgt wieder $\frac{5}{8}$ des vorherigen Radius, usw. Bestimme die Summe der Flächeninhalte der ersten 10 Halbkreise.

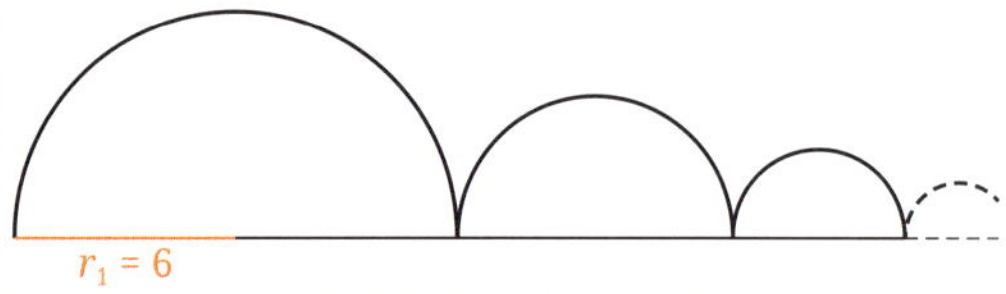

Gefragt wird nach den Flächeninhalten der Halbkreise. $\Longrightarrow A_n$ steht für den Flächeninhalt des n-ten Halbkreises.

Flächeninhalt eines Kreises: $A = r^2 \cdot \pi \Longrightarrow$ Flächeninhalt eines Halbkreises: $A = \frac{1}{2} \cdot r^2 \cdot \pi$

Wir berechnen zunächst die ersten zwei Folgenglieder: $r_1 = 6 \quad \Longrightarrow A_1 = \frac{1}{2} \cdot 6^2 \cdot \pi = 18\pi$

$r_2 = 6 \cdot \frac{5}{8} = \frac{15}{4} \Longrightarrow A_2 = \frac{1}{2} \cdot \left(\frac{15}{4}\right)^2 \cdot \pi = \frac{225}{32}\pi$

$$q = \frac{A_2}{A_1} = \frac{\frac{225}{32}\pi}{18\pi} = \frac{25}{64} \quad \Longrightarrow \quad S_{10} = 18\pi \cdot \frac{1 - \left(\frac{25}{64}\right)^{10}}{1 - \left(\frac{25}{64}\right)} \approx 92{,}79$$

b) An ein Quadrat mit der Seitenlänge $a = 8$ wird ein weiteres so angesetzt, dass die Seitenlänge $\frac{4}{7}$ der vorigen beträgt. Dieser Vorgang wird 4-mal fortgesetzt. Berechne die Summe der Flächeninhalte der ersten 5 Quadrate.

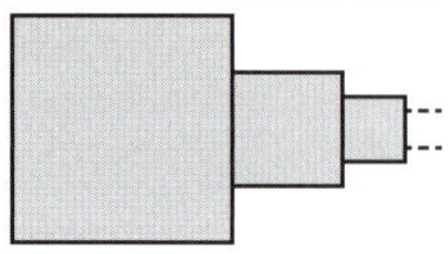

c) Andreas sitzt in einer Kinderschaukel und wird von seinem Vater nur genau einmal hochgezogen und ausgelassen. Bei der ersten halben Schwingung legt er $s_1 = 2$ m zurück. Nach jeder weiteren um 10 % weniger als zuvor. Welchen Weg legt Andreas nach 4-mal hin und her zurück?

A 13 → G4

Berechne für jede Unteraufgabe aus A12 die zugehörige Summe der unendlichen Reihe.

a) $q = \frac{25}{64}$, $A_1 = 18\pi \Longrightarrow S = 18\pi \cdot \frac{1}{1 - \frac{25}{64}} \approx 92{,}8$

A 14 → W1

Ein Betrag K wird einmalig auf ein Konto mit dem Zinssatz p eingezahlt und n Jahre lang verzinst, wobei die Zinsen am Konto liegen gelassen werden. Gib zuerst den Aufzinsungsfaktor q an und berechne anschließend den Gesamtwert des Kapitals nach n Jahren.

a) $K = 200;\ n = 17;\ p = 0{,}8\ \%$ $\quad q = 1 + \frac{0{,}8}{100} = 1{,}008$ $\quad K_n = 200 \cdot 1{,}008^{17} \approx 229{,}01$

b) $K = 600;\ n = 9;\ p = 3{,}2\ \%$ $\quad q = 1 + \frac{\square}{100} = \square$ $\quad K_n = \square \cdot \square^{\square} \approx \square$

c) $K = 1200;\ n = 4;\ p = 1{,}1\ \%$ **d)** $K = 20000;\ n = 40;\ p = 2{,}5\ \%$ **e)** $K = 30000;\ n = 50;\ p = 0{,}9\ \%$

A 15 → W1

Eine Firma nimmt einen Kredit auf und beginnt die Rückzahlung erst nach t Jahren, d.h. die Kreditzinsen eines jeden Jahres werden zum Kredit addiert und im darauf folgenden Jahr erneut verzinst, bis t Jahre vergangen sind. Dieses Kreditwachstum wird durch die gegebene rekursive Folge modelliert. Bestimme zuerst das explizite Bildungsgesetz und dann die Kreditsumme nach diesen t Jahren.

a) $K_{n+1} = 1{,}03 \cdot K_n$ mit $K_0 = 5000$ und $t = 4$ $\quad K_n = 5000 \cdot 1{,}03^n \Longrightarrow K_4 = 5000 \cdot 1{,}03^4 = 5627{,}54$

b) $K_{n+1} = 1{,}04 \cdot K_n$ mit $K_0 = 2000$ und $t = 5$ $\quad K_n = \square \cdot \square^{\square} \Longrightarrow K_{\square} \approx \square$

c) $K_{n+1} = 1{,}02 \cdot K_n$ mit $K_0 = 10000$ und $t = 3$ **d)** $K_{n+1} = 1{,}07 \cdot K_n$ mit $K_0 = 50000$ und $t = 6$

A 16 → W2

Zu Beginn jedes Jahres wird ein Betrag von K Euro auf ein Sparkonto eingezahlt. Der jährliche Zinssatz beträgt p %, die Zinsen werden am Ende des Jahres verrechnet. Wie groß ist das Kapital S nach n Jahren?

a) $K = 5000;\ p = 1{,}25;\ n = 7$

$q = 1 + \frac{1{,}25}{100} = 1{,}0125$ (→ W2)

$S_7 = 5000 \cdot 1{,}0125 + \dots + 5000 \cdot 1{,}0125^7 = 5000 \cdot 1{,}0125 \cdot \frac{1 - 1{,}0125^7}{1 - 1{,}0125} = 36794{,}44$

b) $K = 300;\ p = 0{,}9;\ n = 5$

$q = 1 + \frac{\square}{100} = \square$

$S_5 = \square \cdot \square + \dots + \square \cdot \square^{\square} =$ ______

c) $K = 10000$, $p = 0{,}8$ und $n = 25$ **d)** $K = 100$, $p = 1{,}3$ und $n = 10$

A 17 → B6

Bestimme den Gesamtwert aller Jahresraten.

a) Franz hört zu rauchen auf und legt jedes Jahr einen Betrag von 1.400 Euro, den er normalerweise für Zigaretten ausgibt, auf ein Konto mit einem Zinssatz von 1 % jährlich. Nach 7 rauchfreien Jahren kauft er sich um den angesparten Betrag ein kleines Segelboot. Welchen Betrag kann Franz für den Kauf des Bootes ausgeben?

b) Eine Kleinunternehmerin leiht sich von einem Kreditinstitut 6 Jahre lang jedes Jahr zu Jahresbeginn 3.500 Euro und plant, den geschuldeten Gesamtbetrag anschließend am Ende des 6. Jahres auf einmal zurückzuzahlen. Wie hoch ist diese Rückzahlung, wenn das Kreditinstitut 4,5 % Zinsen jährlich verlangt?

c) Um einen kleinen Wohnungsumbau zu finanzieren, verzichtet Familie Fuchs auf den jährlichen Urlaub und legt stattdessen drei Jahre lang jedes Jahr 4.000 Euro zur Seite. Sie erhält von der Bank pro Jahr 2,3 % Zinsen. Welchen Betrag hat sie für den Wohnungsumbau nach drei Jahren zur Verfügung?

A 18 Gegeben ist die Folge $(a_n) = (3, 6, 9, 12, 15, \ldots)$ mit $n \geq 1$. Die zu dieser Folge gehörende Reihe wird mit (S_n) bezeichnet. Berechne S_1, S_2 und S_3.

S_1 = ______ S_2 = ______ S_3 = ______

A 19 Kreuze die beiden arithmetischen Reihen an.

$1 + 1 + 2 + 5 + \cdots + 2584$	☐
$2 + 4 + 8 + 16 + \cdots + 1024$	☐
$3{,}2 + 2{,}5 + 1{,}8 + 1{,}1 + \cdots + (-26{,}9)$	☐
$3 \cdot \frac{1}{2} + 4 \cdot \left(\frac{1}{2}\right)^2 + 5 \cdot \left(\frac{1}{2}\right)^3 + 6 \cdot \left(\frac{1}{2}\right)^4 \ldots + 21 \cdot \left(\frac{1}{2}\right)^{19}$	☐
$\frac{3}{5} + \frac{11}{10} + \frac{8}{5} + \frac{21}{10} \ldots + \frac{201}{10}$	☐

A 20 Kreuze die beiden richtigen Summen der Reihen an.

$1 + 2 + 3 + \cdots + 104 = 250$	☐
$15 - \frac{15}{4} + \frac{15}{16} - \cdots = 12$	☐
$80 + 65 + 50 + \cdots - 310 = -1200$	☐
$25 + 20 + 16 + \cdots + 10{,}24 = 84{,}04$	☐
$20 + 4 + 0{,}8 + \cdots = 40$	☐

A 21 Berechne die Summe der geometrischen Reihe $80 + 8 + 0{,}8 + \cdots + 0{,}000008$.

Summe ≈ ______

A 22 45 aufeinanderfolgende gerade Zahlen werden addiert. Berechne die Summe der Zahlen, wenn die erste Zahl 6 lautet.

Summe = ______

A 23 Auf einen Kreis mit dem Radus $r = 5$, wird ein weiterer so aufgesetzt, dass die Länge des Radius $\frac{3}{5}$ des vorherigen beträgt. Dieser Vorgang wird unendlich oft fortgesetzt.

Berechne die Summe der Flächeninhalte aller Kreise.

Summe ≈ ______

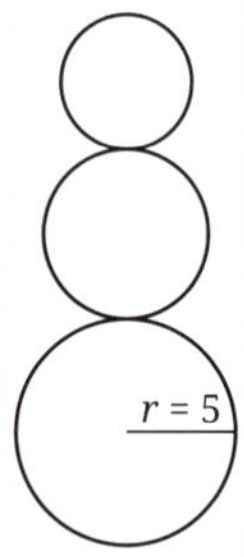

A 24 Von einer arithmetischen Folge sind das Anfangsglied $a_1 = 14$, ein weiteres Folgenglied $a_n = 82$ sowie die Summe $S_n = 1152$ der ersten Folgenglieder bis a_n bekannt. Wie viele Folgenglieder wurden addiert?

n = ______

A 25 Milan legt 500 Euro an und erhält dafür 2 % Zinsen. Florian legt 1.000 Euro an und erhält dafür 1 % Zinsen. Wer von den beiden erhält in 10 Jahren mehr Zinsen?

A 26 Familie Novak nimmt zu einem Zinssatz von 2,4 % ein Bauspardarlehen in der Höhe von 200.000 Euro auf.

a) Wie hoch ist der Schuldenstand, wenn sie erst nach 5 Jahren mit der Rückzahlung beginnen?

b) In einem anderen Szenario zahlt Familie Novak zum selben Zinssatz 20 Jahre lang zu Beginn des Jahres 12.710 Euro zurück. Welchen Wert haben die Rückzahlungen der Familie am Ende dieser 20 Jahre insgesamt?

Vektoren im n-dimensionalen Raum

18

Ein Ferialpraktikant geht mit dem Filialleiter einer Supermarktkette ins Lager, um eine eingetroffene Lieferung zu kontrollieren. Der Filialleiter zeigt auf seinen Notizblock und sagt: „Schau, hier kannst du was fürs Leben lernen: Wenn du diesen Gemüsevektor mit seinem Preisvektor multiplizierst, kriegst du raus, wie viel wir mit dieser Lieferung verdienen werden." Damit auch wir etwas fürs Leben lernen, sehen wir uns in diesem Kapitel Vektoren in unterschiedlichsten Anwendungssituationen an.

Grundlagen

G 1 n Zahlen $a_1, a_2, \ldots, a_n$ können mit der Schreibweise $(a_1 | a_2 | \ldots | a_n)$ zu einem sogenannten **n-Tupel** oder **n-dimensionalen Vektor** zusammengefasst werden. Die Menge aller n-Tupel aus n reellen Zahlen bildet den n-dimensionalen Raum $\mathbb{R}^n$. Beispiel: $(-1 | 1 | 0) \in \mathbb{R}^3$.

G 2 Damit zwei **Vektoren addiert oder subtrahiert** werden können, müssen sie dieselbe Dimension haben. Die Addition und Subtraktion geschieht komponentenweise:

$$\begin{pmatrix} a_1 \\ \ldots \\ a_n \end{pmatrix} + \begin{pmatrix} b_1 \\ \ldots \\ b_n \end{pmatrix} = \begin{pmatrix} a_1 + b_1 \\ \ldots \\ a_n + b_n \end{pmatrix} \text{ und } \begin{pmatrix} a_1 \\ \ldots \\ a_n \end{pmatrix} - \begin{pmatrix} b_1 \\ \ldots \\ b_n \end{pmatrix} = \begin{pmatrix} a_1 - b_1 \\ \ldots \\ a_n - b_n \end{pmatrix}$$

G 3 Die **Vervielfachung eines Vektors** geschieht ebenfalls komponentenweise:

$$v \cdot \begin{pmatrix} a_1 \\ \ldots \\ a_n \end{pmatrix} = \begin{pmatrix} v \cdot a_1 \\ \ldots \\ v \cdot a_n \end{pmatrix} \quad (v \in \mathbb{R})$$

G 4 Das **Skalarprodukt** (skalare Produkt) zweier n-dimensionaler Vektoren ist definiert als:

$$\begin{pmatrix} a_1 \\ \ldots \\ a_n \end{pmatrix} \cdot \begin{pmatrix} b_1 \\ \ldots \\ b_n \end{pmatrix} = a_1 \cdot b_1 + \cdots + a_n \cdot b_n$$

Wichtig: Das Ergebnis des Skalarprodukts ist immer eine Zahl.

Werkzeuge

W1 Die Erhöhung bzw. Verminderung eines Vektors A um einen Prozentwert p entspricht einer Vervielfachung mit dem Faktor

$1 + \frac{p}{100}$ bzw. $1 - \frac{p}{100}$, d. h. A um p % erhöht $= \left(1 + \frac{p}{100}\right) \cdot A$.

Beispiel: Vektor $A = \begin{pmatrix} 6 \\ -8 \end{pmatrix}$ erhöht um 25 % $= \left(1 + \frac{25}{100}\right) \cdot \begin{pmatrix} 6 \\ -8 \end{pmatrix} = 1{,}25 \cdot \begin{pmatrix} 6 \\ -8 \end{pmatrix} = \begin{pmatrix} 7{,}5 \\ -10 \end{pmatrix}$

W2 Das Skalarprodukt eines Vektors, der Geldbeträge angibt, mit einem Vektor, der Anzahlen angibt, ergibt den Gesamtgeldbetrag.

Beispiel: Der Vektor $P = (1{,}5 | 2 | 5)$ fasst die Preise dreier Artikel zusammen. Der Vektor $W = (4 | 6 | 2)$ gibt an, wie viele Einheiten von jedem der drei Artikel gekauft werden. Das Ergebnis des Skalarprodukts $P \cdot W = 1{,}5 \cdot 4 + 2 \cdot 6 + 5 \cdot 2 = 28$ bedeutet: Für den Einkauf werden insgesamt 28 Euro ausgegeben.

W3 Formeln, bei denen eine Größe aus dem Produkt zweier anderer Größen berechnet wird, können in Vektorform mit dem Skalarprodukt verallgemeinert werden. Beispiele:

Weg = Zeit · Geschwindigkeit $\Longrightarrow$ Gesamtweg = Zeitvektor · Geschwindigkeitsvektor

Masse = Dichte · Volumen $\Longrightarrow$ Gesamtmasse = Dichtevektor · Volumenvektor

Beispiel

B 1 In einem kleinen Gemüsegeschäft werden am Morgen vor der Ladenöffnung Kisten mit Gemüse aus dem Lager geholt und im Verkaufsraum deponiert. Die Vektoren A und B geben den Lagerbestand in kg von Tomaten, Karotten und Kartoffeln vor (A) und nach (B) der Ladenöffnung an. Der Vektor P gibt den Preis jeder Ware in Euro pro kg an. Interpretiere den Ausdruck $P \cdot (A - B)$ im vorliegenden Kontext und rechne für $A = (32 \mid 18 \mid 25)$, $B = (25 \mid 13 \mid 17)$ und $P = (4 \mid 3 \mid 5)$.

Wie ermittle ich die Bedeutung eines Ausdrucks mit Vektoren?

1 Die im Ausdruck vorkommenden Größen samt gegebener Bedeutung aufschreiben

A… Lagerbestand vor der Ladenöffnung für jede Ware
B… Lagerbestand nach der Ladenöffnung für jede Ware
P… Preis jeder Ware

2 Schrittweise die Bedeutung aller Teile des Ausdrucks erfassen

$A - B$… Menge der aus dem Lager in den Verkaufsraum geholten Ware, denn
$(32 \mid 18 \mid 25) - (25 \mid 13 \mid 17) = (7 \mid 5 \mid 8)$, d. h. 7 kg Tomaten, 5 kg Karotten und 8 kg Kartoffeln

$P \cdot (A - B)$… Gesamtpreis aller Waren (Tomaten, Karotten und Kartoffeln) in Euro (→ W2), denn
$(4 \mid 3 \mid 5) \cdot (7 \mid 5 \mid 8) = 28 + 15 + 40 = 83$ ist die Summe aller Produkte aus Preis/kg und Menge der Ware in kg.

3 Die Interpretation des gesamten Ausdrucks anschreiben

Der Ausdruck $P \cdot (A - B)$ gibt den Gesamtpreis aller an diesem Tag dargebotenen Tomaten, Karotten und Kartoffeln an. Der Gesamtpreis beträgt 83 Euro.

Aufgabe zum Beispiel

B 1 A Ein Unternehmen produziert Tablets und verkauft sie zum Ladenpreis von p Euro. Es benötigt für die Produktion Rohstoffe, die es von einem einzigen Zulieferer bezieht. Der Vektor R gibt an, welche Menge jedes Rohstoffs zur Produktion eines Tablets benötigt werden. Der Vektor E gibt den Einkaufspreis jedes Rohstoffs pro Einheit zum Beginn eines Geschäftsjahres an. Im Laufe des Jahres erhöht die Zulieferfirma die Preise aller Rohstoffe um 3 %. Interpretiere den Ausdruck $p - 1{,}03 \cdot E \cdot R$ im vorliegenden Kontext.

1 Die im Ausdruck vorkommenden Größen samt gegebener Bedeutung aufschreiben

p… ______

E… ______

R… ______

2 Schrittweise die Bedeutung aller Teile des Ausdrucks erfassen

$1{,}03 \cdot E$… (→ W1) ______

$1{,}03 \cdot E \cdot R$… ______

$p - 1{,}03 \cdot E \cdot R$… ______

3 Die Interpretation des gesamten Ausdrucks anschreiben

Der Ausdruck $p - 1{,}03 \cdot E \cdot R$ gibt ______

______ an.

Aufgaben

A 1 Gib an, welche Dimension der Vektor A hat.

→ G 1

a) $A \in \mathbb{R}^{10}$ Dimension: ___ **c)** $A = (x_1 | y_1 | z_1) - (x_2 | y_2 | z_2)$ Dimension: ___

b) $A = (a_1 | a_2 | \ldots | a_{13})$ Dimension: ___ **d)** $A = (B \cdot C) \cdot C$ mit $B, C \in \mathbb{R}^4$ Dimension: ___

A 2 Verändere den Vektor $A = (-2 | 4 | -5)$ wie angegeben. Schreibe zunächst einen Ausdruck mit A an, der die Angabe ausdrückt.

→ W 1

Veränderung	Ausdruck	Ergebnis
a) A wird verdoppelt.	$2A$	$(-4 | 8 | -10)$
b) A wird halbiert.		
c) Alle Komponenten werden um 20 % erhöht.		
d) Alle Komponenten werden um 10 % vermindert.		

A 3 Eine Gruppe von fünf Freunden hat ein Casino besucht. Der Vektor $G = (-40 | -15 | 2 | 35 | -10)$ gibt an, welchen Gewinn/Verlust (in Euro) jede Person beim Glücksspiel gemacht hat. Der Vektor $K = (17 | 4 | 22 | 60 | 14)$ fasst die Ausgaben für Essen und Trinken während des Besuchs für jede Person zusammen.

a) Welche Person hat beim Glückspiel am besten abgeschnitten?
b) Wer hat am wenigsten konsumiert (Essen und Trinken)?
c) Hat die Gruppe als Ganzes betrachtet beim Glücksspiel Geld gewonnen oder verloren?
d) Drücke mit G und K den Vektor aus, der das insgesamt benötigte Geld für jeden Freund angibt.

A 4 Ein Süßigkeitengeschäft verkauft vier Sorten Zuckerl. Der Vektor $A = (17 | 0 | 20 | 6)$ gibt die verkauften Mengen dieser vier Sorten an einem bestimmten Tag an. $P = (0{,}2 | 0{,}1 | 0{,}05 | 0{,}5)$ gibt den Preis für jede Sorte an.

→ W 2

a) Berechne, wie viel Umsatz mit jeder Sorte an diesem Tag erzielt wurde.

Umsatz Sorte 1: ______________, Umsatz Sorte 3: ______________

Umsatz Sorte 2: ______________, Umsatz Sorte 4: ______________

b) Wie hoch war der Gesamtumsatz an diesem Tag?
c) Wie kann man den Gesamtumsatz dieses Tages mit den Vektoren A und P schreiben?

A 5 Eine Firma produziert vier Automodelle. Der Vektor $M = (m_1 | m_2 | m_3 | m_4)$ gibt die produzierten Stückzahlen jedes Modells an, d. h. vom ersten Modell wurden m_1 Stück produziert, vom zweiten m_2, usw. Der Vektor $V = (v_1 | v_2 | v_3 | v_4)$ gibt die Verkaufszahlen der Modelle an. Der Vektor $P = (p_1 | p_2 | p_3 | p_4)$ gibt den Preis der Modelle an. Der Vektor $K = (k_1 | k_2 | k_3 | k_4)$ gibt die Produktionskosten der Modelle an. Interpretiere den Ausdruck.

→ B 1

a) $V \cdot P$ **b)** $M \cdot K$ **c)** $V \cdot (P - K)$ **d)** $(M - V) \cdot P$

A 6 Ein Online-Großhändler hat für jede Bestellung die Liste der bestellten Produkte als Vektoren elektronisch gespeichert. Dabei gibt E die Mengen der jeweils bestellten Artikel an und P die zugehörigen Einkaufspreise ohne Umsatzsteuer (USt.).

→ W 1

a) Ein Kunde erhält zuerst 3 % Rabatt auf alle Artikel, anschließend werden 20 % Ust. aufgeschlagen. Drücke die zu zahlenden Preise für jeden Artikel mit dem Vektor P aus.
b) Eine andere Kundin erhält das folgende Angebot: Bei der doppelten Bestellmenge wird ein Rabatt in Höhe von 15 % gewährt. Drücke den Gesamtpreis der neuen Bestellung mit den Vektoren E und P aus, wenn die Kundin das Angebot für alle Artikel annimmt.

A 7 In einem chemischen Labor werden Listen für Substanzen geführt. $D = (3{,}9 | 2{,}8 | 4 | 5{,}2)$ gibt die Dichte von vier Substanzen in g/cm³ und $V = (12 | 20 | 25 | 18)$ das Volumen in cm³ der vier Substanzen an. Berechne die Gesamtmasse aller vier Substanzen.

→ W 3

A 8 Gegeben sind die Vektoren $A = (-10 \mid 8 \mid 4)$, $B = (0 \mid -1 \mid 5)$ und $C = (6 \mid 9 \mid 3)$.
Berechne $A \cdot (B - 2C)$.

$A \cdot (B - 2C) =$ ____________________

A 9 Gegeben sind die Vektoren $V = (1 \mid 0 \mid 1 \mid 0 \mid 1)$ und $W = (0 \mid 1 \mid 0 \mid 1 \mid 0)$. Kreuze die zutreffenden Aussagen an.

Der Vektor V hat die Dimension 3.	☐
Der Vektor $V \cdot W$ hat die Dimension 5.	☐
$(V - W) \cdot (V - W) = 5$	☐
Der Vektor W hat die Dimension 5.	☐
$V + W = 5$	☐

A 10 Gegeben ist ein Warenkorb aus vier Produkten, deren Preise in Euro im Vektor $P = (2 \mid 10 \mid 5 \mid 14)$ zusammengefasst sind. In einer Modellrechnung wird die Inflation in einem Land mit konstant 2,5 % angenommen, d. h. die Preise aller Produkte steigen in der Modellrechnung jährlich um 2,5 %. Gib einen Vektor an, der die Preise dieses Warenkorbs nach fünf Jahren zusammenfasst.

A 11 Ein Ersatzteillager führt Listen über die Ersatzteile in Form von Vektoren, die in einer Datenbank gespeichert sind. Der Vektor $S = (s_1 \mid s_2 \mid s_3 \mid \ldots)$ beschreibt, dass vom ersten Ersatzteil s_1 Stück, vom zweiten s_2 Stück, vom dritten s_3 Stück, usw. lagernd sind. Der Vektor $E = (e_1 \mid e_2 \mid e_3 \mid \ldots)$ gibt die Einkaufspreise pro Stück für jedes Ersatzteil an. Was stellt der Ausdruck $S \cdot E$ dar?

A 12 Die Zeiten eines Rennfahrers für mehrere Teilabschnitte einer Runde werden in einem Zeitvektor $T = (15 \mid 23 \mid 18 \mid 10 \mid 8)$ (Zeiten in s) zusammengefasst. Die Durchschnittsgeschwindigkeiten der zugehörigen Streckenabschnitte werden mit dem Vektor $V = (17 \mid 40 \mid 45 \mid 20 \mid 25)$ (in m/s) dargestellt.
Berechne den insgesamt zurückgelegten Weg und stelle ihn mit den Vektoren T und V dar.

A 13 Auf einem Schulfest werden zwölf verschiedene Snacks angeboten. Der Vektor M gibt an, wie viel Stück von jedem Snack verkauft wurden. Die Verkaufspreise der Snacks pro Stück werden mit dem Vektor P dargestellt, der Einkaufspreis mit dem Vektor E. Ordne den Ausdrücken jeweils die zugehörige Beschreibung zu.

$M \cdot P$	
$M \cdot E$	
$P - E$	
$M \cdot (P - E)$	

A	der insgesamt erzielte Gewinn für alle verkauften Snacks
B	der durchschnittliche Gewinn pro verkauftem Snack
C	die Gesamtausgaben für alle verkauften Snacks
D	die Kosten für jeden verkauften Snack
E	der Gesamtumsatz aus allen verkauften Snacks
F	der beim Verkauf mit jedem Snack erzielte Gewinn

A 14 Eine Investmentbankerin gibt die Daten ihres Aktienportfolios mittels Vektoren in eine Software ein. Dabei beschreibt der Vektor W_a den Wert jeder Aktie zu Beginn des Handelstages und der Vektor W_e den Wert am Ende des Handelstages. Der Vektor S gibt an, wie viel Stück von jeder Aktie gehalten werden. Es sind $W_a, W_e, S \in \mathbb{R}^{50}$.

a) Wie viele unterschiedliche Aktien befinden sich im Portfolio der Investmentbankerin?
b) Drücke den Wert des gesamten Portfolios zu Beginn bzw. am Ende des Tages mit diesen Vektoren aus.
c) Was gibt der Ausdruck $W_e - W_a$ an?
d) Was gibt der Ausdruck $(W_e - W_a) \cdot S$ an?

Geometrie von Vektoren im Raum

19

„Der Weltraum, unendliche Weiten“ – mit diesen Worten beginnt Raumschiff Enterprise, eine der berühmtesten Science-Fiction-Serien. Das namensgebende Raumschiff hat den Auftrag, neue Welten zu entdecken und wissenschaftlich zu untersuchen, und dringt dabei in neue Dimensionen vor.
Wir fügen in diesem Kapitel der Vektorrechnung eine neue Dimension hinzu und dringen dabei in Stoffgebiete vor, die manche noch nie zuvor gesehen haben.

Grundlagen

G1 Ein dreidimensionaler Vektor $(a_1 \mid a_2 \mid a_3)$ bzw. $\begin{pmatrix} a_1 \\ a_2 \\ a_3 \end{pmatrix}$ kann als Punkt bzw. Pfeil im räumlichen Koordinatensystem $\mathbb{R}^3$ dargestellt werden. Die Zahlen $a_1, a_2, a_3 \in \mathbb{R}$ werden **Koordinaten oder Komponenten des Vektors** genannt.

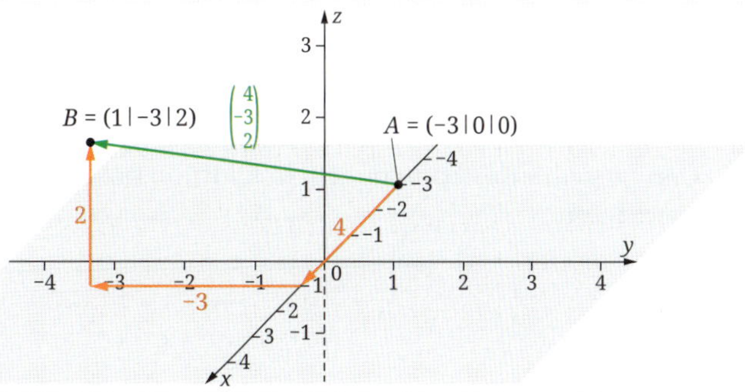

G2 Die Schreibweise $\overrightarrow{AB}$ eines Vektors bedeutet, dass der zugehörige Pfeil von A nach B zeigt. Es gilt:
$\overrightarrow{AB} = B - A$, d. h. ein Vektor berechnet sich aus Anfangs- und Endpunkt durch **„Spitze minus Schaft“**
$B = A + \overrightarrow{AB}$
$\overrightarrow{AB} + \overrightarrow{BC} = \overrightarrow{AC}$

G3 Wechselt man das Vorzeichen jeder Koordinate eines Vektors $\vec{a} = (a_1 \mid a_2 \mid a_3)$, so erhält man den **Gegenvektor** $-\vec{a} = (-a_1 \mid -a_2 \mid -a_3)$.
Addiert man zu einem Vektor seinen Gegenvektor, erhält man den **Nullvektor**: $\vec{a} + (-\vec{a}) = \vec{O}$

G4 **Normalitätskriterium** zweier Vektoren: $\vec{a} \perp \vec{b} \Leftrightarrow \vec{a} \cdot \vec{b} = 0$
Parallelitätskriterium zweier Vektoren: $\vec{a} \parallel \vec{b} \Leftrightarrow$ Es gibt ein $v \in \mathbb{R}$ mit $\vec{a} = v \cdot \vec{b}$.

G5 Der **Betrag** (die Länge) $|\vec{a}|$ eines Vektors $\vec{a} = (a_1 \mid a_2 \mid a_3)$ entspricht der Länge eines zugehörigen Pfeils.
$|\vec{a}| = \sqrt{a_1^2 + a_2^2 + a_3^2}$

G6 Der **Winkel φ zwischen zwei Vektoren** $\vec{a}$ und $\vec{b}$ wird mit der Formel $\cos(\varphi) = \frac{\vec{a} \cdot \vec{b}}{|\vec{a}| \cdot |\vec{b}|}$ berechnet.

Werkzeuge

W1 Der **Mittelpunkt M einer Strecke** AB wird mit $M = \frac{1}{2} \cdot (A + B)$ und der **Schwerpunkt S eines Dreiecks** ABC mit $S = \frac{1}{3} \cdot (A + B + C)$ berechnet.

W2 Der **Teilungspunkt** T, der die Strecke AB im Verhältnis $r : s$ teilt, berechnet sich mit $T = A + \frac{r}{r+s} \cdot \overrightarrow{AB}$.

W3 Eigenschaften von speziellen Vierecken $ABCD$ mit den Seiten a, b, c, d und den Diagonalen e und f:
Parallelogramm: $a \parallel c$ und $b \parallel d$
Raute: Parallelogramm mit $a = b = c = d$
Trapez: $a \parallel c$
Deltoid: $e \perp f$ und f halbiert e

Beispiele

B1 Gegeben ist ein Quader mit den Eckpunkten $A = (5|1|8)$, $B = (3|5|3)$, $D = (1|-1|8)$ und $E = (2|7|14)$. Berechne den Eckpunkt G.

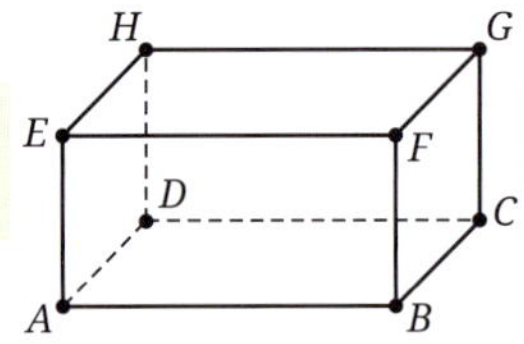

Wie bestimme ich die Eckpunkte eines vierseitigen Prismas?

1 **Die Kanten, die von einem gegebenen Eckpunkt zum gesuchten Eckpunkt führen, in der Skizze markieren**

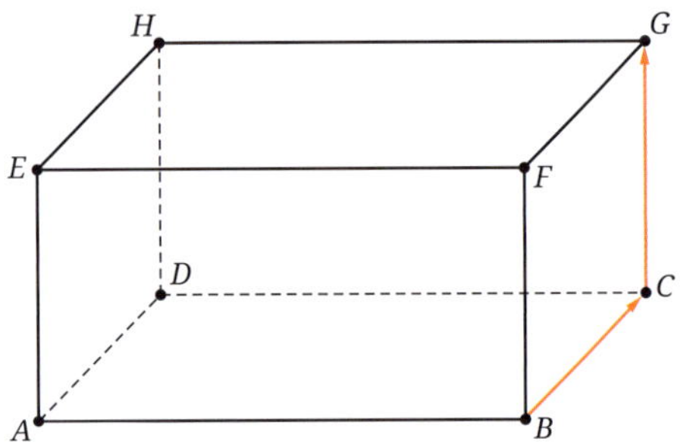

2 **Die Seitenvektoren der markierten Kanten berechnen**

$\overrightarrow{BC} = \overrightarrow{AD} = D - A = \begin{pmatrix} -4 \\ -2 \\ 0 \end{pmatrix}$

$\overrightarrow{CG} = \overrightarrow{AE} = E - A = \begin{pmatrix} -3 \\ 6 \\ 6 \end{pmatrix}$

3 **Den gesuchten Eckpunkt mittels Addition bekannter Punkte und Seitenvektoren darstellen und berechnen**

$G = B + \overrightarrow{BC} + \overrightarrow{CG} = \begin{pmatrix} 3 \\ 5 \\ 3 \end{pmatrix} + \begin{pmatrix} -4 \\ -2 \\ 0 \end{pmatrix} + \begin{pmatrix} -3 \\ 6 \\ 6 \end{pmatrix} = \begin{pmatrix} -4 \\ 9 \\ 9 \end{pmatrix}$

B2 Gegeben ist das Dreieck ABC mit $A = (-9|4|5)$, $B = (-2|3|7)$ und $C = (-5|6|1)$. Ermittle, ob es sich um ein spezielles Dreieck (gleichseitig, gleichschenkelig oder rechtwinkelig) handelt.

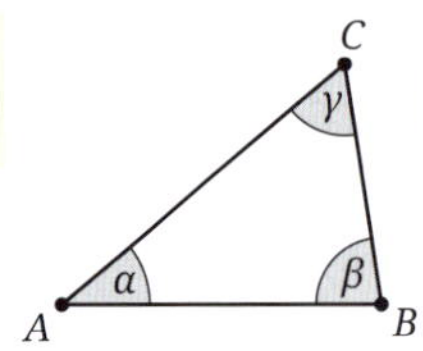

Wie erkenne ich rechnerisch, welche (spezielle) Figur durch gegebene Eckpunkte definiert ist?

1 **Alle Seitenvektoren und ihre Beträge bestimmen**

$\overrightarrow{AB} = \begin{pmatrix} 7 \\ -1 \\ 2 \end{pmatrix} \Longrightarrow |\overrightarrow{AB}| = \sqrt{7^2 + (-1)^2 + 2^2} = \sqrt{54}$

$\overrightarrow{AC} = \begin{pmatrix} 4 \\ 2 \\ -4 \end{pmatrix} \Longrightarrow |\overrightarrow{AC}| = \sqrt{4^2 + 2^2 + (-4)^2} = \sqrt{36} = 6$

$\overrightarrow{BC} = \begin{pmatrix} -3 \\ 3 \\ -6 \end{pmatrix} \Longrightarrow |\overrightarrow{BC}| = \sqrt{(-3)^2 + 3^2 + (-6)^2} = \sqrt{54}$

2 **Alle Winkel bestimmen**

Wir verwenden die Seitenvektoren aus Schritt 1. Dabei achten wir darauf, dass wir teilweise ihre Gegenvektoren brauchen: β wird von den Vektoren $\overrightarrow{BA}$ und $\overrightarrow{BC}$ eingeschlossen, γ von den Vektoren $\overrightarrow{CB}$ und $\overrightarrow{CA}$.

$$\cos(\alpha) = \frac{\overrightarrow{AB} \cdot \overrightarrow{AC}}{|\overrightarrow{AB}| \cdot |\overrightarrow{AC}|} = \frac{\begin{pmatrix} 7 \\ -1 \\ 2 \end{pmatrix} \cdot \begin{pmatrix} 4 \\ 2 \\ -4 \end{pmatrix}}{\left|\begin{pmatrix} 7 \\ -1 \\ 2 \end{pmatrix}\right| \cdot \left|\begin{pmatrix} 4 \\ 2 \\ -4 \end{pmatrix}\right|} = \frac{7 \cdot 4 + (-1) \cdot 2 + 2 \cdot (-4)}{\sqrt{54} \cdot 6} = 0{,}4082\ldots \Longrightarrow \alpha = \arccos(0{,}4082\ldots) \approx 65{,}91°$$

$$\cos(\beta) = \frac{\overrightarrow{BA} \cdot \overrightarrow{BC}}{|\overrightarrow{BA}| \cdot |\overrightarrow{BC}|} = \frac{\begin{pmatrix} -7 \\ 1 \\ -2 \end{pmatrix} \cdot \begin{pmatrix} -3 \\ 3 \\ -6 \end{pmatrix}}{\left|\begin{pmatrix} -7 \\ 1 \\ -2 \end{pmatrix}\right| \cdot \left|\begin{pmatrix} -3 \\ 3 \\ -6 \end{pmatrix}\right|} = \frac{-7 \cdot (-3) + 1 \cdot 3 + (-2) \cdot (-6)}{\sqrt{54} \cdot \sqrt{54}} = 0{,}6666\ldots \Longrightarrow \beta \approx 48{,}19°$$

$\gamma = 180° - (\alpha + \beta) \approx 65{,}91°$

3 **Entscheiden, welche Art von Figur vorliegt**

zwei gleich lange Seiten bzw. zwei gleich große Winkel $\Longrightarrow$ gleichschenkeliges Dreieck

Aufgaben zu den Beispielen

B1 A Gegeben ist ein Quader mit den Eckpunkten $A = (0\,|\,4\,|\,9)$, $B = (4\,|\,3\,|\,1)$, $C = (8\,|\,11\,|\,2)$ und $F = (25\,|\,-9\,|\,13)$. Berechne den Eckpunkt H.

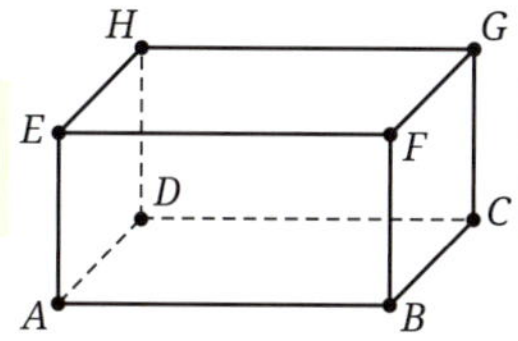

1 Die Kanten, die von einem gegebenen Eckpunkt zum gesuchten Eckpunkt führen, in der Skizze markieren

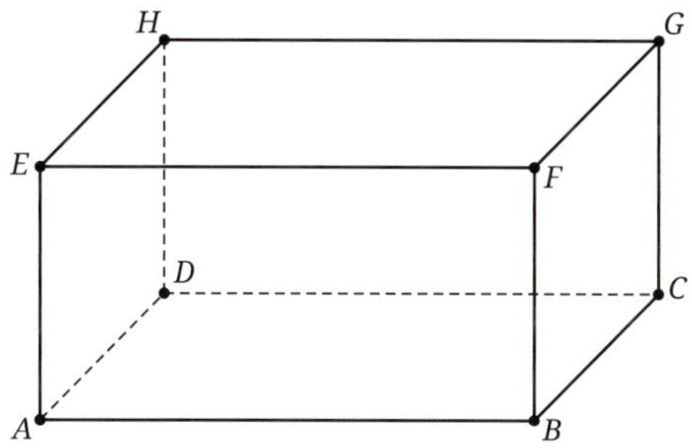

2 Die Seitenvektoren der markierten Kanten berechnen

$\overrightarrow{\square} = \overrightarrow{\square} = \square - \square = \begin{pmatrix} \square \\ \square \\ \square \end{pmatrix}$

$\overrightarrow{\square} = \overrightarrow{\square} = \square - \square = \begin{pmatrix} \square \\ \square \\ \square \end{pmatrix}$

3 Den gesuchten Eckpunkt mittels Addition bekannter Punkte und Seitenvektoren darstellen und berechnen

$H = \square + \overrightarrow{\square} + \overrightarrow{\square} = \begin{pmatrix} \square \\ \square \\ \square \end{pmatrix} + \begin{pmatrix} \square \\ \square \\ \square \end{pmatrix} + \begin{pmatrix} \square \\ \square \\ \square \end{pmatrix} = \begin{pmatrix} \square \\ \square \\ \square \end{pmatrix}$

B2 A Gegeben ist das Dreieck ABC mit $A = (3\,|\,1\,|\,0)$, $B = (3\,|\,-1\,|\,0)$ und $C = (2\,|\,1\,|\,-4)$. Ermittle, ob es sich um ein spezielles Dreieck handelt.

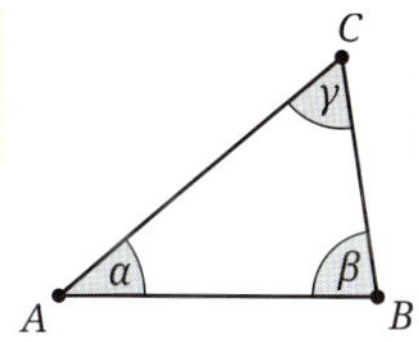

1 Alle Seitenvektoren und ihre Beträge bestimmen

$\overrightarrow{AB} = \begin{pmatrix} \square \\ \square \\ \square \end{pmatrix} \Rightarrow |\overrightarrow{AB}| = \sqrt{\square^2 + \square^2 + \square^2} = \square$

$\overrightarrow{AC} = \begin{pmatrix} \square \\ \square \\ \square \end{pmatrix} \Rightarrow |\overrightarrow{AC}| = \sqrt{\square^2 + \square^2 + \square^2} = \sqrt{\square}$

$\overrightarrow{BC} = \begin{pmatrix} \square \\ \square \\ \square \end{pmatrix} \Rightarrow |\overrightarrow{BC}| = \sqrt{\square^2 + \square^2 + \square^2} = \sqrt{\square}$

2 Alle Winkel bestimmen

$$\cos(\alpha) = \frac{\overrightarrow{AB} \cdot \overrightarrow{AC}}{|\overrightarrow{AB}| \cdot |\overrightarrow{AC}|} = \frac{\begin{pmatrix} \square \\ \square \\ \square \end{pmatrix} \cdot \begin{pmatrix} \square \\ \square \\ \square \end{pmatrix}}{\left|\begin{pmatrix} \square \\ \square \\ \square \end{pmatrix}\right| \cdot \left|\begin{pmatrix} \square \\ \square \\ \square \end{pmatrix}\right|} = \frac{\square \cdot \square + \square \cdot \square + \square \cdot \square}{\square \cdot \sqrt{\square}} = \square \Rightarrow \alpha = \arccos(\square) = \square°$$

$$\cos(\beta) = \frac{\overrightarrow{BA} \cdot \overrightarrow{BC}}{|\overrightarrow{BA}| \cdot |\overrightarrow{BC}|} = \frac{\begin{pmatrix} \square \\ \square \\ \square \end{pmatrix} \cdot \begin{pmatrix} \square \\ \square \\ \square \end{pmatrix}}{\left|\begin{pmatrix} \square \\ \square \\ \square \end{pmatrix}\right| \cdot \left|\begin{pmatrix} \square \\ \square \\ \square \end{pmatrix}\right|} = \frac{\square \cdot \square + \square \cdot \square + \square \cdot \square}{\square \cdot \sqrt{\square}} = \square \Rightarrow \beta \approx \square°$$

$\gamma = \square° - (\square + \square) \approx \square°$

3 Entscheiden, welche Art von Figur vorliegt

ein ______________ Winkel ⟹ ______________________________

Aufgaben

A 1 Gib den Endpunkt der Rechnung an.

→ G2

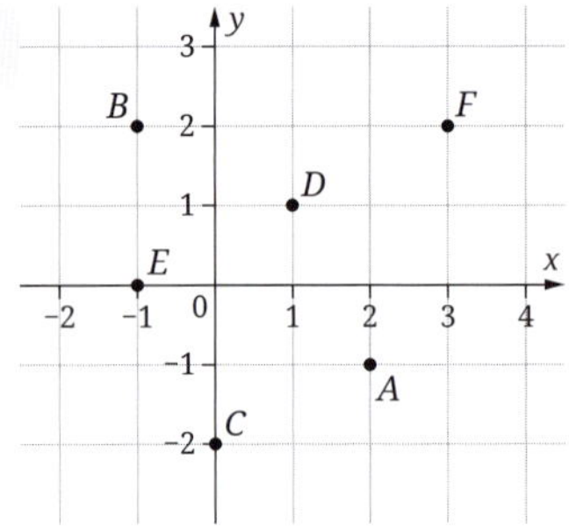

a) $A + \overrightarrow{FD} = C$ **d)** $F + 2 \cdot \overrightarrow{CD} =$ ☐ **g)** $B + \overrightarrow{DA} + \overrightarrow{BE} =$ ☐

b) $D + \overrightarrow{EC} =$ ☐ **e)** $E + 2 \cdot \overrightarrow{CA} =$ ☐ **h)** $E - \overrightarrow{FD} - \overrightarrow{AD} =$ ☐

c) $D - \overrightarrow{DF} =$ ☐ **f)** $C + \overrightarrow{AD} - \overrightarrow{FD} =$ ☐

A 2 Vereinfache die Summe von Vektoren zu einem einzelnen Vektor.

→ G2

a) $\overrightarrow{AC} + \overrightarrow{CE} = \overrightarrow{AE}$ **c)** $\overrightarrow{CD} + \overrightarrow{DA} =$ ☐ **e)** $\overrightarrow{BC} - \overrightarrow{DC} = \overrightarrow{BD}$ **g)** $\overrightarrow{AB} - \overrightarrow{CB} + \overrightarrow{CD} =$ ☐

b) $\overrightarrow{BD} + \overrightarrow{DF} =$ ☐ **d)** $\overrightarrow{AC} + \overrightarrow{CE} + \overrightarrow{EB} =$ ☐ **f)** $\overrightarrow{FC} - \overrightarrow{EC} =$ ☐ **h)** $\overrightarrow{AB} + \overrightarrow{BC} - \overrightarrow{AC} =$ ☐

A 3 Vom abgebildeten Quader sind die Eckpunkte $A = (2|2|2)$, $B = (10|-7|6)$, $C = (14|-3|8)$ und $G = (16|-3|4)$ bekannt. Berechne die Koordinaten aller fehlenden Eckpunkte.

→ B1

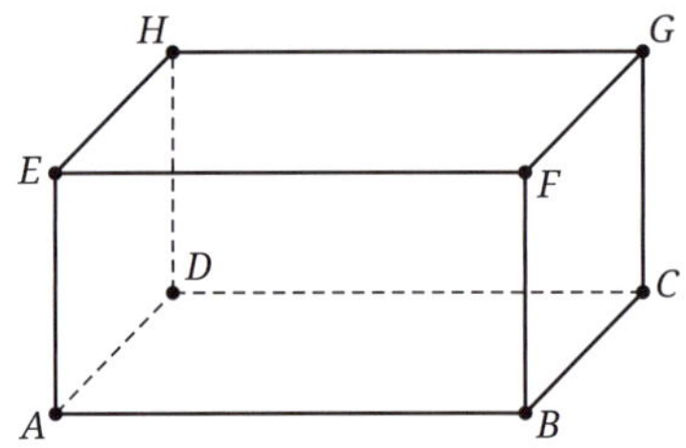

$D = ($ ☐ $|$ ☐ $|$ ☐ $)$ $F = ($ ☐ $|$ ☐ $|$ ☐ $)$

$E = ($ ☐ $|$ ☐ $|$ ☐ $)$ $H = ($ ☐ $|$ ☐ $|$ ☐ $)$

A 4 Drücke den Vektor durch die im abgebildeten Parallelepiped eingezeichneten Vektoren $\vec{u}$, $\vec{v}$ und $\vec{w}$ aus. Dabei gilt: $\vec{u} = \frac{1}{3} \cdot \overrightarrow{AB}$, $\vec{v} = \overrightarrow{AE}$ und $\vec{w} = \frac{1}{2} \cdot \overrightarrow{BC}$.

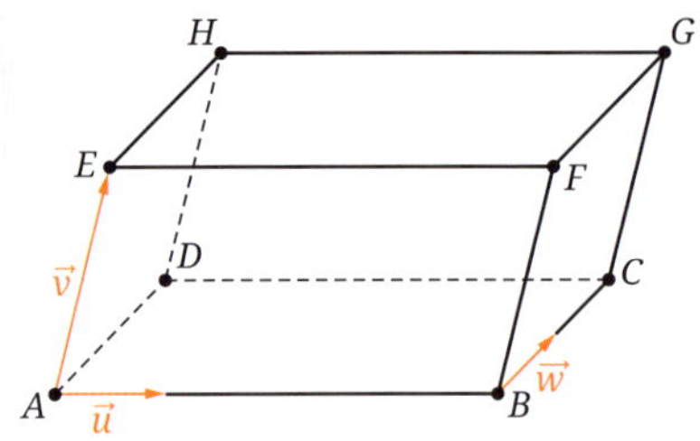

a) $\overrightarrow{EH} = 2 \cdot \vec{w}$ **c)** $\overrightarrow{AC} =$ ______ **e)** $\overrightarrow{BE} =$ ______

b) $\overrightarrow{CD} =$ ______ **d)** $\overrightarrow{AH} =$ ______ **f)** $\overrightarrow{AG} =$ ______

A 5 Drücke den Vektor durch die im abgebildeten Parallelepiped eingezeichneten Vektoren $\vec{u}$, $\vec{v}$ und $\vec{w}$ aus. Dabei gilt: $\vec{u} = \frac{1}{3} \cdot \overrightarrow{AB}$, $\vec{v} = \frac{1}{2} \cdot \overrightarrow{AE}$ und $\vec{w} = \overrightarrow{BC}$.

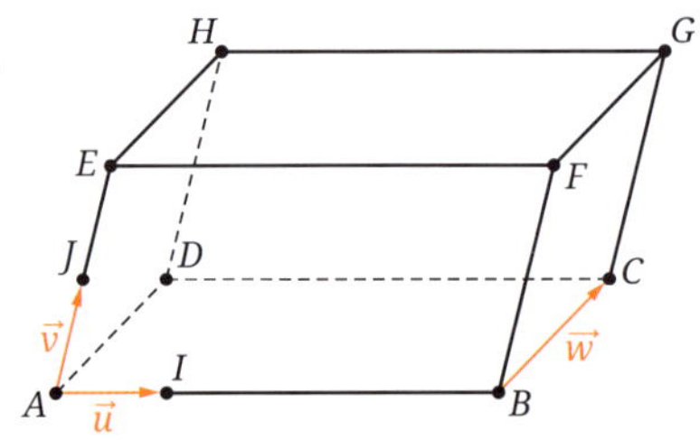

a) $\overrightarrow{IF} = 2 \cdot \vec{u} + 2 \cdot \vec{v}$ **c)** $\overrightarrow{IH} =$ ______

b) $\overrightarrow{JG} =$ ______ **d)** $\overrightarrow{CJ} =$ ______

A 6 Berechne den Schwerpunkt des gegebenen Dreiecks sowie den angegebenen Mittelpunkt.

→ W1

a) $A = (-2|5|1)$, $B = (4|9|-1)$ und $C = (2|10|0)$, gesucht: M_{AB}

b) $A = (-7|3|-6)$, $B = (-4|-7|3)$ und $C = (2|1|9)$, gesucht: M_{BC}

A 7 Berechne die Koordinaten des gesuchten Teilungspunkts der Strecke AB.

→ W2

a) $A = (4|12|3)$, $B = (8|36|-5)$, T teilt die Strecke AB im Verhältnis 3 : 1.

$$T = A + \frac{3}{3+1} \cdot \overrightarrow{AB} = \begin{pmatrix} 4 \\ 12 \\ 3 \end{pmatrix} + \frac{3}{4} \cdot \begin{pmatrix} 4 \\ 24 \\ -8 \end{pmatrix} = \begin{pmatrix} 7 \\ 30 \\ -3 \end{pmatrix}$$

b) $A = (15|-6|-8)$, $B = (1|15|20)$, T teilt die Strecke AB im Verhältnis 4 : 3.

$$T = \square + \frac{\square}{\square + \square} \cdot \overrightarrow{\square} = \begin{pmatrix} \square \\ \square \\ \square \end{pmatrix} + \frac{\square}{\square} \cdot \begin{pmatrix} \square \\ \square \\ \square \end{pmatrix} = \begin{pmatrix} \square \\ \square \\ \square \end{pmatrix}$$

c) $A = (-1|0|-1)$, $B = (0|1|4)$, T teilt die Strecke AB im Verhältnis 1 : 4.

A 8 Gib jeweils an, ob die Vektoren $\vec{a}$ und $\vec{b}$ normal aufeinander stehen, parallel sind oder weder noch.

→ G4

	$\vec{a} \perp \vec{b}$	$\vec{a} \parallel \vec{b}$	weder noch
a) $\vec{a} = \begin{pmatrix} 1 \\ 2 \\ -3 \end{pmatrix}$, $\vec{b} = \begin{pmatrix} 4 \\ -2 \\ 1 \end{pmatrix}$	☐	☐	☐
b) $\vec{a} = \begin{pmatrix} 4 \\ -2 \\ 18 \end{pmatrix}$, $\vec{b} = \begin{pmatrix} -1 \\ \frac{1}{2} \\ -\frac{9}{2} \end{pmatrix}$	☐	☐	☐
c) $\vec{a} = \begin{pmatrix} 7 \\ 4 \\ -4 \end{pmatrix}$, $\vec{b} = \begin{pmatrix} 14 \\ 6 \\ 30{,}5 \end{pmatrix}$	☐	☐	☐
d) $\vec{a} = \begin{pmatrix} 1 \\ -1 \\ -1 \end{pmatrix}$, $\vec{b} = \begin{pmatrix} -2 \\ -2 \\ 2 \end{pmatrix}$	☐	☐	☐

A 9 Bestimme die fehlende Koordinate so, dass die Vektoren $\vec{a}$ und $\vec{b}$ normal aufeinander stehen.

→ G4

a) $\vec{a} = \begin{pmatrix} 5 \\ y \\ -2 \end{pmatrix}$ und $\vec{b} = \begin{pmatrix} 2 \\ 2 \\ 1 \end{pmatrix}$ Ansatz: $\vec{a} \cdot \vec{b} = 0$

$5 \cdot 2 + y \cdot 2 + (-2) \cdot 1 = 0 \Rightarrow y = -4$

b) $\vec{a} = \begin{pmatrix} -3 \\ 0 \\ 1 \end{pmatrix}$ und $\vec{b} = \begin{pmatrix} x \\ 7 \\ 6 \end{pmatrix}$ Ansatz: $\square \cdot \square = 0$

$\square \cdot \square + \square \cdot \square + \square \cdot \square = \square \Rightarrow x = \square$

c) $\vec{a} = \begin{pmatrix} 9 \\ 2 \\ -3 \end{pmatrix}$ und $\vec{b} = \begin{pmatrix} 1 \\ -3 \\ z \end{pmatrix}$ **d)** $\vec{a} = \begin{pmatrix} 12 \\ 15 \\ z \end{pmatrix}$ und $\vec{b} = \begin{pmatrix} -1 \\ 1 \\ 6 \end{pmatrix}$ **e)** $\vec{a} = \begin{pmatrix} a \\ 1 \\ -1 \end{pmatrix}$ und $\vec{b} = \begin{pmatrix} 3 \\ -4 \\ a \end{pmatrix}$

A 10 Bestimme die fehlenden Koordinaten so, dass die Vektoren $\vec{a}$ und $\vec{b}$ parallel sind.

→ G4

a) $\vec{a} = \begin{pmatrix} -4 \\ y \\ z \end{pmatrix}$ und $\vec{b} = \begin{pmatrix} 2 \\ 2 \\ 1 \end{pmatrix}$ Ansatz: $\vec{a} = v \cdot \vec{b}$

$$\Rightarrow \begin{cases} -4 = v \cdot 2 \Rightarrow v = -2 \\ y = v \cdot 2 \qquad \Rightarrow y = -2 \cdot 2 = -4 \\ z = v \cdot 1 \qquad \Rightarrow z = -2 \cdot 1 = -2 \end{cases}$$

b) $\vec{a} = \begin{pmatrix} x \\ 2 \\ z \end{pmatrix}$ und $\vec{b} = \begin{pmatrix} 4 \\ 1 \\ 0 \end{pmatrix}$ Ansatz: ____________

$$\Rightarrow \begin{cases} \square = \square \cdot \square \qquad \Rightarrow \square = \_\_\_\_\_\_ \\ \square = \square \cdot \square \Rightarrow \square = \square \\ \square = \square \cdot \square \qquad \Rightarrow \square = \_\_\_\_\_\_ \end{cases}$$

c) $\vec{a} = \begin{pmatrix} 3 \\ y \\ z \end{pmatrix}$ und $\vec{b} = \begin{pmatrix} -0{,}3 \\ 1{,}1 \\ -2 \end{pmatrix}$ **d)** $\vec{a} = \begin{pmatrix} 21 \\ -14 \\ 7 \end{pmatrix}$ und $\vec{b} = \begin{pmatrix} x \\ y \\ -1 \end{pmatrix}$ **e)** $\vec{a} = \begin{pmatrix} x \\ y \\ 1 \end{pmatrix}$ und $\vec{b} = \begin{pmatrix} ? \\ -1 \\ -3 \end{pmatrix}$

A 11 Gegeben ist ein Dreieck ABC. Berechne alle Seitenlängen und Winkel. Liegt ein spezielles Dreieck vor?

→ B2

a) $A = (-3\,|\,6\,|\,-4)$, $B = (2\,|\,-6\,|\,1)$, $C = (10\,|\,3\,|\,0)$

b) $A = (2\,|\,-1\,|\,3)$, $B = (7\,|\,-1\,|\,8)$, $C = (11\,|\,-12\,|\,4)$

c) $A = (3\,|\,4\,|\,-1)$, $B = (6\,|\,4\,|\,2)$, $C = (3\,|\,7\,|\,2)$

d) $A = (-3\,|\,6\,|\,-4)$, $B = (-1\,|\,0\,|\,5)$, $C = (7\,|\,-1\,|\,3)$

A 12 Gegeben ist ein Viereck $ABCD$ mit $A = (2\,|\,0\,|\,1)$, $B = (8\,|\,3\,|\,7)$, $C = (11\,|\,-3\,|\,13)$ und $D = (5\,|\,-6\,|\,7)$. Weise rechnerisch nach, dass die Aussage wahr ist.

→ W3

a) Die Seiten a und c sind parallel.

b) Die Seiten a und b stehen nicht normal aufeinander.

c) Die Winkel α und γ sind gleich groß.

d) Das Viereck ist eine Raute.

A 13 Gegeben ist ein Viereck $ABCD$. Gib an, welche Art von Viereck vorliegt.

→ W3

a) $A = (-3\,|\,-9\,|\,12)$, $B = (5\,|\,-3\,|\,4)$, $C = (-1\,|\,1\,|\,8)$, $D = (-5\,|\,-2\,|\,12)$

b) $A = (-1\,|\,3\,|\,-3)$, $B = (3\,|\,1\,|\,1)$, $C = (5\,|\,-3\,|\,5)$, $D = (1\,|\,-1\,|\,1)$

c) $A = (-1\,|\,-3\,|\,2)$, $B = (3\,|\,1\,|\,-5)$, $C = (4\,|\,-5\,|\,1)$, $D = (0\,|\,-9\,|\,8)$

d) $A = (-9\,|\,3\,|\,-6)$, $B = (-8\,|\,-2\,|\,-2)$, $C = (-3\,|\,-3\,|\,2)$, $D = (-5\,|\,1\,|\,-2)$

Lösungen

A 14 Ordne den Vektorausdrücken jeweils den Endpunkt zu.

$A + \overrightarrow{AC} + \overrightarrow{CF}$	
$B + \overrightarrow{CE} + \overrightarrow{BC}$	
$C - \overrightarrow{FC} - \overrightarrow{BF}$	
$D + \overrightarrow{BA} - \overrightarrow{BD}$	

A	Endpunkt A
B	Endpunkt B
C	Endpunkt C
D	Endpunkt D
E	Endpunkt E
F	Endpunkt F

A 15 Von einem Parallelogramm $ABCD$ kennt man die Eckpunkte $A = (2\,|\,1)$, $B = (3\,|\,-2)$ und $D = (4\,|\,4)$. Bestimme den Eckpunkt C.

$C =$ ____________

A 16 Gegeben ist das abgebildete Deltoid. Kreuze die zutreffenden Aussagen an.

$\overrightarrow{AB} \cdot \overrightarrow{BC} = 0$	☐
$\overrightarrow{AM} \cdot \overrightarrow{BD} = 0$	☐
$\lvert\overrightarrow{BD}\rvert = \lvert\overrightarrow{BC}\rvert$	☐
$M = B + \frac{1}{2} \cdot \overrightarrow{BD}$	☐
$M = A + \overrightarrow{AD} + \overrightarrow{DC} - \overrightarrow{MC}$	☐

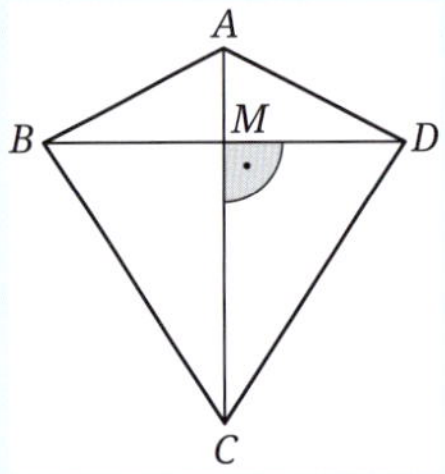

A 17 Gegeben ist der abgebildete Quader. Drücke die Raumdiagonale $\overrightarrow{BH}$ durch die eingezeichneten Vektoren $\vec{a}$, $\vec{b}$ und $\vec{c}$ aus.

$\overrightarrow{BH} =$ ____________

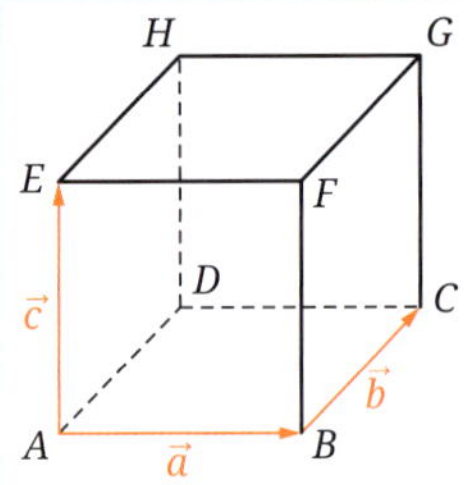

A 18 Bestimme durch eine Rechnung, ob das Dreieck ABC mit $A = (2\,|\,-2\,|\,2)$, $B = (-1{,}5\,|\,1\,|\,9)$ und $C = (-2\,|\,-1\,|\,9)$ rechtwinkelig ist.

A 19 Gegeben sind die dreidimensionalen Vektoren $\vec{a} = (2\,|\,-0{,}5\,|\,z)$, $\vec{b} = (x\,|\,3\,|\,-4)$ und $\vec{c} = (2\,|\,y\,|\,-6)$. Bestimme die Koordinaten x, y und z so, dass $\vec{a}$ und $\vec{b}$ parallel sind und $\vec{b}$ und $\vec{c}$ normal aufeinander stehen.

$x =$ ________, $y =$ ________, $z =$ ________

A 20 Von einem Viereck sind die drei Eckpunkte $A = (-1\,|\,1)$, $B = (3\,|\,-1)$ und $D = (1\,|\,2)$ bekannt. Kreuze die beiden Punkte an, die das Viereck zu einem Trapez machen.

$C = (3\,|\,1)$	$C = (4\,|\,0)$	$C = (7\,|\,-1)$	$C = (6\,|\,1)$
☐	☐	☐	☐

A 21 Gegeben ist ein Dreieck ABC mit $A = (5\,|\,-2\,|\,3)$, $B = (5\,|\,1\,|\,3)$ und $C = (6\,|\,-1\,|\,5)$.

a) Bestimme den Mittelpunkt der Seite AB und den Schwerpunkt des Dreiecks.
b) Zeige, dass das Dreieck genau zwei gleich lange Seiten hat.
c) Zeige, dass das Dreieck genau zwei gleich große Winkel hat.

Vektorprodukt und Einheitsvektoren

Von Beginn an lernen wir, auf eine bestimmte Art zu rechnen, z.B. multiplizieren wir als Erwachsene zwei Zahlen genauso, wie wir das in der Volksschule gelernt haben – ohne uns jemals die Frage zu stellen, ob es nicht noch andere Arten der Multiplikation gibt. In diesem Kapitel werden wir sehen, dass es für Vektoren tatsächlich zwei verschiedene Arten gibt, sie miteinander zu multiplizieren.

Grundlagen

G1 Das **Vektorprodukt** (**Kreuzprodukt**) zweier Vektoren $\vec{a}$ und $\vec{b}$ ergibt einen Vektor und ist definiert als
$\begin{pmatrix} a_1 \\ a_2 \\ a_3 \end{pmatrix} \times \begin{pmatrix} b_1 \\ b_2 \\ b_3 \end{pmatrix} = \begin{pmatrix} a_2 \cdot b_3 - a_3 \cdot b_2 \\ -(a_1 \cdot b_3 - a_3 \cdot b_1) \\ a_1 \cdot b_2 - a_2 \cdot b_1 \end{pmatrix}$.
Merkregel für die i-te Koordinate des Vektorprodukts: Die i-te Zeile verdecken und die Produkte diagonal gegenüberliegender Zahlen voneinander subtrahieren („links oben mal rechts unten minus links unten mal rechts oben"). Nicht vergessen: Bei der mittleren Koordinate wechselt das Vorzeichen.

G2 **Eigenschaften des Vektorprodukts**:

$\vec{a} \times \vec{b}$ steht normal auf $\vec{a}$ und $\vec{b}$, d.h. $(\vec{a} \times \vec{b}) \cdot a = 0$ und $(\vec{a} \times \vec{b}) \cdot \vec{b} = 0$.

Für zwei parallele Vektoren $\vec{a} \parallel \vec{b}$ gilt $\vec{a} \times \vec{b} = \vec{O}$ und umgekehrt, wobei $\vec{O} = \begin{pmatrix} 0 \\ 0 \\ 0 \end{pmatrix}$.

$\vec{a} \times \vec{b} = -(\vec{b} \times \vec{a})$, d.h. $\vec{a} \times \vec{b}$ ist der Gegenvektor zu $\vec{b} \times \vec{a}$.

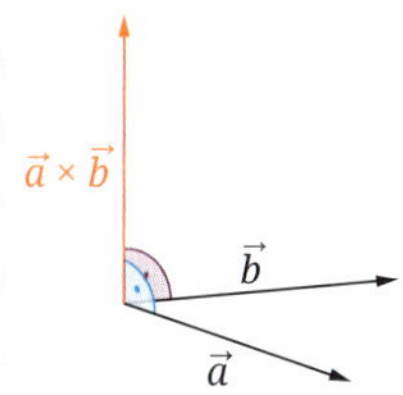

G3 Die Richtung des Vektorprodukts folgt den Koordinatenachsen im $\mathbb{R}^3$: Zeigt der erste Vektor $\vec{a}$ in Richtung der 1. Achse (x-Achse) und der zweite Vektor $\vec{b}$ in Richtung der 2. Achse (y-Achse), so zeigt das Vektorprodukt $\vec{a} \times \vec{b}$ in Richtung der positiven 3. Achse (z-Achse). Das Vektorprodukt $\vec{b} \times \vec{a}$ zeigt in Richtung der negativen z-Achse.

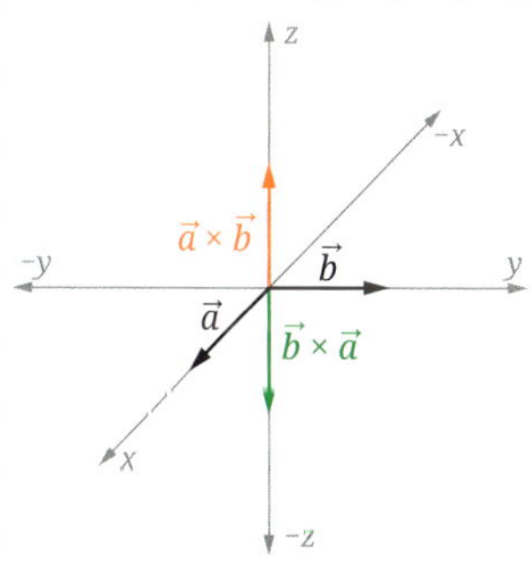

G4 Der **Einheitsvektor** $\vec{a}_0$ eines Vektors $\vec{a}$ ist definiert als $\vec{a}_0 = \frac{1}{|\vec{a}|} \cdot \vec{a}$, d.h. der gegebene Vektor $\vec{a}$ wird mit dem Kehrwert seiner Länge multipliziert. Der Einheitsvektor hat die Länge 1 und zeigt in die Richtung von $\vec{a}$.

Werkzeuge

W1 Mit dem Vektorprodukt kann man die Flächeninhalte der folgenden Figuren berechnen:
- **Dreieck**, das von den zwei Vektoren $\vec{a}$ und $\vec{b}$ aufgespannt wird: $A = \frac{1}{2} \cdot |\vec{a} \times \vec{b}|$
- **Dreieck** ABC: $A = \frac{1}{2} \cdot |\overrightarrow{AB} \times \overrightarrow{AC}|$
- **Parallelogramm**: $ABCD$: $A = |\overrightarrow{AB} \times \overrightarrow{AD}|$

W2 Mit dem Vektorprodukt kann man die Volumina der folgenden Körper berechnen. Dabei sind $\vec{a}$, $\vec{b}$ und $\vec{c}$ Vektoren von Kanten (Kantenvektoren), die alle vom gleichen Eckpunkt ausgehen.
- **Dreiseitiges Prisma**: $V = \frac{1}{2} \cdot |(\vec{a} \times \vec{b}) \cdot \vec{c}|$
- **Dreiseitige Pyramide (Tetraeder)**: $V = \frac{1}{6} \cdot |(\vec{a} \times \vec{b}) \cdot \vec{c}|$
- **Parallelepiped**: $V = |(\vec{a} \times \vec{b}) \cdot \vec{c}|$

W3 Das **Abtragen einer Strecke** der Länge l ausgehend von einem Punkt A und in Richtung eines Vektors $\vec{a}$ geschieht mit $B = A + l \cdot \vec{a}_0$.
Der Vektor $l \cdot \vec{a}_0$ hat die Länge l und zeigt in die Richtung von $\vec{a}$.

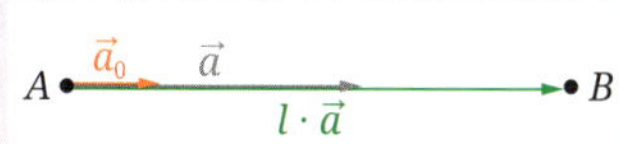

Beispiele

B 1 Gegeben ist eine dreiseitige Pyramide $ABCS$ wie in der Skizze mit $A = (-1|3|5)$, $B = (2|-2|7)$, $C = (0|0|3)$ und $S = (-4|-3|0)$. Berechne das Volumen dieser Pyramide.

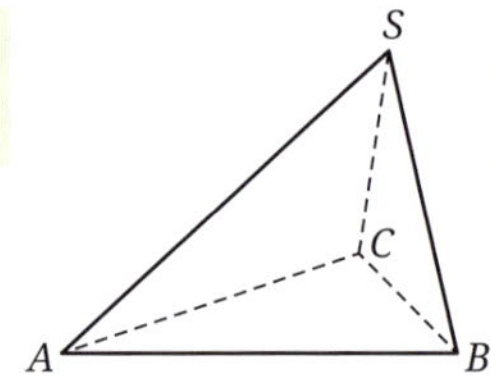

Wie verwende ich das Vektorprodukt zur Bestimmung des Volumens einer dreiseitigen Pyramide oder eines dreiseitigen Prismas?

1 Alle drei von einem Eckpunkt ausgehenden Kantenvektoren bestimmen

Wir können als Ausgangspunkt z. B. den Punkt A wählen, da wir von diesem Punkt ausgehend alle drei Kantenvektoren berechnen können.

$\overrightarrow{AB} = B - A = \begin{pmatrix}3\\-5\\2\end{pmatrix}$ $\quad \overrightarrow{AC} = C - A = \begin{pmatrix}1\\-3\\-2\end{pmatrix}$ $\quad \overrightarrow{AS} = S - A = \begin{pmatrix}-3\\-6\\-5\end{pmatrix}$

2 Das Vektorprodukt der beiden Vektoren, die Seitenvektoren der Grundfläche darstellen, berechnen

Wir verwenden die Definition in → G1.

$$\overrightarrow{AB} \times \overrightarrow{AC} = \begin{pmatrix}3\\-5\\2\end{pmatrix} \times \begin{pmatrix}1\\-3\\-2\end{pmatrix} = \begin{pmatrix}-5\cdot(-2)-2\cdot(-3)\\-[3\cdot(-2)-2\cdot 1]\\3\cdot(-3)-(-5)\cdot 1\end{pmatrix} = \begin{pmatrix}16\\8\\-4\end{pmatrix}$$

3 Die passende Volumenformel anschreiben, alles einsetzen und ausrechnen

Die Volumenformel der dreiseitigen Pyramide lautet $V = \frac{1}{6} \cdot |(\vec{a} \times \vec{b}) \cdot c|$. (→ W2)

$$V = \frac{1}{6} \cdot \left| \begin{pmatrix}16\\8\\-4\end{pmatrix} \cdot \begin{pmatrix}-3\\-6\\-5\end{pmatrix} \right| = \frac{1}{6} \cdot |16\cdot(-3) + 8\cdot(-6) + (-4)\cdot(-5)| = \frac{1}{6} \cdot |-76| \approx 12{,}67\ \text{E}^3$$

B 2 Gegeben ist ein Quader $ABCDEFGH$ wie in der Skizze mit $A = (-3|9|3)$, $B = (9|13|-3)$, $C = (13|19|9)$, $D = (1|15|15)$ und der Höhe $h = 14$.
Bestimme den Eckpunkt E dieses Quaders.

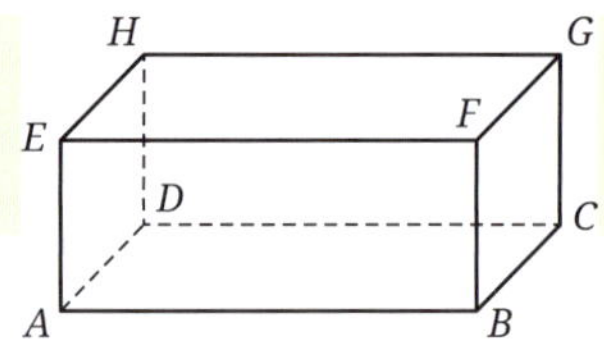

Wie trage ich die Höhe eines geraden Körpers ab, wenn die Punkte der Grundfläche bekannt sind?

1 Den Normalvektor der Grundfläche als Vektorprodukt zweier Seitenvektoren berechnen, dann seinen Einheitsvektor bestimmen

$$\vec{n} = \overrightarrow{AB} \times \overrightarrow{AD} = \begin{pmatrix}12\\4\\-6\end{pmatrix} \times \begin{pmatrix}4\\6\\12\end{pmatrix} = \begin{pmatrix}84\\-168\\56\end{pmatrix} \Longrightarrow \vec{n}_0 = \frac{1}{\sqrt{84^2 + (-168)^2 + 56^2}} \cdot \begin{pmatrix}84\\-168\\56\end{pmatrix} = \frac{1}{196} \cdot \begin{pmatrix}84\\-168\\56\end{pmatrix}$$

2 Den Eckpunkt der Grundfläche bestimmen, der dem gesuchten Eckpunkt gegenüberliegt

Wir orientieren uns an der Skizze: Dem gesuchten Eckpunkt E liegt auf der Grundfläche der Eckpunkt A gegenüber.

3 Vom ermittelten Eckpunkt der Grundfläche ausgehend die Höhe des Körpers in Richtung des Normalvektors abtragen

Wir verwenden → W3: $E = A + h \cdot \vec{n}_0 = \begin{pmatrix}-3\\9\\3\end{pmatrix} + \frac{14}{196} \cdot \begin{pmatrix}84\\-168\\56\end{pmatrix} = \begin{pmatrix}-3\\9\\3\end{pmatrix} + \begin{pmatrix}6\\-12\\4\end{pmatrix} = \begin{pmatrix}3\\-3\\7\end{pmatrix}$

Aufgaben zu den Beispielen

B1 A Gegeben ist ein dreiseitiges Prisma *ABCDEF* mit $A = (0 \mid -2 \mid 1)$, $B = (0 \mid 3 \mid 1)$, $C = (-3 \mid -2 \mid 1)$ und $D = (0 \mid -2 \mid 7)$. Berechne das Volumen dieses Prismas.

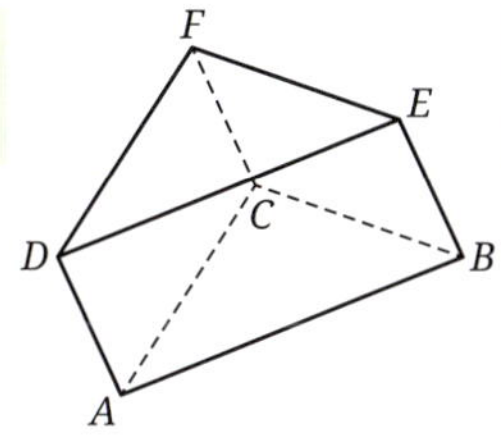

1 **Alle drei von einem Eckpunkt ausgehenden Kantenvektoren bestimmen**

Bestimme die Kantenvektoren ausgehend vom Eckpunkt *A*.

$\overrightarrow{AB} = \square - \square = \begin{pmatrix} \square \\ \square \\ \square \end{pmatrix}$ $\quad \overrightarrow{AC} = \square - \square = \begin{pmatrix} \square \\ \square \\ \square \end{pmatrix}$ $\quad \overrightarrow{AD} = \square - \square = \begin{pmatrix} \square \\ \square \\ \square \end{pmatrix}$

2 **Das Vektorprodukt der beiden Vektoren, die Seitenvektoren der Grundfläche darstellen, berechnen**

$$\overrightarrow{AB} \times \overrightarrow{AC} = \begin{pmatrix} \square \\ \square \\ \square \end{pmatrix} \times \begin{pmatrix} \square \\ \square \\ \square \end{pmatrix} = \begin{pmatrix} \square \cdot \square \bigcirc \square \cdot \square \\ \bigcirc [\square \cdot \square \bigcirc \square \cdot \square] \\ \square \cdot \square \bigcirc \square \cdot \square \end{pmatrix} = \begin{pmatrix} \square \\ \square \\ \square \end{pmatrix}$$

3 **Die passende Volumenformel anschreiben, alles einsetzen und ausrechnen**

Die Volumenformel des dreiseitigen Prismas lautet $V =$ ____________________. (→ W2)

$$V = \frac{1}{\square} \cdot \left| \begin{pmatrix} \square \\ \square \\ \square \end{pmatrix} \cdot \begin{pmatrix} \square \\ \square \\ \square \end{pmatrix} \right| = \square \ \mathrm{E}^3$$

B2 A Gegeben ist ein gerades vierseitiges Prisma *ABCDEFGH* wie in der Skizze mit $A = (-5 \mid -6 \mid 5)$, $B = (2 \mid 6 \mid 3)$, $C = (5 \mid 2 \mid 1)$, $D = (-2 \mid -10 \mid 3)$ und der Höhe $h = 9$. Bestimme den Eckpunkt *F* dieses Prismas.

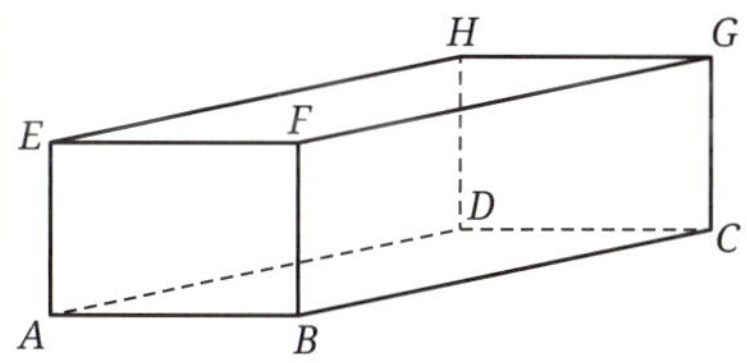

1 **Den Normalvektor der Grundfläche als Vektorprodukt zweier Seitenvektoren bestimmen, dann seinen Einheitsvektor bestimmen**

$$\vec{n} = \overrightarrow{AB} \times \square = \begin{pmatrix} \square \\ \square \\ \square \end{pmatrix} \times \begin{pmatrix} \square \\ \square \\ \square \end{pmatrix} = \begin{pmatrix} \square \\ \square \\ \square \end{pmatrix} \Rightarrow \vec{n}_0 = \frac{1}{\sqrt{\square^2 + \square^2 + \square^2}} \cdot \begin{pmatrix} \square \\ \square \\ \square \end{pmatrix} = \frac{1}{\square} \cdot \begin{pmatrix} \square \\ \square \\ \square \end{pmatrix}$$

2 **Einen Eckpunkt der Grundfläche bestimmen, der dem gesuchten Eckpunkt gegenüber liegt**

Dem gesuchten Eckpunkt $\square$ liegt auf der Grundfläche der Eckpunkt $\square$ gegenüber.

3 **Vom ermittelten Eckpunkt der Grundfläche ausgehend die Höhe des Körpers in Richtung des Normalvektors abtragen**

$$F = \square + \square \cdot \square = \begin{pmatrix} \square \\ \square \\ \square \end{pmatrix} + \frac{\square}{\square} \cdot \begin{pmatrix} \square \\ \square \\ \square \end{pmatrix} = \begin{pmatrix} \square \\ \square \\ \square \end{pmatrix} + \begin{pmatrix} \square \\ \square \\ \square \end{pmatrix} = \begin{pmatrix} \square \\ \square \\ \square \end{pmatrix}$$

Aufgaben

A 1 → G 1 → G 3

Berechne zuerst das Vektorprodukt der gegebenen Vektoren und gib anschließend an, in welche Achsenrichtung der Ergebnisvektor zeigt.

a) $\begin{pmatrix}1\\0\\0\end{pmatrix} \times \begin{pmatrix}0\\1\\0\end{pmatrix} = \begin{pmatrix}0\\0\\1\end{pmatrix}$ zeigt in Richtung der positiven z-Achse.

b) $\begin{pmatrix}0\\1\\0\end{pmatrix} \times \begin{pmatrix}1\\0\\0\end{pmatrix}$ c) $\begin{pmatrix}1\\0\\0\end{pmatrix} \times \begin{pmatrix}0\\0\\1\end{pmatrix}$ d) $\begin{pmatrix}0\\0\\1\end{pmatrix} \times \begin{pmatrix}1\\0\\0\end{pmatrix}$ e) $\begin{pmatrix}0\\1\\0\end{pmatrix} \times \begin{pmatrix}0\\0\\1\end{pmatrix}$ f) $\begin{pmatrix}0\\0\\1\end{pmatrix} \times \begin{pmatrix}0\\1\\0\end{pmatrix}$

A 2 → G 1

Gegeben sind die Vektoren $\vec{a} = \begin{pmatrix}2\\-1\\4\end{pmatrix}$ und $\vec{b} = \begin{pmatrix}1\\3\\-5\end{pmatrix}$. Berechne den gegebenen Ausdruck.

a) $\vec{a} \times \vec{b} = \begin{pmatrix}2\\-1\\4\end{pmatrix} \times \begin{pmatrix}1\\3\\-5\end{pmatrix} = \begin{pmatrix}-1\cdot(-5)-4\cdot 3\\-[2\cdot(-5)-4\cdot 1]\\2\cdot 3-(-1)\cdot 1\end{pmatrix} = \begin{pmatrix}-7\\14\\7\end{pmatrix}$

b) $\vec{b} \times \vec{a} = \begin{pmatrix}\square\\\square\\\square\end{pmatrix} \times \begin{pmatrix}\square\\\square\\\square\end{pmatrix} = \begin{pmatrix}\square\cdot\square\ \bigcirc\ \square\cdot\square\\\bigcirc[\square\cdot\square\ \bigcirc\ \square\cdot\square]\\\square\cdot\square\ \bigcirc\ \square\cdot\square\end{pmatrix} = \begin{pmatrix}\square\\\square\\\square\end{pmatrix}$

c) $\vec{a} \times \vec{a}$

d) $\vec{b} \times \begin{pmatrix}0\\0\\0\end{pmatrix}$

e) $(\vec{a} \times \vec{b}) \cdot \vec{a}$

f) $b \cdot (\vec{b} \times \vec{a})$

A 3 → G 2

Kreuze die zutreffenden Aussagen an.

Das Vektorprodukt ist kommutativ, d. h. für alle Vektoren $a, b \in \mathbb{R}^3$ gilt $\vec{a} \times \vec{b} = \vec{b} \times \vec{a}$.	☐
Das Vektorprodukt eines Vektors mit sich selbst ergibt immer den Nullvektor.	☐
Das Skalarprodukt zweier aufeinander normaler Vektoren ist immer gleich null.	☐
Das Vektorprodukt $\vec{a} \times \vec{b}$ ergibt einen Vektor, der normal auf $\vec{a}$ und auf $\vec{b}$ steht.	☐

A 4 → G 2

Kreuze die zutreffenden Beziehungen zwischen den Vektoren $\vec{a}$ und $\vec{b}$ an, die sich aus der gegebenen Bedingung ableiten lassen.

	$\vec{a} \parallel \vec{b}$	$\vec{a} \perp \vec{b}$
a) $\vec{a} \cdot \vec{b} = 0$	☐	☐
b) $\vec{a} \times \vec{b} = \vec{O}$	☐	☐
c) $(\vec{a} \times \vec{b}) \cdot \vec{a} = 0$ und $(\vec{a} \times \vec{b}) \cdot \vec{b} = 0$	☐	☐
d) $\vec{a} - \vec{b} = \vec{O}$	☐	☐

A 5

Gegeben ist ein Würfel $ABCDEFGH$ wie in der Skizze. Setze eines der Symbole ∥ und ⊥ in den Ausfüllbereich ein, sodass eine wahre Aussage entsteht.

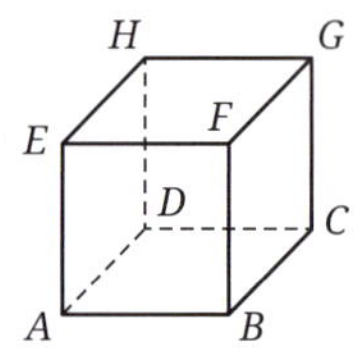

a) $\overrightarrow{AB} \times \overrightarrow{BC} \parallel \overrightarrow{AE}$

b) $\overrightarrow{AE} \times \overrightarrow{AB}$ ◯ $\overrightarrow{CD}$

c) $\overrightarrow{DC} \times \overrightarrow{BC}$ ◯ $\overrightarrow{AE}$

d) $\overrightarrow{AE} \times \overrightarrow{FG}$ ◯ $\overrightarrow{AB}$

e) $\overrightarrow{AC} \times \overrightarrow{BD}$ ◯ $\overrightarrow{DH}$

f) $\overrightarrow{AG} \times \overrightarrow{CE}$ ◯ $\overrightarrow{AG}$

A 6

Gib an, ob das Ergebnis der Rechnung ein Vektor, eine Zahl oder nicht definiert ist.

a) $\vec{a} \times \vec{b}$ ist ein Vektor.

b) $\vec{a} \cdot \vec{b}$ ist ______________.

c) $(\vec{a} \times \vec{b}) \cdot \vec{a}$ ist ______________.

d) $(\vec{a} \cdot \vec{b}) \times \vec{a}$ ist ______________.

e) $(\vec{a} \times \vec{b}) \times \vec{a}$ ist ______________.

f) $(\vec{a} \cdot \vec{b}) \cdot \vec{a}$ ist ______________.

A 7 T!

Berechne mithilfe von Technologieeinsatz.

a) $\begin{pmatrix}10\\-17\\34\end{pmatrix} \times \begin{pmatrix}16\\50\\-31\end{pmatrix} = \begin{pmatrix}\square\\\square\\\square\end{pmatrix}$

b) $\begin{pmatrix}44\\-5\\0\end{pmatrix} \cdot \begin{pmatrix}-3\\-62\\100\end{pmatrix} = \square$

c) $\left[\begin{pmatrix}-3\\-9\\7\end{pmatrix} \times \begin{pmatrix}1\\1\\2\end{pmatrix}\right] \cdot \begin{pmatrix}5\\8\\-6\end{pmatrix} = \square$

A 8 Berechne den Flächeninhalt der gegebenen Figur.

→ W1

a) Dreieck ABC mit $A = (1|0|1)$, $B = (2|5|1)$, $C = (-1|4|6)$

Seitenvektoren: $\overrightarrow{AB} = \begin{pmatrix}1\\5\\0\end{pmatrix}$ und $\overrightarrow{AC} = \begin{pmatrix}-2\\4\\5\end{pmatrix}$

$A = \frac{1}{2} \cdot |\overrightarrow{AB} \times \overrightarrow{AC}| = \frac{1}{2} \cdot \left|\begin{pmatrix}1\\5\\0\end{pmatrix} \times \begin{pmatrix}-2\\4\\5\end{pmatrix}\right| = \frac{1}{2} \cdot \begin{pmatrix}25\\-5\\14\end{pmatrix} = \frac{1}{2} \cdot \sqrt{25^2 + (-5)^2 + 14^2} \approx 14{,}54\ \text{E}^2$

b) Parallelogramm $ABCD$ mit $A = (-1|2|4)$, $B = (0|5|-1)$, $C = (6|-2|3)$, $D = (5|-5|8)$

c) Rechteck $ABCD$ mit $A = (-3|0|3)$, $B = (7|8|-2)$, $C = (11|3|-2)$, $D = (1|-5|3)$

d) Deltoid $ABCD$ mit $A = (-2|5|11)$, $B = (3|1|6)$, $C = (6|15|1)$, $D = (-3|14|11)$

A 9 Berechne das Volumen des gegebenen Körpers.

→ B1
→ W2

a) Dreiseitige Pyramide $ABCS$: $A = (0|1|-6)$, $B = (-3|-4|2)$, $C = (5|8|-1)$, $S = (-3|7|9)$

b) Dreiseitiges Prisma $ABCDEF$: $A = (0|0|2)$, $B = (-1|3|4)$, $C = (6|2|-2)$, $S = (4|-2|7)$

c) Tetraeder $ABCD$: $A = (-10|-6|-14)$, $B = (0|4|16)$, $C = (16|2|2)$, $D = (16|-16|6)$

d) Parallelepiped $ABCDEFGH$: $A = (4|-2|-1)$, $B = (-2|2|5)$, $C = (-5|7|4)$, $D = (1|3|-2)$, $E = (5|-2|4)$

A 10 Berechne den Einheitsvektor des gegebenen Vektors und überprüfe dein Ergebnis mit Technologieeinsatz.

→ G4

a) $\vec{a} = \begin{pmatrix}-2\\2\\1\end{pmatrix} \Rightarrow \vec{a}_0 = \frac{1}{\sqrt{(-2)^2 + 2^2 + 1^2}} \cdot \begin{pmatrix}-2\\2\\1\end{pmatrix} = \frac{1}{3} \cdot \begin{pmatrix}-2\\2\\1\end{pmatrix}$

b) $\vec{a} = \begin{pmatrix}7\\0\\-1\end{pmatrix} \Rightarrow \vec{a}_0 = \frac{1}{\sqrt{\square^2 + \square^2 + \square^2}} \cdot \begin{pmatrix}\square\\\square\\\square\end{pmatrix} = \square \cdot \begin{pmatrix}\square\\\square\\\square\end{pmatrix}$

c) $\vec{b} = \begin{pmatrix}-9\\-7\\-3\end{pmatrix}$

d) $\vec{z} = \begin{pmatrix}0\\0\\-12\end{pmatrix}$

e) $\vec{n} = \begin{pmatrix}8\\-4\\-1\end{pmatrix}$

f) $\vec{a} = \begin{pmatrix}4\\4\\-8\end{pmatrix}$

A 11 Bestimme den Punkt B durch Abtragen einer Strecke der Länge l in Richtung $\vec{a}$, ausgehend von A.

→ W3

a) $A = (4|-3|1)$, $\vec{a} = \begin{pmatrix}-2\\2\\1\end{pmatrix}$, $l = 6$ $B = A + l \cdot \vec{a}_0 = \begin{pmatrix}4\\-3\\1\end{pmatrix} + 6 \cdot \frac{1}{\sqrt{(-2)^2 + 2^2 + 1^2}} \cdot \begin{pmatrix}-2\\2\\1\end{pmatrix} = \begin{pmatrix}0\\1\\3\end{pmatrix}$

b) $A = (-7|5|4)$, $\vec{a} = \begin{pmatrix}3\\-4\\0\end{pmatrix}$, $l = 15$ $B = A + l \cdot \vec{a}_0 = \begin{pmatrix}\square\\\square\\\square\end{pmatrix} + \square \cdot \frac{1}{\sqrt{\square^2 + \square^2 + \square^2}} \cdot \begin{pmatrix}\square\\\square\\\square\end{pmatrix} = \begin{pmatrix}\square\\\square\\\square\end{pmatrix}$

c) $A = (-2|-2|-1)$, $\vec{a} = \begin{pmatrix}-8\\4\\1\end{pmatrix}$, $l = 9$

d) $A = (12|-10|8)$, $\vec{a} = \begin{pmatrix}8\\0\\6\end{pmatrix}$, $l = 20$

A 12 Gegeben ist ein Quader $ABCDEFGH$ wie in der Skizze mit der Grundfläche $ABCD$, der Höhe $h = |\overrightarrow{AE}|$ und $\vec{n} = \overrightarrow{AB} \times \overrightarrow{AC}$. Ergänze den fehlenden Punkt.

→ W3

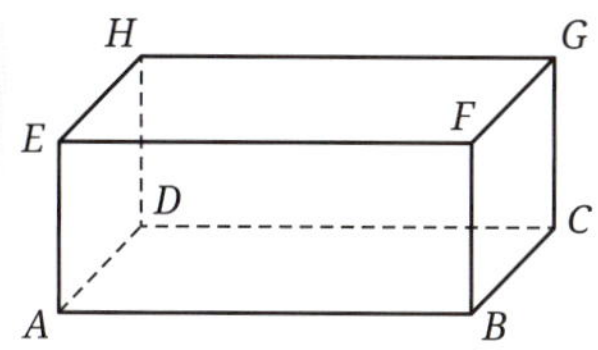

a) $\square = A + h \cdot \vec{n}_0$

b) $\square = D + h \cdot \vec{n}_0$

c) $G = \square + h \cdot \vec{n}_0$

d) $E = \square + h \cdot \vec{n}_0$

e) $\square = B + h \cdot \vec{n}_0$

f) $H = \square + h \cdot \vec{n}_0$

A 13 Bestimme einen Vektor $\vec{n}_0$, der auf die Ebene E_{ABC} normal steht und die Länge 1 hat.

a) E_{ABC}: $A = (1|0|1)$, $B = (2|5|1)$, $C = (-1|4|6)$

$\vec{n} = \overrightarrow{AB} \times \overrightarrow{AC} = \begin{pmatrix}1\\5\\0\end{pmatrix} \times \begin{pmatrix}-2\\4\\5\end{pmatrix} = \begin{pmatrix}25\\-5\\14\end{pmatrix} \Rightarrow \vec{n}_0 = \frac{1}{\sqrt{25^2 + (-5)^2 + 14^2}} \cdot \begin{pmatrix}25\\-5\\14\end{pmatrix} = \frac{1}{\sqrt{846}} \cdot \begin{pmatrix}25\\-5\\14\end{pmatrix}$

b) E_{ABC}: $A = (3|-1|-1)$, $B = (0|2|2)$, $C = (1|-2|-2)$

c) E_{ABC}: $A = (3|-1|4)$, $B = (6|-3|2)$, $C = (3|1|0)$

A 14 Gegeben sind Eckpunkte der Grundfläche sowie die Höhe eines Quaders. Bestimme den gesuchten Eckpunkt.

→ B2

a) $A = (1|-3|2)$, $B = (-3|-4|3)$, $C = (-3|-3|4)$, $h = 12$. Gesucht: E (zwei Lösungen)

b) $A = (-5|0|-4)$, $B = (-8|0|-7)$, $D = (-4|4|-5)$, $h = 18$. Gesucht: F (zwei Lösungen)

c) $B = (3|5|0)$, $C = (2|7|3)$, $D = (2|6|-1)$, $h = 3 \cdot \sqrt{42}$. Gesucht: H (zwei Lösungen)

A 15 Gib einen Vektor $\vec{n}$ an, der auf die Vektoren $\begin{pmatrix}-4\\-7\\5\end{pmatrix}$ und $\begin{pmatrix}8\\6\\-2\end{pmatrix}$ normal steht und die Länge 1 hat.

$\vec{n}$ = ____________

A 16 Gegeben ist der abgebildete Würfel. Kreuze die zutreffenden Aussagen an.

$\overrightarrow{AB} \times \overrightarrow{AC} \parallel \overrightarrow{AC}$	☐
$\overrightarrow{AG} \times \overrightarrow{BC} = 0$	☐
$\vert \overrightarrow{GH} \times \overrightarrow{EF} \vert = 0$	☐
$\overrightarrow{BC} \times \overrightarrow{CF} \parallel \overrightarrow{AB}$	☐
$\overrightarrow{HD} \times \overrightarrow{AF} \perp \overrightarrow{CE}$	☐

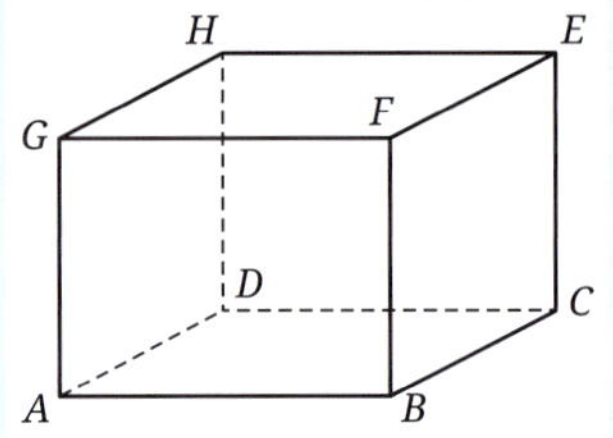

A 17 Gegeben sind die Vektoren $\vec{a}, \vec{b}, \vec{c} \in \mathbb{R}^3$. Kreuze alle Ausdrücke an, die einen Vektor ergeben.

$\vec{a} \times \vec{b}$	☐
$\vec{a} \cdot (\vec{b} \times \vec{c})$	☐
$(\vec{a} \cdot \vec{b}) \times \vec{c}$	☐
$(\vec{a} \times \vec{b}) \times \vec{c}$	☐
$(\vec{a} \times \vec{b}) \cdot (\vec{b} \times \vec{c})$	☐

A 18 Kreuze die beiden Aussagen für Vektoren $\vec{a}, \vec{b} \in \mathbb{R}^3$ an, die jedenfalls zutreffen.

$(\vec{a} \times \vec{b}) \cdot \vec{a} = 0$	☐
$\vec{a} \times \vec{a} = \vec{a} \cdot \vec{a}$	☐
$\vec{a} \times \vec{b} = \vec{b} \times \vec{a}$	☐
$(\vec{a} \times \vec{b}) \cdot \vec{a} = \vec{b}$	☐
$\vec{a} \times \vec{b} = -(\vec{b} \times \vec{a})$	☐

A 19 Gegeben sind die Vektoren $\vec{a} = \begin{pmatrix}7\\-2\\0{,}5\end{pmatrix}$ und $\vec{b} = \begin{pmatrix}x\\1\\-0{,}25\end{pmatrix}$. Bestimme x so, dass $\vec{a} \times \vec{b} = 0$.

x = ________________

A 20 Gegeben ist das Dreieck ABC mit $A = (4\,|\,0\,|\,0)$, $B = (0\,|\,4\,|\,0)$ und $C = (0\,|\,0\,|\,4)$.
Ergänze die Textlücken im folgenden Satz durch Ankreuzen der jeweils richtigen Satzteile so, dass eine korrekte Aussage entsteht.
Das Dreieck ABC ist ___①___ und hat einen Flächeninhalt von ___②___.

①	
rechtwinkelig	☐
gleichseitig	☐
unregelmäßig (alle Seiten verschieden lang)	☐

②	
☐	ca. 13,9 FE
☐	4 FE
☐	ca. 20 FE

A 21 Ein gerades Parallelepiped mit der Höhe $h = \sqrt{19}$ hat ein Parallelogramm $ABCD$ als Grundfläche:
$A = (4\,|\,5\,|\,1)$, $B = (4\,|\,7\,|\,3)$, $C = (1\,|\,5\,|\,2)$ und $D = (1\,|\,3\,|\,0)$.

a) Berechne den Flächeninhalt der Grundfläche.
b) Bestimme einen möglichen Eckpunkt E.
c) Berechne das Volumen des Parallelepipeds.

Geraden im Raum

Treffen zwei Politikerinnen oder Politiker aufeinander, sind sie sich oft über den Status quo (Wo stehen wir?) und die zukünftige Entwicklung (Wohin gehen wir?) des Landes uneinig. Im oft langwierigen politischen Prozess suchen sie dann nach Überschneidungen, Parallelen oder sogar identen Standpunkten. Wenn wir für zwei Geraden im Raum wissen, wo sie liegen und in welche Richtungen sie zeigen, können wir ihre (Lage-) Beziehung zueinander recht schnell klären.

Grundlagen

G1 Eine Gerade g im Raum kann nur durch eine Parameterdarstellung angegeben werden (nicht durch eine lineare Gleichung wie Geraden in der Ebene). Für die **Parameterdarstellung** braucht man entweder zwei Punkte auf der Geraden oder einen Punkt und den Richtungsvektor.

$g: X = A + t \cdot \overrightarrow{AB}$ oder $g: X = A + t \cdot \vec{g}$

A und B… Punkte auf der Geraden g; $\vec{g}$ und $\overrightarrow{AB}$… Richtungsvektoren von g; t… Parameter, eine reelle Zahl

G2 Um die gegenseitige Lage (**Lagebeziehung**) zweier in Parameterdarstellung gegebener Geraden im Raum zu bestimmen, sind folgende Unterscheidungen notwendig:

1. Zwischen einerseits einander (in einem Schnittpunkt) schneidenden oder windschiefen und andererseits parallelen oder identen Geraden („parallel" soll im Hinblick auf Geraden in diesem Kapitel immer parallel, aber nicht ident bedeuten): Das hängt davon ab, ob ihre Richtungsvektoren parallel sind.
2. Zwischen einerseits einander schneidenden und andererseits windschiefen Geraden: Das entscheidet sich anhand der Lösung des Gleichungssystems, das man durch das Gleichsetzen der Parameterdarstellungen erhält.
3. Zwischen einerseits parallelen und andererseits identen Geraden: Das entscheidet sich anhand der Lage der Punkte einer Geraden in Bezug auf die jeweils andere Gerade.

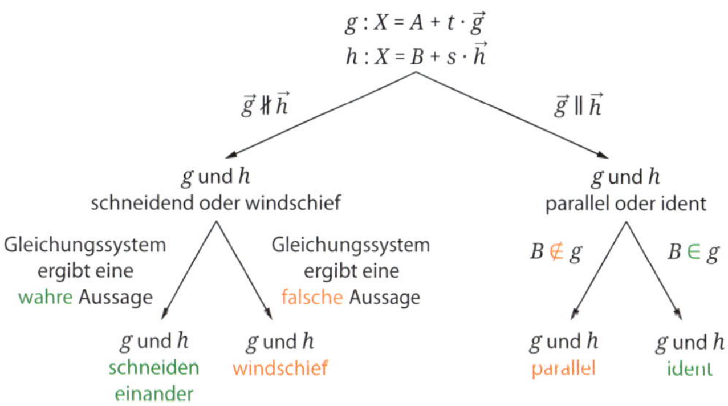

G3 Den **Winkel α zwischen den zwei Geraden** $g: X = A + t \cdot \vec{g}$ und $h: X = B + s \cdot \vec{h}$ berechnet man mit der Formel $\cos(\alpha) = \frac{\vec{g} \cdot \vec{h}}{|\vec{g}| \cdot |\vec{h}|}$. Liegt das Ergebnis zwischen 90° und 180°, wird es noch von 180° abgezogen.

G4 Den **Abstand eines Punktes P von einer Geraden g** berechnet man mit der Formel $d(P, g) = \frac{|\overrightarrow{AP} \times \vec{g}|}{|\vec{g}|}$ wobei A ein beliebiger Punkt der Geraden g ist.

G5 Den **Abstand zwischen zwei parallelen Geraden** $g: X = A + t \cdot \vec{g}$ und $h: X = B + s \cdot \vec{h}$ berechnet man mit der Formel $d(g, h) = \frac{|\overrightarrow{AB} \times \vec{g}|}{|\vec{g}|}$ wobei A ein beliebiger Punkt auf g und B ein beliebiger Punkt auf h ist.

Werkzeuge

W1 Um einen Punkt einer Geraden zu ermitteln, setzt man für den Parameter t eine beliebige Zahl in die Parameterdarstellung der Geraden ein.

W2 Zwei Geraden g und h stehen normal aufeinander, wenn für ihre Richtungsvektoren gilt: $\vec{g} \cdot \vec{h} = 0$.

Beispiele

B 1 Bestimme die Lagebeziehung zwischen den Geraden $g\colon X = \begin{pmatrix}1\\2\\-5\end{pmatrix} + t\cdot\begin{pmatrix}-3\\5\\3\end{pmatrix}$ und $h\colon X = \begin{pmatrix}-9\\26\\-1\end{pmatrix} + s\cdot\begin{pmatrix}1\\2\\-4\end{pmatrix}$.

Wie stelle ich fest, ob zwei Geraden im Raum einander schneiden oder windschief sind?

1 Überprüfen, ob die Richtungsvektoren der Geraden Vielfache voneinander sind, und daraus schließen, welcher Fall vorliegt: der Fall einander schneidend bzw. windschief oder der Fall parallel bzw. ident

$$\begin{pmatrix}-3\\5\\3\end{pmatrix} = v\cdot\begin{pmatrix}1\\2\\-4\end{pmatrix} \Leftrightarrow \begin{array}{rll} -3 = v & & \Rightarrow v = -3\\ 5 = v\cdot 2 & |:2 & \Rightarrow v = 2{,}5\\ 3 = v\cdot(-4) & |:(-4) & \Rightarrow v = -0{,}75\end{array}$$

Die v-Werte sind verschieden, d. h. die Richtungsvektoren sind keine Vielfachen voneinander. $\Rightarrow$
Die Geraden g und h schneiden einander entweder oder sind windschief. (→ G 2)

2 Die Parameterdarstellungen der Geraden gleichsetzen, koordinatenweise Gleichungen aufstellen

$$\begin{pmatrix}1\\2\\-5\end{pmatrix} + t\cdot\begin{pmatrix}-3\\5\\3\end{pmatrix} = \begin{pmatrix}-9\\26\\-1\end{pmatrix} + s\cdot\begin{pmatrix}1\\2\\-4\end{pmatrix} \quad \begin{array}{rlcl} \text{I:} & 1 + t\cdot(-3) = -9 + s\cdot 1 & \Leftrightarrow & 1 - 3t = -9 + s\\ \text{II:} & 2 + t\cdot 5 = 26 + s\cdot 2 & \Leftrightarrow & 2 + 5t = 26 + 2s\\ \text{III:} & -5 + t\cdot 3 = -1 + s\cdot(-4) & \Leftrightarrow & -5 + 3t = -1 - 4s\end{array}$$

3 Zwei der drei Gleichungen auswählen und das Gleichungssystem lösen

Wir wählen z. B. die Gleichungen I und II und lösen nach s und t auf.

$$\begin{array}{ll} \text{I: } 1 - 3t = -9 + s & |\cdot(-2)\\ \text{II: } 2 + 5t = 26 + 2s & \end{array} \Leftrightarrow \left.\begin{array}{r} -2 + 6t = 18 - 2s\\ 2 + 5t = 26 + 2s\end{array}\right\}+ \qquad \begin{array}{l} 11t = 44 \quad \Rightarrow t = 4\end{array}$$

Wir setzen t in eine der Gleichungen I oder II ein und berechnen daraus s.
II: $2 + 5\cdot 4 = 26 + 2s \Rightarrow s = -2$

4 Die erhaltenen Werte für die Parameter in die dritte Gleichung einsetzen, beide Seiten der Gleichung vereinfachen und aus der Aussage auf die Lagebeziehung schließen

Wir setzen $t = 4$ und $s = -2$ in Gleichung III ein:
$-5 + 3\cdot 4 = -1 - 4\cdot(-2)$
$7 = 7 \Rightarrow$ **wahre Aussage**
Mithilfe von → G 2 schließen wir: Die Geraden schneiden einander.

B 2 Bestimme die Lagebeziehung zwischen den Geraden $g\colon X = \begin{pmatrix}0\\-1\\2\end{pmatrix} + t\cdot\begin{pmatrix}3\\-1\\4\end{pmatrix}$ und $h\colon X = \begin{pmatrix}2\\-5\\-3\end{pmatrix} + s\cdot\begin{pmatrix}6\\-2\\8\end{pmatrix}$.

Wie stelle ich fest, ob zwei Geraden im Raum parallel oder ident sind?

1 Überprüfen, ob die Richtungsvektoren der Geraden Vielfache voneinander sind, und daraus schließen, welcher Fall vorliegt: der Fall einander schneidend bzw. windschief oder der Fall parallel bzw. ident

$$\begin{pmatrix}3\\-1\\4\end{pmatrix} = v\cdot\begin{pmatrix}6\\-2\\8\end{pmatrix} \Leftrightarrow \begin{array}{rll} 3 = v\cdot 6 & |:6 & \Rightarrow v = 0{,}5\\ -1 = v\cdot(-2) & |:(-2) & \Rightarrow v = 0{,}5\\ 4 = v\cdot 8 & |:8 & \Rightarrow v = 0{,}5\end{array}$$

Die v-Werte sind **gleich**, d. h. **die Richtungsvektoren sind Vielfache voneinander**. $\Rightarrow$
Die Geraden g und h sind entweder parallel oder ident. (→ G 2)

2 Den Punkt einer Geraden in die Parameterdarstellung der anderen Geraden für X einsetzen, den Parameter koordinatenweise berechnen und aus dem Ergebnis die Lagebeziehung schließen

Wir setzen den Punkt $(2\,|\,-5\,|\,-3)$ der Geraden h in die Parameterdarstellung von g ein.

$$\begin{pmatrix}2\\-5\\-3\end{pmatrix} = \begin{pmatrix}0\\-1\\2\end{pmatrix} + t\cdot\begin{pmatrix}3\\-1\\4\end{pmatrix} \Leftrightarrow \begin{array}{l} 2 = 0 + 3t \Rightarrow t = \frac{2}{3}\\ -5 = -1 - t \Rightarrow t = 4\\ -3 = 2 + 4t \Rightarrow t = -\frac{5}{4}\end{array}$$

Die t-Werte sind verschieden, d. h. der Punkt $(2\,|\,-5\,|\,-3)$ liegt nicht auf g.
Mithilfe von → G 2 schließen wir: Die Geraden g und h sind parallel.

Aufgaben zu den Beispielen

B1 A Bestimme die Lagebeziehung zwischen den Geraden $g: X = \begin{pmatrix}-2\\-1\\1\end{pmatrix} + t \cdot \begin{pmatrix}1\\-4\\5\end{pmatrix}$ und $h: X = \begin{pmatrix}0\\2\\-6\end{pmatrix} + s \cdot \begin{pmatrix}3\\1\\1\end{pmatrix}$.

1 Überprüfen, ob die Richtungsvektoren der Geraden Vielfache voneinander sind, und daraus schließen, welcher Fall vorliegt: der Fall einander schneidend bzw. windschief oder der Fall parallel bzw. ident

$\begin{pmatrix}\square\\\square\\\square\end{pmatrix} = v \cdot \begin{pmatrix}\square\\\square\\\square\end{pmatrix} \Leftrightarrow$ $\square = v \cdot \square \Rightarrow v \approx \square$; $\square = v \cdot \square \Rightarrow v = \square$; $\square = v \cdot \square \Rightarrow v = \square$

Die v-Werte sind ______, d. h. die Richtungsvektoren sind ______ Vielfachen voneinander. $\Rightarrow$ Die Geraden g und h ______ entweder oder ______.

2 Die Parameterdarstellungen der Geraden gleichsetzen, koordinatenweise Gleichungen aufstellen

$\begin{pmatrix}\square\\\square\\\square\end{pmatrix} + t \cdot \begin{pmatrix}\square\\\square\\\square\end{pmatrix} = \begin{pmatrix}\square\\\square\\\square\end{pmatrix} + s \cdot \begin{pmatrix}\square\\\square\\\square\end{pmatrix}$

I: $\square + t \cdot \square = \square + s \cdot \square$ | $\square \bigcirc \square = \square$
II: $\square + t \cdot \square = \square + s \cdot \square$ $\Leftrightarrow$ | $\square \bigcirc \square = \square \bigcirc \square$
III: $\square + t \cdot \square = \square + s \cdot \square$ | $\square \bigcirc \square = \square \bigcirc \square$

3 Zwei der drei Gleichungen auswählen und das Gleichungssystem lösen

$\square: \square \bigcirc \square = \square \bigcirc \square$
$\square: \square \bigcirc \square = \square \bigcirc \square$ $\Leftrightarrow$ ______

______

______

______

Berechnung des anderen Parameters: ______

4 Die erhaltenen Werte für die Parameter in die dritte Gleichung einsetzen, beide Seiten der Gleichung vereinfachen und aus der Aussage auf die Lagebeziehung schließen

______

______ $\Rightarrow$ ______ Aussage. $\Rightarrow$ Die Geraden ______.

B2 A Bestimme die Lagebeziehung zwischen den Geraden $g: X = \begin{pmatrix}1\\4\\2\end{pmatrix} + t \cdot \begin{pmatrix}2\\-1\\3\end{pmatrix}$ und $h: X = \begin{pmatrix}7\\1\\11\end{pmatrix} + s \cdot \begin{pmatrix}4\\2\\-6\end{pmatrix}$.

1 Überprüfen, ob die Richtungsvektoren der Geraden Vielfache voneinander sind, und daraus schließen, welcher Fall vorliegt: der Fall einander schneidend bzw. windschief oder der Fall parallel bzw. ident

$\begin{pmatrix}\square\\\square\\\square\end{pmatrix} = v \cdot \begin{pmatrix}\square\\\square\\\square\end{pmatrix} \Leftrightarrow$ $\square = v \cdot \square \Rightarrow v = \square$; $\square = v \cdot \square \Rightarrow v = \square$; $\square = v \cdot \square \Rightarrow v = \square$

Die v-Werte sind ______, d. h. die Richtungsvektoren sind ______ voneinander. $\Rightarrow$ Die Geraden g und h sind entweder ______ oder ______.

2 Den Punkt einer Geraden in die Parameterdarstellung der anderen Geraden für X einsetzen, den Parameter t koordinatenweise berechnen und aus dem Ergebnis die Lagebeziehung schließen

$\begin{pmatrix}\square\\\square\\\square\end{pmatrix} = \begin{pmatrix}\square\\\square\\\square\end{pmatrix} + t \cdot \begin{pmatrix}\square\\\square\\\square\end{pmatrix} \Leftrightarrow$ $\square = \square \bigcirc \square \Rightarrow t = \square$; $\square = \square \bigcirc \square \Rightarrow t = \square$; $\square = \square \bigcirc \square \Rightarrow t = \square$

Die t-Werte sind ______, d. h. der Punkt ($\square$ | $\square$ | $\square$) ______ g. $\Rightarrow$

Die Geraden g und h sind ______.

Lösungen Weitere Aufgaben

Aufgaben

A 1 Gegeben sind zwei Punkte A und B einer Geraden g. Gib eine Parameterdarstellung von g an und bestimme mit dem Parameterwert $t = 3$ einen weiteren Punkt C auf der Geraden g.

→ G 1
→ W 1

a) $A = (1|-1|0)$, $B = (-4|0|3)$

$\overrightarrow{AB} = B - A = \begin{pmatrix}-4\\0\\3\end{pmatrix} - \begin{pmatrix}1\\-1\\0\end{pmatrix} = \begin{pmatrix}-5\\1\\3\end{pmatrix} \Longrightarrow$ Parameterdarstellung $g: X = \begin{pmatrix}1\\-1\\0\end{pmatrix} + t \cdot \begin{pmatrix}-5\\1\\3\end{pmatrix}$

Wir setzen $t = 3$ in die Parameterdarstellung ein: $C = \begin{pmatrix}1\\-1\\0\end{pmatrix} + 3 \cdot \begin{pmatrix}-5\\1\\3\end{pmatrix} = \begin{pmatrix}1\\-1\\0\end{pmatrix} + \begin{pmatrix}-15\\3\\9\end{pmatrix} = \begin{pmatrix}-14\\2\\9\end{pmatrix}$

b) $A = (0|2|-1)$, $B = (8|5|1)$ **c)** $A = (2|2|4)$, $B = (-1|7|1)$ **d)** $A = (0|0|-4)$, $B = (2|7|0)$

A 2 Bestimme die Lagebeziehung zwischen den Geraden g und h.

→ B1–B2

a) $g: X = \begin{pmatrix}-2\\-3\\5\end{pmatrix} + t \cdot \begin{pmatrix}4\\9\\3\end{pmatrix}$, $h: X = \begin{pmatrix}-2\\0\\4\end{pmatrix} + s \cdot \begin{pmatrix}2\\6\\1\end{pmatrix}$

b) $g: X = \begin{pmatrix}4\\-5\\0\end{pmatrix} + t \cdot \begin{pmatrix}6\\-4\\2\end{pmatrix}$; $h: X = \begin{pmatrix}1\\5\\-2\end{pmatrix} + s \cdot \begin{pmatrix}-3\\2\\-1\end{pmatrix}$

c) $g: X = \begin{pmatrix}-1\\4\\0\end{pmatrix} + t \cdot \begin{pmatrix}3\\4\\-2\end{pmatrix}$; $h: X = \begin{pmatrix}1\\5\\6\end{pmatrix} + s \cdot \begin{pmatrix}2\\2\\5\end{pmatrix}$

d) $g: X = \begin{pmatrix}4\\-6\\4\end{pmatrix} + t \cdot \begin{pmatrix}5\\-1\\-2\end{pmatrix}$; $h: X = \begin{pmatrix}9\\-7\\2\end{pmatrix} + s \cdot \begin{pmatrix}-10\\2\\4\end{pmatrix}$

A 3 Kreuze die Fälle an, bei denen $g: X = A + t \cdot \vec{g}$ und $h: X = B + s \cdot \vec{h}$ **a)** einander schneiden, **b)** ident sind.

→ B1–B2

a)

$g: X = \begin{pmatrix}1\\-1\\3\end{pmatrix} + t \cdot \begin{pmatrix}2\\1\\-1\end{pmatrix}$, $h: X = \begin{pmatrix}0\\1\\3\end{pmatrix} + s \cdot \begin{pmatrix}1\\-1\\1\end{pmatrix}$	☐
$g: X = \begin{pmatrix}2\\5\\1\end{pmatrix} + t \cdot \begin{pmatrix}-1\\1\\6\end{pmatrix}$, $h: X = \begin{pmatrix}1\\6\\7\end{pmatrix} + s \cdot \begin{pmatrix}4\\2\\5\end{pmatrix}$	☐
$g: X = \begin{pmatrix}0\\7\\1\end{pmatrix} + t \cdot \begin{pmatrix}-4\\-4\\5\end{pmatrix}$, $h: X = \begin{pmatrix}-2\\2\\4\end{pmatrix} + s \cdot \begin{pmatrix}3\\6\\1\end{pmatrix}$	☐
$g: X = \begin{pmatrix}3\\1\\6\end{pmatrix} + t \cdot \begin{pmatrix}1\\-4\\2\end{pmatrix}$, $h: X = \begin{pmatrix}4\\1\\-2\end{pmatrix} + s \cdot \begin{pmatrix}2\\-12\\14\end{pmatrix}$	☐

b)

$g: X = \begin{pmatrix}5\\2\\7\end{pmatrix} + t \cdot \begin{pmatrix}-1\\3\\3\end{pmatrix}$, $h: X = \begin{pmatrix}4\\5\\10\end{pmatrix} + s \cdot \begin{pmatrix}2\\-6\\-6\end{pmatrix}$	☐
$g: X = \begin{pmatrix}-3\\1\\-2\end{pmatrix} + t \cdot \begin{pmatrix}4\\2\\6\end{pmatrix}$, $h: X = \begin{pmatrix}0\\1\\4\end{pmatrix} + s \cdot \begin{pmatrix}2\\1\\3\end{pmatrix}$	☐
$g: X = \begin{pmatrix}6\\-2\\2\end{pmatrix} + t \cdot \begin{pmatrix}5\\8\\-2\end{pmatrix}$, $h: X = \begin{pmatrix}3\\-1\\1\end{pmatrix} + s \cdot \begin{pmatrix}-10\\-16\\4\end{pmatrix}$	☐
$g: X = \begin{pmatrix}1\\0\\2\end{pmatrix} + t \cdot \begin{pmatrix}-2\\1\\3\end{pmatrix}$, $h: X = \begin{pmatrix}-1\\1\\5\end{pmatrix} + s \cdot \begin{pmatrix}10\\-5\\-15\end{pmatrix}$	☐

A 4 Gegeben sind die Geraden $g: X = A + t \cdot \vec{g}$ und $h: X = B + s \cdot \vec{h}$. Kreuze die beiden jedenfalls zutreffenden Aussagen an.

→ G2

Ist $A = B$, dann sind die Geraden g und h ident.	☐
Ist $\vec{g} = \vec{h}$, dann schneiden einander die Geraden g und h.	☐
Wenn $B \in g$ und $\vec{g} = v \cdot \vec{h}$ für ein $v \in \mathbb{R}^*$, dann sind die Geraden g und h ident.	☐
Ist $\vec{g} \neq v \cdot \vec{h}$ $(v \in \mathbb{R})$, dann sind die Geraden g und h windschief.	☐
Wenn $A \in h$ und $\vec{g} \neq v \cdot \vec{h}$ $(v \in \mathbb{R})$, dann schneiden einander die Geraden g und h.	☐

A 5 Gegeben sind die Gerade g und ein Punkt P. Bestimme die fehlenden Koordinaten von P so, dass er auf der Geraden g liegt.

a) $g: X = \begin{pmatrix}-4\\8\\1\end{pmatrix} + t \cdot \begin{pmatrix}-4\\-4\\5\end{pmatrix}$, $P = (x|20|z)$

Wir setzen P für X in g ein und berechnen t aus Gleichung II. Dann setzen wir t in die Gleichungen I und III ein, um x und z zu berechnen.

I: $x = -4 - 4t \quad \Longrightarrow x = -4 - 4 \cdot (-3) = 8$
II: $20 = 8 - 4t \quad \Longrightarrow t = -3$
III: $z = 1 + 5t \quad \Longrightarrow z = 1 + 5 \cdot (-3) = -14$

b) $g: X = \begin{pmatrix}1\\5\\-4\end{pmatrix} + t \cdot \begin{pmatrix}2\\7\\-1\end{pmatrix}$, $P = (x|y|-8)$

c) $g: X = \begin{pmatrix}3\\-2\\4\end{pmatrix} + t \cdot \begin{pmatrix}2\\5\\-1\end{pmatrix}$, $P = (-1|y|z)$

d) $g: X = \begin{pmatrix}7\\4\\6\end{pmatrix} + t \cdot \begin{pmatrix}-1\\2\\-6\end{pmatrix}$, $P = (x|y|0)$

e) $g: X = \begin{pmatrix}6\\-2\\2\end{pmatrix} + t \cdot \begin{pmatrix}-2\\6\\-2\end{pmatrix}$, $P = (x|13|z)$

A 6 Die Geraden g und h schneiden einander. Bestimme ihren **Schnittpunkt** S und den Schnittwinkel α.

→ G3

a) $g: X = \begin{pmatrix} 1 \\ 2 \\ -1 \end{pmatrix} + t \cdot \begin{pmatrix} 3 \\ -1 \\ 6 \end{pmatrix}$, $h: X = \begin{pmatrix} 2 \\ 1 \\ 5 \end{pmatrix} + s \cdot \begin{pmatrix} -2 \\ 1 \\ -6 \end{pmatrix}$

Wir setzen die Parameterdarstellungen gleich, wählen zwei Gleichungen und lösen das Gleichungssystem nach einem der Parameter, s oder t. Die Lösung setzen wir in die Gerade ein, in deren Parameterdarstellung dieser Parameter vorkommt.

$$\begin{aligned} \text{I:} &\quad 1 + 3t = 2 - 2s \\ \text{II:} &\quad 2 - t = 1 + s \\ \text{III:} &\quad -1 + 6t = 5 - 6s \end{aligned}$$

z. B. $\left.\begin{aligned} \text{I: } 1 + 3t &= 2 - 2s \\ \text{II: } 2 - t &= 1 + s \end{aligned}\right\} \text{I} + 2 \cdot \text{II}$

$5 + t = 4 \Longrightarrow t = -1$

$$S = \begin{pmatrix} 1 \\ 2 \\ -1 \end{pmatrix} + (-1) \cdot \begin{pmatrix} 3 \\ -1 \\ 6 \end{pmatrix} = \begin{pmatrix} -2 \\ 3 \\ -7 \end{pmatrix}$$

Winkel: $\cos^{-1} \frac{\begin{pmatrix} 3 \\ -1 \\ 6 \end{pmatrix} \cdot \begin{pmatrix} -2 \\ 1 \\ -6 \end{pmatrix}}{\left|\begin{pmatrix} 3 \\ -1 \\ 6 \end{pmatrix}\right| \cdot \left|\begin{pmatrix} -2 \\ 1 \\ -6 \end{pmatrix}\right|} = \cos^{-1}\left(\frac{3 \cdot (-2) + (-1) \cdot 1 + 6 \cdot (-6)}{\sqrt{3^2 + (-1)^2 + 6^2} \cdot \sqrt{(-2)^2 + 1^2 + (-6)^2}}\right) = \cos^{-1}\left(\frac{-43}{\sqrt{46} \cdot \sqrt{41}}\right) \approx 171{,}95° \Longrightarrow \alpha \approx 180° - 171{,}95° = 8{,}05°$

b) $g: X = \begin{pmatrix} -8 \\ 2 \\ 4 \end{pmatrix} + t \cdot \begin{pmatrix} 1 \\ 4 \\ 3 \end{pmatrix}$, $h: X = \begin{pmatrix} 3 \\ 4 \\ -17 \end{pmatrix} + s \cdot \begin{pmatrix} 2 \\ 1 \\ -3 \end{pmatrix}$ **c)** $g: X = \begin{pmatrix} 2 \\ 5 \\ 7 \end{pmatrix} + t \cdot \begin{pmatrix} 0 \\ 1 \\ -5 \end{pmatrix}$, $h: X = \begin{pmatrix} 10 \\ 15 \\ -17 \end{pmatrix} + s \cdot \begin{pmatrix} 8 \\ 5 \\ 1 \end{pmatrix}$

A 7 Bestimme die fehlende Koordinate des Richtungsvektors $\vec{h}$ so, dass g und h normal aufeinander stehen.

→ W2

a) $g: X = \begin{pmatrix} 1 \\ 4 \\ -3 \end{pmatrix} + t \cdot \begin{pmatrix} 2 \\ -5 \\ 4 \end{pmatrix}$, $h: X = \begin{pmatrix} 5 \\ -6 \\ 5 \end{pmatrix} + s \cdot \begin{pmatrix} x \\ 2 \\ 2 \end{pmatrix}$

$\begin{pmatrix} 2 \\ -5 \\ 4 \end{pmatrix} \cdot \begin{pmatrix} x \\ 2 \\ 2 \end{pmatrix} = 0 \Leftrightarrow 2x - 10 + 8 = 0 \Longrightarrow x = 1$

b) $g: X = \begin{pmatrix} -3 \\ 7 \\ 5 \end{pmatrix} + t \cdot \begin{pmatrix} 1 \\ -6 \\ 3 \end{pmatrix}$, $h: X = \begin{pmatrix} -2 \\ 1 \\ 8 \end{pmatrix} + s \cdot \begin{pmatrix} -9 \\ y \\ -1 \end{pmatrix}$

c) $g: X = \begin{pmatrix} 6 \\ -4 \\ 3 \end{pmatrix} + t \cdot \begin{pmatrix} 5 \\ 3 \\ 2 \end{pmatrix}$, $h: X = \begin{pmatrix} 1 \\ -7 \\ 7 \end{pmatrix} + s \cdot \begin{pmatrix} 2 \\ -6 \\ z \end{pmatrix}$

A 8 Bestimme die fehlenden Koordinaten des Richtungsvektors $\vec{h}$ so, dass g und h parallel sind.

a) $g: X = \begin{pmatrix} 3 \\ -6 \\ 7 \end{pmatrix} + t \cdot \begin{pmatrix} 15 \\ -9 \\ 6 \end{pmatrix}$, $h: X = \begin{pmatrix} 1 \\ 0 \\ 2 \end{pmatrix} + s \cdot \begin{pmatrix} x \\ y \\ 2 \end{pmatrix}$

$$\begin{pmatrix} 15 \\ -9 \\ 6 \end{pmatrix} = v \cdot \begin{pmatrix} x \\ y \\ 2 \end{pmatrix} \Leftrightarrow \begin{aligned} 15 &= v \cdot x && \Longrightarrow 15 = 3 \cdot x \Longrightarrow x = 5 \\ -9 &= v \cdot y && \Longrightarrow -9 = 3 \cdot y \Longrightarrow y = -3 \\ 6 &= v \cdot 2 \Longrightarrow v = 3 && \end{aligned}$$

b) $g: X = \begin{pmatrix} -3 \\ 7 \\ 8 \end{pmatrix} + t \cdot \begin{pmatrix} -4 \\ -6 \\ 10 \end{pmatrix}$, $h: X = \begin{pmatrix} 1 \\ 5 \\ 1 \end{pmatrix} + s \cdot \begin{pmatrix} -2 \\ y \\ z \end{pmatrix}$ **c)** $g: X = \begin{pmatrix} 0 \\ 1 \\ 4 \end{pmatrix} + t \cdot \begin{pmatrix} 3 \\ 2 \\ -7 \end{pmatrix}$, $h: X = \begin{pmatrix} 3 \\ 4 \\ 3 \end{pmatrix} + s \cdot \begin{pmatrix} x \\ 1 \\ z \end{pmatrix}$

A 9 Gegeben sind eine Gerade g und ein Punkt $P \not\in g$. Berechne den Abstand d des Punktes P von der Geraden g.

→ G4

a) $g: X = \begin{pmatrix} 0 \\ 1 \\ 5 \end{pmatrix} + t \cdot \begin{pmatrix} -3 \\ 6 \\ 0 \end{pmatrix}$, $P = (-2 \mid 4 \mid 7)$

Wir bilden den Vektor $\overrightarrow{AP}$, dabei ist A der Punkt auf der Geraden g: $\overrightarrow{AP} = \begin{pmatrix} -2 \\ 4 \\ 7 \end{pmatrix} - \begin{pmatrix} 0 \\ 1 \\ 5 \end{pmatrix} = \begin{pmatrix} -2 \\ 3 \\ 2 \end{pmatrix}$.

Wir setzen $\overrightarrow{AP}$ und $\vec{g}$ in die Abstandsformel ein:

$$d(P, g) = \frac{|\overrightarrow{AP} \times \vec{g}|}{|\vec{g}|} = \frac{\left|\begin{pmatrix} -2 \\ 3 \\ 2 \end{pmatrix} \times \begin{pmatrix} -3 \\ 6 \\ 0 \end{pmatrix}\right|}{\left|\begin{pmatrix} -3 \\ 6 \\ 0 \end{pmatrix}\right|} = \frac{\left|\begin{pmatrix} -12 \\ -6 \\ -3 \end{pmatrix}\right|}{\left|\begin{pmatrix} -3 \\ 6 \\ 0 \end{pmatrix}\right|} = \frac{\sqrt{(-12)^2 + (-6)^2 + (-3)^2}}{\sqrt{(-3)^2 + 6^2 + 0^2}} \approx 2{,}05$$

b) $g: X = \begin{pmatrix} -2 \\ 8 \\ 3 \end{pmatrix} + t \cdot \begin{pmatrix} 1 \\ 2 \\ 5 \end{pmatrix}$, $P = (0 \mid 3 \mid 7)$ **c)** $g: X = \begin{pmatrix} 1 \\ 1 \\ 8 \end{pmatrix} + t \cdot \begin{pmatrix} -5 \\ 2 \\ 1 \end{pmatrix}$, $P = (1 \mid 2 \mid 9)$ **d)** $g: X = \begin{pmatrix} 2 \\ -4 \\ 5 \end{pmatrix} + t \cdot \begin{pmatrix} -3 \\ 0 \\ 2 \end{pmatrix}$, $P = (-4 \mid 7 \mid 5)$

A 10 Gegeben sind zwei parallele Geraden g und h. Berechne den Abstand d zwischen g und h mithilfe der Formel $d(g, h) = \frac{|\overrightarrow{AB} \times \vec{g}|}{|\vec{g}|}$, wobei A ein Punkt auf g und B ein Punkt auf h ist.

→ G5

a) $g: X = \begin{pmatrix} 1 \\ 2 \\ -5 \end{pmatrix} + t \cdot \begin{pmatrix} 5 \\ -1 \\ 3 \end{pmatrix}$, $h: X = \begin{pmatrix} 0 \\ 1 \\ 4 \end{pmatrix} + s \cdot \begin{pmatrix} 10 \\ -2 \\ 6 \end{pmatrix}$ **b)** $g: X = \begin{pmatrix} 5 \\ 0 \\ 1 \end{pmatrix} + t \cdot \begin{pmatrix} 3 \\ 9 \\ 3 \end{pmatrix}$, $h: X = \begin{pmatrix} 0 \\ 1 \\ -1 \end{pmatrix} + s \cdot \begin{pmatrix} 1 \\ 3 \\ 1 \end{pmatrix}$ **c)** $g: X = \begin{pmatrix} 1 \\ 4 \\ -3 \end{pmatrix} + t \cdot \begin{pmatrix} 2 \\ -5 \\ 7 \end{pmatrix}$, $h: X = \begin{pmatrix} 0 \\ -8 \\ 5 \end{pmatrix} + s \cdot \begin{pmatrix} -4 \\ 10 \\ -14 \end{pmatrix}$

Lösungen

A 11 Gegeben ist die Gerade $g\colon X = \begin{pmatrix} 4 \\ -5 \\ 7 \end{pmatrix} + t \cdot \begin{pmatrix} 1 \\ -2 \\ -4 \end{pmatrix}$. Kreuze die beiden Parameterdarstellungen an, die ebenfalls die Gerade g beschreiben.

$h\colon X = \begin{pmatrix} 8 \\ -10 \\ 14 \end{pmatrix} + s \cdot \begin{pmatrix} 2 \\ 1 \\ 5 \end{pmatrix}$	☐
$h\colon X = \begin{pmatrix} 0 \\ 2 \\ 1 \end{pmatrix} + s \cdot \begin{pmatrix} 1 \\ -2 \\ -4 \end{pmatrix}$	☐
$h\colon X = \begin{pmatrix} 2 \\ -1 \\ 15 \end{pmatrix} + s \cdot \begin{pmatrix} 6 \\ -12 \\ -24 \end{pmatrix}$	☐
$h\colon X = \begin{pmatrix} 4 \\ -5 \\ 7 \end{pmatrix} + s \cdot \begin{pmatrix} 0 \\ 5 \\ 1 \end{pmatrix}$	☐
$h\colon X = \begin{pmatrix} 4 \\ -5 \\ 7 \end{pmatrix} + s \cdot \begin{pmatrix} -2 \\ 4 \\ 8 \end{pmatrix}$	☐

A 12 Gegeben ist die Gerade $g\colon X = \begin{pmatrix} -1 \\ -2 \\ 9 \end{pmatrix} + t \cdot \begin{pmatrix} 3 \\ 4 \\ -7 \end{pmatrix}$. Kreuze die beiden Punkte an, die auf der Geraden g liegen.

$(3 \mid 4 \mid -7)$	$(2 \mid 2 \mid 2)$	$(8 \mid 5 \mid 1)$	$(15 \mid 18 \mid -7)$	$(-7 \mid -10 \mid 23)$
☐	☐	☐	☐	☐

A 13 Gegeben sind die Geraden $g\colon X = A + t \cdot \vec{g}$ und $h\colon X = B + s \cdot \vec{h}$.
Ergänze die Textlücken im folgenden Satz durch Ankreuzen der jeweils richtigen Satzteile so, dass eine korrekte Aussage entsteht.

Wenn ___①___, dann gilt: Die Geraden g und h ___②___.

①	
$\vec{g} \cdot \vec{h} = 0$	☐
$\vec{g} = v \cdot \vec{h}$ $(v \in \mathbb{R}^*)$	☐
$\vec{g} = v \cdot \vec{h}$ und $A \in h$ $(v \in \mathbb{R}^*)$	☐

	②
☐	schneiden einander
☐	sind ident
☐	sind parallel, aber nicht ident

A 14 Gegeben sind die Geraden $g\colon X = \begin{pmatrix} 1 \\ 5 \\ z \end{pmatrix} + t \cdot \begin{pmatrix} 1 \\ -3 \\ 1 \end{pmatrix}$ und $h\colon X = \begin{pmatrix} 0 \\ 2 \\ 3 \end{pmatrix} + s \cdot \begin{pmatrix} -3 \\ 3 \\ -2 \end{pmatrix}$.
Bestimme die fehlende Koordinate z so, dass die beiden Geraden einander schneiden.

$z =$ ______________

A 15 Gib die Parameterdarstellung einer Geraden g an, die durch den Punkt $P = (0 \mid 4 \mid 7)$ verläuft und parallel zur z-Achse ist.

g: ____

A 16 Gegeben sind die Geraden $g\colon X = \begin{pmatrix} 4 \\ 7 \\ 1 \end{pmatrix} + t \cdot \begin{pmatrix} 2 \\ 3 \\ 5 \end{pmatrix}$ und $h\colon X = \begin{pmatrix} 8 \\ 13 \\ 11 \end{pmatrix} + s \cdot \begin{pmatrix} 1 \\ 3 \\ -6 \end{pmatrix}$.

a) Berechne den Schnittpunkt S dieser beiden Geraden.
b) Berechne den kleineren Winkel, der von den beiden Geraden eingeschlossen wird.
c) Weise nach, dass der Punkt $P = (1 \mid 1 \mid -1)$ nicht auf der Geraden g liegt, und gib die Parameterdarstellung einer Geraden p an, die durch den Punkt P verläuft und parallel zu g ist.
d) Berechne den Abstand des Punktes P zur Geraden g.

Ebenen im Raum

22

Minigolf findet größtenteils auf ebenen Bahnen statt, beim Golf hingegen hat man für weite Abschläge den ganzen Raum zur Verfügung, wodurch ein völlig neues Spiel entsteht, obwohl beide Sportarten das gleiche Grundprinzip haben. In der Vektorrechnung tritt ein ähnlicher Effekt auf: Im $\mathbb{R}^2$ ist durch einen Punkt und einen Vektor eine Gerade definiert, im $\mathbb{R}^3$ hingegen legen diese beiden Bestimmungsstücke eine Ebene fest. Das Spiel mit den Vektoren wird dadurch zwar komplexer, aber dafür auch professioneller.

Grundlagen

G 1 Eine **Ebene im dreidimensionalen Raum** kann man sich als eine Fläche vorstellen, die sich unendlich ausdehnt.

Ebenen werden durch **Gleichungen** beschrieben, diese können auf zwei Arten dargestellt werden.

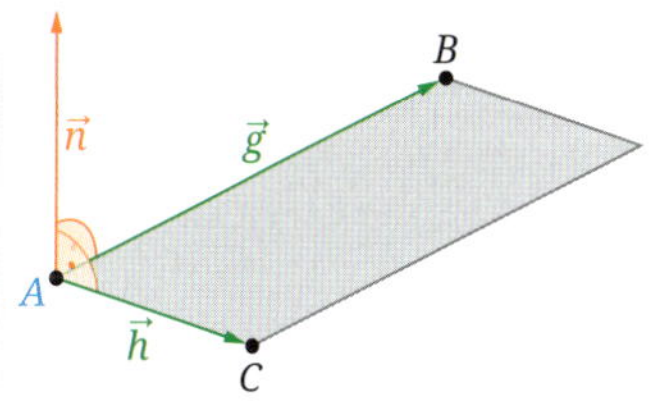

Parameterdarstellung	Normalvektordarstellung
$X = A + s \cdot \vec{g} + t \cdot \vec{h}$ oder $X = A + s \cdot \overrightarrow{AB} + t \cdot \overrightarrow{AC}$ $A, B, C\ldots$ Punkte in der Ebene $\vec{g} = \overrightarrow{AB}, \vec{h} = \overrightarrow{AC}\ldots$ Richtungsvektoren der Ebene, wobei $\vec{g} \nparallel \vec{h}$ $s, t\ldots$ Parameter (reelle Zahlen)	$a \cdot x + b \cdot y + c \cdot z = d$ oder $\vec{n} \cdot X = \vec{n} \cdot A$ $\begin{pmatrix} a \\ b \\ c \end{pmatrix} = \vec{n}\ldots$ Normalvektor der Ebene $A\ldots$ Punkt in der Ebene $X = \begin{pmatrix} x \\ y \\ z \end{pmatrix}$

G 2 Als die **Koordinatenebenen** werden die xy-Ebene, die xz-Ebene und die yz-Ebene bezeichnet.

Richtungsvektoren der xy-Ebene sind $\begin{pmatrix} 1 \\ 0 \\ 0 \end{pmatrix}$ und $\begin{pmatrix} 0 \\ 1 \\ 0 \end{pmatrix}$.

Richtungsvektoren der xz-Ebene sind $\begin{pmatrix} 1 \\ 0 \\ 0 \end{pmatrix}$ und $\begin{pmatrix} 0 \\ 0 \\ 1 \end{pmatrix}$.

Richtungsvektoren der yz-Ebene sind $\begin{pmatrix} 0 \\ 1 \\ 0 \end{pmatrix}$ und $\begin{pmatrix} 0 \\ 0 \\ 1 \end{pmatrix}$.

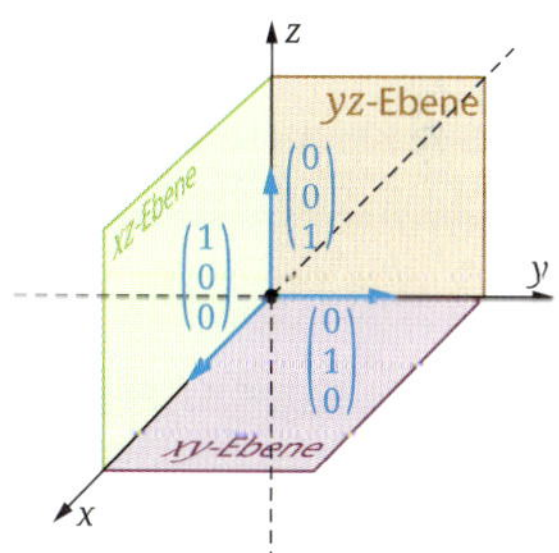

G 3 Den **Abstand eines Punktes P von der Ebene E** berechnet man mit der Formel $d(P, E) = \frac{|\overrightarrow{AP} \cdot \vec{n}|}{|\vec{n}|}$ wobei A ein beliebiger Punkt der Ebene E ist.

Werkzeuge

W1 Um zu überprüfen, ob ein Punkt $P = (x_P | y_P | z_P)$ in der Ebene E liegt, setzt man seine Koordinaten in die Normalvektordarstellung der Ebene anstelle von x, y und z ein. Ergibt sich eine wahre Aussage, liegt der Punkt P in der Ebene. Ergibt sich eine falsche Aussage, liegt der Punkt P nicht in der Ebene.

W2 Ist eine Ebene in der Form $a \cdot x + b \cdot y + c \cdot z = d$ gegeben, so erhält man einen beliebigen Punkt dieser Ebene, indem man zwei der Koordinaten x, y und z frei wählt, in die Gleichung einsetzt und nach der dritten Koordinate auflöst.

Beispiele

B1 Von einer Ebene E sind drei Punkte $A = (1|-2|1)$, $B = (0|3|4)$ und $C = (5|-1|-3)$ gegeben. Gib eine Parameterdarstellung von E an.

Wie stelle ich eine Parameterdarstellung einer Ebene auf, wenn drei Punkte A, B, C in der Ebene gegeben sind?

1 Die Richtungsvektoren $\overrightarrow{AB}$ und $\overrightarrow{AC}$ bilden

$$\overrightarrow{AB} = \begin{pmatrix}0\\3\\4\end{pmatrix} - \begin{pmatrix}1\\-2\\1\end{pmatrix} = \begin{pmatrix}-1\\5\\3\end{pmatrix} \qquad \overrightarrow{AC} = \begin{pmatrix}5\\-1\\-3\end{pmatrix} - \begin{pmatrix}1\\-2\\1\end{pmatrix} = \begin{pmatrix}4\\1\\-4\end{pmatrix}$$

2 Den Punkt A und die Richtungsvektoren $\overrightarrow{AB}$ und $\overrightarrow{AC}$ in $X = A + s \cdot \overrightarrow{AB} + t \cdot \overrightarrow{AC}$ einsetzen

Parameterdarstellung der Ebene: $E\colon X = \begin{pmatrix}1\\-2\\1\end{pmatrix} + s \cdot \begin{pmatrix}-1\\5\\3\end{pmatrix} + t \cdot \begin{pmatrix}4\\1\\-4\end{pmatrix}$

B2 Gegeben ist die Ebene $E\colon X = \begin{pmatrix}4\\7\\-5\end{pmatrix} + s \cdot \begin{pmatrix}1\\0\\-2\end{pmatrix} + t \cdot \begin{pmatrix}4\\-5\\1\end{pmatrix}$. Gib eine Normalvektordarstellung von E an.

Wie erhalte ich eine Normalvektordarstellung der Ebene, wenn eine Parameterdarstellung gegeben ist?

1 Den Normalvektor der Ebene als Vektorprodukt der beiden Richtungsvektoren der Parameterdarstellung ermitteln

$$\begin{pmatrix}1\\0\\-2\end{pmatrix} \times \begin{pmatrix}4\\-5\\1\end{pmatrix} = \begin{pmatrix}0 \cdot 1 - (-2) \cdot (-5)\\ -[1 \cdot 1 - (-2) \cdot 4]\\ 1 \cdot (-5) - 0 \cdot 4\end{pmatrix} \Longrightarrow \vec{n} = \begin{pmatrix}-10\\-9\\-5\end{pmatrix}$$

2 Den Punkt A aus der Parameterdarstellung und den Normalvektor $\vec{n}$ in $\vec{n} \cdot X = \vec{n} \cdot A$ einsetzen und beide Skalarprodukte vereinfachen

$$\overbrace{\begin{pmatrix}-10\\-9\\-5\end{pmatrix}}^{\vec{n}} \cdot \overbrace{\begin{pmatrix}x\\y\\z\end{pmatrix}}^{X} = \overbrace{\begin{pmatrix}-10\\-9\\-5\end{pmatrix}}^{\vec{n}} \cdot \overbrace{\begin{pmatrix}4\\7\\-5\end{pmatrix}}^{A}$$

$-10 \cdot x + (-9) \cdot y + (-5) \cdot z = (-10) \cdot 4 + (-9) \cdot 7 + (-5) \cdot (-5)$

Normalvektordarstellung der Ebene: $E\colon -10x - 9y - 5z = -78$

B3 Gegeben ist die Gleichung $E\colon 6x + y - 2z = 12$. Gib eine Parameterdarstellung der Ebene E an.

Wie erhalte ich eine Parameterdarstellung einer Ebene, wenn eine Normalvektordarstellung gegeben ist?

1 Zwei beliebige Punkte A und B der Ebene sowie den Richtungsvektor $\vec{g} = \overrightarrow{AB}$ bestimmen

Wir wählen für zwei Koordinaten je einen beliebigen Wert (am einfachsten 0). (→ W2)
y und z gleich 0 setzen und x berechnen: $6 \cdot x + 0 - 2 \cdot 0 = 12 \Longrightarrow x = 2 \Longrightarrow A = (2|0|0)$
x und z gleich 0 setzen und y berechnen: $6 \cdot 0 + y - 2 \cdot 0 = 12 \Longrightarrow y = 12 \Longrightarrow B = (0|12|0)$

$\vec{g} = \overrightarrow{AB} = \begin{pmatrix}0\\12\\0\end{pmatrix} - \begin{pmatrix}2\\0\\0\end{pmatrix} = \begin{pmatrix}-2\\12\\0\end{pmatrix}$ … erster Richtungsvektor der Ebene

2 Den Normalvektor $\vec{n}$ der Ebene aus der Gleichung ablesen und das Vektorprodukt $\vec{h} = \vec{n} \times \vec{g}$ bilden

$\vec{n} = \begin{pmatrix}6\\1\\-2\end{pmatrix}$ und $\vec{h} = \vec{n} \times \vec{g} = \begin{pmatrix}6\\1\\-2\end{pmatrix} \times \begin{pmatrix}-2\\12\\0\end{pmatrix} = \begin{pmatrix}24\\4\\74\end{pmatrix}$ … zweiter Richtungsvektor der Ebene

3 Den Punkt A sowie die Vektoren $\vec{g}$ und $\vec{h}$ in $X = A + s \cdot \vec{g} + t \cdot \vec{h}$ einsetzen

Parameterdarstellung der Ebene: $E\colon X = \begin{pmatrix}2\\0\\0\end{pmatrix} + s \cdot \begin{pmatrix}-2\\12\\0\end{pmatrix} + t \cdot \begin{pmatrix}24\\4\\74\end{pmatrix}$

Aufgaben zu den Beispielen

B1 A Von einer Ebene E sind drei Punkte $A = (6|4|-2)$, $B = (3|1|8)$ und $C = (-1|5|-2)$ gegeben. Gib eine Parameterdarstellung von E an.

1 **Die Richtungsvektoren $\overrightarrow{AB}$ und $\overrightarrow{AC}$ bilden**

$\overrightarrow{AB} = \begin{pmatrix}\square\\\square\\\square\end{pmatrix} - \begin{pmatrix}\square\\\square\\\square\end{pmatrix} = \begin{pmatrix}\square\\\square\\\square\end{pmatrix}$ $\quad \overrightarrow{AC} = \begin{pmatrix}\square\\\square\\\square\end{pmatrix} - \begin{pmatrix}\square\\\square\\\square\end{pmatrix} = \begin{pmatrix}\square\\\square\\\square\end{pmatrix}$

2 **Den Punkt A und die Richtungsvektoren $\overrightarrow{AB}$ und $\overrightarrow{AC}$ in $X = A + s \cdot \overrightarrow{AB} + t \cdot \overrightarrow{AC}$ einsetzen**

Parameterdarstellung der Ebene: $E: X = \begin{pmatrix}\square\\\square\\\square\end{pmatrix} + s \cdot \begin{pmatrix}\square\\\square\\\square\end{pmatrix} + t \cdot \begin{pmatrix}\square\\\square\\\square\end{pmatrix}$

B2 A Gegeben ist die Ebene $E: X = \begin{pmatrix}1\\-3\\-2\end{pmatrix} + s \cdot \begin{pmatrix}1\\5\\-1\end{pmatrix} + t \cdot \begin{pmatrix}0\\-3\\1\end{pmatrix}$. Gib eine Normalvektordarstellung von E an.

1 **Den Normalvektor der Ebene als Vektorprodukt der beiden Richtungsvektoren der Parameterdarstellung ermitteln**

$\begin{pmatrix}\square\\\square\\\square\end{pmatrix} \times \begin{pmatrix}\square\\\square\\\square\end{pmatrix} = \begin{pmatrix}\square \cdot \square - \square \cdot \square\\ -[\square \cdot \square - \square \cdot \square]\\ \square \cdot \square - \square \cdot \square\end{pmatrix} \Rightarrow \vec{n} = \begin{pmatrix}\square\\\square\\\square\end{pmatrix}$

2 **Den Punkt A aus der Parameterdarstellung und den Normalvektor $\vec{n}$ in $\vec{n} \cdot X = \vec{n} \cdot A$ einsetzen und beide Skalarprodukte vereinfachen**

$\underbrace{\begin{pmatrix}\square\\\square\\\square\end{pmatrix}}_{\vec{n}} \cdot \underbrace{\begin{pmatrix}x\\y\\z\end{pmatrix}}_{X} = \underbrace{\begin{pmatrix}\square\\\square\\\square\end{pmatrix}}_{\vec{n}} \cdot \underbrace{\begin{pmatrix}\square\\\square\\\square\end{pmatrix}}_{A}$

$\square \cdot x + \square \cdot y + \square \cdot z = \square \cdot \square + \square \cdot \square + \square \cdot \square$

Normalvektordarstellung der Ebene:

$E: \square \cdot x \bigcirc \square \cdot y \bigcirc \square \cdot z = \square$

B3 A Gegeben ist die Gleichung $E: -5x + 2y - z = -10$. Gib eine Parameterdarstellung von E an.

1 **Zwei beliebige Punkte A und B der Ebene sowie den Richtungsvektor $\vec{g} = \overrightarrow{AB}$ bestimmen**

y und z gleich 0 setzen und x berechnen: $-5 \cdot x + 2 \cdot \square - \square = -10 \Rightarrow x = \square \Rightarrow A = (\square|\square|\square)$

x und z gleich 0 setzen und y berechnen: $-5 \cdot \square + 2 \cdot y - \square = -10 \Rightarrow y = \square \Rightarrow B = (\square|\square|\square)$

$\vec{g} = \overrightarrow{AB} = \begin{pmatrix}\square\\\square\\\square\end{pmatrix} - \begin{pmatrix}\square\\\square\\\square\end{pmatrix} = \begin{pmatrix}\square\\\square\\\square\end{pmatrix}$ … erster Richtungsvektor der Ebene

2 **Den Normalvektor $\vec{n}$ der Ebene aus der Gleichung ablesen und das Vektorprodukt $\vec{h} = \vec{n} \times \vec{g}$ bilden**

$\vec{n} = \begin{pmatrix}\square\\\square\\\square\end{pmatrix}$ und $\vec{h} = \square \times \square = \begin{pmatrix}\square\\\square\\\square\end{pmatrix} \times \begin{pmatrix}\square\\\square\\\square\end{pmatrix} = \begin{pmatrix}\square\\\square\\\square\end{pmatrix}$ … zweiter Richtungsvektor der Ebene

3 **Den Punkt A sowie die Vektoren $\vec{g}$ und $\vec{h}$ in $X = A + s \cdot \vec{g} + t \cdot \vec{h}$ einsetzen**

Parameterdarstellung der Ebene: $E: X = \begin{pmatrix}\square\\\square\\\square\end{pmatrix} + s \cdot \begin{pmatrix}\square\\\square\\\square\end{pmatrix} + t \cdot \begin{pmatrix}\square\\\square\\\square\end{pmatrix}$

Lösungen | Weitere Aufgaben

Aufgaben

A 1 Gegeben sind drei Punkte A, B und C einer Ebene E. Gib eine Parameter- und eine Normalvektordarstellung von E an.

→ B1–B2

a) $A = (2|8|9)$, $B = (10|1|3)$, $C = (5|-1|-2)$

$\overrightarrow{AB} = \begin{pmatrix}8\\-7\\-6\end{pmatrix}$, $\overrightarrow{AC} = \begin{pmatrix}3\\-9\\-11\end{pmatrix} \Rightarrow$ Parameterdarstellung: $E: X = \begin{pmatrix}2\\8\\9\end{pmatrix} + s \cdot \begin{pmatrix}8\\-7\\-6\end{pmatrix} + t \cdot \begin{pmatrix}3\\-9\\-11\end{pmatrix}$

$\overrightarrow{AB} \times \overrightarrow{AC} = \begin{pmatrix}23\\70\\-51\end{pmatrix} \xRightarrow{\vec{n} \cdot X = \vec{n} \cdot A} \begin{pmatrix}23\\70\\-51\end{pmatrix} \cdot \begin{pmatrix}x\\y\\z\end{pmatrix} = \begin{pmatrix}23\\70\\-51\end{pmatrix} \cdot \begin{pmatrix}2\\8\\9\end{pmatrix}$

Normalvektordarstellung: $E: 23x + 70y - 51z = 147$

b) $A = (-4|-4|0)$, $B = (1|-2|-5)$, $C = (5|-4|3)$

c) $A = (-1|5|-2)$, $B = (0|2|-7)$, $C = (1|3|-6)$

d) $A = (7|5|-3)$, $B = (2|4|7)$, $C = (-4|-1|-6)$

e) $A = (-2|4|3)$, $B = (-1|3|-9)$, $C = (4|-2|3)$

A 2 Gegeben sind zwei einander schneidende Geraden $g: X = A + s \cdot \vec{g}$ und $h: X = B + t \cdot \vec{h}$. Gib eine Parameterdarstellung der Ebene E an, die von den Geraden g und h aufgespannt wird.

→ G1

a) $\vec{g}: X = \begin{pmatrix}-8\\-3\\7\end{pmatrix} + s \cdot \begin{pmatrix}-3\\2\\5\end{pmatrix}$, $h: X = \begin{pmatrix}-2\\1\\1\end{pmatrix} + t \cdot \begin{pmatrix}0\\4\\2\end{pmatrix}$

Wir wählen als Richtungsvektoren der Ebene die Richtungsvektoren der Geraden g und h und für den Punkt der Ebene einen der Punkte der Geraden g und h.

Parameterdarstellung: $E: X = \begin{pmatrix}-8\\-3\\7\end{pmatrix} + s \cdot \begin{pmatrix}-3\\2\\5\end{pmatrix} + t \cdot \begin{pmatrix}0\\4\\2\end{pmatrix}$

b) $g: X = \begin{pmatrix}2\\0\\-1\end{pmatrix} + s \cdot \begin{pmatrix}-4\\-2\\3\end{pmatrix}$, $h: X = \begin{pmatrix}5\\4\\1\end{pmatrix} + t \cdot \begin{pmatrix}-1\\2\\5\end{pmatrix}$

c) $g: X = \begin{pmatrix}6\\10\\-3\end{pmatrix} + s \cdot \begin{pmatrix}1\\-3\\2\end{pmatrix}$, $h: X = \begin{pmatrix}2\\6\\-4\end{pmatrix} + t \cdot \begin{pmatrix}5\\1\\3\end{pmatrix}$

d) $g: X = \begin{pmatrix}3\\7\\-5\end{pmatrix} + s \cdot \begin{pmatrix}3\\2\\2\end{pmatrix}$, $h: X = \begin{pmatrix}0\\5\\-7\end{pmatrix} + t \cdot \begin{pmatrix}2\\-1\\4\end{pmatrix}$

e) $g: X = \begin{pmatrix}0\\0\\1\end{pmatrix} + s \cdot \begin{pmatrix}-1\\3\\2\end{pmatrix}$, $h: X = \begin{pmatrix}27\\-81\\-54\end{pmatrix} + t \cdot \begin{pmatrix}1\\-9\\0\end{pmatrix}$

A 3 Gegeben sind zwei parallele, aber nicht idente Geraden $g: X = A + s \cdot \vec{g}$ und $h: X = B + t \cdot \vec{h}$. Gib eine Parameterdarstellung der Ebene E an, die von den Geraden g und h aufgespannt wird.

a) $g: X = \begin{pmatrix}2\\3\\1\end{pmatrix} + s \cdot \begin{pmatrix}-1\\4\\3\end{pmatrix}$, $h: X = \begin{pmatrix}0\\-8\\4\end{pmatrix} + t \cdot \begin{pmatrix}2\\-8\\-6\end{pmatrix}$

Die Richtungsvektoren von g und h sind parallel, daher können wir nur einen der Vektoren $\vec{g}$ und $\vec{h}$ als ersten der beiden Richtungsvektoren der Ebene verwenden. Als zweiten Richtungsvektor der Ebene verwenden wir $\overrightarrow{AB} = \begin{pmatrix}0\\-8\\4\end{pmatrix} - \begin{pmatrix}2\\3\\1\end{pmatrix} = \begin{pmatrix}-2\\-11\\3\end{pmatrix}$. $\Rightarrow$ Parameterdarstellung: $E: X = \begin{pmatrix}2\\3\\1\end{pmatrix} + s \cdot \begin{pmatrix}-1\\4\\3\end{pmatrix} + t \cdot \begin{pmatrix}-2\\-11\\3\end{pmatrix}$

b) $g: X = \begin{pmatrix}0\\5\\-1\end{pmatrix} + s \cdot \begin{pmatrix}2\\0\\1\end{pmatrix}$, $h: X = \begin{pmatrix}7\\6\\7\end{pmatrix} + t \cdot \begin{pmatrix}4\\0\\2\end{pmatrix}$

c) $g: X = \begin{pmatrix}5\\9\\3\end{pmatrix} + s \cdot \begin{pmatrix}1\\-1\\4\end{pmatrix}$, $h: X = \begin{pmatrix}2\\9\\1\end{pmatrix} + t \cdot \begin{pmatrix}-1\\1\\-4\end{pmatrix}$

d) $g: X = \begin{pmatrix}10\\-4\\5\end{pmatrix} + s \cdot \begin{pmatrix}2\\4\\-8\end{pmatrix}$, $h: X = \begin{pmatrix}5\\-2\\10\end{pmatrix} + t \cdot \begin{pmatrix}1\\2\\-4\end{pmatrix}$

e) $g: X = \begin{pmatrix}8\\9\\0\end{pmatrix} + s \cdot \begin{pmatrix}17\\-34\\0\end{pmatrix}$, $h: X = \begin{pmatrix}9\\8\\1\end{pmatrix} + t \cdot \begin{pmatrix}-1\\2\\0\end{pmatrix}$

A 4 Bestimme eine Parameterdarstellung der Ebene E, die die Gerade $g: X = P + t \cdot \vec{g}$ und den Punkt $Q \notin g$ enthält.

a) $g: X = \begin{pmatrix}0\\2\\1\end{pmatrix} + t \cdot \begin{pmatrix}4\\7\\1\end{pmatrix}$, $Q = (4|8|-1)$

Als einen der beiden Richtungsvektoren der Ebene wählen wir den Richtungsvektor der Geraden $\vec{g}$, als zweiten $\overrightarrow{PQ} = \begin{pmatrix}4\\8\\-1\end{pmatrix} - \begin{pmatrix}0\\2\\1\end{pmatrix} = \begin{pmatrix}4\\6\\-2\end{pmatrix} \Rightarrow$ Parameterdarstellung: $E: X = \begin{pmatrix}0\\2\\1\end{pmatrix} + s \cdot \begin{pmatrix}4\\7\\1\end{pmatrix} + t \cdot \begin{pmatrix}4\\6\\-2\end{pmatrix}$

b) $g: X = \begin{pmatrix}-2\\1\\3\end{pmatrix} + t \cdot \begin{pmatrix}0\\1\\2\end{pmatrix}$, $Q = (5|1|2)$

c) $g: X = \begin{pmatrix}1\\-1\\-1\end{pmatrix} + t \cdot \begin{pmatrix}0\\1\\1\end{pmatrix}$, $Q = (1|0|-1)$

d) $g: X = \begin{pmatrix}3\\3\\3\end{pmatrix} + t \cdot \begin{pmatrix}1\\5\\-2\end{pmatrix}$, $Q = (0|0|1)$

e) $g: X = \begin{pmatrix}3\\-1\\2\end{pmatrix} + t \cdot \begin{pmatrix}4\\4\\-7\end{pmatrix}$, $Q = (4|4|-7)$

A 5 Gegeben sind ein Normalvektor $\vec{n}$ und ein Punkt P der Ebene E. Bestimme eine Gleichung der Ebene E in Normalvektordarstellung.

→ G 1

a) $\vec{n} = \begin{pmatrix}2\\-8\\7\end{pmatrix}$, $P = (1|4|-2)$

Wir setzen $\vec{n}$ und P in $\vec{n}\cdot X = \vec{n}\cdot A$ ein: $E: \begin{pmatrix}2\\-8\\7\end{pmatrix}\cdot\begin{pmatrix}x\\y\\z\end{pmatrix} = \begin{pmatrix}2\\-8\\7\end{pmatrix}\cdot\begin{pmatrix}1\\4\\-2\end{pmatrix} \Leftrightarrow E: 2x - 8y + 7z = -44$

b) $\vec{n} = \begin{pmatrix}1\\3\\-5\end{pmatrix}$, $P = (0|5|8)$ **c)** $\vec{n} = \begin{pmatrix}12\\-4\\-3\end{pmatrix}$, $P = (-1|-5|1)$ **d)** $\vec{n} = \begin{pmatrix}5\\9\\2\end{pmatrix}$, $P = (4|8|6)$

A 6 Die Gerade g steht normal auf die Ebene E mit $P \in E$. Bestimme eine Normalvektordarstellung von E.

a) $g: X = \begin{pmatrix}5\\2\\8\end{pmatrix} + t\cdot\begin{pmatrix}9\\3\\-1\end{pmatrix}$, $P = (2|-1|1)$

Weil die Gerade g normal auf die Ebene E steht, ist der Richtungsvektor von g der Normalvektor der Ebene E.

$E: \begin{pmatrix}9\\3\\-1\end{pmatrix}\cdot\begin{pmatrix}x\\y\\z\end{pmatrix} = \begin{pmatrix}9\\3\\-1\end{pmatrix}\cdot\begin{pmatrix}2\\-1\\1\end{pmatrix} \Leftrightarrow E: 9x + 3y - z = 14$

b) $g: X = \begin{pmatrix}4\\0\\5\end{pmatrix} + t\cdot\begin{pmatrix}-2\\-5\\8\end{pmatrix}$, $P = (6|3|9)$ **c)** $g: X = \begin{pmatrix}3\\7\\9\end{pmatrix} + t\cdot\begin{pmatrix}1\\-8\\7\end{pmatrix}$, $P = (2|0|1)$ **d)** $g: X = \begin{pmatrix}-3\\1\\9\end{pmatrix} + t\cdot\begin{pmatrix}2\\0\\1\end{pmatrix}$, $P = (3|7|-6)$

A 7 Überprüfe, ob der Punkt P in der Ebene E liegt.

→ W 1

a) $2x - 5y + z = 3$, $P = (0|1|8)$

$2\cdot 0 - 5\cdot 1 + 8 = 3 \Leftrightarrow 3 = 3$ wahre Aussage, d.h. der Punkt P liegt in der Ebene E.

b) $3x + 4y - 5z = 31$, $P = (1|2|-4)$ **c)** $x + y + 3z = 3$, $P = (1|1|0)$ **d)** $-4x + 3y = 12$, $P = (3|0|-2)$

A 8 Stelle fest, ob die vier Punkte A, B, C und D in der gleichen Ebene liegen.

→ W 1

a) $A = (3|2|1)$, $B = (-1|4|1)$, $C = (0|6|4)$, $D = (2|5|4)$

Drei Punkte legen (sofern sie nicht auf einer Geraden liegen) eine Ebene fest. Wir bestimmen die Ebenengleichung der Ebene durch die Punkte A, B und C (Rechnung wie in A1). $E_{ABC}: 3x + 6y - 5z = 16$

Nun prüfen wir, ob auch D in E_{ABC} liegt: $3\cdot 2 + 6\cdot 5 - 5\cdot 4 = 16 \Leftrightarrow 16 = 16$ wahre Aussage $\Rightarrow D \in E_{ABC}$

Wir schließen daraus: A, B, C und D liegen in der gleichen Ebene.

b) $A = (9|4|-2)$, $B = (6|8|3)$, $C = (-1|4|5)$, $D = (0|-3|1)$

c) $A = (3|-2|5)$, $B = (3|4|5)$, $C = (2|2|-1)$, $D = (1|8|-7)$

d) $A = (6|4|-3)$, $B = (2|3|2)$, $C = (5|-3|1)$, $D = (-7|-2|1)$

A 9 Gib eine Parameterdarstellung der gegebenen Ebene an.

→ B 3

a) $E: x + 2y - z = 4$ **b)** $E: 4x - 6y + 3z = 36$ **c)** $E: 2x - y - 4z = -4$ **d)** $E: x + y = 1$ **e)** xy-Ebene **f)** xz-Ebene

A 10 Gegeben sind die Ebene E und ein Punkt $P \notin E$. Berechne den Abstand d des Punktes P von der Ebene E.

→ G 3

a) $-x + 2y - 4z = 1$, $P = (3|1|1)$

Wir finden einen Punkt A der Ebene E, indem wir z.B. $y = z = 0$ setzen:

$-x + 2\cdot 0 - 4\cdot 0 = 1 \Rightarrow x = -1 \Rightarrow A = (-1|0|0)$

Wir berechnen den Vektor $\overrightarrow{AP}$, lesen den Normalvektor $\vec{n}$ aus der Ebenengleichung ab und setzen in die Abstandsformel ein: $\overrightarrow{AP} = \begin{pmatrix}4\\1\\1\end{pmatrix}$, $\vec{n} = \begin{pmatrix}-1\\2\\-4\end{pmatrix} \Rightarrow d(P, E) = \frac{\left|\begin{pmatrix}4\\1\\1\end{pmatrix}\cdot\begin{pmatrix}-1\\2\\-4\end{pmatrix}\right|}{\left|\begin{pmatrix}-1\\2\\-4\end{pmatrix}\right|} = \frac{|-4+2-4|}{\sqrt{(-1)^2+2^2+(-4)^2}} = \frac{|-6|}{\sqrt{21}} = \frac{6}{\sqrt{21}} \approx 1{,}31$

b) $E: x + y - 2z = 6$, $P = (8|10|4)$ **d)** $E: X = \begin{pmatrix}2\\1\\-3\end{pmatrix} + s\cdot\begin{pmatrix}0\\2\\1\end{pmatrix} + t\cdot\begin{pmatrix}-5\\3\\-1\end{pmatrix}$, $P = (5|4|-6)$

c) $E: 5x - 2y = 10$, $P = (-4|8|5)$ **e)** $E: X = \begin{pmatrix}-3\\6\\8\end{pmatrix} + s\cdot\begin{pmatrix}6\\1\\2\end{pmatrix} + t\cdot\begin{pmatrix}8\\1\\4\end{pmatrix}$, $P = (-2|-6|-10)$

Lösungen

A 11 Gegeben sind die Geraden $g: X = \begin{pmatrix}1\\-3\\-2\end{pmatrix} + t \cdot \begin{pmatrix}5\\4\\2\end{pmatrix}$ und $h: X = \begin{pmatrix}0\\1\\3\end{pmatrix} + s \cdot \begin{pmatrix}-5\\-4\\-2\end{pmatrix}$.

Gib die Parameterdarstellung der Ebene E an, die durch die Geraden g und h festgelegt wird.

E: ______________________________

A 12 Gegeben ist die Ebene $E: X = \begin{pmatrix}0\\4\\0\end{pmatrix} + s \cdot \begin{pmatrix}1\\-1\\3\end{pmatrix} + t \cdot \begin{pmatrix}4\\2\\7\end{pmatrix}$. Kreuze die beiden Gleichungen an, die dieselbe Ebene E beschreiben.

$26x - 10y - 12z = 20$	☐
$x - y + 3z = -4$	☐
$-13x + 5y + 6z = 20$	☐
$\begin{pmatrix}0\\4\\0\end{pmatrix} \cdot X = \begin{pmatrix}0\\4\\0\end{pmatrix} \cdot \begin{pmatrix}1\\-1\\3\end{pmatrix}$	☐
$\begin{pmatrix}13\\-5\\-6\end{pmatrix} \cdot X = \begin{pmatrix}13\\-5\\-6\end{pmatrix} \cdot \begin{pmatrix}0\\4\\0\end{pmatrix}$	☐

A 13 Gib eine Normalvektordarstellung der xz-Ebene an.

____

A 14 Gegeben ist die Gerade $g: X = \begin{pmatrix}4\\8\\6\end{pmatrix} + t \cdot \begin{pmatrix}0\\1\\5\end{pmatrix}$. Gib eine Gleichung der Ebene E an, die den Punkt $P = (1 \mid 2 \mid -7)$ enthält und normal auf die Gerade g steht.

____

A 15 Kreuze die beiden Angaben an, durch die jeweils eine Ebene eindeutig festgelegt ist.

Gegeben sind zwei Punkte.	☐
Gegeben sind eine Gerade g und ein Punkt P mit $P \notin g$.	☐
Gegeben sind ein Richtungsvektor der Ebene und ein Punkt in der Ebene.	☐
Gegeben sind ein Normalvektor der Ebene und ein Punkt in der Ebene.	☐
Gegeben sind zwei windschiefe Geraden.	☐

A 16 Gegeben ist die Ebene $E: 2x + y - 6z = -24$. Kreuze die beiden Punkte an, die in der Ebene E liegen.

$(4 \mid 0 \mid -3)$	$(1 \mid 5 \mid -2)$	$(2 \mid 2 \mid 5)$	$(0 \mid 0 \mid -4)$	$(5 \mid 2 \mid 6)$
☐	☐	☐	☐	☐

A 17 Gegeben sind die Punkte $A = (3 \mid 2 \mid 5)$, $B = (-1 \mid -4 \mid 0)$, $C = (5 \mid 8 \mid 6)$ und $D = (-10 \mid 2 \mid 5)$.

a) Gib die Normalvektordarstellung der Ebene E an, die die Punkte A, B und C enthält.
b) Weise nach, dass der Punkt D nicht in der Ebene E liegt.
c) Berechne den Abstand von D zur Ebene E.
d) Gib die Parameterdarstellung der Geraden g an, die den Punkt D enthält und normal auf die Ebene E steht.

Lage von Geraden und Ebenen im Raum

23

Wenn es regnet und die Regentropfen durch den Wind nicht senkrecht vom Himmel fallen, hält man den Regenschirm leicht schräg, um nicht nass zu werden. Die Lage des Schirms ist also dadurch bestimmt, wie der Stiel geneigt ist. Bei Ebenen im Raum verhält es sich ganz ähnlich: Wie eine Ebene „geneigt" ist, lässt sich vollständig mit ihrem Normalvektor beschreiben.

Grundlagen

G1 Die Tabelle zeigt die möglichen **gegenseitigen Lagen einer Geraden** g: $X = A + t \cdot \vec{g}$ **und einer Ebene** E: $a \cdot x + b \cdot y + c \cdot z = d$, wobei $\vec{n} = \begin{pmatrix} a \\ b \\ c \end{pmatrix}$ der Normalvektor der Ebene ist.

Lage	g schneidet E in einem Punkt S.	g liegt in E.	g liegt in einem festen Abstand parallel zu E.
Kriterium	$\vec{g} \cdot \vec{n} \neq 0$	$\vec{g} \cdot \vec{n} = 0$ und $A \in E$	$\vec{g} \cdot \vec{n} = 0$ und $A \notin E$
	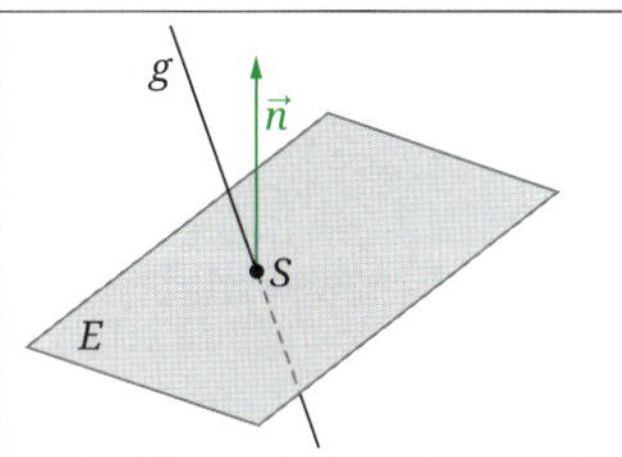	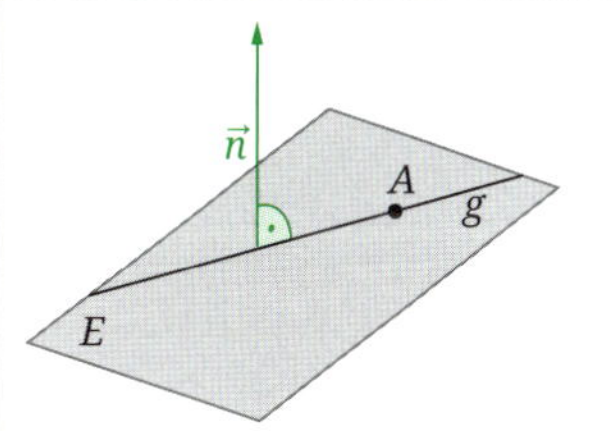	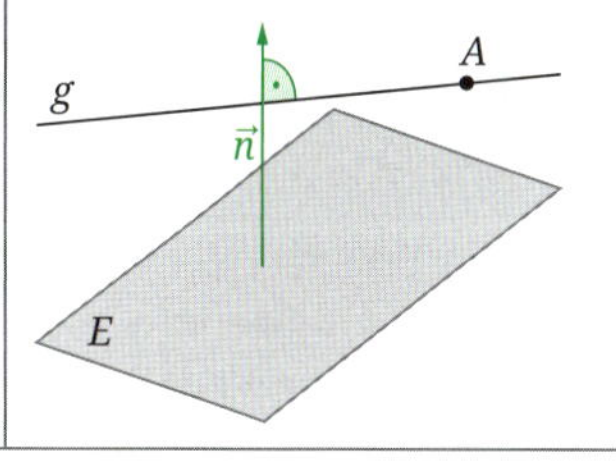

G2 **Zwei Ebenen** E_1 und E_2 mit ihren Normalvektoren $\vec{n_1}$ und $\vec{n_2}$ können folgende **Lagebeziehungen** haben:

Lage	E_1 und E_2 schneiden einander.	E_1 und E_2 sind parallel (und nicht ident).	E_1 und E_2 sind ident.
Kriterium	$\vec{n_1} \nparallel \vec{n_2}$	$\vec{n_1} \parallel \vec{n_2}$ und $E_1 \neq E_2$	$\vec{n_1} \parallel \vec{n_2}$ und $E_1 = E_2$
	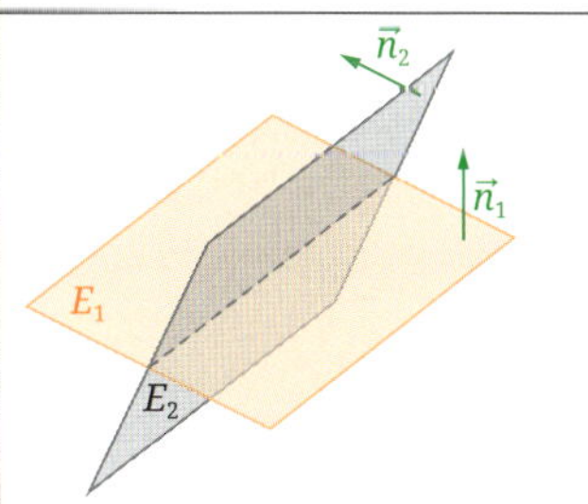	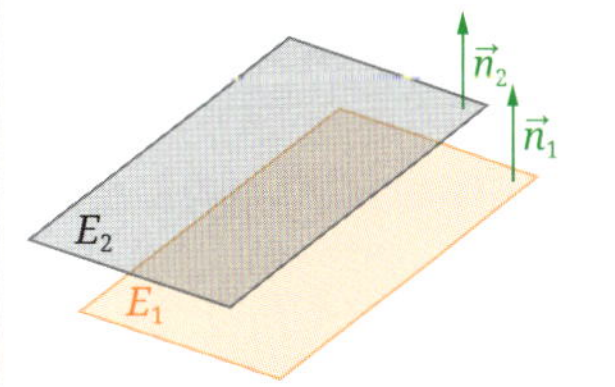	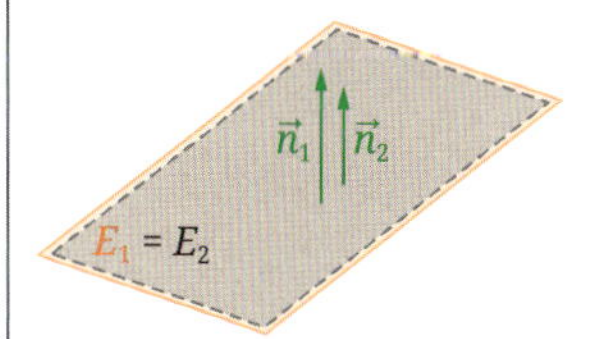

Werkzeuge

W1 Den **Abstand d eines Punktes** $P = (p_1 | p_2 | p_3)$ **von der Ebene** E: $a \cdot x + b \cdot y + c \cdot z = d$ berechnet man mit der Formel

$$d(P, E) = \frac{|a \cdot p_1 + b \cdot p_2 + c \cdot p_3 - d|}{\sqrt{a^2 + b^2 + c^2}}$$

W2 Den **Schnittwinkel α zwischen einer Geraden** g mit Richtungsvektor $\vec{g}$ **und einer Ebene E** mit Normalvektor $\vec{n}$ berechnet man folgendermaßen:

$$\varphi = \cos^{-1}\left(\frac{\vec{n} \cdot \vec{g}}{|\vec{n}| \cdot |\vec{g}|}\right) \text{ und } \alpha = |90° - \varphi|$$

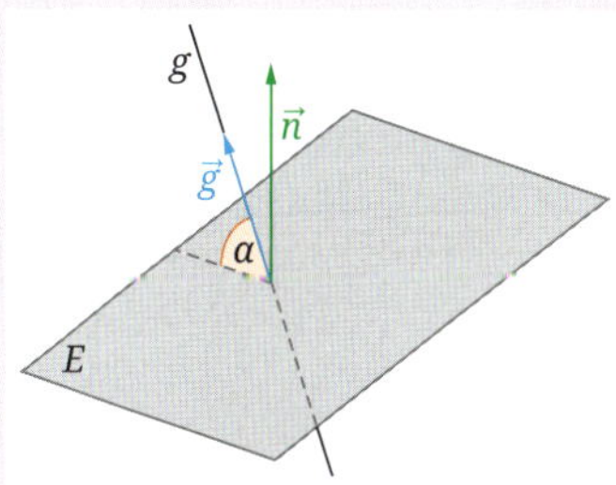

W3 Den **Winkel α zwischen zwei Ebenen** E_1 und E_2 mit ihren Normalvektoren $\vec{n_1}$ und $\vec{n_2}$ berechnet man mit der Formel $\alpha = \cos^{-1}\left(\frac{\vec{n_1} \cdot \vec{n_2}}{|\vec{n_1}| \cdot |\vec{n_2}|}\right)$.
Ist der erhaltene Winkel größer als 90°, muss er noch von 180° subtrahiert werden.

Beispiele

B 1 Bestimme die gegenseitige Lage der Geraden $g: X = \begin{pmatrix} -2 \\ -1 \\ 1 \end{pmatrix} + t \cdot \begin{pmatrix} -5 \\ 1 \\ 5 \end{pmatrix}$ und der Ebene $E: 3x - 5y + 4z = 4$.

Wie ermittle ich die Lagebeziehung zwischen einer Geraden und einer Ebene?

1 Das Skalarprodukt von Richtungsvektor der Geraden und Normalvektor der Ebene berechnen

$\begin{pmatrix} -5 \\ 1 \\ 5 \end{pmatrix} \cdot \begin{pmatrix} 3 \\ -5 \\ 4 \end{pmatrix} = -5 \cdot 3 + 1 \cdot (-5) + 5 \cdot 4 = 0 \Longrightarrow g$ und E sind entweder parallel oder g liegt in E. (→ G1)

2 Den Punkt der Geraden in die Ebene einsetzen und überprüfen, ob die Gerade in der Ebene liegt

Wir setzen den Punkt der Geraden in die Gleichung der Ebene ein: $3 \cdot (-2) - 5 \cdot (-1) + 4 \cdot 1 = 4 \Leftrightarrow 3 = 4$.
Wir erhalten eine falsche Aussage. Die Gerade g liegt in einem festen Abstand parallel zur Ebene. (→ G1)

B 2 Bestimme den Schnittpunkt der Geraden $g: X = \begin{pmatrix} 1 \\ -5 \\ 3 \end{pmatrix} + t \cdot \begin{pmatrix} 2 \\ 4 \\ -5 \end{pmatrix}$ mit der Ebene $E: x + 2y - 5z = 11$.

Wie bestimme ich den Schnittpunkt einer Geraden mit einer Ebene?

1 Die Parameterform der Geraden koordinatenweise anschreiben

$$\begin{pmatrix} x \\ y \\ z \end{pmatrix} = \begin{pmatrix} 1 \\ -5 \\ 3 \end{pmatrix} + t \cdot \begin{pmatrix} 2 \\ 4 \\ -5 \end{pmatrix} \Leftrightarrow \begin{matrix} x = 1 + 2t \\ y = -5 + 4t \\ z = 3 - 5t \end{matrix}$$

2 Die Ausdrücke für x, y und z in die Ebenengleichung einsetzen und nach dem Parameter lösen

Wir setzen x, y und z in $E: x + 2y - 5z = 11$ ein:

$$\underbrace{(1 + 2t)}_{x} + 2 \cdot \underbrace{(-5 + 4t)}_{y} - 5 \cdot \underbrace{(3 - 5t)}_{z} = 11$$
$$1 + 2t - 10 + 8t - 15 + 25t = 11$$
$$35t - 24 = 11 \Longrightarrow t = 1$$

3 Den erhaltenen Parameterwert in die Parameterform der Geraden einsetzen

$$S = \begin{pmatrix} 1 \\ -5 \\ 3 \end{pmatrix} + 1 \cdot \begin{pmatrix} 2 \\ 4 \\ -5 \end{pmatrix} = \begin{pmatrix} 3 \\ -1 \\ -2 \end{pmatrix}$$

B 3 Bestimme die gegenseitige Lage der Ebenen E_1 und E_2.
a) $E_1: 4x + y - 2z = 1$, $E_2: x + y - z = 1$
b) $E_1: 2x - 5y + 4z = 2$, $E_2: 4x - 10y + 8z = 1$

Wie ermittle ich die Lagebeziehung zwischen zwei Ebenen?

1 Überprüfen, ob die Normalvektoren der beiden Ebenen parallel sind

a) Normalvektoren: $\vec{n_1} = \begin{pmatrix} 4 \\ 1 \\ -2 \end{pmatrix}$ und $\vec{n_2} = \begin{pmatrix} 1 \\ 1 \\ -1 \end{pmatrix}$

$$\begin{pmatrix} 4 \\ 1 \\ -2 \end{pmatrix} = v \cdot \begin{pmatrix} 1 \\ 1 \\ -1 \end{pmatrix} \Leftrightarrow \begin{matrix} 4 = v \cdot 1 & \Rightarrow v = 4 \\ 1 = v \cdot 1 & \Rightarrow v = 1 \\ -2 = v \cdot (-1) & \Rightarrow v = 2 \end{matrix}$$

Wir erhalten für v nicht immer denselben Zahlenwert, d. h. die Normalvektoren sind nicht parallel.
⟹ Die Ebenen schneiden einander. (→ G2)

b) Normalvektoren: $\vec{n_1} = \begin{pmatrix} 2 \\ -5 \\ 4 \end{pmatrix}$ und $\vec{n_2} = \begin{pmatrix} 4 \\ -10 \\ 8 \end{pmatrix}$

$$\begin{pmatrix} 2 \\ -5 \\ 4 \end{pmatrix} = v \cdot \begin{pmatrix} 4 \\ -10 \\ 8 \end{pmatrix} \Leftrightarrow \begin{matrix} 2 = v \cdot 4 & \Rightarrow v = 0{,}5 \\ -5 = v \cdot (-10) & \Rightarrow v = 0{,}5 \\ 4 = v \cdot 8 & \Rightarrow v = 0{,}5 \end{matrix}$$

Wir erhalten für v immer denselben Zahlenwert, d. h. die Normalvektoren sind parallel.
⟹ Die Ebenen sind parallel oder ident. (→ G2)

2 Falls die Normalvektoren parallel sind, überprüfen, ob die Gleichungen der Ebenen Vielfache voneinander sind

a) Wir wissen schon, dass die Ebenen einander schneiden.

b) Wir multiplizieren die Gleichung der zweiten Ebene mit v aus Schritt 1 und erhalten:

$$0{,}5 \cdot 4x - 0{,}5 \cdot 10y + 0{,}5 \cdot 8z = 0{,}5 \cdot 1$$
$$2x - 5y + 4z = 0{,}5$$

Die Gleichung stimmt **nicht** mit jener von E_1 überein, d. h. E_1 und E_2 sind **parallel und nicht ident.**

Aufgaben zu den Beispielen

B1 A Bestimme die gegenseitige Lage der Geraden $g: X = \begin{pmatrix} 3 \\ -1 \\ 5 \end{pmatrix} + t \cdot \begin{pmatrix} 6 \\ 8 \\ -2 \end{pmatrix}$ und der Ebene $E: -3x + 2y - z = -16$.

1 Das Skalarprodukt von Richtungsvektor der Geraden und Normalvektor der Ebene berechnen

$\begin{pmatrix} \square \\ \square \\ \square \end{pmatrix} \cdot \begin{pmatrix} \square \\ \square \\ \square \end{pmatrix} = \square \cdot \square + \square \cdot \square + \square \cdot \square = \square \Rightarrow$ g und E ____________

____

2 Den Punkt der Geraden in die Ebene einsetzen und überprüfen, ob die Gerade in der Ebene liegt

Setze den Punkt der Geraden in die Ebene ein: $\square \cdot \square + \square \cdot \square - \square = \square \Leftrightarrow \square = \square$

Es liegt eine ____________ Aussage vor, d. h. die Gerade liegt ____________ Ebene.

B2 A Bestimme den Schnittpunkt der Geraden $g: X = \begin{pmatrix} -4 \\ -7 \\ 2 \end{pmatrix} + t \cdot \begin{pmatrix} -1 \\ 5 \\ -1 \end{pmatrix}$ mit der Ebene $E: 6x + 3y - 2z = -5$.

1 Die Parameterform der Geraden koordinatenweise anschreiben

$\begin{pmatrix} x \\ y \\ z \end{pmatrix} = \begin{pmatrix} -4 \\ -7 \\ 2 \end{pmatrix} + t \cdot \begin{pmatrix} -1 \\ 5 \\ -1 \end{pmatrix} \Leftrightarrow \begin{matrix} x = \square \bigcirc \square \\ y = \square \bigcirc \square \\ z = \square \bigcirc \square \end{matrix}$

2 Die Ausdrücke für x, y und z in die Ebenengleichung einsetzen und nach dem Parameter lösen

$6 \cdot (\underbrace{\qquad}_{x}) + 3 \cdot (\underbrace{\qquad}_{y}) - 2 \cdot (\underbrace{\qquad}_{z}) = -5$

____________ $= -5$

____________ $= \square \Rightarrow t = \square$

3 Den erhaltenen Parameterwert in die Parameterform der Geraden einsetzen

$S = \begin{pmatrix} \square \\ \square \\ \square \end{pmatrix} + \square \cdot \begin{pmatrix} \square \\ \square \\ \square \end{pmatrix} = \begin{pmatrix} \square \\ \square \\ \square \end{pmatrix}$

B3 A Bestimme die gegenseitige Lage der Ebenen $E_1: -15x + 6y + 3z = -45$ und $E_2: 5x - 2y - z = 15$.

1 Überprüfen, ob die Normalvektoren der beiden Ebenen parallel sind

Normalvektoren: $\vec{n_1} = \begin{pmatrix} \square \\ \square \\ \square \end{pmatrix}$ und $\vec{n_2} = \begin{pmatrix} \square \\ \square \\ \square \end{pmatrix}$

$\begin{pmatrix} \square \\ \square \\ \square \end{pmatrix} = v \cdot \begin{pmatrix} \square \\ \square \\ \square \end{pmatrix} \Leftrightarrow \begin{matrix} \square = v \cdot \square \Rightarrow v = \square \\ \square = v \cdot \square \Rightarrow v = \square \\ \square = v \cdot \square \Rightarrow v = \square \end{matrix}$

Wir erhalten für v ____________ Zahlenwert, d. h. die Normalvektoren sind ____________.

$\Rightarrow$ Die Ebenen sind ____________.

2 Falls die Normalvektoren parallel sind, überprüfen, ob die Gleichungen der Ebenen Vielfache voneinander sind

Multipliziere die zweite Ebene mit dem Vielfachen aus Schritt 1:

$\square \cdot 5x - \square \cdot 2y - \square \cdot z = \square \cdot 15$

____

Die Gleichung ____________ mit jener von E_1 überein, d.h. E_1 und E_2 sind ____________.

Lösungen | Weitere Aufgaben

Aufgaben

A 1 → B 1

Gegeben sind die Gerade g und die Ebene E. Bestimme ihre gegenseitige Lage.

Tipp Eine Parameterdarstellung der Form $X = t \cdot \vec{g}$ bedeutet immer, dass die Gerade g durch den Koordinatenursprung verläuft, d.h. (0|0|0) liegt auf der Geraden.

a) $g\colon X = \begin{pmatrix}0\\1\\1\end{pmatrix} + t \cdot \begin{pmatrix}1\\4\\7\end{pmatrix}$, $E\colon 3x + 8y - z = 4$

b) $g\colon X = \begin{pmatrix}4\\2\\-1\end{pmatrix} + t \cdot \begin{pmatrix}-5\\-1\\1\end{pmatrix}$, $E\colon x + 2y + 7z = 1$

c) $g\colon X = \begin{pmatrix}8\\-5\\2\end{pmatrix} + t \cdot \begin{pmatrix}8\\0\\5\end{pmatrix}$, $E\colon 5x - 6y - 8z = -6$

d) $g\colon X = t \cdot \begin{pmatrix}-3\\1\\4\end{pmatrix}$, $E\colon -4y + z = 1$

A 2 → B 2

Die Gerade g und die Ebene E schneiden einander. Berechne ihren Schnittpunkt S.

a) $g\colon X = \begin{pmatrix}-4\\2\\5\end{pmatrix} + t \cdot \begin{pmatrix}1\\3\\-4\end{pmatrix}$, $E\colon 3x - 4y - 2z = -31$

x, y und z von g in E einsetzen: $3 \cdot (-4 + t) - 4 \cdot (2 + 3t) - 2 \cdot (5 - 4t) = -31 \Rightarrow t = 1$

$t = 1$ in g einsetzen: $S = \begin{pmatrix}-4\\2\\5\end{pmatrix} + 1 \cdot \begin{pmatrix}1\\3\\-4\end{pmatrix} = \begin{pmatrix}-4\\2\\5\end{pmatrix} + \begin{pmatrix}1\\3\\-4\end{pmatrix} = \begin{pmatrix}-3\\5\\1\end{pmatrix}$

b) $g\colon X = \begin{pmatrix}8\\5\\7\end{pmatrix} + t \cdot \begin{pmatrix}-1\\-3\\2\end{pmatrix}$, $E\colon 4x - y - 2z = -2$

c) $g\colon X = \begin{pmatrix}0\\-2\\4\end{pmatrix} + t \cdot \begin{pmatrix}6\\1\\3\end{pmatrix}$, $E\colon -x + 5y + z = -2$

A 3 → W 2

Berechne den Schnittwinkel α zwischen der Geraden g und der Ebene E.

a) $E\colon -x + y - 2z = 8$, $g\colon X = \begin{pmatrix}1\\-1\\0\end{pmatrix} + t \cdot \begin{pmatrix}4\\8\\5\end{pmatrix}$

$$\varphi = \cos^{-1}\left(\frac{\begin{pmatrix}-1\\1\\-2\end{pmatrix} \cdot \begin{pmatrix}4\\8\\5\end{pmatrix}}{\sqrt{(-1)^2 + 1^2 + (-2)^2} \cdot \sqrt{4^2 + 8^2 + 5^2}}\right) \approx 103{,}83° \Rightarrow \alpha = |90° - \varphi| \approx 13{,}83°$$

b) $E\colon 5x - 2y - 4z = 1$, $g\colon X = \begin{pmatrix}2\\4\\-2\end{pmatrix} + t \cdot \begin{pmatrix}0\\1\\-3\end{pmatrix}$

c) $E\colon 2x - 5y + z = -3$, $g\colon X = \begin{pmatrix}0\\-1\\5\end{pmatrix} + t \cdot \begin{pmatrix}7\\5\\-2\end{pmatrix}$

d) $E\colon X = \begin{pmatrix}1\\4\\0\end{pmatrix} + s \cdot \begin{pmatrix}1\\6\\2\end{pmatrix} + t \cdot \begin{pmatrix}2\\3\\1\end{pmatrix}$, $g\colon X = \begin{pmatrix}0\\1\\3\end{pmatrix} + u \cdot \begin{pmatrix}-1\\-6\\-1\end{pmatrix}$

e) $E\colon x - z = -3$, $g\colon X = t \cdot \begin{pmatrix}1\\-8\\0\end{pmatrix}$

A 4 → W 1

Die Gerade g und die Ebene E sind parallel. Berechne ihren Abstand voneinander.

a) $g\colon X = \begin{pmatrix}0\\1\\3\end{pmatrix} + t \cdot \begin{pmatrix}4\\-2\\1\end{pmatrix}$, $E\colon 4x + 5y - 6z = 3$

Für den Abstand zwischen g und E reicht es, wenn wir den Abstand eines beliebigen Punktes von g zur Ebene E berechnen. Wir verwenden den Punkt (0|1|3) aus der Parameterdarstellung und setzen ihn in die Formel $d(P, E) = \frac{|a \cdot p_1 + b \cdot p_2 + c \cdot p_3 - d|}{\sqrt{a^2 + b^2 + c^2}}$ ein:

$$d(P, E) = \frac{|4 \cdot 0 + 5 \cdot 1 - 6 \cdot 3 - 3|}{\sqrt{4^2 + 5^2 + (-6)^2}} \approx 1{,}82$$

b) $E\colon 8x - y + 3z = 9$, $g\colon X = \begin{pmatrix}4\\0\\1\end{pmatrix} + t \cdot \begin{pmatrix}2\\-5\\-7\end{pmatrix}$

c) $E\colon x - 4z = 2$, $g\colon X = \begin{pmatrix}-3\\0\\-1\end{pmatrix} + t \cdot \begin{pmatrix}3\\6\\-2\end{pmatrix}$

A 5 → B 3

Gegeben sind die Ebenen E_1 und E_2. Bestimme ihre gegenseitige Lage.

a) $E_1\colon -3x - 6y + 3z = -3$, $E_2\colon x + 2y - z = 1$

$\begin{pmatrix}-3\\-6\\3\end{pmatrix} = -3 \cdot \begin{pmatrix}1\\2\\-1\end{pmatrix} \Rightarrow -3 \cdot E_2\colon -3 \cdot x + (-3) \cdot 2y - (-3) \cdot z = -3 \cdot 1 \Leftrightarrow -3x - 6y + 3z = -3$

Es ist also $-3 \cdot E_2 = E_1 \Rightarrow E_1$ und E_2 sind ident.

b) $E_1\colon 5x - 2y + 8z = 9$
$E_2\colon x + 6y - z = 2$

c) $E_1\colon -3x + 4y - 7z = -2$
$E_2\colon 6x - 8y + 14z = 4$

d) $E_1\colon -5x - 2y - z = 1$
$E_2\colon \frac{5}{2}x + y + \frac{1}{2}z = 2$

e) $E_1\colon x + 3z = -6$
$E_2\colon -x - y = 6$

f) $E_1\colon 5x - 2y - z = 5$
$E_2\colon -15x + 6y + 3z = 5$

g) $E_1\colon x = 3$
$E_2\colon y + 2z = 0$

A 6 Bestimme den Schnittwinkel α zwischen den Ebenen E_1 und E_2.

→ W 3

a) E_1: $3x + y - 2z = -1$, E_2: $-x + y + z = 5$

Wir setzen die Normalvektoren von E_1 und E_2 in den Ausdruck $\cos^{-1}\left(\frac{\vec{n_1} \cdot \vec{n_2}}{|\vec{n_1}| \cdot |\vec{n_2}|}\right)$ ein:

$$\cos^{-1}\left(\frac{\begin{pmatrix} 3 \\ 1 \\ -2 \end{pmatrix} \cdot \begin{pmatrix} -1 \\ 1 \\ 1 \end{pmatrix}}{\sqrt{3^2 + 1^2 + (-2)^2} \cdot \sqrt{(-1)^2 + 1^2 + 1^2}}\right) \approx 128{,}11°$$

Dieser Winkel ist größer als 90°, daher lautet der Schnittwinkel $\alpha \approx 180° - 128{,}11° = 51{,}89°$

b) E_1: $-x + 2y + 5z = 3$
E_2: $7x + 2y - 4z = 2$

c) E_1: $2x - y + z = 1$
E_2: $x - 4y - 2z = -5$

d) E_1: $5x + 4y - 3z = -4$
E_2: $3x - z = -7$

e) E_1: $X = \begin{pmatrix} 0 \\ -4 \\ 3 \end{pmatrix} + s \cdot \begin{pmatrix} -2 \\ 3 \\ 1 \end{pmatrix} + t \cdot \begin{pmatrix} 1 \\ 2 \\ 0 \end{pmatrix}$, E_2: $X = \begin{pmatrix} 4 \\ 1 \\ -1 \end{pmatrix} + u \cdot \begin{pmatrix} 6 \\ 0 \\ -5 \end{pmatrix} + v \cdot \begin{pmatrix} -2 \\ 4 \\ -3 \end{pmatrix}$

A 7 Gegeben sind zwei Ebenen E_1 und E_2 mit ihren Normalvektoren $\vec{n_1}$ und $\vec{n_2}$ und eine Gerade g mit dem Richtungsvektor $\vec{g}$. Kreuze die beiden jedenfalls zutreffenden Aussagen an.

a)

E_1 und E_2 können windschief sein.	☐
E_1 und E_2 können einander in genau einem Punkt schneiden.	☐
E und g können windschief sein.	☐
Wenn $\vec{g} \cdot \vec{n_1} = 0$, schneiden einander die Gerade g und die Ebene E_1 sicher nicht.	☐
Wenn $\vec{n_1} = v \cdot \vec{n_2}$ ($v \in \mathbb{R}^*$), sind E_1 und E_2 parallel oder ident.	☐

b)

Für zwei parallele Ebenen E_1 und E_2 gilt $\vec{n_1} \cdot \vec{n_2} = 0$.	☐
Wenn die Richtungsvektoren von E_1 und E_2 verschieden sind, dann schneiden E_1 und E_2 einander.	☐
Wenn $\vec{g} = \vec{n_1}$, dann schneidet die Gerade g die Ebene E_1 unter einem rechten Winkel.	☐
Wenn $\vec{n_1} = \vec{n_2}$, dann sind E_1 und E_2 ident.	☐
Wenn $\vec{n_1} \nparallel \vec{n_2}$, dann schneiden E_1 und E_2 einander.	☐

A 8 Bestimme einen Punkt der Ebene E_1 und verwende ihn, um den Abstand der parallelen Ebenen E_1 und E_2 zu berechnen.

→ W 1

a) E_1: $x + y - z = -1$, E_2: $-x - y + z = 10$

Für den Abstand zweier paralleler Ebenen berechnen wir den Abstand eines Punktes von E_1 zur Ebene E_2.
Wir finden einen Punkt P der Ebene E_1, indem wir z. B. $y = z = 0$ setzen:
$y - z - 0 \Longrightarrow x + 0 - 0 = -1 \Longrightarrow x = -1 \Longrightarrow P = (-1 \mid 0 \mid 0)$
Wir lesen den Normalvektor $\vec{n}$ aus der Ebenengleichung E_2 ab und setzen in die Abstandsformel ein:

$$\vec{n} = \begin{pmatrix} -1 \\ -1 \\ 1 \end{pmatrix} \Longrightarrow d(P, E) = \frac{|-1 \cdot (-1) + (-1) \cdot 0 + 1 \cdot 0 - 10|}{\sqrt{(-1)^2 + (-1)^2 + 1^2}} = \frac{9}{\sqrt{3}} \approx 5{,}20$$

b) E_1: $-2x + y + 3z = 8$
E_2: $6x - 3y - 9z = 1$

c) E_1: $x + 4y = 10$
E_2: $-2x - 8y = 30$

d) E_1: $3y - 5z = -1$
E_2: $-21y + 35z = 1$

e) E_1: $x - 2y = 3$
E_2: $x - 2y = 9$

A 9 Gib den Richtungsvektor der Schnittgeraden g der beiden Ebenen E_1 und E_2 an und ermittle die Gleichung von g mithilfe von Technologieeinsatz.

Tipp Alle Vielfachen des Richtungsvektors sind ebenfalls Richtungsvektoren.

a) E_1: $1x + 1y - 4z = -5$
E_2: $2x + 2y + 3z = 1$

b) E_1: $x + y - z = 3$
E_2: $2x + y - 2z = 4$

c) E_1: $x + 4y + 3z = 2$
E_2: $x - 2y - z = 2$

a) Wir lesen die Normalvektoren von E_1 und E_2 ab und berechnen den Richtungsvektor $\vec{g}$ der Geraden g mit der Formel $\vec{g} = \vec{n_1} \times \vec{n_2}$.
Normalvektor von E_1: $\vec{n_1} = \begin{pmatrix} 1 \\ 1 \\ -4 \end{pmatrix}$, Normalvektor von E_2: $\vec{n_2} = \begin{pmatrix} 2 \\ 2 \\ 3 \end{pmatrix} \Longrightarrow \vec{g} = \begin{pmatrix} 1 \\ 1 \\ -4 \end{pmatrix} \times \begin{pmatrix} 2 \\ 2 \\ 3 \end{pmatrix} = \begin{pmatrix} 11 \\ -11 \\ 0 \end{pmatrix}$

A 10 Gegeben sind die zwei Ebenen E_1: $x + y - z = -1$ und E_2: $x - 3y + 2z = 4$. Bestimme mithilfe von Technologieeinsatz, welche der folgenden vier Ebenen genau einen Schnittpunkt mit E_1 und E_2 hat und kreuze sie an.

E_3: $-4x + z = 3$	E_4: $x - 3y + 2z = 1$	E_5: $6x + 2y - 3z = 5$	E_6: $2x - y + 4z = -2$
☐	☐	☐	☐

A 11 Kreuze die beiden zutreffenden Aussagen an.

Die Gerade g: $X = \begin{pmatrix}-1\\2\\1\end{pmatrix} + t \cdot \begin{pmatrix}0\\2\\1\end{pmatrix}$ und die Ebene E: $x + 2y + z = 3$ sind parallel.	☐
Die Gerade g: $X = t \cdot \begin{pmatrix}4\\2\\-1\end{pmatrix}$ und die Ebene E: $4x + 2y - z = 8$ schließen einen rechten Winkel miteinander ein.	☐
Die Gerade g: $X = \begin{pmatrix}1\\4\\5\end{pmatrix} + t \cdot \begin{pmatrix}0\\1\\-1\end{pmatrix}$ liegt in der Ebene E: $y - z = 2$.	☐
Die Gerade g: $X = \begin{pmatrix}3\\0\\-2\end{pmatrix} + t \cdot \begin{pmatrix}-1\\1\\-1\end{pmatrix}$ und die Ebene E: $x + 2y + z = 1$ sind ident.	☐
Die Gerade g: $X = \begin{pmatrix}-2\\0\\0\end{pmatrix} + t \cdot \begin{pmatrix}3\\2\\4\end{pmatrix}$ schneidet die Ebene E: $x + y + z = -2$ im Punkt $S = (-2 \mid 0 \mid 0)$.	☐

A 12 Gib die Gleichung einer Ebene E_2 an, in der der Punkt $P = (3 \mid -4 \mid 5)$ liegt und die parallel zu E_1: $2x + y - 4z = 4$ ist.

E_2: ______________________

A 13 Bestimme die gegenseitige Lage der Ebenen E_1: $-6x - 5y - 4z = 1$ und E_2: $X = \begin{pmatrix}1\\1\\5\end{pmatrix} + s \cdot \begin{pmatrix}1\\2\\-4\end{pmatrix} + t \cdot \begin{pmatrix}-3\\2\\2\end{pmatrix}$.

A 14 Ordne den Ebenenpaaren jeweils den (ungefähren) Schnittwinkel zwischen den zwei Ebenen zu.

E_1: $-x - 4y + z = 8$ E_2: $5x - y + z = 1$	E_1: $2x + y + 5z = 10$ E_2: $4x - 7y + z = -2$	E_1: $y - 2z = 6$ E_2: $x + z = -5$	E_1: $x - z = 2$ E_2: $3y - z = -4$

A	B	C	D	E	F
50,77°	90°	100,04°	77,08°	124,67°	82,25°

A 15 Berechne den Schnittwinkel α zwischen der Geraden g: $X = \begin{pmatrix}0\\1\\2\end{pmatrix} + t \cdot \begin{pmatrix}-3\\1\\-4\end{pmatrix}$ und der Ebene E: $x - 5y + 2z = -5$.

$\alpha \approx$ ______________

A 16 Gegeben sind zwei Ebenen E_1: $2x + y = 1$ und E_2: $-x + z = 3$, die einander schneiden. Kreuze die beiden Vektoren an, die Richtungsvektoren der Schnittgeraden g sind.

$\begin{pmatrix}0\\0\\3\end{pmatrix}$	☐
$\begin{pmatrix}1\\-2\\1\end{pmatrix}$	☐
$\begin{pmatrix}1\\-3\\3\end{pmatrix}$	☐
$\begin{pmatrix}2\\6\\-6\end{pmatrix}$	☐
$\begin{pmatrix}-2\\4\\-2\end{pmatrix}$	☐

A 17 Gegeben sind die Gerade g: $X = \begin{pmatrix}-2\\3\\1\end{pmatrix} + t \cdot \begin{pmatrix}6\\7\\-2\end{pmatrix}$ und die Ebene E_1: $3x - 2y + 2z = 0$.

a) Weise nach, dass die Gerade g und die Ebene E_1 parallel sind und berechne ihren Abstand.
b) Bestimme die Schnittgerade h der Ebenen E_1 und E_2: $2x - y + 3z = 2$.
c) Berechne den Schnittpunkt der Geraden g mit der Ebene E_2.
d) Gib die Gleichung einer weiteren Ebene E_3 an, die parallel zur Ebene E_1 ist und den Abstand $d = \sqrt{68}$ von E_1 hat.

Grafische Darstellung von Daten

24

Ein alter Scherz lautet: „Ökonomen haben neun der letzten fünf Rezessionen korrekt vorhergesagt." Das ist natürlich unmöglich und spielt auf den Umstand an, dass die Voraussagen ziemlich oft danebenlagen. Eine mögliche Aussage wäre z. B.: Es wurden insgesamt neun Vorhersagen zu Rezessionen getroffen, von denen nur fünf eingetreten sind. In der Statistik lernen wir zu Beginn, wie Gesamtmenge und Häufigkeiten zusammenhängen.

Grundlagen

G 1 Die **absolute Häufigkeit** H_A eines Werts A gibt an, wie oft dieser Wert in einer Datenliste vorkommt. Die Summe aller absoluten Häufigkeiten ergibt die Gesamtzahl n aller Werte.

Die **relative Häufigkeit** h_A eines Werts A lautet $h_A = \frac{H_A}{n}$. n gibt wieder die Gesamtzahl aller Werte der Datenliste an. Die relative Häufigkeit wird oft in Prozent angegeben (z. B.: $h_A \approx 0{,}324 = 32{,}4\,\%$).

Beispiel: Datenliste (geordnet) mit $n = 11$:
A, A, A, B, B, B, B, C, C, E, F

$H_A = 3$	$h_A = \frac{3}{11} \approx 0{,}273 = 27{,}3\,\%$
$H_B = 4$	$h_B \approx 36{,}4\,\%$
$H_C = 2$	$h_C \approx 18{,}2\,\%$
$H_E = 1$	$h_E \approx 9{,}1\,\%$
$H_F = 1$	$h_F \approx 9{,}1\,\%$

G 2 Die folgenden Diagramme stellen die Häufigkeiten einzelner Werte einer Datenliste grafisch dar. Für alle Diagramme gilt, dass die Häufigkeit eines Wertes der Größe des zugehörigen grafischen Elements entspricht.
Beispiel: Je größer die Häufigkeit, desto länger ist auch der entsprechende Balken im Balkendiagramm.

Absolute Häufigkeiten:

Säulendiagramm

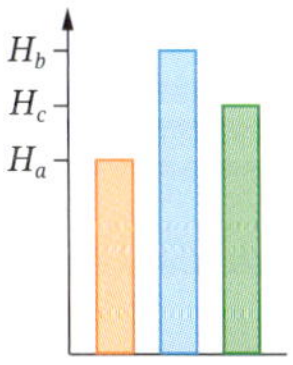

Balkendiagramm

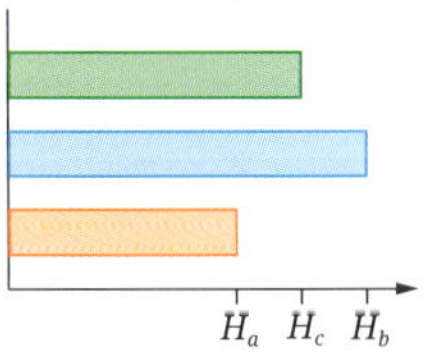

Relative Häufigkeiten:

Kreisdiagramm

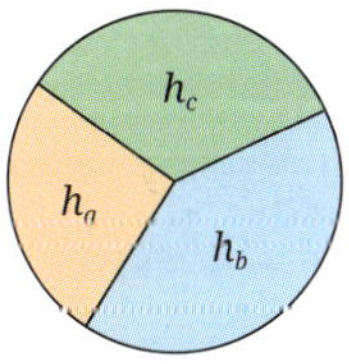

Prozentstreifen

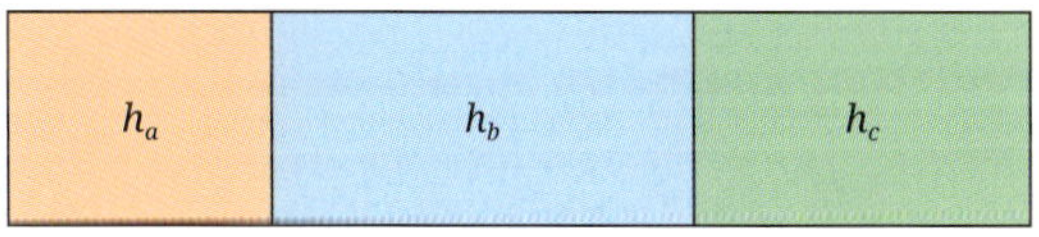

G 3 Ein Stängel-Blatt-Diagramm fasst eine Liste von Zahlen übersichtlich zusammen. Beispiel: Im Fall der Liste 25, 11, 50, 39, 36, 23, 27 bilden die Zehnerziffern die Stängel und die Einerziffern die Blätter.

Stängel	Blatt
1	1
2	3, 5, 7
3	6, 9
4	
5	0

G 4 Eine **Punktwolke** (**Streudiagramm**) stellt den Zusammenhang zweier Größen als Punkte in einem zweidimensionalen Koordinatensystem dar.

G 5 Ein **Histogramm** stellt die Häufigkeiten von Werten in festgelegten Bereichen („Klassen") dar. Der Flächeninhalt A eines Rechtecks im Histogramm stellt meistens die absolute Häufigkeit der Daten der jeweiligen Klasse dar: $H = b \cdot y$, wobei H die absolute Häufigkeit, b die Klassenbreite und y die Höhe des Rechtecks ist. Manchmal entspricht der Flächeninhalt der relativen Häufigkeit. In diesem Fall gilt $h = b \cdot y$.

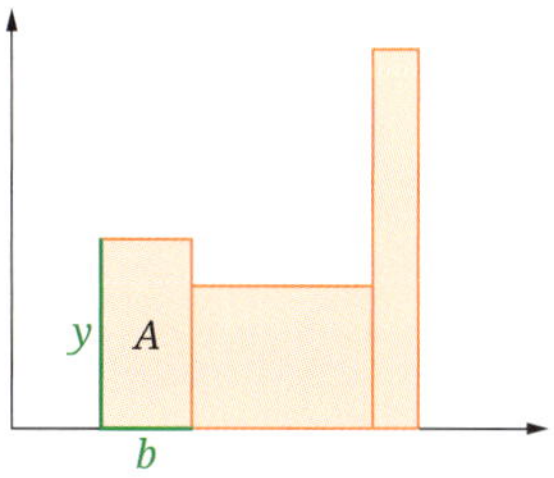

Beispiele

B1 Gegeben ist ein Wahlergebnis. Bestimme die absoluten und die relativen Häufigkeiten der auf die einzelnen Parteien entfallenen Stimmen.
a) Partei A: 1500 Stimmen, Partei B: 700 Stimmen und Partei C: 3800 Stimmen
b) Partei A: 20 %, Partei B: 35 % und Partei C: 45 % bei insgesamt 8000 abgegebenen Stimmen

Wie bestimme ich absolute und relative Häufigkeiten?

1 Die Art der Häufigkeit anhand der Zahlen in der Angabe erkennen

a) Es sind Anzahlen gegeben. ⟹ absolute Häufigkeit **b)** Es sind Prozentwerte gegeben. ⟹ relative Häufigkeit

2 Die Gesamtzahl n bestimmen und die absoluten und relativen Häufigkeiten berechnen

Wir verwenden die absoluten Häufigkeiten H, um mithilfe von → G1 die Gesamtzahl n sowie die relativen Häufigkeiten h zu bestimmen.

$n = 1500 + 700 + 3800 = 6000$

Absolute Häufigkeit	Relative Häufigkeit
$H_A = 1500$	$h_A = \frac{1500}{6000} = 0{,}25$
$H_B = 700$	$h_B = \frac{700}{6000} \approx 0{,}117$
$H_C = 3800$	$h_C = \frac{3800}{6000} \approx 0{,}633$

Wir verwenden die Gesamtzahl n sowie die relativen Häufigkeiten h, um mithilfe von → G1 die absoluten Häufigkeiten H zu bestimmen.

$n = 8000$

Relative Häufigkeit	Absolute Häufigkeit
$h_A = \frac{20}{100} = 0{,}2$	$H_A = 0{,}2 \cdot 8000 = 1600$
$h_B = \frac{35}{100} = 0{,}35$	$H_B = 0{,}35 \cdot 8000 = 2800$
$h_C = \frac{45}{100} = 0{,}45$	$H_C = 0{,}45 \cdot 8000 = 3600$

B2 Im Laufe eines Tages wurden die Geschwindigkeiten der Fahrzeuge an einer Stelle einer Autobahn gemessen. Die Ergebnisse wurden in einer Tabelle zusammengefasst. Stelle die Daten in einem Histogramm dar.

Geschwindigkeit v in km/h	$v < 100$	$100 \leq v < 130$	$130 \leq v \leq 200$
Anzahl der Fahrzeuge	50000	72000	7000

Wie erstelle ich ein Histogramm?

1 Die Klassenbreite jeder Klasse berechnen
$b_1 = 100 - 0 = 100$ $b_2 = 130 - 100 = 30$ $b_3 = 200 - 130 = 70$

2 Die Höhe y zur jeweiligen Klassenbreite b aus der Formel $y = \frac{\text{Absolute Häufigkeit}}{\text{Klassenbreite}}$ berechnen
$y_1 = \frac{50000}{100} = 500$ $h_2 = \frac{72000}{30} = 2400$ $h_3 = \frac{7000}{70} = 100$

3 Die Rechtecke der Klassen mit den ermittelten Breiten und Höhen in ein Koordinatensystem zeichnen

Aufgaben zu den Beispielen

B1 A Gegeben sind die Häufigkeiten verschiedenfarbiger Autos auf einem Parkdeck. Bestimme die absoluten und die relativen Häufigkeiten für jede Farbe.
a) rot: 23 Autos, silbern: 41 Autos und weiß: 18 Autos
b) blau: 25 %, schwarz: 65 % und grün: 10 % bei insgesamt 80 geparkten Autos

1 Die Art der Häufigkeit anhand der Zahlen in der Angabe erkennen

a) Es sind ______ gegeben. **b)** Es sind ______ gegeben.

$\Longrightarrow$ ______ Häufigkeit $\Longrightarrow$ ______ Häufigkeit

2 Die Gesamtzahl n bestimmen und die absoluten und relativen Häufigkeiten berechnen

$n = \square + \square + \square = \square$ $n = \square$

Absolute Häufigkeit	Relative Häufigkeit
$H_r = \square$	$h_r = \frac{\square}{\square} \approx \square$
$H_s = \square$	$h_s = \frac{\square}{\square} = \square$
$H_w = \square$	$h_w = \frac{\square}{\square} \approx \square$

Relative Häufigkeit	Absolute Häufigkeit
$h_b = \frac{\square}{100} = \square$	$H_b = \square \cdot \square = \square$
$h_s = \frac{\square}{100} = \square$	$H_s = \square \cdot \square = \square$
$h_g = \frac{\square}{100} = \square$	$H_g = \square \cdot \square = \square$

B2 A In einer Schule wurden die Körpergrößen der Schülerinnen und Schüler der 6. Klassen dokumentiert, die Daten sind in der Tabelle zusammengefasst. Stelle diese Daten in einem Histogramm dar.

Körpergröße k in cm	$140 \le k < 150$	$150 \le k < 175$	$175 \le k \le 190$
Schülerzahl	30	50	9

1 Die Klassenbreite jeder Klasse berechnen

$b_1 = \square - \square = \square$ $b_2 = \square - \square = \square$ $b_3 = \square - \square = \square$

2 Die Höhe y zur jeweiligen Klassenbreite b aus der Formel $y = \frac{\text{Absolute Häufigkeit}}{\text{Klassenbreite}}$ berechnen

$y_1 = \frac{\square}{\square} = \square$ $y_2 = \frac{\square}{\square} = \square$ $y_3 = \frac{\square}{\square} = \square$

3 Die Rechtecke der Klassen mit den ermittelten Breiten und Höhen in ein Koordinatensystem zeichnen

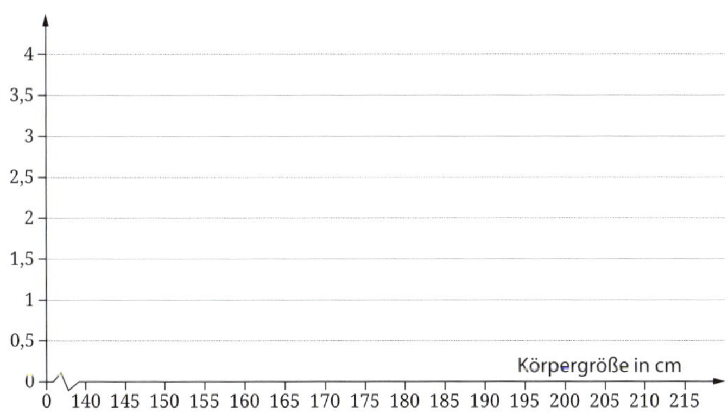

Lösungen
Weitere Aufgaben

Aufgaben

A 1 → B 1

Bei einer Umfrage wird abgefragt, welches der drei Produkte A, B und C bevorzugt wird. Berechne die relativen Häufigkeiten für die Personenzahl, die das Produkt A, B oder C gewählt haben, und gib das Ergebnis in Prozent an.

Tipp Ist die relative Häufigkeit als Zahl zwischen 0 und 1 gegeben, multipliziere sie mit 100 für den gleichwertigen Prozentanteil, z. B. 0,42 = 42 %; 0,8 = 80 %; 0,03 = 3 %.

a)

Produkt	A	B	C
Personen	52	65	13

$n = 52 + 65 + 13 = 130$

$h_A = \frac{52}{130} = 0{,}4 = 40\ \%$

$h_B = \frac{65}{130} = 0{,}5 = 50\ \%$

$h_C = \frac{13}{130} = 0{,}1 = 10\ \%$

b)

Produkt	A	B	C
Personen	48	25	27

c)

Produkt	A	B	C
Personen	60	50	15

d)

Produkt	A	B	C
Personen	42	75	33

A 2 → B 1

Die Wahlergebnisse einer Region sind gegeben. Berechne die Stimmenzahl für die Parteien A, B und C.

a) Zahl abgegebener Stimmen: 1,2 Mio.

Partei	A	B	C
Stimmenanteil	30 %	45 %	25 %

$H_A = 1{,}2\ \text{Mio.} \cdot 0{,}3 = 0{,}36\ \text{Mio.}$

$H_B = 1{,}2\ \text{Mio.} \cdot 0{,}45 = 0{,}54\ \text{Mio.}$

$H_C = 1{,}2\ \text{Mio.} \cdot 0{,}25 = 0{,}3\ \text{Mio.}$

b) Zahl abgegebener Stimmen: 3,5 Mio.

Partei	A	B	C
Stimmenanteil	27 %	23 %	50 %

c) Zahl abgegebener Stimmen: 0,9 Mio.

Partei	A	B	C
Stimmenanteil	64 %	11 %	25 %

A 3

In einer 6. Klasse einer Schule wurde eine Umfrage nach der Lieblingsfarbe durchgeführt. Ermittle die absoluten Häufigkeiten aus dem gegebenen Diagramm und erstelle daraus ein Säulendiagramm.

a) Klasse 6A:
22 Schülerinnen und Schüler

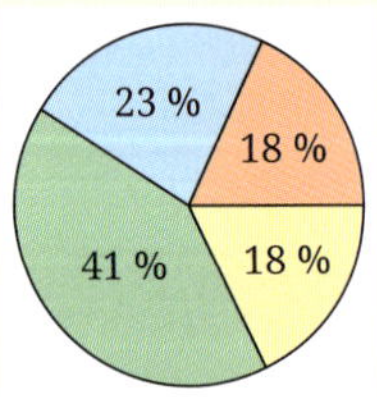

$H_{rot} = 0{,}18 \cdot 22 \approx 4$

$H_{blau} = 0{,}23 \cdot 22 \approx 5$

$H_{grün} = 0{,}41 \cdot 22 \approx 9$

$H_{gelb} = 0{,}18 \cdot 22 \approx 4$

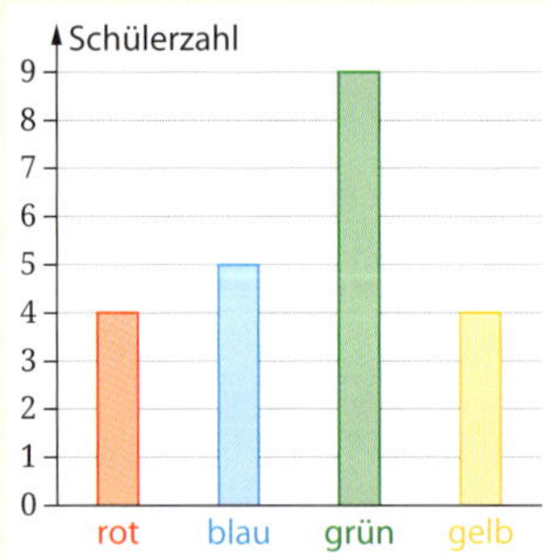

b) Klasse 6B:
24 Schülerinnen und Schüler

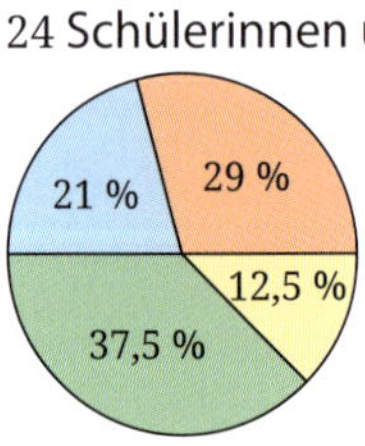

H_{rot} = ___ · ___ ≈ ___

H_{blau} = ___ · ___ ≈ ___

$H_{grün}$ = ___ · ___ = ___

H_{gelb} = ___ · ___ = ___

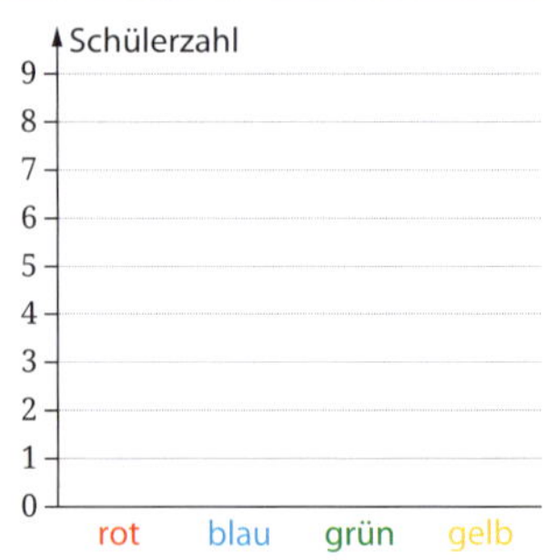

c) Klasse 6C:
20 Schülerinnen und Schüler

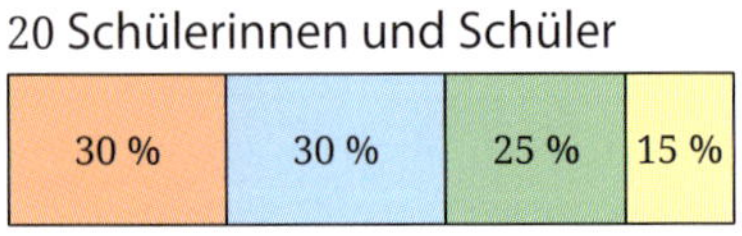

H_{rot} = ___ · ___ = ___

H_{blau} = ___ · ___ = ___

$H_{grün}$ = ___ · ___ = ___

H_{gelb} = ___ · ___ = ___

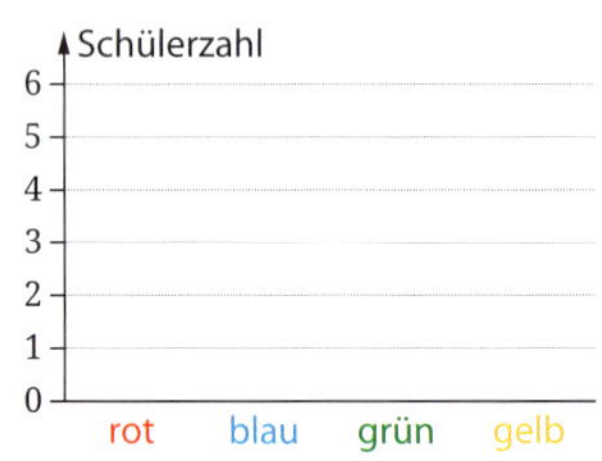

A4 → G3

Die Besucherzahl einer Ausstellung an den Öffnungstagen wurde festgehalten. Stelle die Daten in einem Stängel-Blatt-Diagramm dar.

a) März

69, 64, 60, 53, 41, 45, 55, 57, 47, 46, 40, 50, 53, 47, 55, 53, 57, 53, 48, 44

4	0 1 4 5 6 7 7 8
5	0 3 3 3 3 5 5 7 7
6	0 4 9

b) April

54, 40, 45, 60, 55, 63, 67, 40, 43, 48, 54, 51, 56, 51, 55, 57, 48, 60, 48, 60

4	
5	
6	

c) Mai

44, 42, 40, 42, 41, 30, 37, 34, 35, 40, 43, 35, 37, 47, 52, 50, 51, 30, 50

3	
4	
5	

A5 → B2 → G5

Erstelle ein Histogramm zur gegebenen Tabelle.

a)

Klasse	Absolute Häufigkeit
$0 \le x < 4$	4
$4 \le x < 10$	18
$10 \le x \le 20$	15

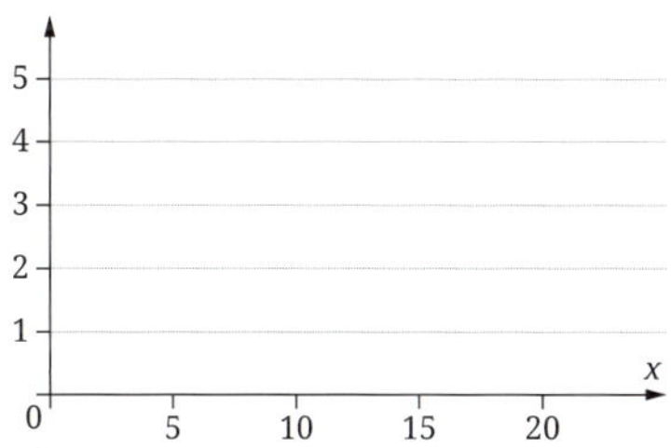

b)

Klasse	Absolute Häufigkeit
$200 \le x < 450$	500
$450 \le x < 800$	1 575
$800 \le x \le 1\,000$	1 000

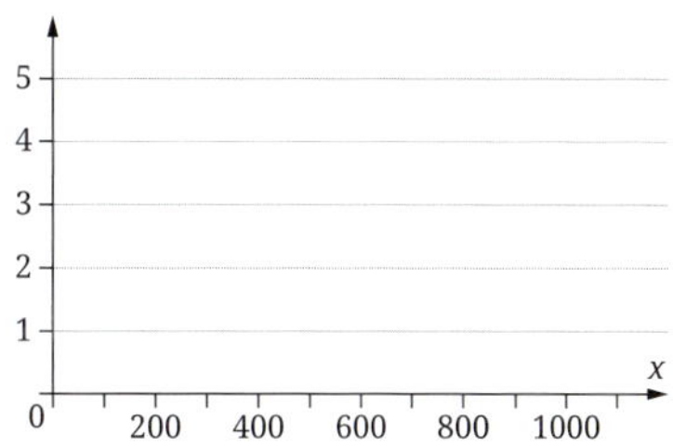

c)

Klasse	Relative Häufigkeit
$10 \le x < 50$	60 %
$50 \le x < 80$	30 %
$80 \le x \le 90$	10 %

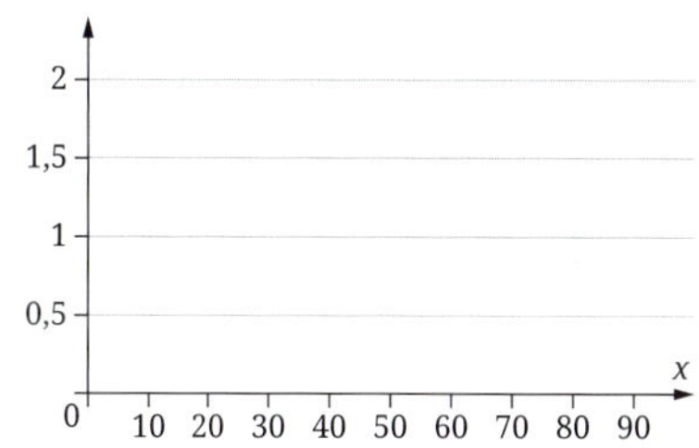

A6

Die Netto-Gehälter der Mitarbeiterinnen und Mitarbeiter eines Unternehmens sind in einem Histogramm dargestellt. Ermittle für jede Gehaltsklasse, wie viele Personen hineinfallen.

Klasse $x < 1000$:
Klassenbreite $= 1000 - 0 = 1000$
Höhe des Rechtecks: 0,1 (aus Diagramm abgelesen)

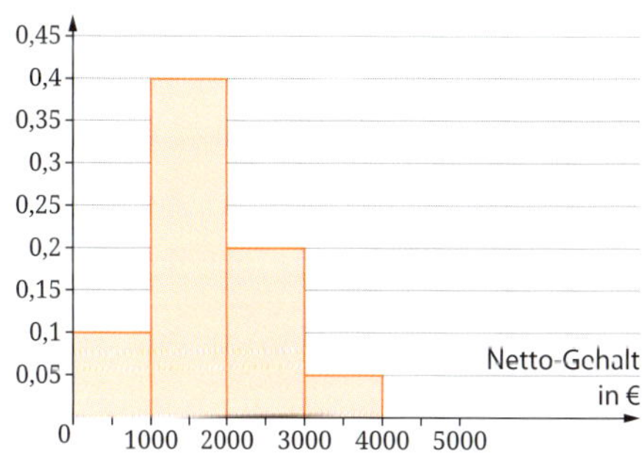

Gehalt in €	$x < 1000$	$1000 \le x < 2000$	$2000 \le x < 3000$	$3000 \le x \le 4000$
Personen	$1000 \cdot 0{,}1 = 100$	$\_\_ \cdot \_\_ = \_\_$	$\_\_ \cdot \_\_ = \_\_$	$\_\_ \cdot \_\_ = \_\_$

A7 → G4

Die Körpergewichte und die jeweils geschafften Klimmzüge einer Turngruppe wurden im abgebildeten Punktwolkendiagramm zusammengefasst, z. B. gab es drei 60 kg schwere Turnerinnen und Turner, von denen eine Person 4, eine 8 und eine 10 Klimmzüge bewältigt hat.

a) Aus wie vielen Personen mit 66 kg Körpergewicht bestand die Gruppe?

b) Haben die sieben schwersten Personen insgesamt weniger Klimmzüge geschafft als die sieben leichtesten?

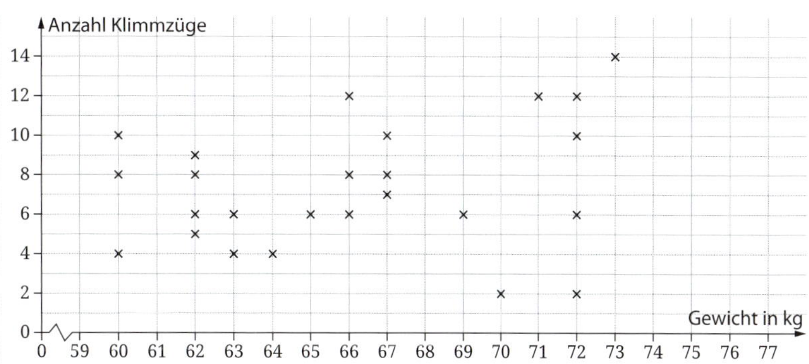

Lösungen

A 8 In einer Klasse wurde eine Probematura durchgeführt. Im ersten Teil konnten maximal 24 Punkte erreicht werden. Die tatsächlich erreichten Punkte sind in einem Stängel-Blatt-Diagramm dargestellt.

Stelle die absoluten Häufigkeiten der erreichten Punktezahlen in einem Säulendiagramm dar.

0	5 7 7
1	0 0 1 1 2 4 5 5 5 6 6 6 6
1	6 8 8
2	0 2

A 9 In einer Schule wurden alle Schülerinnen und Schüler der 6. Klasse befragt, wie viele Stunden sie täglich an ihren Handys verbringen. Die Ergebnisse der Umfrage sind als Histogramm dargestellt.

Kreuze die beiden zutreffenden Aussagen an.

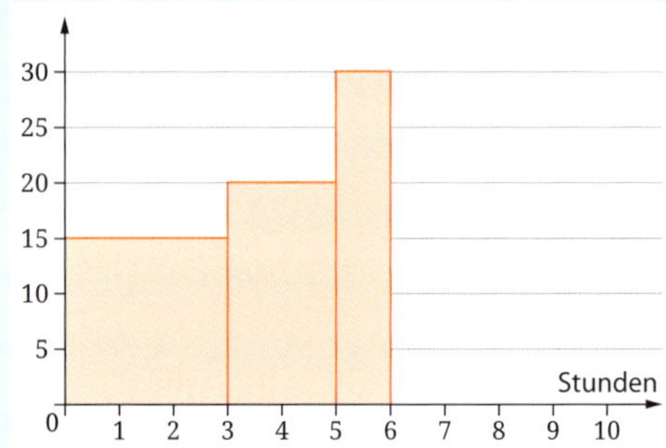

Die meisten Schülerinnen und Schüler verbringen 5 bis 6 Stunden am Handy.	☐
Es haben insgesamt 115 Schülerinnen und Schüler an der Umfrage teilgenommen.	☐
Es gibt Schülerinnen und Schüler, die täglich mehr als 6 Stunden am Handy verbringen.	☐
Es gibt mehr Schülerinnen und Schüler, die täglich höchstens 3 Stunden am Handy verbringen, als Schülerinnen und Schüler, die 3 bis 5 Stunden am Handy verbringen.	☐
Man kann nicht ablesen, wie viele Schülerinnen und Schüler an der Umfrage teilgenommen haben.	☐

A 10 Im Diagramm sind die Bevölkerungszahl mit Jänner 2020 sowie das Bevölkerungswachstum gegenüber Jänner 2019 in Österreich sowie den einzelnen Bundesländern dargestellt.

Gib an, wie viel Prozent der Bevölkerung Österreichs im Jänner 2020 in Vorarlberg wohnten.

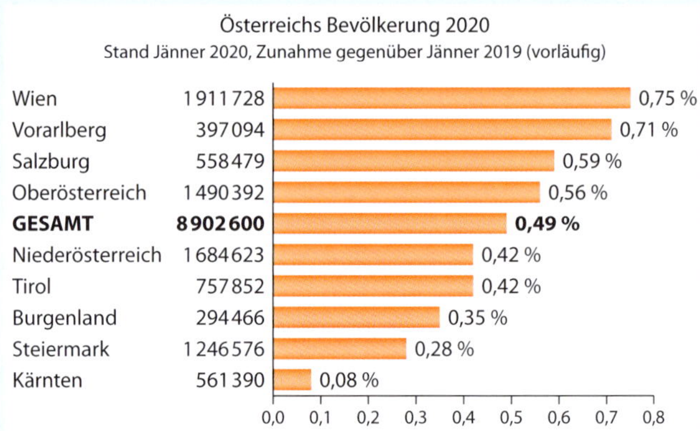

Quelle: Statistik Austria

A 11 Im Diagramm ist die Prognose des Bevölkerungswachstums Österreichs ausgehend vom Jahr 2018 dargestellt.

a) Welchen Prozentsatz der Gesamtbevölkerung machten 2018 die unter 20-Jährigen aus?

b) Wie viele Menschen werden laut dieser Prognose im Jahr 2040 im Ausland geboren sein?

c) Laut Prognose nimmt die absolute Häufigkeit der unter 20-Jährigen von 2040 auf 2080 zu. Stimmt das auch für die relativen Häufigkeiten? Gib die jeweiligen Prozentzahlen an.

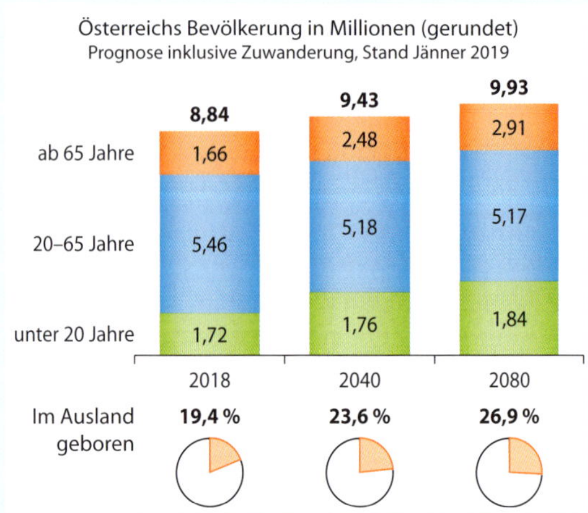

Quelle: Statistik Austria

Boxplot

25

Alle, die schon einmal an einem Schikurs teilgenommen haben, kennen es: das Vorfahren und anschließende Einteilen in Leistungsgruppen. Das Gruppieren von Daten ist in der Statistik eine wertvolle Methode, da man so einen besseren und schnelleren Überblick über eine große Menge von Daten erhält. Mit dem Boxplot teilt man beispielsweise die der Größe nach geordneten Werte der Datenliste in Bereiche ein, die jeweils ein Viertel aller Werte umfassen.

Grundlagen

G1 Für einen **Boxplot** wird eine Datenliste geordnet und in vier Abschnitte, die jeweils gleich viele Werte enthalten, eingeteilt. Der Boxplot liefert daher Informationen darüber, in welchem Bereich die Daten liegen und wie stark sie streuen. Folgende **Kennzahlen** lassen sich aus einem Boxplot ablesen (siehe Beispiel).

Minimum	kleinster Wert der Datenliste
1. Quartil (Q_1)	Median der Unterliste
2. Quartil (Q_2, Median)	teilt die Datenliste in zwei gleich große Teillisten (Unter- und Oberliste)
3. Quartil (Q_3)	Median der Oberliste
Maximum	größter Wert der Datenliste
Spannweite	Maximum – Minimum

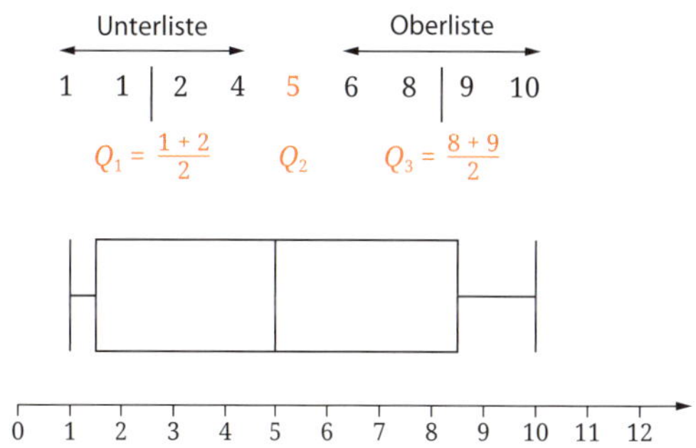

G2 Die Differenz von Q_3 und Q_1 heißt **Interquartilsabstand**.

Werkzeuge

W1 Besteht die Datenliste aus einer ungeraden Anzahl an Werten, so ist der Median der mittlere Wert und somit jedenfalls in der Datenliste enthalten. Bei einer geraden Anzahl an Werten gibt es zwei mittlere Werte x_i und x_{i+1}. In diesem Fall gilt:

Median = $\frac{x_i + x_{i+1}}{2}$

W2 Im Bereich zwischen Minimum und Q_1, zwischen Q_1 und Q_2, zwischen Q_2 und Q_3 sowie zwischen Q_3 und dem Maximum liegen jeweils 25 % aller Datenwerte.

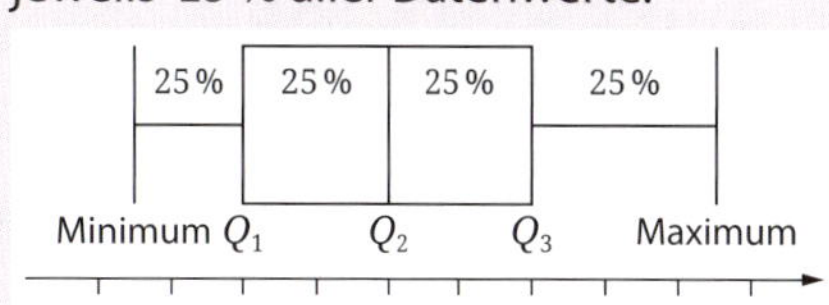

W3 Für jede Datenliste gibt es einen eindeutigen Boxplot. Umgekehrt gibt es jedoch viele Datenlisten, die denselben Boxplot haben.

Was man aus einem Boxplot über die zugrundeliegende Datenliste herauslesen kann:
- den größten und kleinsten Wert, die beide jeweils mindestens einmal in der Datenliste vorkommen
- in welchem Bereich die ersten, zweiten, dritten und vierten 25 % der Datenwerte liegen

Was man aus einem Boxplot über die zugrundeliegende Datenliste **nicht** herauslesen kann:
- die Anzahl an Datenwerten (insgesamt und in bestimmten Intervallen)
- ob die Quartilwerte in der Datenliste vorkommen

Beispiel: Der Boxplot stellt die erreichte Zahl an Punkten bei einer Mathematikschularbeit für eine Klasse dar.

Es lässt sich ablesen, dass mindestens eine Schularbeit 6 Punkte und mindestens eine 22 Punkte erhielt. Wir wissen nicht, wie viele Schularbeiten geschrieben wurden und ob es Schularbeiten mit 8, 14 oder 16 Punkten gab.

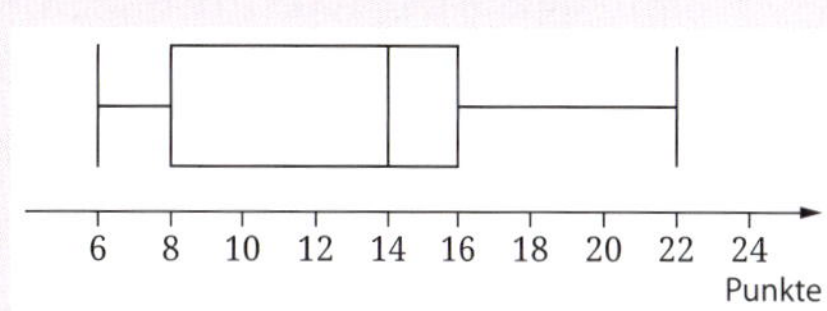

Beispiele

B1 In einem Geschäft wird eine Stichprobe Birnen gezogen. Die Massen der Birnen (in dag) sind in der folgenden Liste dargestellt: 19, 18, 18, 20, 17, 22, 24, 18, 25, 24. Erstelle aus diesen Daten einen Boxplot.

Wie erstelle ich einen Boxplot bei gegebener Datenliste?

1 Die Werte der Datenliste aufsteigend ordnen sowie Minimum und Maximum ablesen

Wir beachten → G1.

Datenliste: 17, 18, 18, 18, 19, 20, 22, 24, 24, 25

Minimum = 17, Maximum = 25

2 Den mittleren oder die beiden mittleren Werte markieren und den Median (Q_2) bestimmen

Wir verwenden → W1.

Datenliste: 17, 18, 18, 18, 19, 20, 22, 24, 24, 25

$Q_2 = \frac{19 + 20}{2} = 19{,}5$

3 Die Quartile Q_1 und Q_3 als Mediane der Unter- bzw. Oberliste bestimmen

Unterliste: 17, 18, 18, 18, 19 $\Longrightarrow$ $Q_1 = 18$

Oberliste: 20, 22, 24, 24, 25 $\Longrightarrow$ $Q_3 = 24$

4 Minimum, Maximum, Median sowie die beiden Quartile Q_1 und Q_3 einzeichnen und die Quartile zu einer Box verbinden

Der Boxplot wird oberhalb der Skala eingezeichnet.

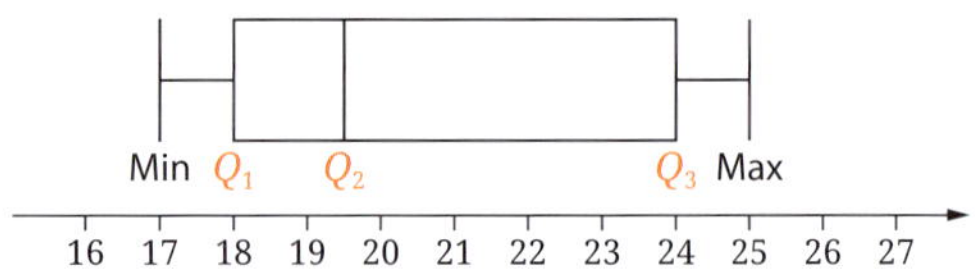

B2 Um das Streaming-Verhalten von Jugendlichen zu untersuchen, wird eine Gruppe Jugendlicher befragt, wie viele Stunden pro Woche sie mit Streaming verbringen. Die Ergebnisse sind in einem Boxplot zusammengefasst.

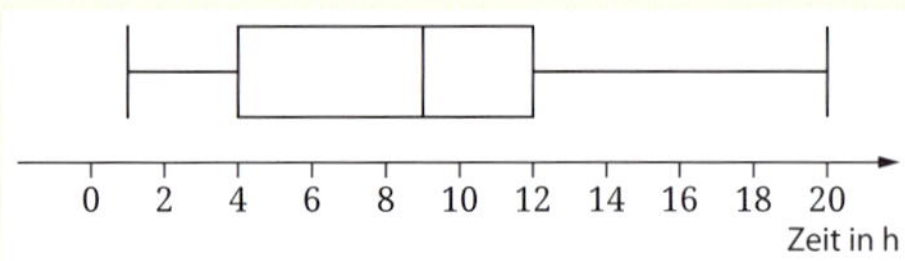

a) Wie viel Prozent der Jugendlichen verbringen mindestens 4 Stunden pro Woche mit Streaming?

b) Wie viel Prozent der Jugendlichen verbringen höchstens 9 Stunden pro Woche mit Streaming?

Wie bestimme ich aus einem Boxplot die relative Häufigkeit von Daten, die in einem vorgegebenen Bereich liegen?

1 Im Boxplot die 25 %-Bereiche beschriften

Wir verwenden → W2.

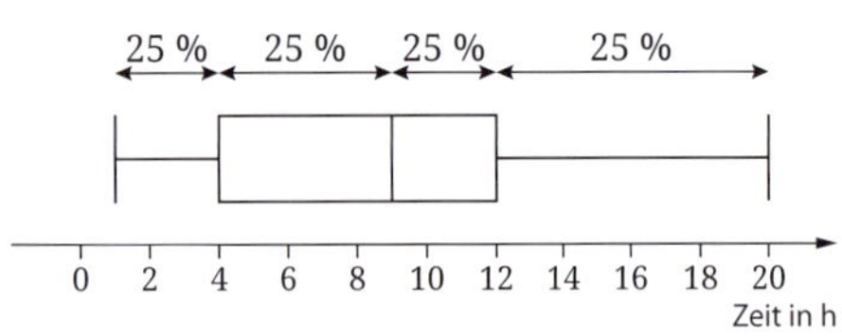

2 Die angegebenen Bereiche auf der Skala markieren und die enthaltenen 25 %-Bereiche abzählen

a)

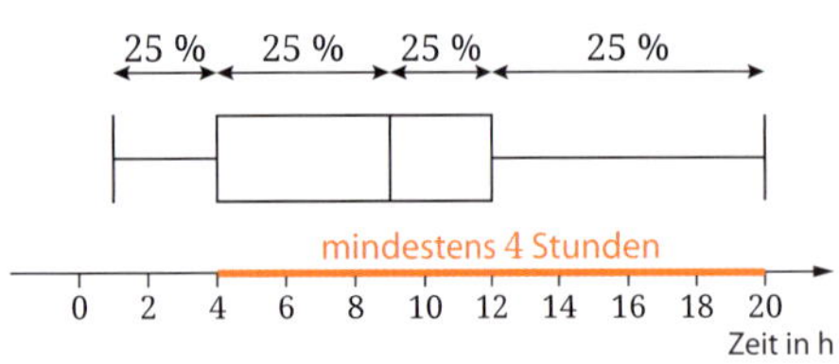

Im markierten Bereich befinden sich $3 \cdot 25\ \% = 75\ \%$ der Daten.

Antwort: Ca. 75 % der Jugendlichen verbringen mindestens 4 Stunden pro Woche mit Streaming.

b)

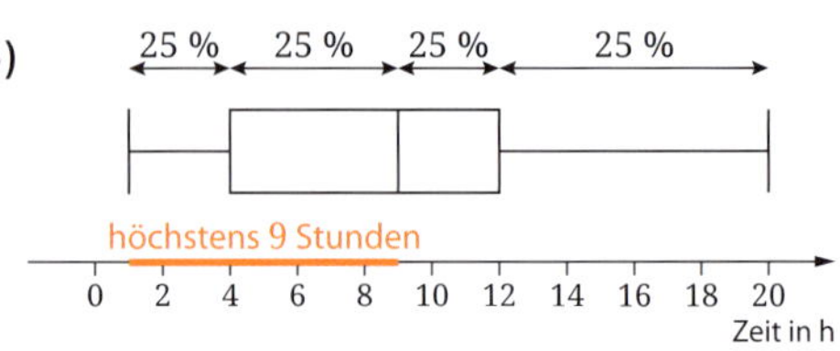

Im markierten Bereich befinden sich $2 \cdot 25\ \% = 50\ \%$ der Daten

Antwort: Ca. 50 % der Jugendlichen verbringen höchstens 9 Stunden pro Woche mit Streaming.

Aufgaben zu den Beispielen

B1 A Beim Laternenfest einer Kindergartengruppe wurde ein Buffet zur Verfügung gestellt, das durch freiwillige Spenden der Eltern mitfinanziert wurde. Folgende Beträge (in Euro) wurden gespendet: 3, 4, 12, 7, 12, 6, 2, 2, 9, 9, 9, 10. Erstelle einen Boxplot, der die Verteilung der Spenden darstellt.

1 Die Werte der Datenliste aufsteigend ordnen sowie Minimum und Maximum ablesen

Datenliste: ___, ___, ___, ___, ___, ___, ___, ___, ___, ___, ___, ___

Minimum = ___ Maximum = ___

2 Den mittleren bzw. die beiden mittleren Werte markieren und den Median (Q_2) bestimmen

Datenliste: 2, 2, 3, 4, 6, 7, 9, 9, 9, 10, 12, 12

$Q_2 = \frac{\_\_\_ + \_\_\_}{2} = \_\_\_$

3 Die Quartile Q_1 und Q_3 als Mediane der Unter- bzw. Oberliste bestimmen

Unterliste: ___, ___, ___, ___, ___, ___ $Q_1 = \frac{\_\_\_ + \_\_\_}{2} = \_\_\_$

Oberliste: ___, ___, ___, ___, ___, ___ $Q_3 = \frac{\_\_\_ + \_\_\_}{2} = \_\_\_$

4 Minimum, Maximum, Median sowie die beiden Quartile Q_1 und Q_3 einzeichnen und die Quartile zu einer Box verbinden

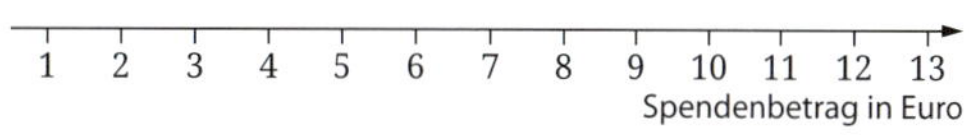

B2 A Die erste Mathematikschularbeit einer 6. Klasse wurde ausgewertet. Im abgebildeten Boxplot sind die erreichten Punktezahlen aller Schülerinnen und Schüler zusammenfassend dargestellt.

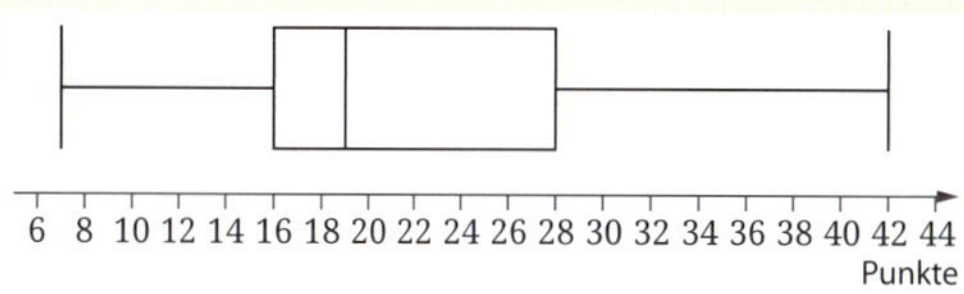

a) Wie viel Prozent der Schülerinnen und Schüler haben mindestens 28 Punkte erreicht?

b) Wie viel Prozent der Schülerinnen und Schüler haben höchstens 16 Punkte erreicht?

1 Im Boxplot die 25 %-Bereiche beschriften

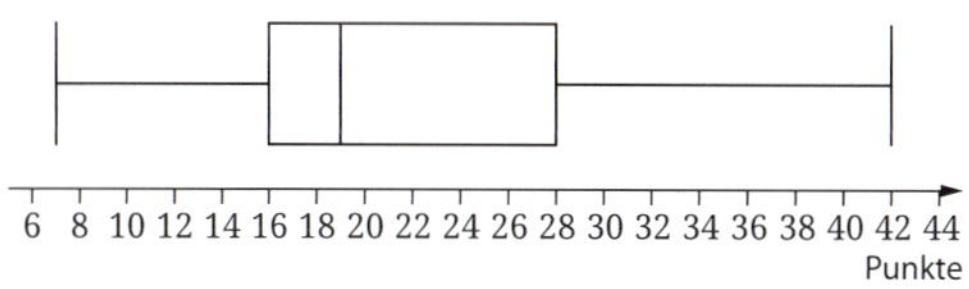

2 Die angegebenen Bereiche auf der Skala markieren und die enthaltenen 25 %-Bereiche abzählen

a) Im markierten Bereich befinden sich ___ · 25 % = ___ % der Daten.

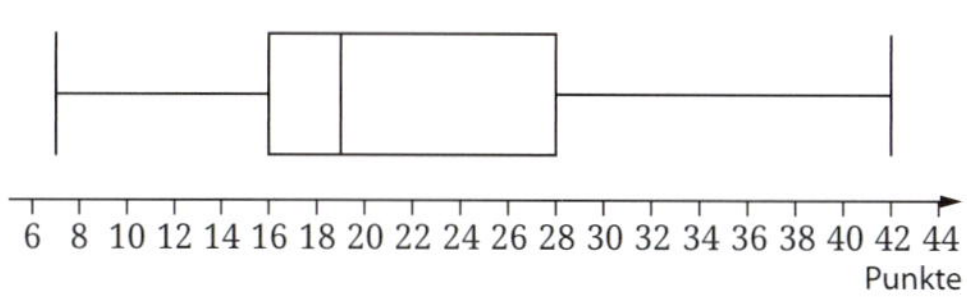

Antwort:

b) Im markierten Bereich befinden sich ___ · 25 % = ___ % der Daten.

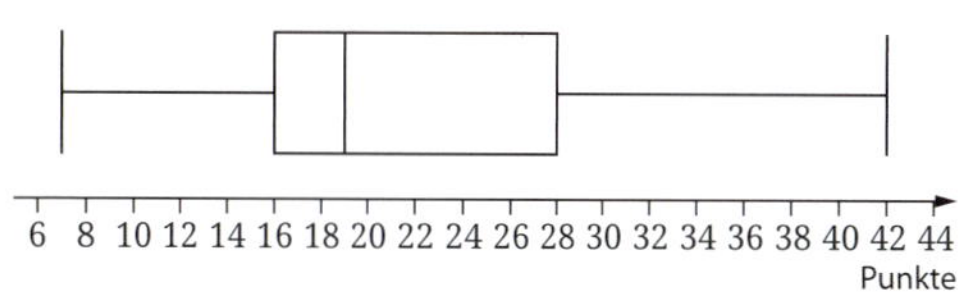

Antwort:

Lösungen Weitere Aufgaben

Aufgaben

A 1 Stelle die geordnete Datenliste in einem Boxplot dar.

→ B 1

	Min	Q_1	Q_2	Q_3	Max	Boxplot
a) 1, 1, 2, 3, 3, 3, 4, 5, 7, 7, 9, 9, 12 Unterliste: 1, 1, 2, 3, 3, 3, Oberliste: 5, 7, 7, 9, 9, 12; Median 4 $\frac{2+3}{2} = 2{,}5$ $\frac{7+9}{2} = 8$	1	2,5	4	8	12	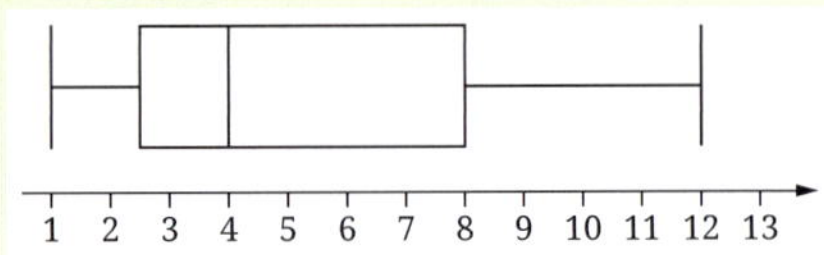
b) 1, 2, 2, 3, 5, 5, 8, 10, 10, 11, 13	___	___	___	___	___	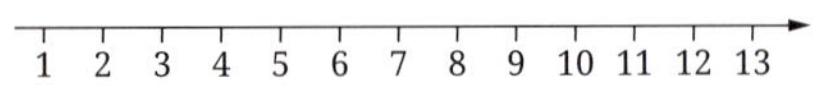

c) 40, 41, 41, 45, 48, 48, 49, 51 **d)** 10, 11, 13, 13, 14, 18, 23, 23, 23 **e)** 7, 7, 7, 8, 10, 10, 12, 13, 14, 15

A 2 Stelle die Daten aus dem gegebenen Diagramm in einem Boxplot dar.

a)

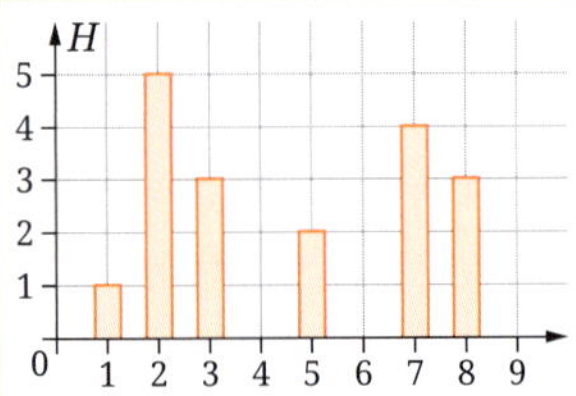

Wir erstellen die Datenliste aus dem Diagramm:

1, 2, 2, 2, 2, 2, 3, 3, 3, 5, 5, 7, 7, 7, 7, 8, 8, 8

Wir bestimmen die Kennzahlen der Liste:

Min = 1, Q_1 = 2, Q_2 = 4, Q_3 = 7, Max = 8

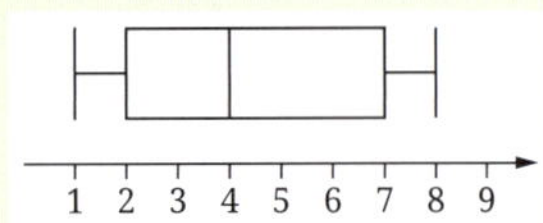

b)

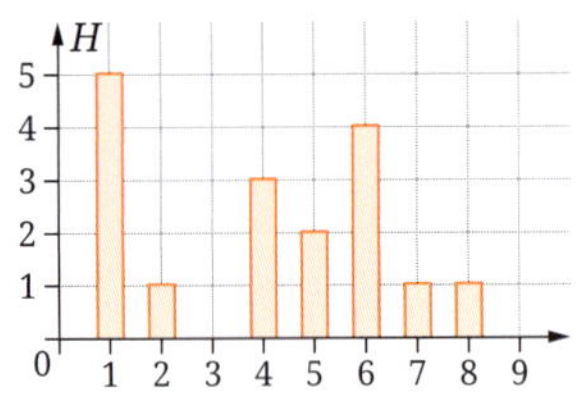

c)

0	3 3 4 5 5 5 5 6 8 8
1	0 0 0 1 4

d)

0	5 6 6 6 6 6 7 7 7 9
1	2 2 2 5 6 6 8
2	0 0

A 3 Lies die gefragten Kennzahlen aus dem Boxplot ab.

→ G 2

a)

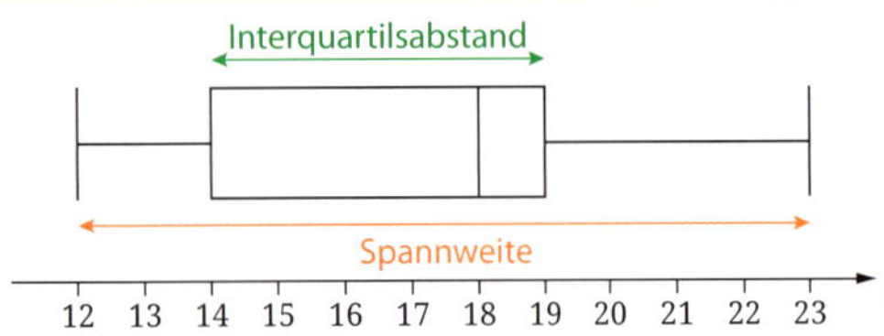

Min = 12, Q_1 = 14, Q_2 = 18, Q_3 = 19, Max = 23

Spannweite = 23 – 12 = 11

Interquartilsabstand = 19 – 14 = 5

b)

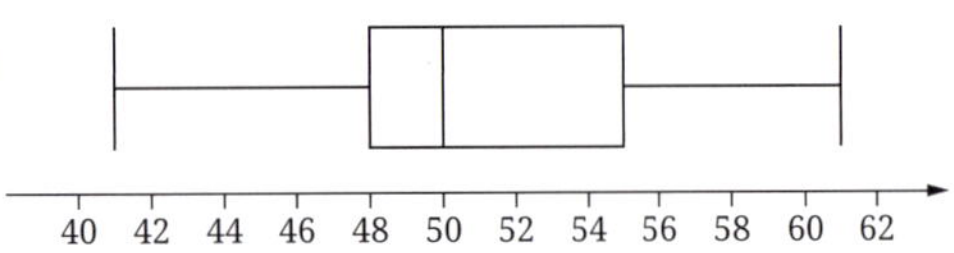

Min = ___, Q_1 = ___, Q_2 = ___, Q_3 = ___, Max = ___

Spannweite = ___ – ___ = ___

Interquartilsabstand = ___ – ___ = ___

c)

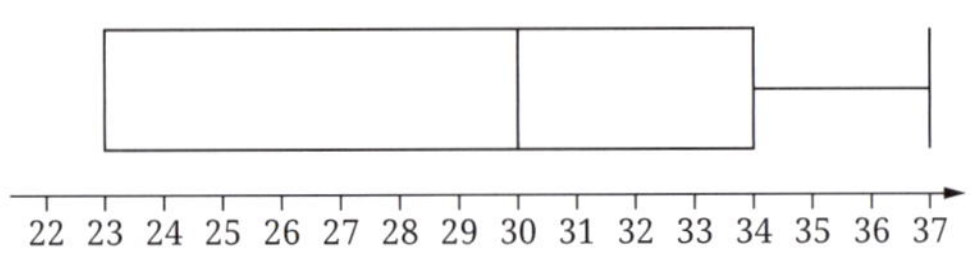

Min = ___, Q_1 = ___, Q_2 = ___, Q_3 = ___, Max = ___

Spannweite = ___ – ___ = ___

Interquartilsabstand = ___ – ___ = ___

d)

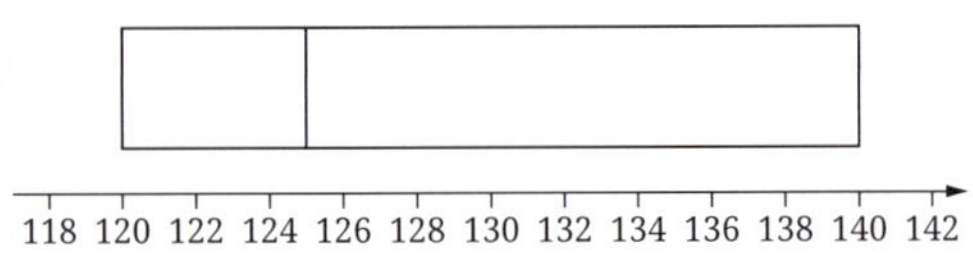

Min = ___, Q_1 = ___, Q_2 = ___, Q_3 = ___, Max = ___

Spannweite = ___ – ___ = ___

Interquartilsabstand = ___ – ___ = ___

A4 → B2 → W2

Die Körpergrößen von 20 Schülerinnen und Schülern einer 6. Klasse sind als Boxplot dargestellt. Markiere den betrachteten Bereich auf der Zahlenskala und gib den gesuchten Prozentsatz bzw. Körpergrößenbereich an.

a)
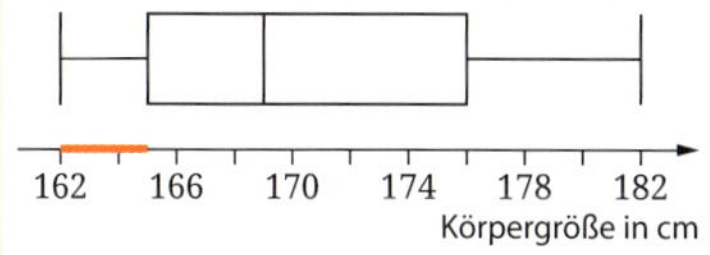

höchstens 165 cm groß: 25 %

b)
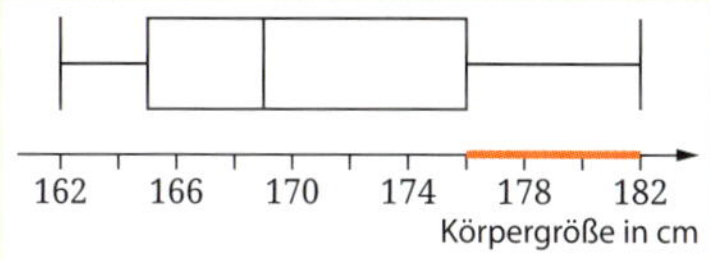

die größten 25 %: [176; 182]

c)
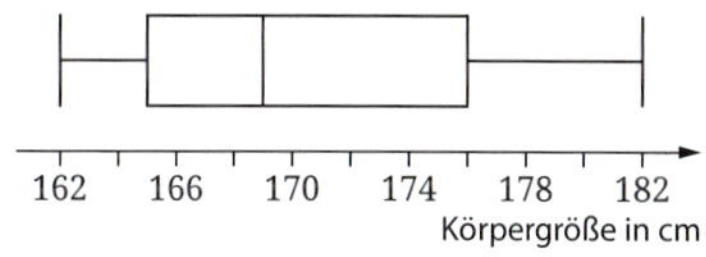

mindestens 176 cm groß: ____ %

d)
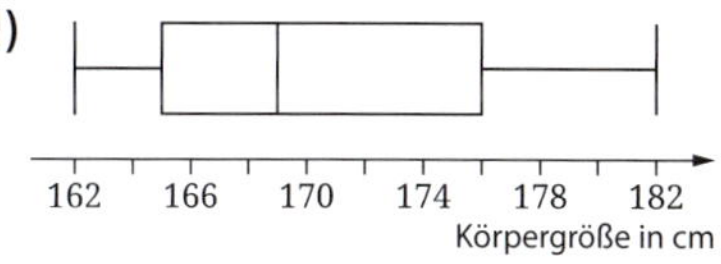

die kleinsten 75 %: ____________

e)
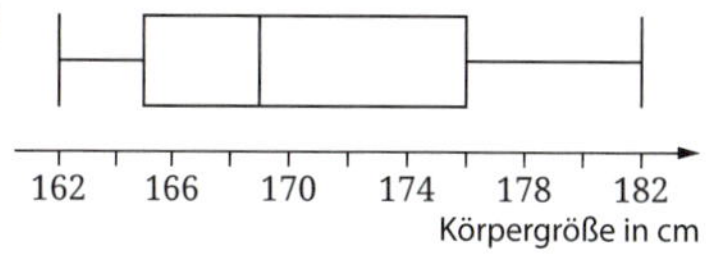

höchstens 169 cm groß: ____ %

f)
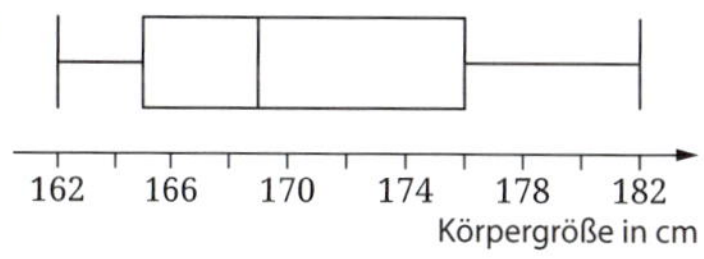

die größten 25 %: ____________

A5 → W1 → W3

Kreuze jene Kennzahlen an, die mit Sicherheit als Element in der Liste enthalten sind. Die Anzahl an Werten in der Liste sowie in der Unter- und Oberliste geben einen Hinweis darauf.

Liste	Min	Q_1	Q_2	Q_3	Max
a) $x_1, \dots, x_{10}$	☒	☒	☐	☒	☒
b) $x_1, \dots, x_{20}$	☐	☐	☐	☐	☐
c) $x_1, \dots, x_{35}$	☐	☐	☐	☐	☐
d) $x_1, \dots, x_{53}$	☐	☐	☐	☐	☐
e) $x_1, \dots, x_n$	☐	☐	☐	☐	☐

a) Die Liste besteht aus 10 Datenwerten, eine gerade Zahl. Q_2 ist daher der Mittelwert des 5. und 6. Wertes und muss deshalb nicht unbedingt in der Liste vorkommen. Die Unterliste und die Oberliste bestehen aus 5 Werten, eine ungerade Zahl. Q_1 und Q_3 sind daher die mittleren Werte der Ober- und Unterliste und kommen deshalb mit Sicherheit vor. Minimum und Maximum sind immer Datenwerte der Liste.

A6 → W3

Der abgebildete Boxplot stellt die mittleren Tagestemperaturen an einem Ort für einen bestimmten Zeitraum dar. Kreuze die beiden jedenfalls zutreffenden Aussagen an.

An mindestens einem Tag betrug die mittlere Tagestemperatur 29 °C.	☐
An genau einem Tag betrug die mittlere Tagestemperatur 23 °C.	☐
An mindestens einem Tag betrug die mittlere Tagestemperatur 23 °C.	☐
An mindestens einem Tag betrug die mittlere Tagestemperatur 32 °C.	☐
An mindestens einen Tag betrug die mittlere Tagestemperatur 36 °C.	☐

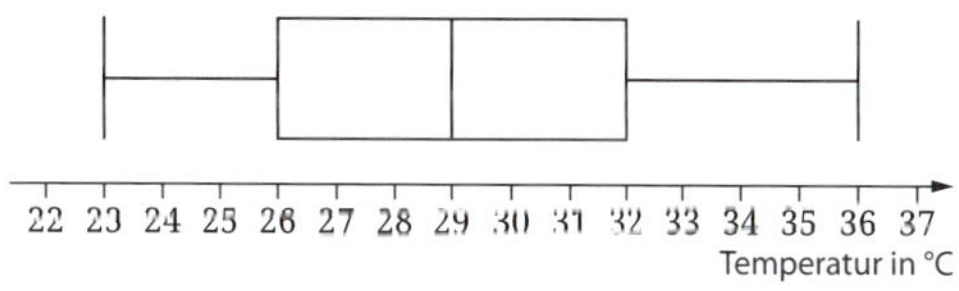

A7

Kreuze die beiden zutreffenden Aussagen an.

Das erste Quartil kann in der Datenliste als Wert enthalten sein.	☐
Die Anzahl an Werten einer Datenliste kann aus dem zugehörigen Boxplot abgelesen werden.	☐
Maximum und Minimum einer Datenliste können aus dem zugehörigen Boxplot abgelesen werden.	☐
Zwei unterschiedliche Datenlisten haben immer unterschiedliche Boxplots.	☐
Die Unter- und Oberliste einer Datenliste beinhalten niemals gleiche Datenwerte.	☐

A 8 Kreuze die Datenliste an, die durch den gegebenen Boxplot dargestellt ist.

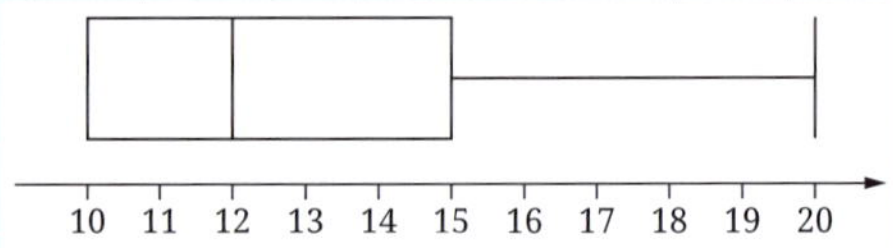

10, 10, 12, 12, 12, 13, 14, 15, 15, 18, 20	☐
10, 10, 12, 12, 12, 12, 15, 15, 15, 18, 20	☐
10, 10, 10, 10, 12, 12, 14, 15, 20, 20, 20	☐
10, 10, 10, 10, 12, 12, 12, 12, 12, 18, 20	☐
10, 10, 10, 10, 12, 12, 14, 15, 15, 18, 20	☐
10, 10, 11, 11, 12, 14, 14, 14, 15, 15, 20	☐

A 9 37 Personen wurden befragt, wie oft sie in diesem Monat mit der Bahn gefahren sind. Die Ergebnisse sind in der folgenden Tabelle dargestellt.

Fahrten	0	1	2	5	6	10	12	18	20	25	28
Personen	1	4	2	1	1	3	5	3	7	6	4

Stelle die Daten dieser Stichprobe in einem Boxplot dar.

A 10 Die Ergebnisse eines Weitsprungversuchs von 24 Schülerinnen einer 5. Klasse sind als Boxplot dargestellt. Kreuze die beiden jedenfalls zutreffenden Aussagen an.

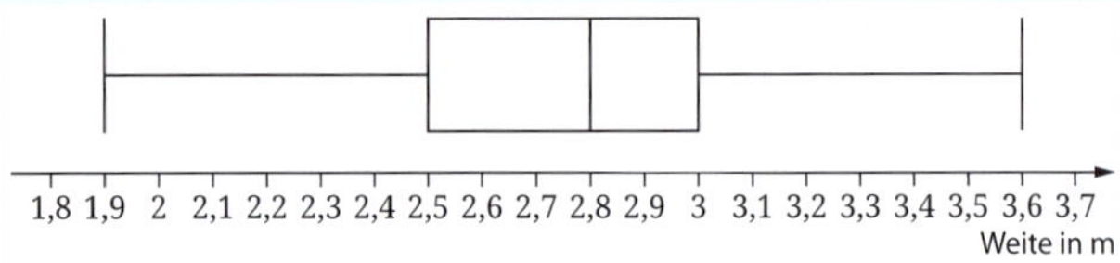

Es gab Schülerinnen, die eine Weite von genau 2,5 m erreicht haben.	☐
Mindestens eine Schülerin ist 3,6 m weit gesprungen.	☐
Genau eine Schülerin ist 1,9 m weit gesprungen.	☐
Höchstens 25 % der Schülerinnen sind mindestens 2,5 m weit gesprungen.	☐
Bei mindestens 12 Schülerinnen lag die erreichte Weite im Bereich von 2,8 m bis 3,6 m.	☐

A 11 Im Rahmen einer Studie zur Verkehrssicherheit auf Österreichs Autobahnen wurden die Geschwindigkeitsübertretungen in einem bestimmten Streckenabschnitt der A1 festgehalten. Zu den insgesamt 229 Fällen wurde ein Boxplot mit den folgenden Kennzahlen erstellt: Min = 1,3 km/h, Q_1 = 5,5 km/h, Q_2 = 7,2 km/h, Q_3 = 8,9 km/h, Max = 20 km/h. Gib an, welche Höhen von Geschwindigkeitsübertretungen mit Sicherheit in der Messreihe vorkamen.

A 12 Lauras Freund Tobias kommt zu Verabredungen oft zu spät. Irgendwann beginnt sie, seine Verspätungen in ihrem Tagebuch festzuhalten und erstellt zum Spaß aus den aufgezeichneten Daten den nebenstehenden Boxplot.

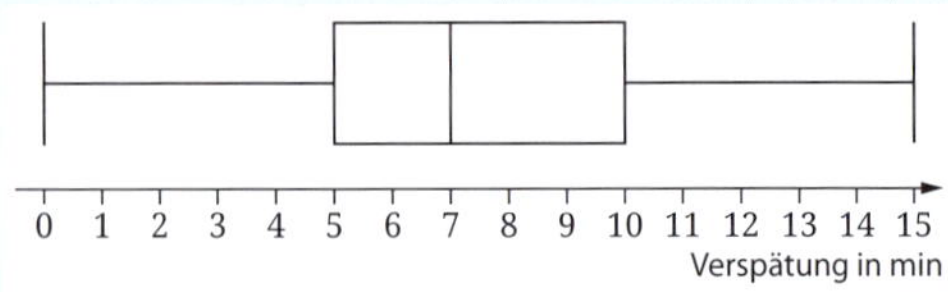

a) In wie viel Prozent der Fälle ist Tobias mindestens 5 Minuten zu spät gekommen?
b) Wie viele Minuten kam Tobias maximal zu spät?
c) Wie viele Minuten kam Tobias in etwa der Hälfte der Fälle höchstens zu spät?

Kennzahlen der beschreibenden Statistik

26

Vier Freunde wollen gemeinsam auf Urlaub fahren, streiten sich aber um den Abreisetag, der an einem Wochenende liegen soll. Zwei von ihnen wollen am 23. Juli fahren, die beiden anderen am 24. Juli bzw. am 6. August. Einer der Freunde meint nach längerer Diskussion: „Nehmen wir einfach die goldene Mitte!“ Dieses Kapitel wird zeigen, dass die „Mitte“ oft nicht so einfach zu finden ist.

Grundlagen

G 1 Die folgenden **Zentralmaße** geben jeweils auf ihre Weise das „Zentrum“, d. h. die „Mitte“, einer aus n Werten bestehenden Datenliste $x_1, x_2, \ldots, x_n$ an.

Das **arithmetische Mittel** (oft **Mittelwert** oder durchschnittlicher Wert genannt) $\overline{x}$ wird mithilfe der Formeln $\overline{x} = \frac{x_1 + x_2 + \ldots + x_n}{n}$ oder $\overline{x} = \frac{S}{n}$, wobei S für die Summe aller Werte steht, berechnet.

Der **Median** ist der Wert, der an der mittleren Stelle der geordneten Datenliste steht.

Der **Modus** ist jeder Wert, der in der Datenliste am häufigsten vorkommt.

G 2 Eine Datenliste gehört einem **Datentypen** an, der darüber entscheidet, ob ein bestimmtes Zentralmaß für diese Liste überhaupt sinnvoll bestimmt werden kann.

Nominaler (kategorialer) Datentyp: Die Werte des beobachteten Merkmals können in Kategorien eingeteilt werden, z. B. Haarfarbe, Geschlecht, Automarke. Mögliches Zentralmaß: Modus

Ordinaler Datentyp: Die Werte des beobachteten Merkmals können geordnet werden, z. B. Schulnoten, Grad der Zufriedenheit, Buchstaben. Mögliche Zentralmaße: Modus und Median

Metrischer Datentyp: Die Werte des beobachteten Merkmals sind Zahlen (mit Einheit), z. B. Körpergröße, Zeitdauer, Kosten, Einwohnerzahl. Mögliche Zentralmaße: Modus, Median und arithmetisches Mittel

G 3 Wie stark die Werte einer Datenliste $x_1, x_2, \ldots, x_n$ streuen, beschreiben die folgenden **Streuungsmaße**:
Spannweite R = Maximum – Minimum
(Empirische) **Varianz** V: mittlere quadratische Abweichung vom arithmetischen Mittel
(Empirische) **Standardabweichung** $\sigma = \sqrt{V}$ (V und σ werden meist mit Technologieeinsatz berechnet.)

Werkzeuge

W1 Die Tabelle zeigt, wie sich Kennzahlen ändern, wenn man alle Werte einer ursprünglichen Datenliste $x_1, \ldots, x_n$ auf die gleiche Weise verändert (eine Zahl $a \in \mathbb{R}$ addiert bzw. mit einer Zahl $a \in \mathbb{R}^*$ multipliziert).

Veränderte Liste	Modus $\hat{x}$	Median Q_2	arithm. Mittel $\overline{x}$	Spannweite R	Standardabw. σ
$x_1 + a, \ldots, x_n + a$	$\hat{x} + a$	$Q_2 + a$	$\overline{x} + a$	R	σ
$x_1 \cdot a, \ldots, x_n \cdot a$	$\hat{x} \cdot a$	$Q_2 \cdot a$	$\overline{x} \cdot a$	$R \cdot a$	$\sigma \cdot a$

W2 Zwei wichtige Eigenschaften des arithmetischen Mittels $\overline{x}$:

$\overline{x}$ wird durch **Ausreißer**, d. h. von diesem Mittel stark abweichende Werte, deutlich beeinflusst.

$\overline{x}$ einer Liste ändert sich nicht, wenn hinzugefügte/entfernte Werte dasselbe Mittel $\overline{x}$ haben.

W3 Sind die relativen Häufigkeiten $h_1, h_2, \ldots, h_n$ der Zahlenwerte $x_1, x_2, \ldots, x_n$ gegeben, so berechnet man das arithmetische Mittel mithilfe der Formel für das **gewichtete Mittel**:
$\overline{x} = h_1 \cdot x_1 + h_2 \cdot x_2 + \ldots + h_n \cdot x_n$

W4 Für den Median einer geordneten Liste aus n Datenwerten gilt:
Wenn n gerade: Median = arithmetisches Mittel der beiden Werte an den Positionen $\frac{n}{2}$ und $\frac{n}{2} + 1$
Beispiel: 46 Datenwerte $\Longrightarrow \frac{n}{2} = 23 \Longrightarrow$ Median = $\frac{x_{23} + x_{24}}{2}$
Wenn n ungerade: Median = Wert an der aufgerundeten Position $\frac{n}{2}$
Beispiel: 83 Datenwerte $\frac{n}{2} = 41{,}5 \Longrightarrow$ Median = x_{42}

Beispiele

B 1 Daniel möchte feststellen, wie viel er durchschnittlich pro Monat für Essen ausgibt. Er dokumentiert seine Ausgaben 30 Tage lang und fasst das Ergebnis in der gegebenen Tabelle zusammen. Berechne, welchen Betrag Daniel im Durchschnitt pro Tag ausgegeben hat, sowie den Median und Modus seiner Ausgaben.

Täglich ausgegebener Betrag in €	0	5	10	15	20	25
Häufigkeit	4	12	8	4	1	1

Wie bestimme ich die Zentralmaße bei großen Datenlisten?

1 **Die Gesamtzahl n und die Summe S aller Werte der Datenliste bestimmen**

Aus der Tabelle können wir ablesen, dass der Wert 0 viermal vorkommt, der Wert 5 zwölfmal vorkommt, usw. Die Gesamtzahl der Werte n ist die Summe aller absoluten Häufigkeiten: $n = 4 + 12 + 8 + 4 + 1 + 1 = 30$.

Wir ermitteln außerdem, wie viel Daniel in 30 Tagen insgesamt ausgegeben hat:

$$S = \underbrace{0 + \dots + 0}_{\text{4-mal}} + \underbrace{5 + \dots + 5}_{\text{12-mal}} + \underbrace{10 + \dots + 10}_{\text{8-mal}} + \underbrace{15 + \dots + 15}_{\text{4-mal}} + 20 + 25 \text{ Euro}$$

$$S = 4 \cdot 0 + 12 \cdot 5 + 8 \cdot 10 + 4 \cdot 15 + 20 + 25 = 245 \text{ Euro}$$

2 **Das arithmetische Mittel mit der Formel $\overline{x} = \frac{S}{n}$, den Modus als den häufigsten Wert und den Median als Zentralwert der geordneten Liste ermitteln**

Arithmetisches Mittel: $\overline{x} = \frac{245}{30} \approx 8{,}17$ Euro

Median: Wir verwenden → W4: Die Liste enthält eine gerade Anzahl an Werten und $\frac{n}{2} = 15$.

$\Longrightarrow$ Der Median ist das arithmetische Mittel aus dem 15. und dem 16. Wert.

Aus der Häufigkeitstabelle folgt: 0 ist der 1. bis 4. Wert, 5 ist der 5. bis 16. Wert, 10 ist der 17. bis 24. Wert, …

$\Longrightarrow x_{15} = 5$ Euro und $x_{16} = 5$ Euro $\Longrightarrow Q_2 = \frac{5+5}{2} = 5$ Euro

Modus: Die Häufigkeitstabelle zeigt, dass der Wert 5 am häufigsten vorkommt. $\Longrightarrow$ Modus = 5 Euro

B 2 In einem Unternehmen beträgt das durchschnittliche Nettomonatsgehalt der zehn Mitarbeiterinnen und Mitarbeiter 1.850 Euro. Im Zuge eines neuen Projekts verändert sich die Personalsituation. Berechne das durchschnittliche Nettomonatseinkommen im Unternehmen nach der Umstrukturierung.

a) Es werden zusätzlich zwei Spezialistinnen mit 2.500 Euro bzw. 2.000 Euro Nettogehalt angestellt.

b) Für einen Mitarbeiter mit 1.700 Euro Gehalt, der die Firma verlässt, kommt ein neuer Mitarbeiter mit 1.900 Euro Gehalt.

Wie bestimme ich das arithmetische Mittel einer veränderten Datenliste?

1 **Die Gesamtzahl der Elemente der Datenliste bestimmen und die ursprüngliche Summe aller Werte berechnen**

Die Datenliste besteht aus zehn Werten (zehn Gehälter). $\Longrightarrow n = 10$

Summe $S = \overline{x} \cdot n = 1850 \cdot 10 = 18.500$ Euro

2 **Die veränderte Summe aller Werte berechnen**

a) Die veränderte Summe lautet $S_{neu} = 18500 + 2500 + 2000 = 23.000$ Euro

b) Die veränderte Summe lautet $S_{neu} = 18500 - 1700 + 1900 = 18.700$ Euro

3 **Das veränderte arithmetische Mittel berechnen**

a) $\overline{x}_{neu} = \frac{23000}{12} \approx 1.916{,}67$ Euro

b) $\overline{x}_{neu} = \frac{18700}{10} = 1.870$ Euro

Aufgaben zu den Beispielen

B1 A Bei einem 100-m-Lauf werden die erreichten maximalen Geschwindigkeiten der Athleten gemessen. Berechne die durchschnittliche Höchstgeschwindigkeit der Läufer, gib den Median und Modus der Datenliste an.

Geschwindigkeit in km/h	39,7	39,8	39,9	40	40,1
Anzahl der Läufer	12	20	25	10	3

1 Die Gesamtzahl n und die Summe S aller Werte der Datenliste bestimmen

Gesamtzahl: $n = \_ + \_ + \_ + \_ + \_ = \_$

Summe aller Höchstgeschwindigkeiten:

$S = \underbrace{39{,}7 + \dots + 39{,}7}_{\_} + \underbrace{39{,}8 + \dots + 39{,}8}_{\_} + \underbrace{39{,}9 + \dots + 39{,}9}_{\_} + \underbrace{40 + \dots + 40}_{\_} + \underbrace{40{,}1 + \dots + 40{,}1}_{\_}$ km/h

$S = \_ \cdot \_ + \_ \cdot \_ + \_ \cdot \_ + \_ \cdot \_ + \_ \cdot \_ = \_$ km/h

2 Das arithmetische Mittel mit der Formel $\bar{x} = \frac{S}{n}$, den Modus als den häufigsten Wert und den Median als Zentralwert der geordneten Liste ermitteln

Arithmetisches Mittel: $\bar{x} = \frac{\_}{\_} = \_$ km/h

Median: Die Liste enthält eine ______ Anzahl an Werten und $\frac{n}{2} = \_$

$\Longrightarrow$ Der Median ist das arithmetische Mittel aus dem _ und dem _ Wert.

$\Longrightarrow x_{35} = \_$ km/h und $x_{36} = \_$ km/h $\Longrightarrow Q_2 = \frac{\_ + \_}{\_} = \_$ km/h

Modus: Die Häufigkeitstabelle zeigt, dass der Wert _ am häufigsten vorkommt. $\Longrightarrow$ Modus = _ km/h

B2 A An einem Eignungstest haben 15 Personen teilgenommen. Der Punktedurchschnitt dieser 15 Personen betrug 25 Punkte. Die Daten ändern sich im Nachhinein wie angegeben. Berechne die durchschnittliche Punktezahl der endgültigen Testergebnisse.

a) Die Zweitkontrolle ergibt, dass eine Antwort einer Teilnehmerin versehentlich falsch beurteilt wurde. Sie erhält nachträglich 3 Punkte gutgeschrieben.

b) Drei Personen waren krank und holen den Test zu einem späteren Zeitpunkt nach. Ihre Punktezahlen lauten 18, 20 und 30.

1 Die Gesamtzahl der Elemente der Datenliste bestimmen und die ursprüngliche Summe aller Werte berechnen

Die Datenliste besteht aus _ Werten. $\Longrightarrow n = \_$

Summe $S = \_ \cdot \_ = \_ \cdot \_ = \_$ Punkte

2 Die veränderte Summe aller Werte berechnen

a) Die veränderte Summe lautet $S_{neu} = \_ + \_ = \_$ Punkte

b) Die veränderte Summe lautet $S_{neu} = \_ + \_ + \_ + \_ = \_$ Punkte

3 Das veränderte arithmetische Mittel berechnen

a) $\bar{x}_{neu} = \frac{\_}{\_} = \_$ Punkte

b) $\bar{x}_{neu} = \frac{\_}{\_} \approx \_$ Punkte

Aufgaben

A 1 → G 2

Kreuze an, mit welchem Datentyp das angegebene Merkmal erfasst wird.

	nominal	ordinal	metrisch
a) Schuhlänge in cm	☐	☐	☐
b) Relevanz (wichtig, egal, nicht wichtig)	☐	☐	☐
c) Restaurantbewertung (top, gut, o.k., schlecht, mies)	☐	☐	☐
d) Haarfarbe	☐	☐	☐

A 2 → G 2

Kreuze die Zentralmaße an, die für die angegebenen Daten sinnvoll bestimmt werden können.

	Modus	Median	Arithmetisches Mittel
a) Ergebnisse Stundenwiederholung (Plus, Welle, Minus)	☐	☐	☐
b) Liste mit Zahlen der jährlichen Regentage	☐	☐	☐
c) Antworten auf einem Fragebogen (Ja /Nein/Vielleicht/Weiß nicht)	☐	☐	☐
d) Liste mit Marathonlaufzeiten (in h)	☐	☐	☐

A 3 → G 1

Bestimme Modus, Median und arithmetisches Mittel der Datenliste, wo sinnvoll.

Tipp Besteht eine Datenliste aus lauter verschiedenen Werten, ist der Modus als Kennzahl ungeeignet.

a) 1, 2, 3, 4, 5, 7, 9 Modus: nicht sinnvoll, Median: 4, arithmetisches Mittel: $\frac{1+2+3+4+5+7+9}{7} \approx 4{,}43$

b) 5, 6, 7, 7, 8, 8 **c)** 13, 14, 15, 15, 15, 16, 16, 18, 19, 20, 20, 21, 23, 101 **d)** 4,2; 4,3; 4,4; 4,9; 5,1; 5,2

A 4 → G 1

Die Buchstaben sind Platzhalter für unbekannte Zahlen. Gib an, welche Kennzahlen (Modus, Median, arithmetisches Mittel) für die vorliegende Liste sinnvoll sind und bestimme diese.

a) a, a, b, b, c, c, c, c Modus: c, Median: $\frac{b+c}{2}$, arithmetisches Mittel: $\frac{2a+2b+4c}{8}$

b) x, x, x, y, y, z, z **c)** $x+1, x+1, x+3, x+3, x+5$ **d)** $n, 2n, 3n, 4n, 5n, 6n$ $(n \neq 0)$

A 5 → B 1 → W 4

Berechne das arithmetische Mittel $\overline{x}$, den Median Q_2 und den Modus $\hat{x}$ der dargestellten Datenliste.

a)

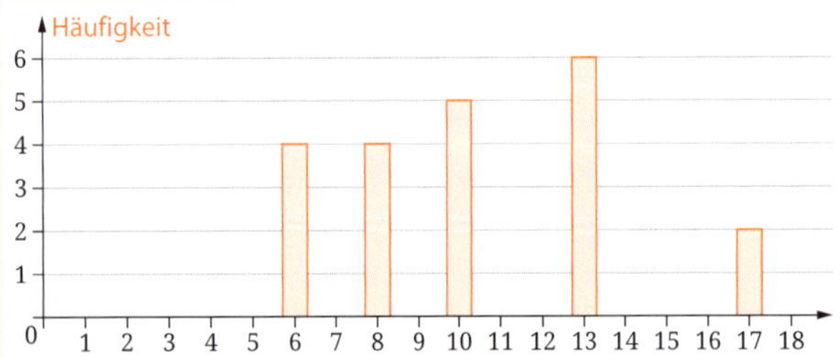

$\overline{x} = \frac{6\cdot 4 + 8\cdot 4 + 10\cdot 5 + 13\cdot 6 + 17\cdot 2}{21} \approx 10{,}38$

$\frac{21}{2} = 10{,}5 \Longrightarrow Q_2$ ist der 11. Wert. $\Longrightarrow Q_2 = 10$

$\hat{x} = 13$

b)

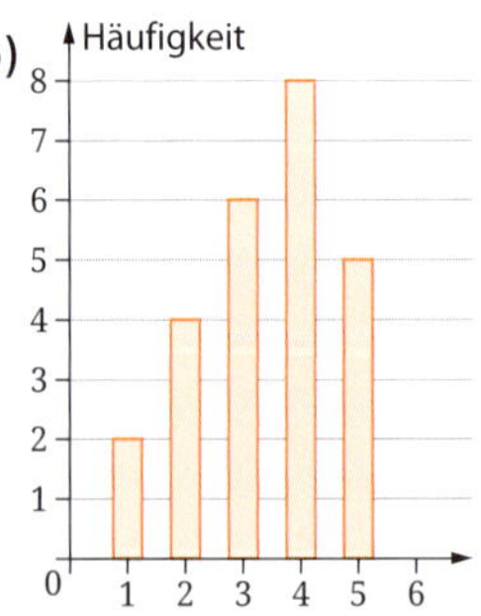

c)

0	6 7 7
1	1 1 1 1 4 6 9
2	1 2 2 3
3	0 4 4 4

A 6

Ergänze die geordnete Liste ganzer Zahlen so, dass die Kennzahl den vorgegebenen Wert annimmt.

a) Median = 5 Liste: 1, 2, 4, ▢, 6, 7, 8

b) Median = 5 Liste: 2, 4, ▢, 6

c) Arithm. Mittel = 4 Liste: 1, 2, 2, 4, ▢

d) Modus = 1 Liste: 1, ▢, ▢, 5, 5, 9

e) Arithm. Mittel = 3,5 Liste: ▢, 2, 3, 4, 5, 6

f) Median = 4,5 Liste: 0, 1, 2, ▢, 10, 30

A 7 Berechne das arithmetische Mittel der angegebenen Größe für die dokumentierte Datenerhebung.

→ W3

a) Breite beförderter Briefe

Breite in mm	114	125	162	176	229
Anteil	10 %	33 %	30 %	22 %	5 %

b) Preis des Jugendgetränks

Preis in €	2,00	2,50	2,90	3,50	3,90
Anteil	4 %	38 %	21 %	30 %	7 %

a) $\bar{x} = 114 \cdot 0{,}1 + 125 \cdot 0{,}33 + 162 \cdot 0{,}3 + 176 \cdot 0{,}22 + 229 \cdot 0{,}05 \approx 151{,}42$ cm

A 8 Berechne das neue arithmetische Mittel nach Korrektur bzw. Ergänzung der Datenliste laut Angabe.

→ B2

a) Eine Datenliste aus zehn Werten mit dem Durchschnitt 35 muss im Nachhinein korrigiert werden: Der erste Wert muss um 2 erhöht und der letzte um 3 verringert werden.

b) Das arithmetische Mittel einer Datenliste mit den Werten $x_1, x_2, \ldots, x_{12}$ beträgt $\bar{x} = 124$. Der erste Wert der Datenliste wird um 10 erhöht und der letzte Wert um 8 verringert.

c) Gegeben ist die Datenliste $x_1, x_2, \ldots, x_{20}$ mit 20 Werten, deren arithmetisches Mittel $\bar{x} = 38$ beträgt. Es werden noch die zwei zusätzlichen Datenwerte 40 und 44 zur Liste hinzugefügt.

A 9 Die Datenliste $x_1, x_2, \ldots, x_8$ wird verändert. Gib die Kennzahlen der neuen Datenliste an.

→ W1

	$\bar{x}$	Median	Modus	σ	Spannweite
	25,6	26	27	3,2	10
a) Jeder Listenwert wird um 5 vermindert.	20,6	21	22	3,2	10
b) Jeder Listenwert wird verdoppelt.	51,2	52	54	6,4	20
c) Jeder Listenwert wird um 12 vergrößert.					
d) Jeder Listenwert wird verdreifacht.					
e) Jeder Listenwert wird halbiert.					

A 10 Kreuze an, welche statistische(n) Kennzahl(en) bei der angegebenen Veränderung der Datenliste $x_1, x_2, x_3, x_4, x_5, x_6, x_7, x_8$ mit $x_1 \le x_2 \le \cdots \le x_7 \le x_8$ jedenfalls unverändert bleiben.

→ W1–W2

	Modus	Median	$\bar{x}$	Spannweite	σ
a) Jeder Wert x_i wird um 3 verringert.	☐	☐	☐	☐	☐
b) Jeder Wert x_i wird halbiert.	☐	☐	☐	☐	☐
c) x_1 und x_8 werden entfernt.	☐	☐	☐	☐	☐
d) Der Wert $\frac{x_4 + x_5}{2}$ wird ergänzt.	☐	☐	☐	☐	☐

A 11 Der Mittelwert $\bar{x}$ zweier Datenlisten ist gleich. Die Standardabweichung σ_1 der Datenliste 1 und σ_2 der Datenliste 2 sind gegeben. Ergänze die Textlücken im folgenden Satz durch Ankreuzen der jeweils richtigen Satzteile so, dass eine korrekte Aussage entsteht.
Wenn ___①___ gilt, dann ___②___ .

→ G3

①	
$\sigma_1 < \sigma_2$	☐
$\sigma_1 = \sigma_2$	☐
$\sigma_1 > \sigma_2$	☐

	②
☐	sind die Spannweiten der beiden Datenlisten gleich
☐	sind alle Werte der Datenliste 1 kleiner als alle Werte der Datenliste 2
☐	ist die Datenliste 2 breiter gestreut als die Datenliste 1

A 12 Berechne die folgenden Kennzahlen mittels Technologieeinsatz: arithmetisches Mittel, Modus, 1.–3. Quartil, Minimum, Maximum, Spannweite, Standardabweichung und Varianz.

→ G3

T!

a) 1, 2, 2, 2, 5, 7, 7, 7, 8, 10 **b)** 1, 1, 2, 4, 5, 5, 5, 5, 6 **c)** 1, 1, 1, 1, 2, 2, 2, 2, 3, 4, 7 **d)** 1, 2, 3, 4, 4, 4, 5, 5, 5, 5, 5, 8

Lösungen

A 13 Von einer Datenliste mit 20 Werten $x_1, x_2, \ldots, x_{20}$ kennt man das arithmetische Mittel $\bar{x} = 115$ und die Standardabweichung $\sigma = 4$. Jeder Wert der Datenliste wird um 9 erhöht. Gib das arithmetische Mittel und die Standardabweichung dieser neuen Datenliste an.

$\bar{x}_{neu}$ = ______________, σ_{neu} = ______________

A 14 Gegeben ist die Datenliste 1, 3, 4, 5, 7, 7, 8, x_8 mit dem arithmetischen Mittel $\bar{x} = 5{,}5$. Gib x_8 an.

x_8 = ______________

A 15 Die Datenliste $x_1, x_2, \ldots, x_9$ hat das arithmetische Mittel $\bar{x} = 28$. Wird die Datenliste mit einem 10. Wert $x_{10} = 68$ ergänzt, entsteht eine neue Liste $x_1, x_2, \ldots, x_9, x_{10}$. Berechne $\bar{x}_{neu}$.

$\bar{x}_{neu}$ = ______________

A 16 In einer Praxis für Allgemeinmedizin wurde für ein Kalenderjahr in einer Zahlenliste festgehalten, wie viele Besuche pro Patientin bzw. Patient angefallen sind. Ordne den Kennzahlen jeweils die Aussage zu, die durch diese Kennzahl ausgedrückt werden kann.

arithmetisches Mittel	
Median	
Modus	
Spannweite	

A	Die meisten Personen kamen 3-mal in die Praxis.
B	Durchschnittlich kamen Personen 3,4-mal in die Praxis.
C	Die höchste Zahl an Besuchen in der Praxis waren 8 Besuche.
D	Ca. die Hälfte der Personen kam höchstens 3-mal in die Praxis.
E	Die durchschnittliche Abweichung der Besuche lag bei 1,2.
F	Alle Personen kamen zwischen 1- und 8-mal in die Praxis.

A 17 Für zwei unterschiedliche Datenlisten mit den Mittelwerten $\bar{x}_1$ und $\bar{x}_2$ und den Standardabweichungen σ_1 und σ_2 gilt $\bar{x}_1 < \bar{x}_2$ und $\sigma_1 > \sigma_2$. Kreuze die beiden jedenfalls zutreffenden Aussagen an.

Der Median der Liste 1 ist kleiner als der Median der Liste 2.	☐
Die Daten der ersten Liste sind breiter um $\bar{x}_1$ gestreut als die Daten der zweiten Liste um $\bar{x}_2$.	☐
Die Spannweite der Liste 1 ist größer als diejenige von Liste 2.	☐
Die Liste 2 enthält mehr Datenwerte als die Liste 1.	☐
Die erste Liste enthält mindestens einen Wert, der kleiner ist als $\bar{x}_2$.	☐

A 18 Amir bringt sein Sparschwein zur Bank und lässt die darin enthaltenen Münzen zählen. Das gegebene Balkendiagramm stellt die Ergebnisse der Zählung grafisch dar.

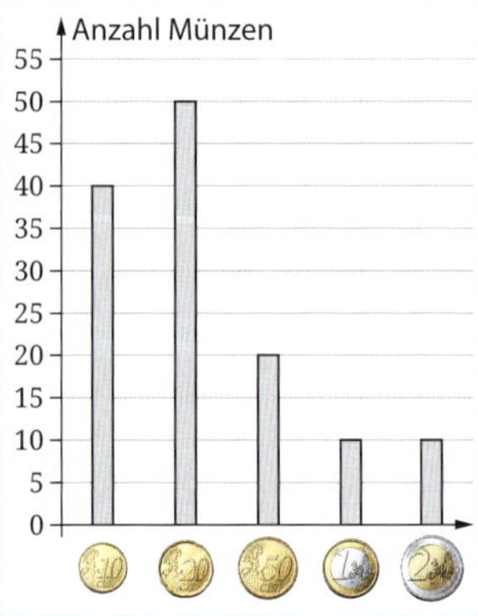

a) Bestimme alle Zentralmaße für die Liste der Münzwerte aus dem Sparschwein.

b) Amir entnimmt vier gleiche Münzen aus dem Sparschwein, um sich zur Belohnung dafür, dass er endlich zur Bank ging, etwas zu kaufen. Der neue Wert der Münzen im Sparschwein beträgt 52 Euro. Welchen Wert hatten die vier Münzen jeweils?

c) Amir überlegt sich, wie es wäre, wenn er alle 10-Cent- und 20-Cent-Münzen seiner jüngeren Schwester schenkt. Bestimme alle Zentralmaße für diesen Fall.

Grundbegriffe der Wahrscheinlichkeitstheorie

27

„Alles, was lediglich wahrscheinlich ist, ist wahrscheinlich falsch." Eine Lesart dieses Zitats des Philosophen und Mathematikers René Descartes ist, dass unsere subjektive Wahrnehmung von zufälligen Ereignissen mitunter weit von der objektiven Realität abweichen kann. Ein erster Schritt, auf Intuition basierenden Trugschlüssen entgegenzuwirken, ist die Beschäftigung mit der Wahrscheinlichkeitslehre, deren Grundlagen wir uns in diesem Kapitel widmen.

Grundlagen

G 1 Einen Vorgang, dessen Ausgang (Ergebnis) ungewiss ist, nennt man **Zufallsversuch** (**Zufallsexperiment**): Die Theorie, die sich damit beschäftigt, ist die Wahrscheinlichkeitstheorie. Unter der **Wahrscheinlichkeit** versteht man die Zahl, die die Erwartung dafür ausdrückt, dass ein gewisser **Ausgang** eines Zufallsversuchs eintritt. Beispiel: Die Erwartung, mit nur einem Lottotipp einen Sechser zu erzielen, ist sehr gering. In der Sprache der Wahrscheinlichkeitstheorie: Der Ausgang „Sechser" des Zufallsversuchs „Lotto spielen" hat eine sehr niedrige Wahrscheinlichkeit.

G 2 Der **Grundraum** ist die Menge aller möglichen Ausgänge (Ausfälle, Ergebnisse) eines Zufallsexperiments. Ein **Ereignis** setzt sich aus einem oder mehreren Ausgängen zusammen.

G 3 Der Grundraum G oder Ω sowie jedes Ereignis E können als Mengen dargestellt werden. Beispiel: Der Zufallsversuch „einmaliges Würfeln mit einem normalen Würfel" hat den Grundraum $G = \{1, 2, 3, 4, 5, 6\}$, denn jede Augenzahl ist ein möglicher Ausgang des Wurfes. Ein Ereignis E wäre z. B. „eine gerade Augenzahl wird geworfen", dann ist $E = \{2, 4, 6\}$.

G 4 Die **(Laplace-)Wahrscheinlichkeit** ist die relative Häufigkeit, mit der die Ausgänge des betrachteten Ereignisses im Grundraum vertreten sind:

$$P(E) = \frac{|E|}{|G|} = \frac{\text{Anzahl der gefragten Ausgänge}}{\text{Anzahl der möglichen Ausgänge}}$$

$|E|$ steht für die Anzahl der Ausgänge des Ereignisses E.
$|G|$ steht für die Anzahl aller möglichen Ausgänge, d. h. die Anzahl der Elemente des Grundraums.
Wichtig: Die Laplace-Wahrscheinlichkeit kann nur bei **gleichwahrscheinlichen** Ausgängen verwendet werden (Beispiel: fairer Würfel).

G 5 Es gilt $0 \leq P(E) \leq 1$ für jedes Ereignis E, d. h. die Wahrscheinlichkeit ist eine Zahl zwischen 0 und 1. Ein Ereignis E mit $P(E) = 0$ wird **unmögliches Ereignis**, eines mit $P(E) = 1$ **sicheres Ereignis** genannt. Ist $G = \{A_1, A_2, \ldots, A_n\}$, dann gilt $P(A_1) + P(A_2) + \cdots + P(A_n) = 1$, d. h. die Summe der Wahrscheinlichkeiten aller Ausgänge ist immer 1.

Werkzeuge

W1 Oft ist es am einfachsten, die Wahrscheinlichkeit eines Ereignisses E über die Wahrscheinlichkeit des **Gegenereignisses** $\neg E$ (die sogenannte **Gegenwahrscheinlichkeit**) zu berechnen: $P(E) = 1 - P(\neg E)$

W2 Wird ein Zufallsversuch unter denselben Bedingungen mehrmals wiederholt, so dient die relative Häufigkeit, mit der ein Ereignis E in der Versuchsreihe eintritt, als **Schätzwert für die Wahrscheinlichkeit** für E, d. h.

$$P(E) \approx \frac{\text{Anzahl der durchgeführten Versuche, bei denen } E \text{ eintritt}}{\text{Anzahl aller Versuche}}$$

W3 Die Ausgänge von wiederholten Zufallsversuchen können als sogenannte Tupel geschrieben werden. Beispiel: Der Ausgang, bei zweimaligem Würfeln zweimal 6 zu würfeln, wird in der Form $(6|6)$ geschrieben.

Beispiele

B1 Bei einer Fernsehshow können die Kandidatinnen und Kandidaten das dargestellte Glücksrad einmalig drehen.
a) Berechne die Wahrscheinlichkeit, dass eine gerade Zahl getroffen wird.
b) Berechne die Wahrscheinlichkeit, dass die Farbe Orange getroffen wird.

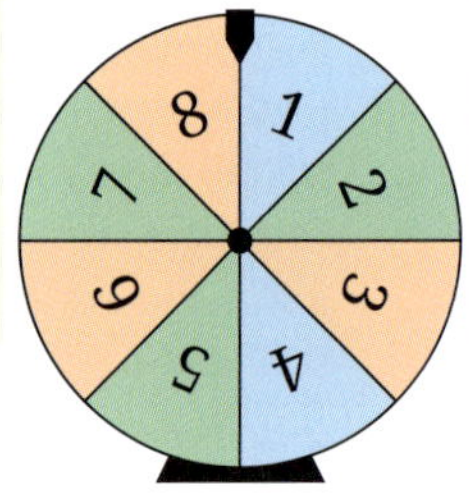

Wie ermittle ich den Grundraum sowie Wahrscheinlichkeiten von Ereignissen bei Zufallsversuchen ohne Wiederholung?

1 Den Grundraum G und die Anzahl seiner Elemente bestimmen

Zufallsversuch: das Glücksrad einmal drehen, mögliche Ausgänge: die auf dem Rad abgebildeten Zahlen
Grundraum $G = \{1, 2, 3, 4, 5, 6, 7, 8\} \Longrightarrow$ Anzahl der Elemente: $|G| = 8$ (→ G3)

2 Die Menge des Ereignisses E und die Anzahl ihrer Elemente ermitteln

a) $E_1 = \{2, 4, 6, 8\} \Longrightarrow$ Anzahl der Elemente: $|E_1| = 4$

b) $E_2 = \{3, 6, 8\} \Longrightarrow$ Anzahl der Elemente: $|E_2| = 3$

3 Die Anzahlen in die Formel $P(E) = \frac{|E|}{|G|}$ einsetzen

$P(E_1) = \frac{4}{8} = 0{,}5$ $\qquad$ $P(E_2) = \frac{3}{8} = 0{,}375$

Wahrscheinlichkeiten können auch in % angegeben werden. Dazu multiplizieren wir die Wahrscheinlichkeit mit 100 und schreiben % dazu:

$P(E_1) = 50\,\%$ $\qquad$ $P(E_2) = 37{,}5\,\%$

B2 Ein Farbwürfel, dessen Netz hier abgebildet ist, wird zweimal geworfen und die gewürfelten Farben werden mit den Anfangsbuchstaben der Farbe notiert, also o für Orange, v für Violett, usw.
a) Berechne die Wahrscheinlichkeit, dass zweimal die gleiche Farbe erscheint.
b) Berechne die Wahrscheinlichkeit, dass die Farbe Violett genau einmal erscheint.

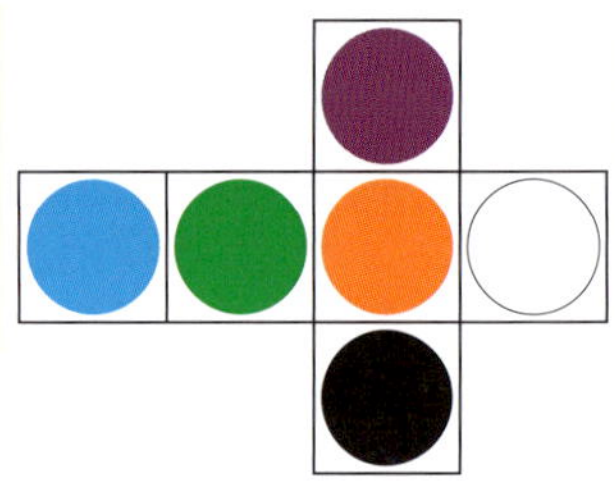

Wie ermittle ich den Grundraum sowie Wahrscheinlichkeiten von Ereignissen bei Zufallsversuchen mit Wiederholung?

1 Den Grundraum G und die Anzahl seiner Elemente bestimmen

Zufallsversuch: den Würfel zweimal werfen, mögliche Ausgänge: alle Paare von Farben des Würfels
Wir orientieren uns an → W3 und schreiben die Ausgänge in der Form (Farbe 1. Wurf | Farbe 2. Wurf).

$$\text{Grundraum } G = \left\{\begin{array}{llllll} (b|b), & (b|g), & (b|o), & (b|w), & (b|v), & (b|s), \\ (g|b), & (g|g), & (g|o), & (g|w), & (g|v), & (g|s), \\ (o|b), & (o|g), & (o|o), & (o|w), & (o|v), & (o|s), \\ (w|b), & (w|g), & (w|o), & (w|w), & (w|v), & (w|s), \\ (v|b), & (v|g), & (v|o), & (v|w), & (v|v), & (v|s), \\ (s|b), & (s|g), & (s|o), & (s|w), & (s|v), & (s|s) \end{array}\right\} \Longrightarrow \text{Anzahl der Elemente: } |G| = 36$$

2 Die Menge des Ereignisses E und die Anzahl ihrer Elemente ermitteln

a) $E_1 = \{(b|b), (g|g), (o|o), (w|w), (v|v), (s|s)\}$

$\Longrightarrow$ Anzahl der Elemente: $|E_1| = 6$

b) $E_2 = \left\{\begin{array}{l} (b|v), (g|v), (o|v), (w|v), (s|v), \\ (v|b), (v|g), (v|o), (v|w), (v|s) \end{array}\right\}$

$\Longrightarrow$ Anzahl der Elemente: $|E_2| = 10$

3 Die Anzahlen in die Formel $P(E) = \frac{|E|}{|G|}$ einsetzen

$P(E_1) = \frac{6}{36} \approx 0{,}1667 = 16{,}67\,\%$ $\qquad$ $P(E_2) = \frac{10}{36} \approx 0{,}2778 = 27{,}78\,\%$

Aufgaben zu den Beispielen

B 1 A Aus einem Behälter mit gleich großen Kugeln wird, ohne hineinzuschauen, eine Kugel gezogen.
a) Berechne die Wahrscheinlichkeit, dass eine violette Kugel gezogen wird.
b) Berechne die Wahrscheinlichkeit, dass eine Kugel mit einer Zahl > 10 gezogen wird.

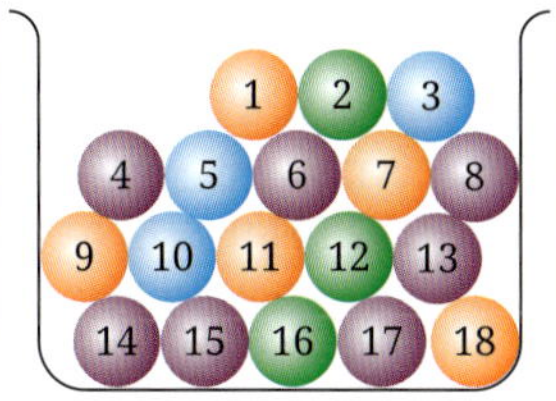

1 **Den Grundraum G und die Anzahl seiner Elemente bestimmen**

Zufallsversuch: ____________________

Mögliche Ausgänge: ____________________

Grundraum $G = \{$ ____________________ $\}$

$\Rightarrow$ Anzahl der Elemente: $|G| =$ ___

2 **Die Menge des Ereignisses E und die Anzahl ihrer Elemente ermitteln**

a) $E_1 = \{$ ____________ $\}$
$\Rightarrow$ Anzahl der Elemente: $|E_1| =$ ___

b) $E_2 = \{$ ____________ $\}$
$\Rightarrow$ Anzahl der Elemente: $|E_2| =$ ___

3 **Die Anzahlen in die Formel $P(E) = \frac{|E|}{|G|}$ einsetzen**

$P(E_1) = \frac{\_\_}{\_\_} \approx$ ___ $=$ ___

$P(E_2) = \frac{\_\_}{\_\_} \approx$ ___ $=$ ___

B 2 A Das abgebildete Glücksrad mit vier gleich großen Sektoren wird zweimal gedreht.
a) Berechne die Wahrscheinlichkeit, dass beide Male die gleiche Zahl gedreht wird.
b) Berechne die Wahrscheinlichkeit, dass genau einmal die Zahl 3 gedreht wird.

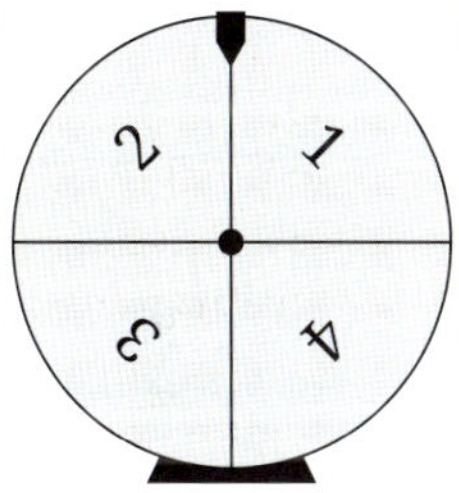

1 **Den Grundraum G und die Anzahl seiner Elemente bestimmen**

Zufallsversuch: ____________________

Mögliche Ausgänge: ____________________

Grundraum $G =$ {
(__ | __), (__ | __), (__ | __), (__ | __),
(__ | __), (__ | __), (__ | __), (__ | __),
(__ | __), (__ | __), (__ | __), (__ | __),
(__ | __), (__ | __), (__ | __), (__ | __)
} $\Rightarrow$ Anzahl der Elemente: $|G| =$ ___

2 **Die Menge des Ereignisses E und die Anzahl ihrer Elemente ermitteln**

a) $E_1 =$ {(__ | __), (__ | __), (__ | __), (__ | __)}
$\Rightarrow$ Anzahl der Elemente: $|E_1| =$ ___

b) $E_2 =$ {
(__ | __), (__ | __), (__ | __),
(__ | __), (__ | __), (__ | __)
}
$\Rightarrow$ Anzahl der Elemente: $|E_2| =$ ___

3 **Die Anzahlen in die Formel $P(E) = \frac{|E|}{|G|}$ einsetzen**

$P(E_1) = \frac{\_\_}{\_\_} \approx$ ___ $=$ ___ %

$P(E_2) = \frac{\_\_}{\_\_} =$ ___ $=$ ___ %

Aufgaben

A 1 Bestimme den Grundraum G des beschriebenen Zufallsversuchs sowie die Ereignismenge E und die Anzahl der Elemente beider Mengen.

→ B 1

a) In einem Behälter befinden sich sieben gleichartige Kugeln, die mit den Zahlen 1 bis 7 beschriftet sind. Es wird einmal per Zufall eine Kugel gezogen.
Ereignis E: Es wird eine ungerade Zahl gezogen.
$G = \{1, 2, 3, 4, 5, 6, 7\} \Longrightarrow |G| = 7$ $E = \{1, 3, 5, 7\} \Longrightarrow |E| = 4$

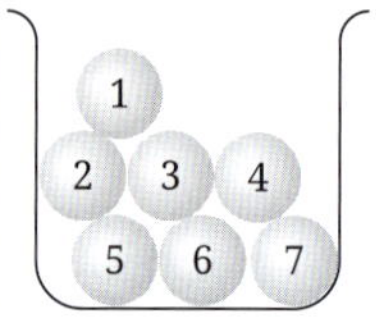

b) Ein fairer, sechsseitiger Würfel wird einmal gewürfelt.
Ereignis E: Es wird eine Zahl größer als 4 gewürfelt.

$G = \{$ ___ $\} \Longrightarrow |G| =$ ___ $E = \{$ ___ $\} \Longrightarrow |E| =$ ___

c) Ein Glücksrad mit vier gleich großen Sektoren (orange, grün, blau, violett) wird einmal gedreht. Ereignis E: Es wird nicht die Farbe Blau gedreht.

$G = \{$ ___ $\} \Longrightarrow |G| =$ ___ $E = \{$ ___ $\} \Longrightarrow |E| =$ ___

d) Aus einem Kartendeck aus insgesamt 8 Karten (vier Symbole ♦, ♥, ♣ und ♠ zu je zwei Karten), wird eine Karte per Zufall gezogen. Ereignis: Die Karte trägt das Symbol ♥.

$G = \{$ ___ $\} \Longrightarrow |G| =$ ___ $E = \{$ ___ $\} \Longrightarrow |E| =$ ___

A 2 Bestimme den Grundraum G der beschriebenen Zufallsversuche mit Wiederholung, die Ereignismengen E_1 und E_2 sowie die Anzahl der Elemente aller drei Mengen.

→ B 2

a) In einem Topf befinden sich eine orange, eine blaue und eine grüne Kugel. Es wird zweimal mit Zurücklegen gezogen. Gegeben sind zwei Ereignisse:
E_1… Es wird genau eine orange Kugel gezogen, E_2… Es wird mindestens eine orange Kugel gezogen.

$$G = \left\{\begin{matrix}(o|o), (o|b), (o|g), \\ (b|o), (b|b), (b|g), \\ (g|o), (g|b), (g|g)\end{matrix}\right\} \Longrightarrow |G| = 9$$

$E_1 = \{(o|b), (o|g), (b|o), (g|o)\} \Longrightarrow |E_1| = 4$
$E_2 = \{(o|b), (o|g), (b|o), (g|o), (o|o)\} \Longrightarrow |E_2| = 5$

b) Auf die abgebildete Zielscheibe wird zweimal geschossen. Jedes Feld wird mit derselben Wahrscheinlichkeit getroffen.
E_1… Es wird genau einmal die Zahl 50 getroffen.
E_2… Es wird zweimal die gleiche Zahl getroffen.

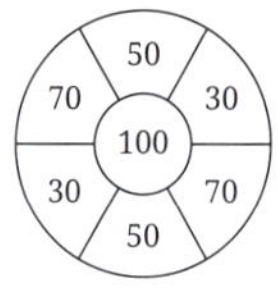

c) In einer Gruppe von vier Personen kommen die Blutgruppen 0, A, B und AB jeweils einmal vor. Es wird zweimal aus dieser Gruppe von vier Personen eine zufällig ausgewählt.
E_1… Unter den Blutgruppen der ausgewählten Personen finden sich die Blutgruppen 0 oder AB.
E_2… Mindestens einmal wird eine Person mit Blutgruppe A gezogen.

A 3 Zwei faire Würfel werden geworfen und die Summe der Augenzahlen ermittelt. z. B. $2 + 6 = 8$. Ermittle die Wahrscheinlichkeiten der gesuchten Ereignisse.

→ G4–G5
→ W1

a) E_1… Es wird die Summe 5 gewürfelt: $P(E_1) = \frac{4}{36} \approx 11{,}11\ \%$

b) E_2… Es wird die Summe 7 gewürfelt: $P(E_2) = \frac{\_\_\_}{\_\_\_} \approx$ ___ %

c) E_3… Es wird die Summe 12 gewürfelt: $P(E_3) = \frac{\_\_\_}{\_\_\_} \approx$ ___ %

d) E_4… Es wird die Summe 3 oder 4 gewürfelt: $P(E_4) = \frac{\_\_\_}{\_\_\_} \approx$ ___ %

e) E_5… Die gewürfelte Summe ist nicht 5: $P(E_5) = 1 - \frac{\_\_\_}{\_\_\_} \approx$ ___ %

Grundraum $G =$

$$\left\{\begin{matrix}(1|1), (1|2), (1|3), (1|4), (1|5), (1|6), \\ (2|1), (2|2), (2|3), (2|4), (2|5), (2|6), \\ (3|1), (3|2), (3|3), (3|4), (3|5), (3|6), \\ (4|1), (4|2), (4|3), (4|4), (4|5), (4|6), \\ (5|1), (5|2), (5|3), (5|4), (5|5), (5|6), \\ (6|1), (6|2), (6|3), (6|4), (6|5), (6|6)\end{matrix}\right\}$$

f) Gib ein Beispiel für ein unmögliches Ereignis an: ___

g) Gib ein Beispiel für ein sicheres Ereignis an: ___

A 4 In der Tabelle ist für die 182 Unternehmen einer Region aufgeführt, wie viele dieser Unternehmen eine bestimmte Anzahl von Personen beschäftigen.

Für eine Telefonumfrage wird eines von diesen Unternehmen zufällig ausgewählt. Berechne die gesuchte Wahrscheinlichkeit.

Unternehmensgröße: beschäftigte Personen	Anzahl Unternehmen
1	100
2–10	57
11–20	22
21–100	3

a) E_1: Das Unternehmen besitzt 2 bis 100 Beschäftigte. $P(E_1) = \frac{57 + 22 + 3}{182} = \frac{82}{182} \approx 45{,}05\ \%$

b) E_2: Das Unternehmen besitzt 2 bis 10 Beschäftigte. $P(E_2) = \frac{\square}{\square} \approx \square$

c) E_3: Das Unternehmen besitzt 11 bis 20 Beschäftigte. $P(E_3) = \frac{\square}{\square} \approx \square$

d) E_4: Das Unternehmen besitzt höchstens 10 Beschäftigte. $P(E_4) = \frac{\square}{\square} = \frac{\square}{\square} \approx \square$

A 5 Gib einen Schätzwert für die gesuchte Wahrscheinlichkeit an.

→ W 2

a) Lisa kommt an 2 von 30 Tagen zu spät zur Schule. Mit welcher Wahrscheinlichkeit wird sich Lisa am nächsten Schultag verspäten? $P(E) = \frac{2}{30} \approx 6{,}67\ \%$

b) Von 100 Glühbirnen einer Produktion sind 5 defekt. Mit welcher Wahrscheinlichkeit wird die nächste kontrollierte Glühbirne defekt sein? $P(E) = \frac{\square}{\square} = \square$

c) Ein Fußballspieler schießt durchschnittlich in jedem vierten Spiel ein Tor. Mit welcher Wahrscheinlichkeit schießt er im nächsten Spiel ein Tor? $P(E) = \frac{\square}{\square} = \square$

d) Bei einem Kasinobesuch verliert Peter ein Glücksspiel 8-mal und gewinnt 3-mal. Mit welcher Wahrscheinlichkeit gewinnt Peter das nächste Spiel? $P(E) = \frac{\square}{\square} = \frac{\square}{\square} \approx \square$

A 6 Aus einem Behälter mit 15 gleichartigen Kugeln, die mit den Zahlen 1 bis 15 beschriftet sind, wird, ohne hineinzuschauen, eine Kugel gezogen. Gib das Gegenereignis $\neg E$ zum angegebenen Ereignis E sowie die Wahrscheinlichkeiten $P(E)$ und $P(\neg E)$ an.

→ W 1

a) Ereignis E: Es wird eine Kugel mit einer zweiziffrigen Zahl gezogen. $P(E) = \frac{6}{15}$
(Es handelt sich um die 6 Zahlen 10, 11, 12, 13, 14 und 15.)
Gegenereignis $\neg E$: Es wird eine Kugel mit einer kleineren Zahl als 10 gezogen. $P(\neg E) = \frac{9}{15}$

b) Ereignis E: Es wird eine Kugel mit einer geraden Zahl gezogen. $P(E) = \frac{\square}{\square}$

Gegenereignis $\neg E$: ______________________________ . $P(\neg E) = \frac{\square}{\square}$

c) Ereignis E: Es wird eine Kugel mit einer durch 3 teilbaren Zahl gezogen. $P(E) = \frac{\square}{\square}$

Gegenereignis $\neg E$: ______________________________ . $P(\neg E) = \frac{\square}{\square}$

d) Ereignis E: Es wird eine Kugel mit einer Zahl größer als 12 gezogen. $P(E) = \frac{\square}{\square}$

Gegenereignis $\neg E$: ______________________________ . $P(\neg E) = \frac{\square}{\square}$

A 7 Bestimme die gesuchte Wahrscheinlichkeit mithilfe der Gegenwahrscheinlichkeit.

→ W 1

a) P(Knabengeburt) = 0,49 P(keine Knabengeburt) = ☐

b) P(Niederlage) = 0,25 P(Sieg oder Unentschieden) = ☐

c) $P(R) = 0{,}7$ $P(\neg R) =$ ☐

d) P(kein Treffer) = 0,6 P(Treffer) = ☐

A 8 In einer Urne befinden sich 2 rote, 3 gelbe und 5 blaue Kugeln, die nach Zufallsprinzip gezogen werden. Gib die Wahrscheinlichkeit an, keine gelbe Kugel zu ziehen. Dabei wird angenommen, dass jede Kugel mit derselben Wahrscheinlichkeit gezogen wird.

P(keine gelbe Kugel) = ______________

A 9 Eine Vogelpopulation auf einer Atlantikinsel besteht aus ca. 8000 Exemplaren mit grauem Federkleid und 600 Exemplaren mit weißem Federkleid. Gib einen Schätzwert für die Wahrscheinlichkeit an, dass ein neugeborener Vogel mit einem weißen Federkleid zur Welt kommt.

P(Küken mit weißem Federkleid) ≈ ____________________

A 10 Ein üblicher 6-seitiger Spielwürfel wird zweimal geworfen und die beiden Augenzahlen werden notiert. Kreuze die drei zutreffenden Aussagen an.

Der Grundraum dieses Zufallsversuchs umfasst 36 Elemente.	☐
Der Grundraum dieses Zufallsversuchs umfasst 12 Elemente.	☐
Die Augensumme 6 ist wahrscheinlicher als die Augensumme 7.	☐
Die Wahrscheinlichkeit, keine zwei gleichen Zahlen zu würfeln, beträgt $1 - \frac{1}{6} = \frac{5}{6}$.	☐
Die Wahrscheinlichkeit, dass zwei vor den Würfen bestimmte Augenzahlen in einer vor den Würfen bestimmten Reihenfolge gewürfelt werden, ist immer $\frac{1}{36}$.	☐

A 11 Eine Münze mit den beiden gleich wahrscheinlichen Seiten Kopf (K) und Zahl (Z) wird dreimal geworfen.

Ergänze die Textlücken im folgenden Satz durch Ankreuzen der jeweils richtigen Satzteile so, dass eine korrekte Aussage entsteht.

Das Ereignis E „Zahl kommt genau einmal." besteht aus den Ausgängen ___①___ und es gilt ___②___ .

①	
$(Z \mid K \mid K)$	☐
Z, K, K	☐
$(Z \mid K \mid K), (K \mid Z \mid K), (K \mid K \mid Z)$	☐

	②
☐	$P(E) = \frac{1}{8}$
☐	$P(E) = \frac{3}{8}$
☐	$P(E) = \frac{3}{9}$

A 12 In einer Klasse wird ein Klassenmitglied zufällig von der Lehrerin für eine mündliche Stundenwiederholung ausgewählt. Die Wahrscheinlichkeit, dass eines der 7 Mädchen ausgewählt wird, beträgt 35 %. Bestimme die Gesamtzahl n aller Klassenmitglieder.

n = ______________

A 13 Bei einem TV-Gewinnspiel hat eine Telefonkandidatin die Möglichkeit, von neun verdeckten Feldern eines auszuwählen. Auf zwei der neun Felder ist ein Kleeblatt abgebildet, auf den anderen sieben jeweils ein rotes X. Trifft sie ein Kleeblatt, gewinnt sie zwei Kinokarten für einen aktuellen Blockbuster.

a) Gib den Grundraum für dieses Gewinnspiel an.
b) Berechne die Wahrscheinlichkeit, dass die Kandidatin zwei Kinotickets gewinnt.
c) Gib die Wahrscheinlichkeit an, dass die Kandidatin nur ein Kinoticket gewinnt.
d) Angenommen, die Kandidatin hat einmal falsch getippt und das geöffnete Feld ist für den nächsten Anrufer sichtbar. Wie groß ist jetzt die Wahrscheinlichkeit, dass dieser die Kinotickets gewinnt?
e) In der „heißen Phase" der Sendung dürfen Kandidatinnen und Kandidaten je zweimal tippen. Gib den Grundraum für dieses Spiel und das Ereignis E: „Kandidat(in) tippt auf kein Kleeblatt." in Mengenschreibweise an.

Bedingte Wahrscheinlichkeiten

28

Der kleine Fridolin fragt: „Wie wahrscheinlich ist es, dass unser Planet am Klimawandel zugrunde geht?" Der Vater antwortet: „Das hängt davon ab, was wir alle in der nächsten Zeit dagegen tun!"
Sicherheit gibt es dabei leider nicht. Gewisse Ereignisse können aber stark beeinflussen, wie wahrscheinlich andere Ereignisse sind. Das und noch einiges mehr sehen wir uns in diesem Kapitel an.

Grundlagen

G1 Die Wahrscheinlichkeit des Ereignisses A unter der Bedingung (oder Voraussetzung) des Ereignisses B wird die **bedingte Wahrscheinlichkeit** $P(A \mid B)$ genannt.
Gibt es im Zufallsversuch eine zeitliche Abfolge, so bedeutet $A \mid B$, dass B vor A eingetreten sein muss.
Gibt es im Zufallsversuch keine zeitliche Abfolge, so versteht sich B als Einschränkung der möglichen Ausgänge für A.

G2 Man sagt, A **wird** durch B **begünstigt**, wenn $P(A \mid B) > P(A)$.
Man sagt, A **wird** durch B **benachteiligt**, wenn $P(A \mid B) < P(A)$.
Man sagt, A **ist unabhängig** von B, wenn $P(A \mid B) = P(A)$.

G3 Die Berechnung der bedingten Wahrscheinlichkeit erfolgt mit der Formel $P(A \mid B) = \frac{P(A \cap B)}{P(B)}$.
Dabei ist $P(A \cap B)$ die Wahrscheinlichkeit, dass sowohl das Ereignis A als auch das Ereignis B eintreten.
Die Reihenfolge von A und B spielt bei $A \cap B$ keine Rolle, $P(A \cap B) = P(B \cap A)$.

G4 Eine **Vierfeldertafel** ist eine Tabelle, die Merkmale (oft von Personen) und ihre absoluten bzw. relativen Häufigkeiten übersichtlich darstellt.
Beispiel: Die abgebildete Tabelle zeigt die absoluten Häufigkeiten der Merkmale Mann bzw. Frau und Raucher(in) bzw. Nichtraucher(in) innerhalb einer Gruppe. Die erste Zelle gibt an, dass unter den insgesamt 42 Personen genau 8 männliche Raucher sind.

	Raucher(in)	**Nichtraucher(in)**
Mann	8	11
Frau	7	16

Werkzeuge

W1 Die folgende Tafel enthält zusätzlich zu den vier Feldern auch Randzellen mit den Summen der jeweiligen Zeile bzw. Spalte. Die Symbole H_1, H_2, H_3 und H_4 stehen für die absoluten Häufigkeiten und $n = H_1 + H_2 + H_3 + H_4$ ist die Gesamtzahl.

	B	$\neg B$	
A	H_1	H_2	$H_1 + H_2$
$\neg A$	H_3	H_4	$H_3 + H_4$
	$H_1 + H_3$	$H_2 + H_4$	n

W2 Für manche Aufgaben betrachtet man die Tafel mit relativen Häufigkeiten, die als Wahrscheinlichkeiten interpretiert werden. Dabei steht z. B. in der Zelle der Zeile A und der Spalte B die Wahrscheinlichkeit $P(A \cap B)$ (Wahrscheinlichkeit davon, dass A und B eintreten – siehe Tabelle). Bedingte Wahrscheinlichkeiten können dann mit der Formel aus → G3 bestimmt werden.
Beispiel: $P(A \mid B) = \frac{P(A \cap B)}{P(B)}$ ist der Quotient aus den Einträgen der zweiten und vierten Zelle der zweiten Spalte (B).

	B	$\neg B$	
A	$P(A \cap B)$	$P(A \cap \neg B)$	$P(A)$
$\neg A$	$P(\neg A \cap B)$	$P(\neg A \cap \neg B)$	$P(\neg A)$
	$P(B)$	$P(\neg B)$	1

Beispiele

B 1 Die gegebene Vierfeldertafel enthält Informationen zu Ernährungsgewohnheiten der beschäftigten Personen in einem Betrieb, unterteilt in die Merkmale männlich (M) bzw. weiblich (W) und vegetarische Ernährung (V) bzw. nicht-vegetarische Ernährung (NV). Berechne die Wahrscheinlichkeit, dass sich eine zufällig ausgewählte, in diesem Betrieb beschäftigte Frau vegetarisch ernährt.

	vegetarisch	nicht vegetarisch
Mann	150	270
Frau	200	210

Wie berechne ich eine bedingte Wahrscheinlichkeit bei gegebener Vierfeldertafel?

1 Die Summen aller Zeilen und Spalten berechnen und in die ergänzten Randzellen der Vierfeldertafel schreiben

Wir rechnen wie in → W1 demonstriert.

	V	NV	Gesamt
M	150	270	420
F	200	210	410
Gesamt	350	480	830

2 Die Voraussetzung identifizieren und die betreffende Zeile bzw. Spalte farbig markieren

Angabe: „… Frau vegetarisch ernährt". Wir betrachten also zunächst alle Frauen. ⟹ Voraussetzung: Frau
Wir rahmen die Zeile mit F ein.
Wichtig: Wir werden nur mit Zahlen aus dieser Zeile rechnen!

	V	NV	Gesamt
M	150	270	420
F	200	210	410
Gesamt	350	480	830

3 In der markierten Zeile bzw. Spalte die zum gegebenen Ereignis gehörende Häufigkeit durch die Zeilen- bzw. Spaltensumme dividieren

Unter allen Frauen werden nur die vegetarischen gesucht.
⟹ Ereignis V unter der Voraussetzung F:
$P(\text{V} \mid \text{F}) = \frac{200}{410} \approx 0{,}4878 = 48{,}78\,\%$

	V	NV	Gesamt
M	150	270	420
F	200	210	410
Gesamt	350	480	830

B 2 Von 24 Klassenmitgliedern sagen 9 von sich, dass sie gut in Mathematik und 13, dass sie gut in Englisch sind. Drei halten sich in beiden Fächern für gut. Erstelle aus diesen Daten eine Vierfeldertafel.

Wie erstelle ich eine Vierfeldertafel?

1 Eine leere Vierfeldertafel samt Randzellen erstellen und die gegebenen Werte eintragen

	E gut	E nicht gut	Gesamt
M gut	3		9
M nicht gut			
Gesamt	13		24

2 In jeder Zeile und Spalte, in der zwei Werte bekannt sind, den dritten berechnen

In der zweiten Spalte ergibt sich $13 - 3 = 10$, in der vierten Spalte $24 - 9 = 15$, in der zweiten Zeile $9 - 3 = 6$ und in der vierten Zeile $24 - 13 = 11$.

	E gut	E nicht gut	Gesamt
M gut	3	6	9
M nicht gut	10		15
Gesamt	13	11	24

3 Schritt 2 so oft wiederholen, bis alle Felder ausgefüllt sind

Das letzte Feld kann auf mehrere Arten berechnet werden, z. B. $15 - 10 = 5$ (dritte Zeile) oder $24 - (3 + 6 + 10) = 5$ (Gesamtzahl).

	E gut	E nicht gut	Gesamt
M gut	3	6	9
M nicht gut	10	5	15
Gesamt	13	11	24

Aufgaben zu den Beispielen

B1 A Bei einer Qualitätskontrolle von Flachbildschirmen der Firmen A und B wurden defekte Geräte gefunden. Die gegebene Vierfeldertafel gibt einen Überblick über die Ergebnisse der Kontrolle.

a) Berechne die Wahrscheinlichkeit, dass ein zufällig ausgewählter Flachbildschirm der Firma A defekt ist.

b) Berechne die Wahrscheinlichkeit, dass ein unter allen defekten Flachbildschirmen ausgewähltes Gerät von der Firma B stammt.

	defekt	nicht defekt
Firma A	50	920
Firma B	30	780

1 Die Summen aller Zeilen und Spalten berechnen und in die ergänzten Randzellen der Vierfeldertafel schreiben

a)	defekt	nicht defekt	Gesamt
Firma A	50	920	
Firma B	30	780	
Gesamt			

2 Die Voraussetzung identifizieren und die betreffende Zeile bzw. Spalte farbig markieren

a) Voraussetzung: ______

b) Voraussetzung: ______

b)	defekt	nicht defekt	Gesamt
Firma A	50	920	
Firma B	30	780	
Gesamt			

3 In der markierten Zeile bzw. Spalte die zum gegebenen Ereignis gehörende Häufigkeit durch die Zeilen- bzw. Spaltensumme dividieren

a) Ereignis ______ unter der Voraussetzung ______

$P(\quad | \quad) = \frac{\quad}{\quad} = \quad = \quad$

b) Ereignis ______ unter der Voraussetzung ______

$P(\quad | \quad) = \frac{\quad}{\quad} = \quad = \quad$

B2 A 1000 Personen, darunter 300 Frauen, wurden gefragt, wie sie ein neues Produkt finden. 220 Frauen finden das Produkt gut. Insgesamt finden 170 Personen das Produkt nicht gut. Erstelle die Vierfeldertafel.

1 Eine leere Vierfeldertafel samt Randzellen erstellen und die gegebenen Werte eintragen

2 In jeder Zeile und Spalte, in der zwei Werte bekannt sind, den dritten berechnen

3 Schritt 2 so oft wiederholen, bis alle Felder ausgefüllt sind

	______	______	Gesamt
______			
______			
Gesamt			

Lösungen

Weitere Aufgaben

Aufgaben

A 1 Vervollständige die Vierfeldertafel, in der absolute Häufigkeiten gegeben sind.

→ B 2
→ W 1

a)	B	$\neg B$	Gesamt
A	150	270	
$\neg A$		210	
Gesamt	200		

b)	R	$\neg R$	Gesamt
S		45	
$\neg S$	26		57
Gesamt	71		

A 2 Vervollständige die Vierfeldertafel, in der relative Häufigkeiten gegeben sind.

Tipp Alle relativen Häufigkeiten bzw. Wahrscheinlichkeiten in der Randspalte müssen addiert stets 100 % = 1 ergeben. Das Gleiche gilt für die Randzeile.

a)	B	$\neg B$	Gesamt
A	0,3		0,5
$\neg A$		0,15	
Gesamt			1

b)	G	$\neg G$	Gesamt
E			0,4
$\neg E$		0,4	
Gesamt	0,3		

A 3 Bestimme die gesuchte Wahrscheinlichkeit aus der gegebenen Vierfeldertafel.

→ B 1
→ W 2

	B	$\neg B$	Gesamt
A	16	23	39
$\neg A$	3	17	20
Gesamt	19	40	59

a) $P(A \mid B) = \frac{16}{19} \approx 0{,}8421$

b) $P(\neg B \cap \neg A) = \frac{17}{59} \approx 0{,}2881$

c) $P(B \mid A) = \frac{\quad}{\quad} \approx$

d) $P(A \cap B) = \frac{\quad}{\quad} \approx$

e) $P(\neg A \mid B)$ **f)** $P(B \mid \neg A)$ **g)** $P(A \mid \neg B)$ **h)** $P(\neg B \mid A)$ **i)** $P(\neg A \cap B)$ **j)** $P(B)$

A 4 Bestimme die gesuchte Wahrscheinlichkeit aus der gegebenen Vierfeldertafel.

→ W 2

	B	$\neg B$	Gesamt
A	0,24	0,11	0,35
$\neg A$	0,28	0,37	0,65
Gesamt	0,52	0,48	1

a) $P(B \mid A) = \frac{0{,}24}{0{,}35} \approx 0{,}6857$

b) $P(A \cap B) = \frac{\quad}{\quad} \approx$

c) $P(B \mid \neg A)$ **d)** $P(\neg A \mid B)$ **e)** $P(A \mid \neg B)$ **f)** $P(\neg B \cap \neg A)$ **g)** $P(\neg A \cap B)$ **h)** $P(B)$

A 5 Aus der abgebildeten Urne wird nach dem Zufallsprinzip eine Kugel gezogen. Berechne die angegebene Wahrscheinlichkeit und beschreibe sie verbal.

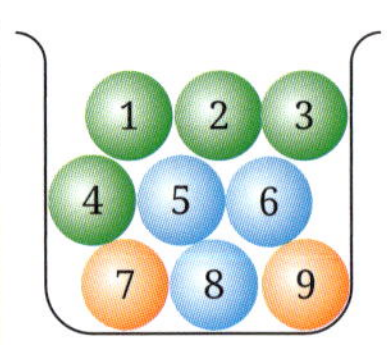

a) P(orange | ungerade Zahl) = $\frac{2}{5}$ = 0,4 = 40 %
(Es gibt 5 Kugeln mit ungeraden Zahlen, von ihnen sind 2 orange.)
Beschreibung: Wahrscheinlichkeit, dass eine Kugel mit einer ungeraden Zahl orange ist

b) P(gerade Zahl | grün) = $\frac{\quad}{\quad}$ = ____ = ____

Beschreibung: ______________________________

c) P(blau | Zahl > 4) **d)** P(Primzahl | ungerade Zahl) **e)** P(grün | Primzahl)

A 6 Erstelle eine Vierfeldertafel zur Textangabe. Es sind absolute Häufigkeiten gegeben.

→ B2

a) In einem Wellnesshotel wurden 400 Gäste zu ihrem Alter befragt. 240 der befragten Personen waren weiblich und 100 davon unter 60 Jahre alt. Es gab insgesamt 230 Gäste, die 60 Jahre oder älter waren.

Wir berechnen die fehlenden Zahlen so, dass die Spalten- und Zeilensummen stimmen.

	< 60	≥ 60	Gesamt
M	70	90	160
W	100	140	240
Gesamt	170	230	400

b) Bei einer Umfrage zur Lieblingsfarbe unter 100 männlichen und 130 weiblichen Personen gaben 70 Frauen und 40 Männer Rot als ihre Lieblingsfarbe an.

c) An einer Wahlumfrage nahmen 1 000 Personen teil, 480 davon waren Jugendliche. 198 der befragten Jugendlichen gaben die Grünen als ihre bevorzugte Partei an. Insgesamt 732 Personen gaben an, eine andere Partei als die Grünen zu bevorzugen.

A 7 Erstelle eine Vierfeldertafel zur Textangabe. Es sind relative Häufigkeiten gegeben.

→ W2

a) In einer Region leiden 5 % der Bevölkerung an einer Krankheit. Ein Test soll die Diagnose bestätigen. Bei 96 % der Erkrankten ist das Testergebnis positiv, aber auch bei 3 % der nicht erkrankten Personen.

Wir setzen für die Gesamtheit immer 1 (für 100 %) ein.
„96 % der Erkrankten" (d. h. 96 % von 5 %):
$0{,}96 \cdot 0{,}05 = 0{,}048$
„3 % der nicht Erkrankten" (d. h. 3 % von 95 %):
$0{,}03 \cdot 0{,}95 = 0{,}0285$

	positiv	negativ	Gesamt
krank	0,048	$\overbrace{0{,}002}^{0{,}05-0{,}048}$	0,05
nicht krank	0,0285	$\overbrace{0{,}9215}^{0{,}95-0{,}0285}$	0,95
Gesamt	$\overbrace{0{,}0765}^{0{,}048+0{,}0285}$	0,9235	1

b) In einer Schule betreiben 15 % der Schülerinnen und Schüler Leistungssport. 10 % der Schülerinnen und Schüler, die Leistungssport betreiben, und 32 % derjenigen, die das nicht tun, singen im Schulchor.

c) Eine Umfrage ergibt, dass 35 % der befragten Personen ein Smartphone der Marke A besitzen, wobei 70 % dieser Personen auch einen Computer der Marke A besitzen. Von den Personen, die kein Smartphone der Marke A besitzen, besitzen 20 % einen Computer der Marke A.

A 8 Aus der abgebildeten Urne wird eine Kugel mit der Zahl X gezogen. Gib an, ob das Ereignis E_1 durch das Ereignis E_2 begünstigt wird, benachteiligt wird oder E_1 und E_2 unabhängig voneinander sind.

→ G2

a) E_1: X ist gerade, E_2: $X < 7$

$P(E_1 \mid E_2) = \frac{3}{6} = 0{,}5$ Erklärung: $\underbrace{\text{Es gibt 6 Zahlen, die kleiner als 7}}_{E_2}$ sind, und $\underbrace{\text{3 davon sind gerade.}}_{E_1 \cap E_2}$

$P(E_1) = \frac{7}{15} \approx 0{,}4667$ Erklärung: $\underbrace{\text{Es gibt insgesamt 15 Zahlen, und 7 davon sind gerade.}}_{E_1}$

Aus $P(E_1 \mid E_2) > P(E_1)$ folgt, dass das Ereignis E_1 durch das Ereignis E_2 begünstigt wird.

b) E_1: $X < 5$, E_2: X ist ungerade

c) E_1: X ist orange, E_2: $X \geq 8$

d) E_1: X ist eine zweiziffrige Zahl, E_2: X ist violett

e) E_1: X ist durch 3 teilbar, E_2: X ist grün.

A 9 Schreibe die gegebene Aussage in der Form $P(A \mid B) < P(A)$ bzw. $P(A \mid B) > P(A)$.

→ G2

Tipp Unterscheide „A begünstigt B" und „A wird von B begünstigt"!

a) Ein Mann zu sein begünstigt, ein Raucher zu sein: $P(\text{Raucher} \mid \text{Mann}) > P(\text{Raucher})$

b) Die Partei A zu wählen wird benachteiligt, wenn man Student ist.

c) Durch eine Impfung wird Übelkeit begünstigt.

A 10 Setze in die Formel $P(A \mid B) = \frac{P(A \cap B)}{P(B)}$ ein und berechne die fehlende Wahrscheinlichkeit.

a) $P(B) = 0{,}4$ und $P(A \mid B) = 0{,}8$ $\quad 0{,}8 = \frac{P(A \cap B)}{0{,}4} \Longrightarrow P(A \cap B) = 0{,}8 \cdot 0{,}4 = 0{,}32$

b) $P(A \cap B) = 0{,}2$ und $P(A \mid B) = 0{,}5$

c) $P(A \mid B) = 0{,}1$ und $P(B) = 0{,}7$

A 11 Nach dem Ausbruch einer Viruserkrankung werden stichprobenartig medizinische Diagnosetests in der Bevölkerung durchgeführt. Das Ereignis V steht dafür, dass eine Person positiv auf den Virus getestet wurde. Das Ereignis A steht dafür, dass eine Person vor kurzem im Ausland war.

Kreuze die beiden zutreffenden Aussagen an.

$P(A \mid V)$ ist die Wahrscheinlichkeit eines positiven Tests, wenn man vor kurzem im Ausland war.	☐
$P(\neg V \cap A)$ ist die Wahrscheinlichkeit eines negativen Tests, wenn man vor kurzem im Ausland war.	☐
$P(V \mid \neg A)$ ist die Wahrscheinlichkeit eines positiven Tests, wenn man nicht vor kurzem im Ausland war.	☐
$P(A)$ ist die Wahrscheinlichkeit, dass man vor kurzem im Ausland war, wenn man einen positiven Test hatte.	☐
$P(\neg V)$ ist die Wahrscheinlichkeit, dass der Test ein negatives Ergebnis zeigt.	☐

A 12 Für die Ereignisse A und B eines Zufallsversuchs gelten folgende Wahrscheinlichkeiten: $P(A) = 0{,}3$ und $P(B \mid A) = 0{,}4$. Berechne die Wahrscheinlichkeit $P(A \cap B)$.

$P(A \cap B) =$ ____________

A 13 Eine Wahlumfrage hat ergeben, dass von allen befragten Frauen 17,5 % bei der nächsten Wahl für eine bestimmte Partei A stimmen würden. Die relative Häufigkeit an Frauen (bezogen auf alle Befragten), die Partei A wählen würden, betrug 7 %. Wie viel Prozent der befragten Personen waren weiblich?

Anteil der Frauen unter allen Befragten: ________ %

A 14 In einer bestimmten Region regnet es an einem beliebigen Tag im Jahr mit einer Wahrscheinlichkeit von 18 %. Im Monat April gibt es im Schnitt sechs Regentage.

Ergänze die Textlücken im folgenden Satz durch Ankreuzen der jeweils richtigen Satzteile so, dass eine korrekte Aussage entsteht.

Das Ereignis „Es regnet an diesem Tag." ___①___ , da ___②___ .

①	
wird durch das Ereignis „Es ist April." begünstigt	☐
wird durch das Ereignis „Es ist April." benachteiligt	☐
ist unabhängig vom Ereignis „Es ist April."	☐

	②
☐	P(Regentag | April) < P(Regentag)
☐	P(Regentag | April) > P(Regentag)
☐	P(Regentag | April) = P(Regentag)

A 15 An einer Studie zur Erprobung eines neuen Impfstoffs haben 1000 Personen teilgenommen. Die abgebildete Vierfeldertafel enthält die Ergebnisse. Interpretiere den Ausdruck $\frac{40}{500} = 0{,}08$ im gegebenen Zusammenhang.

	geimpft	nicht geimpft
erkrankt	40	380
nicht erkrankt	460	120

A 16 Vor einem Schulausflug in die Oper werden die Schülerinnen und Schüler einer 6. Klasse befragt, ob sie gerne klassische Musik (K) und/oder Popmusik (P) hören. Ein Teil der Ergebnisse ist in der nebenstehenden Vierfeldertafel dargestellt.

	K	$\neg K$	Σ
P	5		13
$\neg P$	3		
Σ		10	

a) Ergänze alle fehlenden Werte in der Tabelle.

b) Wie groß ist die relative Häufigkeit der Schülerinnen und Schüler, die keine der beiden Musikarten gerne hören?

c) Am Ende des Ausflugs wird unter den Schülerinnen und Schülern, die gerne Klassik hören, ein Ticket für eine Opernvorstellung verlost. Wie groß ist die Wahrscheinlichkeit, dass der Gewinner/die Gewinnerin auch gerne Pop hört?

Baumdiagramme

29

In so manchem Roman wird eine Phantasiewelt mit größtem Detailreichtum beschrieben. Würden wir allerdings in dieser Welt ausgesetzt, so könnten wir uns trotz noch so präziser Beschreibung wohl nur schwer zurechtfinden. Gut, wenn diesen Büchern Landkarten beigefügt sind, die uns die Orientierung erleichtern. Damit wir uns in der Welt der Wahrscheinlichkeiten leichter zurechtfinden, arbeiten wir in diesem Kapitel ebenfalls mit einer grafischen Darstellung.

Grundlagen

G 1 Unter einem **mehrstufigen Zufallsversuch** versteht man mehrere hintereinander ausgeführte Zufallsversuche, die gleichartig oder unterschiedlich sein können.

Bei einem **wiederholten Zufallsversuch** wird der gleiche Zufallsversuch mehrmals hintereinander ausgeführt. Beispiel: Zweimaliges Würfeln mit demselben Würfel ist ein wiederholter Zufallsversuch mit zwei **Stufen**.

G 2 Ein **Baumdiagramm** wird zur Darstellung mehrstufiger Zufallsversuche verwendet.

1. Pfadregel: $P(A \text{ und } B) = a \cdot b$
Die Wahrscheinlichkeiten entlang eines Pfades werden multipliziert.

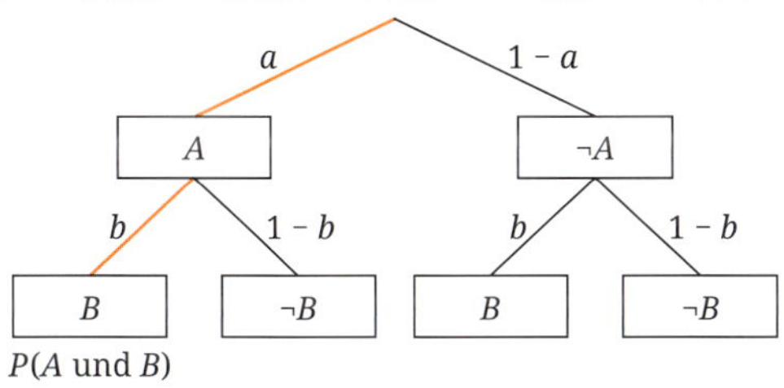

2. Pfadregel: $P(C \text{ oder } D) = P(C) + P(D)$
Die Wahrscheinlichkeiten mehrerer Pfade werden addiert.

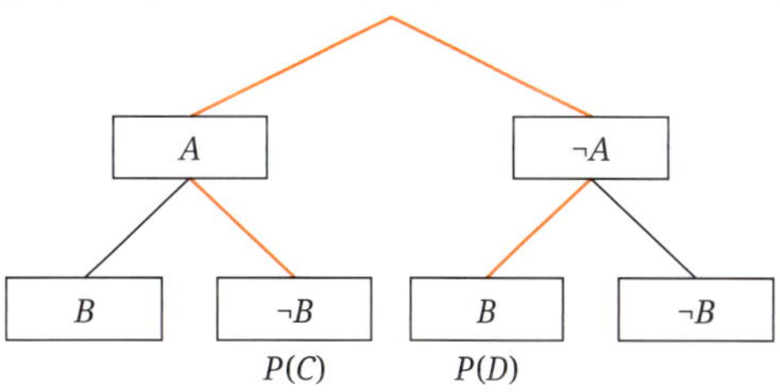

Werkzeuge

W1 Bei jedem wiederholten Zufallsversuch muss vor dem Eintragen der Wahrscheinlichkeiten entschieden werden, ob der Versuch einem **Ziehen mit Zurücklegen** oder **Ziehen ohne Zurücklegen** entspricht. Das ist auch dann zu tun, wenn eigentlich gar kein „Ziehen" erfolgt.
- „mit Zurücklegen": Die Wahrscheinlichkeiten der Ausgänge bleiben bei allen Wiederholungen gleich. Beispiele: Würfeln, Münzwurf, Zielschießen mit fester Wahrscheinlichkeit
- „ohne Zurücklegen": Es gibt Wahrscheinlichkeiten von Ausgängen, die sich bei der Wiederholung ändern. Beispiele: Qualitätskontrolle in einer kleinen Menge von Gütern, Auswahl von Personen aus einer nicht allzu großen Gruppe

W2 Die Wahrscheinlichkeiten aller vom selben Punkt ausgehenden Äste in einem Baumdiagramm ergeben in Summe immer 1.

Die Wahrscheinlichkeiten aller Pfade ergeben in Summe 1.

W3 Die Wahrscheinlichkeiten ab der zweiten Stufe eines Baumdiagramms sind bedingte Wahrscheinlichkeiten, da sie vom Ausgang der vorherigen Stufe abhängen.
Es gelten …
die 1. Pfadregel: $P(A \cap B) = P(B \mid A) \cdot P(A)$
der **Satz von Bayes**: $P(A \mid B) = \frac{P(A) \cdot P(B \mid A)}{P(B)}$

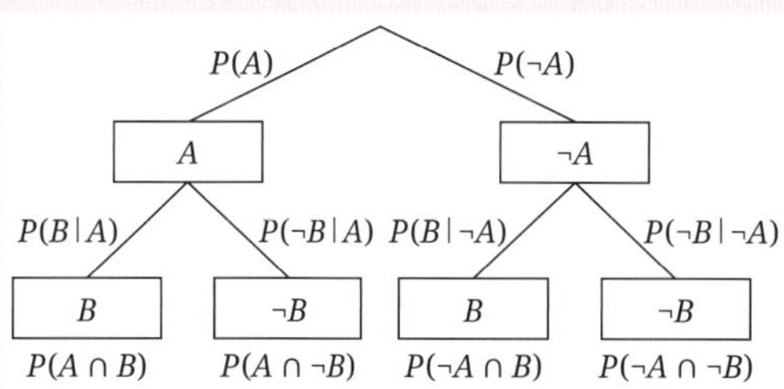

Beispiele

B 1 Aus einer Urne mit 7 roten, 3 blauen und 5 grünen Kugeln werden nacheinander zwei Kugeln zufällig gezogen. Die erste gezogene Kugel wird nicht in die Urne zurückgelegt. Zeichne ein Baumdiagramm für diesen Zufallsversuch, wenn die Zahl der gezogenen blauen Kugeln betrachtet wird.

Wie zeichne ich ein Baumdiagramm?

1 Für jede Stufe das Zufallsexperiment und dessen Ausgänge bestimmen

Stufe 1: Die erste Kugel wird gezogen

Ereignis E: Eine blaue Kugel wird gezogen.
Gegenereignis $\neg E$: Es wird keine blaue Kugel gezogen.

Stufe 2: Die zweite Kugel wird gezogen

Das Zufallsexperiment aus Stufe 1 wird wiederholt. Die möglichen Ergebnisse sind dieselben.

2 Das Baumdiagramm zeichnen, dabei am Ende jeder Astverzweigung das gefragte Ereignis und sein Gegenereignis eintragen

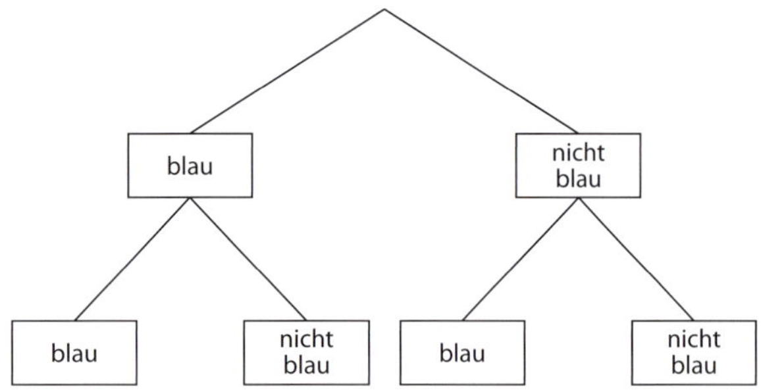

3 Bestimmen, welcher Art des Ziehens der Versuch entspricht, und die zugehörige Wahrscheinlichkeit entlang jedes Astes eintragen

Art des Ziehens: ohne Zurücklegen (→ W1)

Bei der **ersten Ziehung** befinden sich 15 Kugeln in der Urne.
Zahl der blauen Kugeln: 3
Zahl der nicht blauen Kugeln: 12

Bei der **zweiten Ziehung** befinden sich 14 Kugeln in der Urne, da bei der ersten Ziehung eine Kugel entfernt wurde.

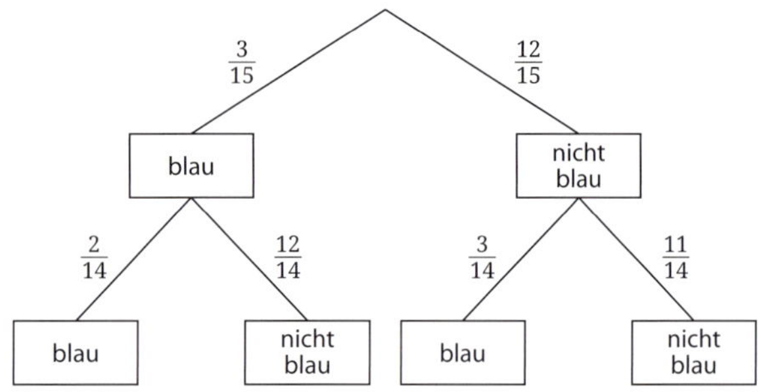

Linke Seite des Baumdiagramms:
(Ausgang der ersten Ziehung: blau)
Anzahl der blauen Kugeln: 2
Anzahl der nicht blauen Kugeln: 12

Rechte Seite des Baumdiagramms:
(Ausgang der ersten Ziehung: nicht blau)
Anzahl der blauen Kugeln: 3
Anzahl der nicht blauen Kugeln: 11

B 2 In einer medizinischen Studie wird ein Medikament zur Blutdrucksenkung getestet. Eine zufällig ausgewählte Gruppe unter den Studienteilnehmerinnen und -teilnehmern erhält das Medikament. Anschließend wird beobachtet, ob eine Verbesserung der Werte eintritt. Berechne mithilfe des dargestellten Baumdiagramms die Wahrscheinlichkeit, dass bei einer zufällig ausgewählten Person unter den Studienteilnehmerinnen und -teilnehmern eine Verbesserung eintritt.

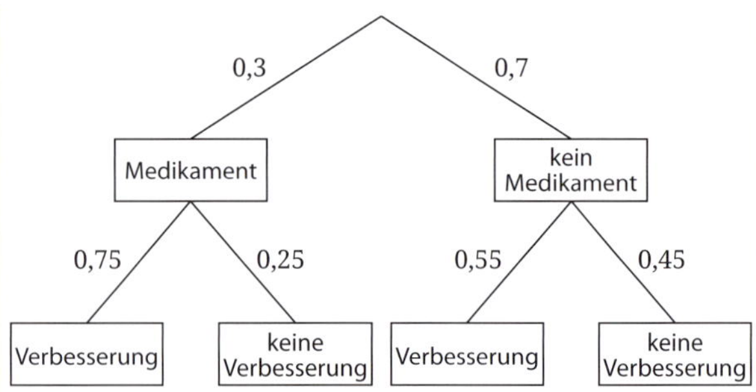

Wie berechne ich eine gesuchte Wahrscheinlichkeit mithilfe eines Baumdiagramms?

1 Alle Pfade markieren, bei denen das gefragte Ereignis eintritt

Es gibt zwei Pfade (in der Abbildung farbig markiert), die zu einer Verbesserung führen.

2 Die gesuchte Wahrscheinlichkeit mit den Pfadregeln berechnen

Wir multiplizieren die Wahrscheinlichkeiten längs der markierten Pfade und addieren anschließend die Ergebnisse: $P(\text{Verbesserung}) = 0{,}3 \cdot 0{,}75 + 0{,}7 \cdot 0{,}55 = 0{,}61$.

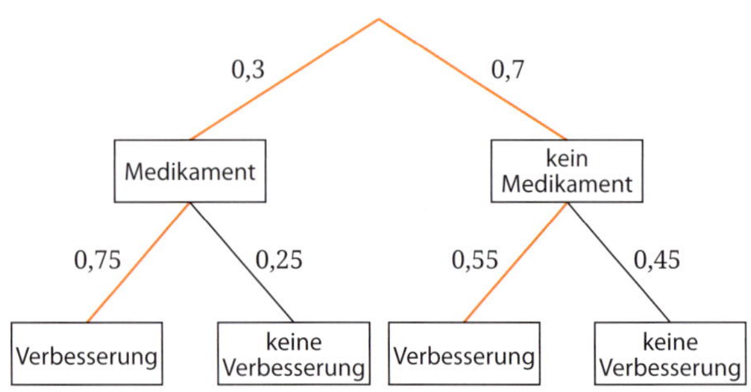

Aufgaben zu den Beispielen

B1 A In einer Klasse haben 22 Schülerinnen und Schüler die Hausübung aus Mathematik gemacht und 3 nicht. Es werden zwei Personen zufällig ausgewählt. Zeichne ein Baumdiagramm für diesen Zufallsversuch, wenn die Zahl der Personen, die die Hausübung gemacht haben, betrachtet wird.

1 Für jede Stufe das Zufallsexperiment und dessen Ausgänge bestimmen

Ereignis E: ______ Gegenereignis $\neg E$: ______

2 Das Baumdiagramm zeichnen, dabei am Ende jeder Astverzweigung das gefragte Ereignis und sein Gegenereignis eintragen

3 Bestimmen, welcher Art des Ziehens der Versuch entspricht, und die zugehörige Wahrscheinlichkeit entlang jedes Astes eintragen

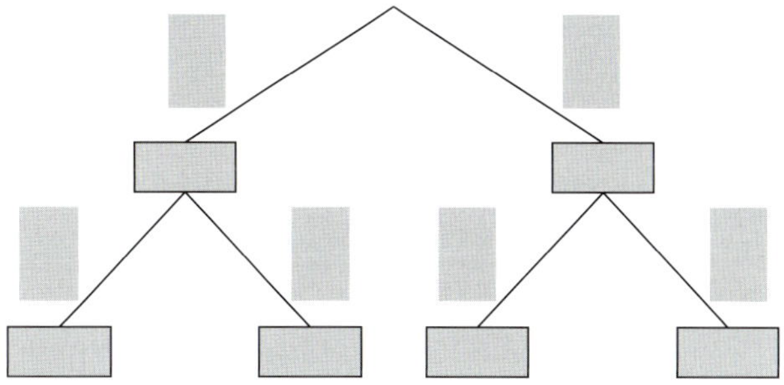

Art des Ziehens: ______

Bei der **ersten Wahl** kann unter ___ Schülerinnen und Schülern gewählt werden.
Zahl derer, die die Hausübung **gemacht** haben: ___
Zahl derer, die die Hausübung **nicht gemacht** haben: ___

Bei der **zweiten Wahl** kann nur noch unter ___ Schülerinnen und Schülern gewählt werden.

Linke Seite des Baumdiagramms:
(Ausgang der ersten Wahl: ______)
Von diesen haben die Hausübung **gemacht**: ___
Von diesen haben die Hausübung **nicht gemacht**: ___

Rechte Seite des Baumdiagramms:
(Ausgang der ersten Wahl: ______)
Von diesen haben die Hausübung **gemacht**: ___
Von diesen haben die Hausübung **nicht gemacht**: ___

Trage die Wahrscheinlichkeiten in das Baumdiagramm ein.

B2 A Zwei Maschinen für die Holzbearbeitung werden einer Kontrolle unterzogen. Es wird überprüft, ob Fehler vorliegen. Erfahrungsgemäß wird bei der ersten Maschine in 0,3 % der Fälle und bei der zweiten Maschine in 0,5 % der Fälle bei der Kontrolle ein Fehler in der Holzbearbeitung festgestellt. Berechne mithilfe des dargestellten Baumdiagramms die Wahrscheinlichkeit, dass mindestens ein Fehler festgestellt wird.

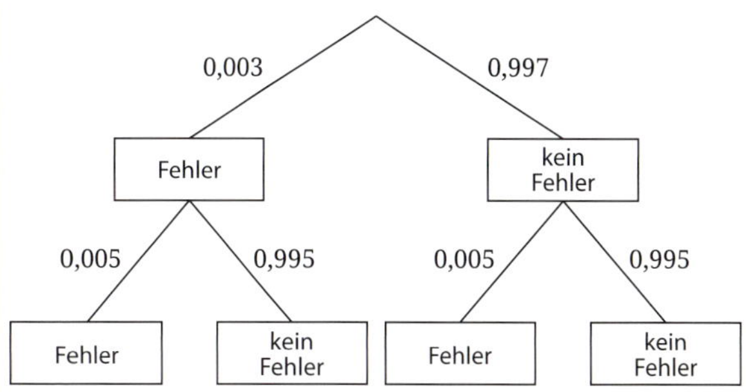

1 Alle Pfade markieren, bei denen das gefragte Ereignis eintritt

Jeder Pfad, der **mindestens** einen (d. h. einen oder zwei) Fehler enthält, muss zur Berechnung der Wahrscheinlichkeit herangezogen werden.

Es gibt ______ Pfade, bei denen mindestens ein Fehler in der Holzverarbeitung festgestellt wird.

2 Die gesuchte Wahrscheinlichkeit mit den Pfadregeln berechnen

P(mindestens ein Fehler) = ___ · ___ ○ ___ · ___ ○ ___ · ___ ≈ ___

Lösungen | Weitere Aufgaben

Aufgaben

A 1 Ergänze die fehlenden Wahrscheinlichkeiten im gegebenen zweistufigen Baumdiagramm.

→ W 1–W 2

a) ohne Zurücklegen

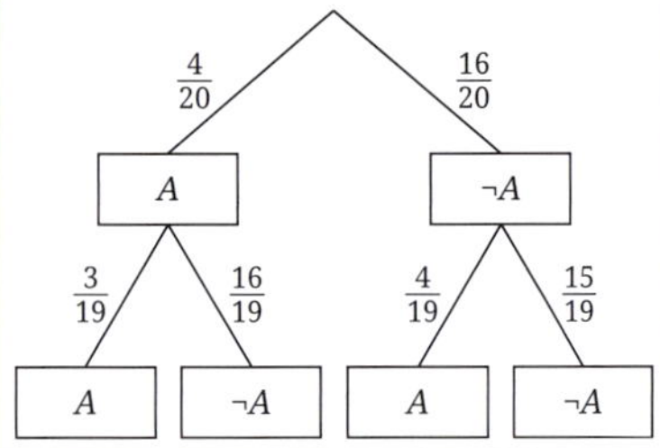

b) mit Zurücklegen

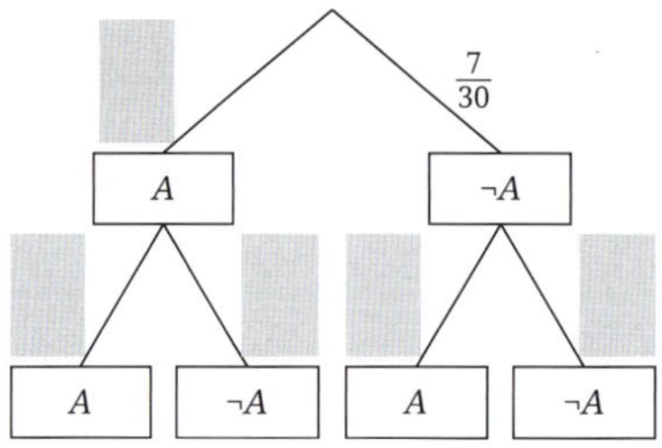

c) ohne Zurücklegen

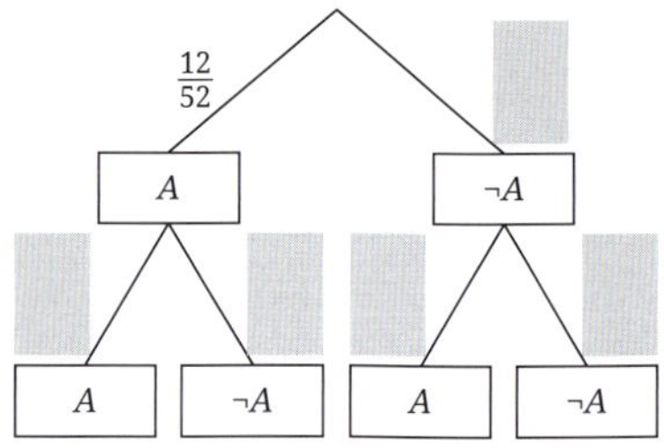

A 2 Beim beschriebenen Zufallsversuch bleiben bei jeder Wiederholung die Wahrscheinlichkeiten für die Versuchsausgänge gleich. Stelle den Zufallsversuch in einem geeigneten Baumdiagramm dar und berechne die Wahrscheinlichkeit des angegebenen Ereignisses.

→ B 1–B 2

a) 17 % der Bevölkerung einer Stadt leben in einer Gemeindewohnung. Es werden zwei zufällig ausgewählte Personen nach ihrer Unterkunft befragt. Berechne die Wahrscheinlichkeit, dass genau eine Person in einer Gemeindewohnung lebt.

$P(\text{genau einmal } GW) = 0{,}17 \cdot 0{,}83 + 0{,}83 \cdot 0{,}17 = 0{,}2822$

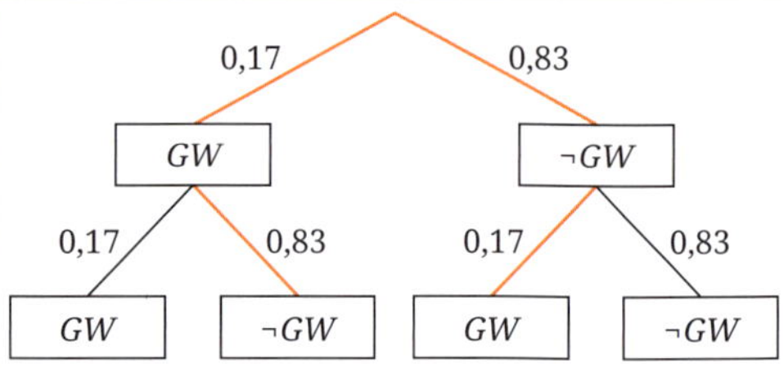

b) Aus Erfahrung weiß man, dass 3 % der Fahrgäste einer U-Bahnlinie schwarzfahren. Es werden zwei Fahrgäste kontrolliert. Berechne die Wahrscheinlichkeit, genau einen Fahrgast ohne Ticket zu erwischen.

c) In einer Urne befinden sich vier weiße und sieben gelbe Kugeln. Es wird zweimal mit Zurücklegen gezogen. Berechne die Wahrscheinlichkeit, dass zwei gelbe Kugeln gezogen werden.

A 3 Stelle den gegebenen Zufallsversuch in einem Baumdiagramm dar. Zeichne dabei nur jene Äste, die auch wirklich benötigt werden.

a) Ein Würfel mit einer blauen, zwei roten und drei grünen Seitenflächen wird zweimal geworfen. Berechne die Wahrscheinlichkeit, dass zuerst grün und dann blau geworfen wird.

$P(\text{grün, dann blau}) = \frac{3}{6} \cdot \frac{1}{6} \approx 0{,}083$

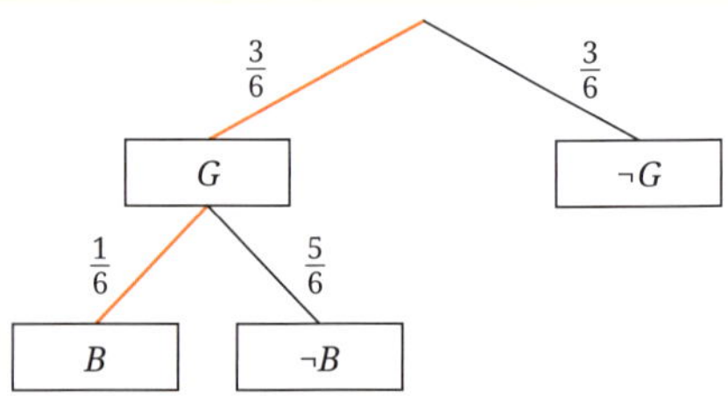

b) Aus einer Urne mit 3 gelben, 5 roten und 12 blauen Kugeln werden 3 Kugeln mit Zurücklegen gezogen. Berechne die Wahrscheinlichkeit, zuerst eine rote, dann eine gelbe und zuletzt eine blaue Kugel zu ziehen.

A 4 Markiere alle Pfade des Baumdiagramms farbig, bei denen die angegebenen Ereignisse eintreffen, und berechne die Wahrscheinlichkeit jedes Ereignisses.

→ B 2
→ W 2

a) E_1: genau einmal blau
E_2: mindestens einmal blau

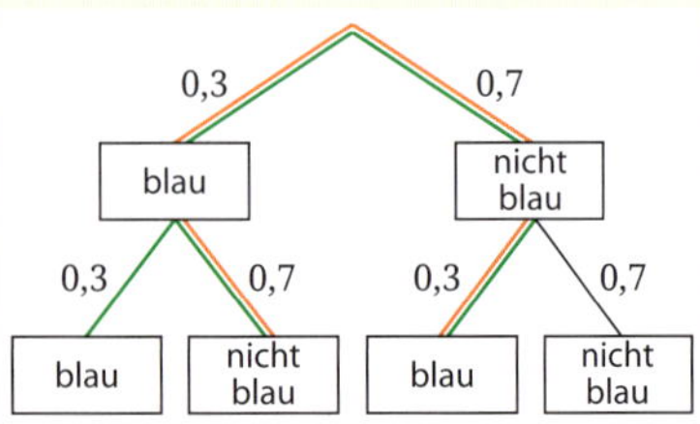

b) E_1: zweimal gewinnen
E_2: höchstens einmal gewinnen

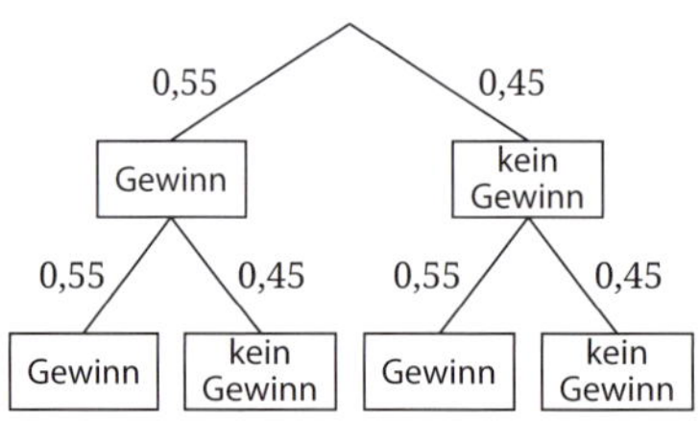

c) E_1: keinmal Stern
E_2: mindestens einmal Stern

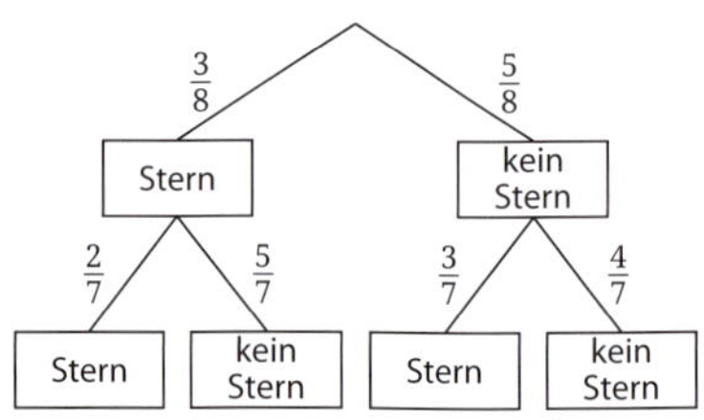

$P(E_1) = 0{,}3 \cdot 0{,}7 + 0{,}7 \cdot 0{,}3 = 0{,}42$

$P(E_2) = 0{,}3 \cdot 0{,}3 + 0{,}7 \cdot 0{,}3 + 0{,}3 \cdot 0{,}7 = 0{,}51$ oder mit der Gegenwahrscheinlichkeit: $P(E_2) = 1 - 0{,}7^2 = 0{,}51$

A 5 Stelle das Zufallsexperiment in einem Baumdiagramm dar und berechne die gesuchten Wahrscheinlichkeiten.

a) Eine Person spielt nacheinander an zwei Glücksautomaten. Die Gewinnwahrscheinlichkeit beim ersten Glücksautomaten beträgt 10 % und beim zweiten 15 %. Berechne die Wahrscheinlichkeit, dass die Person mindestens einmal gewinnt.

P(mind. ein Gewinn) = $0{,}1 \cdot 0{,}15 + 0{,}1 \cdot 0{,}85 + 0{,}9 \cdot 0{,}15 = 0{,}235$
oder mit der Gegenwahrscheinlichkeit:
P(mind. ein Gewinn) = $1 - 0{,}9 \cdot 0{,}85 = 0{,}235$

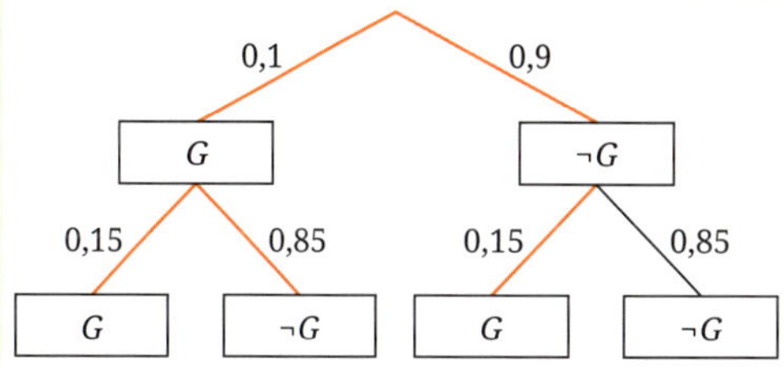

b) Zwei Testprodukte A und B einer Lebensmittelmarke werden angeboten. 70 % der Kundinnen und Kunden finden Produkt A gut und 60 % finden Produkt B gut. Berechne die Wahrscheinlichkeit, dass eine zufällig ausgewählte Person entweder das Produkt A oder das Produkt B gut findet, sowie die Wahrscheinlichkeit, dass eine zufällig ausgewählte Person beide Produkte gut findet.

c) Zwei Alarmgeräte werden getestet. Das erste Gerät löst den Alarm in 95 % der Alarmfälle aus, das zweite Gerät in 90 % der Alarmfälle. Berechne die Wahrscheinlichkeit, dass höchstens eines der beiden Geräte im Alarmfall auslöst, sowie die Wahrscheinlichkeit, dass mindestens eines der Geräte auslöst.

A 6 Peter muss nacheinander gegen drei Gegnerinnen und Gegner im Blitzschach antreten. Das Baumdiagramm beinhaltet Peters Siegwahrscheinlichkeiten gegen die Spielerinnen und Spieler. Interpretiere den Ausdruck im gegebenen Zusammenhang.

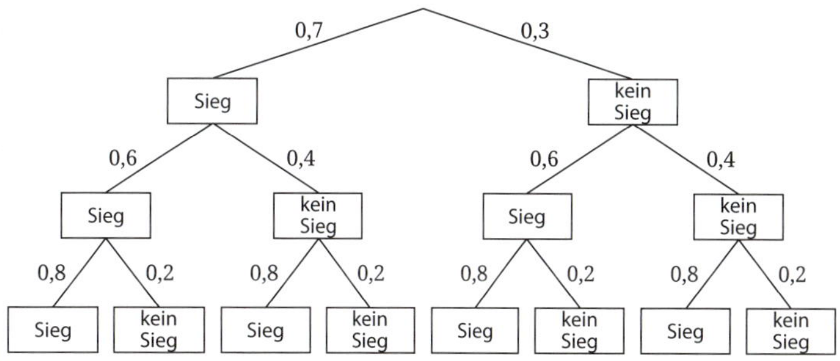

a) $1 - 0{,}3 \cdot 0{,}4 \cdot 0{,}2$
Wird ein Ausdruck von 1 subtrahiert, heißt das, dass der entsprechende Pfad ausgeschlossen wird (Gegenwahrscheinlichkeit), d. h. hier wird ausgeschlossen, dass Peter dreimal nicht siegt (Pfad ganz rechts). $\Longrightarrow$
Interpretation: Der Ausdruck gibt die Wahrscheinlichkeit an, dass Peter mindestens einmal siegt.

b) $0{,}3 \cdot 0{,}4 \cdot 0{,}2$

c) $0{,}7 \cdot 0{,}4 \cdot 0{,}2 + 0{,}3 \cdot 0{,}6 \cdot 0{,}2 + 0{,}3 \cdot 0{,}4 \cdot 0{,}8$

d) $1 - 0{,}7 \cdot 0{,}6 \cdot 0{,}8$

e) $0{,}7 \cdot 0{,}6 \cdot 0{,}2$

A 7 Stelle den Zufallsversuch in einem Baumdiagramm dar und berechne die gesuchte Wahrscheinlichkeit.

a) Bei einem Gesellschaftsspiel muss man einen 6er würfeln, um seine Spielfigur auf das Spielbrett setzen zu dürfen. Berechne die Wahrscheinlichkeit, die Figur auf das Spielbrett setzen zu dürfen, wenn man höchstens zwei Versuche hat.

P(ein 6er in 2 Würfen) = P(6er beim 1. Wurf) + P(6er erst beim 2. Wurf) =
$= \frac{1}{6} + \frac{5}{6} \cdot \frac{1}{6} \approx 0{,}3056$

oder mit der Gegenwahrscheinlichkeit:
P(ein 6er in 2 Würfen) = $1 - P$(2-mal kein 6er) = $1 - \frac{5}{6} \cdot \frac{5}{6} \approx 0{,}3056$

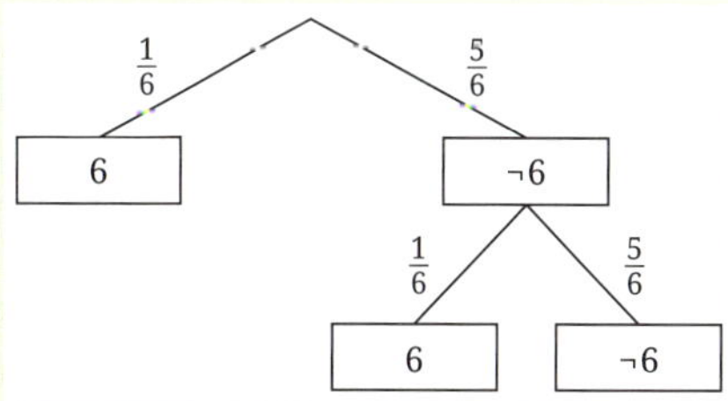

b) Eine Frau besitzt drei Schlüsselchips, von denen nur einer die Haustüre aufsperrt. Sie probiert einen nach dem anderen aus. Mit welcher Wahrscheinlichkeit sperrt erst der letzte Chip die Haustüre?

c) Die vier Karten Ass, König, Dame und Bube werden gemischt, verdeckt aufgelegt und nacheinander umgedreht. Wie wahrscheinlich ist es, dass man nach höchstens zweimaligem Umdrehen das Ass aufdeckt?

A 8 → W3

Das Baumdiagramm stellt Folgendes dar: In einer Region erhielt Partei A 37 % der abgegebenen Stimmen und von diesen Wählerinnen und Wählern waren 15 % älter als 60; hingegen waren 28 % der Wählerinnen und Wähler, die nicht Partei A wählten, älter als 60. Berechne die gesuchte Wahrscheinlichkeit mit dem Satz von Bayes.

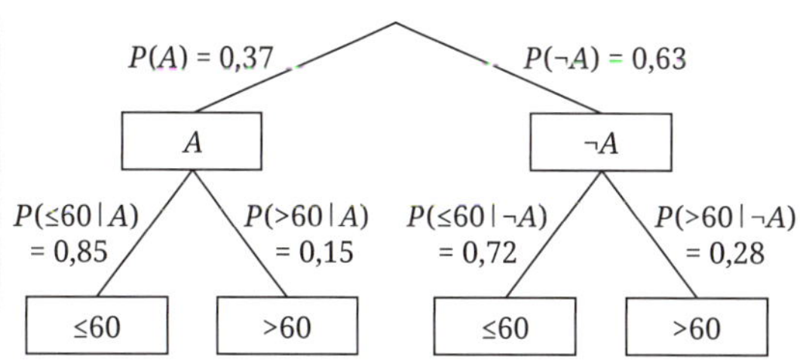

a) $P(A \mid \leq 60) = \frac{P(A) \cdot P(\leq 60 \mid A)}{P(\leq 60)} = \frac{0{,}37 \cdot 0{,}85}{0{,}37 \cdot 0{,}85 + 0{,}63 \cdot 0{,}72} \approx 0{,}4095$

b) $P(A \mid > 60)$ **c)** $P(\neg A \mid \leq 60)$ **d)** $P(\neg A \mid > 60)$

Lösungen

A 9 Aus einer Urne mit drei weißen, fünf gelben und sechs schwarzen Kugeln werden zwei Kugeln ohne Zurücklegen gezogen. Berechne die Wahrscheinlichkeit, dass genau eine gelbe Kugel gezogen wird.

P(genau eine gelbe Kugel) ≈ ____________

A 10 Eine Firma produziert Hüllen für Smartphones und testet deren Schutzfunktion, indem zufällig ausgewählte Handys aus einem Meter Höhe fallen gelassen werden. Im Baumdiagramm sind die Wahrscheinlichkeiten für dieses Experiment dargestellt.

Ordne den Ereignissen jeweils ihre Wahrscheinlichkeit zu.

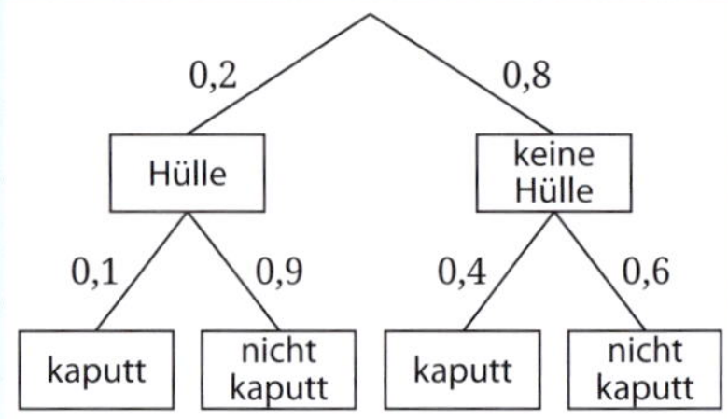

E… Ein zufällig ausgewähltes Smartphone ist nicht kaputt.	
E… Ein zufällig ausgewähltes Smartphone hat eine Hülle und ist kaputt.	
E… Ein zufällig ausgewähltes Smartphone hat keine Hülle.	
E… Ein zufällig ausgewähltes Smartphone ohne Hülle ist nicht kaputt.	

A	$P(E) = 0{,}2 \cdot 0{,}9$
B	$P(E) = 0{,}2 \cdot 0{,}9 + 0{,}8 \cdot 0{,}4$
C	$P(E) = 0{,}2 \cdot 0{,}9 + 0{,}8 \cdot 0{,}6$
D	$P(E) = 0{,}8$
E	$P(E) = 0{,}2 \cdot 0{,}1$
F	$P(E) = 0{,}6$

A 11 Bei einem Multiple-Choice-Test werden drei Fragen gestellt. Bei jeder Frage ist genau eine von fünf Aussagen richtig. Berechne die Wahrscheinlichkeit, genau zwei Fragen richtig zu haben, wenn man zufällig ankreuzt.

P(genau zwei Fragen richtig) = ____________

A 12 In einem Spielpark wird Dosenschießen angeboten. Mit einem Einsatz von 3 Euro darf man dreimal werfen. Um zu gewinnen, muss man mit einem Wurf alle Dosen umschießen. Nach jedem Wurf werden die Dosen neu aufgestellt. Samira wirft erfahrungsgemäß mit einer Wahrscheinlichkeit von 40 % mit einem Wurf alle Dosen um. Berechne die Wahrscheinlichkeit, dass Samira mit einem Einsatz von 3 Euro gewinnt.

P(Gewinn) = ____________

A 13 Bei einer Deutschschularbeit kann man zwischen zwei Aufgaben wählen. Die erste Aufgabe wird in 20 % der Fälle gewählt und verlangt eine Literaturinterpretation. Die alternative Aufgabe verlangt eine Auseinandersetzung mit einem aktuellen politischen Thema. Kandidatinnen und Kandidaten, die das Literaturthema wählen, fallen mit einer Wahrscheinlichkeit von 18 % durch. Die Durchfallquote beim politischen Thema beträgt nur 15 %. Berechne die Wahrscheinlichkeit, dass eine zufällig ausgewählte Kandidatin bzw. ein zufällig ausgewählter Kandidat die Deutschschularbeit besteht.

P(Deutschschularbeit wird bestanden) = ____________

A 14 In einer Region haben 20 % der Familien ein Kind. Die Wahrscheinlichkeit, dass eine Familie ein Kind hat und dabei beide Eltern berufstätig sind, beträgt 0,12. Berechne die Wahrscheinlichkeit, dass beide Eltern berufstätig sind, wenn bereits bekannt ist, dass die Familie ein Kind hat.

A 15 Bei einem Hindernislauf sind 68 % der Teilnehmenden unter 40 Jahre alt und 85 % davon schaffen es, ins Ziel zu kommen. Von den mindestens 40-jährigen Teilnehmenden schaffen es 76 %, ins Ziel zu kommen. Berechne die Wahrscheinlichkeit, dass eine Person, die den Hindernislauf gemeistert hat, unter 40 ist.

A 16 Ein Fußballspieler verwertet einen Elfmeter mit einer über die Zeit sehr konstanten Wahrscheinlichkeit von 85 %. In einem Training schießt er zwei Elfmeter.

a) Stelle die zwei Schüsse als zweistufigen Zufallsversuch in einem Baumdiagramm dar.
b) Berechne die Wahrscheinlichkeit, dass er von den zwei geschossenen Elfmetern mindestens einen verwertet.
c) Wie groß ist die Wahrscheinlichkeit, dass er den zweiten Elfmeter verwertet?

Liste der Grundkompetenzen

AG-R … Reifeprüfungs-Grundkompetenz aus dem Inhaltsbereich *Algebra und Geometrie*
FA-L … Lehrplan-Grundkompetenz aus dem Inhaltsbereich *Funktionale Abhängigkeiten*

Algebra und Geometrie (AG)

AG 2 (Un-)Gleichungen und Gleichungssysteme

AG-R 2.1 einfache Terme und Formeln aufstellen, umformen und im Kontext deuten können

AG-R 2.4 lineare Ungleichungen aufstellen, interpretieren, umformen/lösen, Lösungen (auch geometrisch) deuten können

AG-L 2.7 lineare Gleichungssysteme in drei Variablen lösen können

AG 3 Vektoren

AG-R 3.1 Vektoren als Zahlentupel verständig einsetzen und im Kontext deuten können

AG-R 3.2 Vektoren geometrisch (als Punkte bzw. Pfeile) deuten und verständig einsetzen können

AG-R 3.3 Definitionen der Rechenoperationen mit Vektoren (Addition, Multiplikation mit einem Skalar, Skalarprodukt) kennen, Rechenoperationen verständig einsetzen und (auch geometrisch) deuten können

AG-R 3.4 Geraden in $\mathbb{R}^2$ durch Parameterdarstellungen und Gleichungen, in $\mathbb{R}^3$ durch Parameterdarstellungen angeben und diese Darstellungen interpretieren können; Lagebeziehungen (zwischen Geraden und zwischen Punkt und Gerade) analysieren, Schnittpunkte ermitteln können

AG-L 3.6 die geometrische Bedeutung des Skalarprodukts kennen und den Winkel zwischen zwei Vektoren ermitteln können

AG-L 3.7 Einheitsvektoren ermitteln, verständig einsetzen und interpretieren können

AG-L 3.8 Definition des vektoriellen Produkts und seine geometrische Bedeutung kennen

AG-L 3.9 wissen, wodurch Ebenen festgelegt sind; Ebenen in Parameter- und Normalvektordarstellung aufstellen können

Funktionale Abhängigkeiten (FA)

FA 1 Funktionsbegriff, reelle Funktionen, Darstellungsformen und Eigenschaften

FA-R 1.2 Formeln als Darstellung von Funktionen interpretieren und dem Funktionstyp zuordnen können

FA-R 1.5 Eigenschaften von Funktionen erkennen, benennen, im Kontext deuten und zum Erstellen von Funktionsgraphen einsetzen können: Monotonie, Monotonie(wechsel) lokale Extrema, Wendepunkte, Periodizität, Achsensymmetrie, asymptotisches Verhalten, Schnittpunkte mit den Achsen

FA-R 1.7 Funktionen als mathematische Modelle verstehen und damit verständig arbeiten können

FA-R 1.8 durch Gleichungen (Formeln) gegebene Funktionen mit mehreren veränderlichen im Kontext deuten können, Funktionswerte ermitteln können

FA-R 1.9 einen Überblick über die wichtigsten (unten angeführten) Typen mathematischer Funktionen geben, ihre Eigenschaften vergleichen können

FA 3 Potenzfunktion mit $f(x) = a \cdot x^z$ und Funktionen vom Typ $f(x) = a \cdot x^z + b$ mit $z \in \mathbb{Z} \setminus \{0\}$ oder $z = \frac{1}{2}$

FA-R 3.1 verbal, tabellarisch, grafisch oder durch eine Gleichung (Formel) gegebene Zusammenhänge dieser Art als entsprechende Funktionen erkennen bzw. betrachten können; zwischen diesen Darstellungsformen wechseln können

FA-R 3.2 aus Tabellen, Graphen und Gleichungen von Potenzfunktionen Werte(paare) sowie die Parameter a und b ermitteln und im Kontext deuten können

FA-R 3.3 die Wirkung der Parameter a und b kennen und die Parameter im Kontext deuten können

FA 4 Polynomfunktion $f(x) = \sum_{i=1}^{n} a_i \cdot x^i$ mit $n \in \mathbb{N} \setminus \{0\}$

FA-R 4.1 typische Verläufe von Graphen in Abhängigkeit vom Grad der Polynomfunktion (er-)kennen

FA-R 4.2 zwischen tabellarischen und grafischen Darstellungen von Zusammenhängen dieser Art wechseln können

FA-R 4.3 aus Tabellen, Graphen und Gleichungen von Polynomfunktionen Funktionswerte, aus Tabellen und Graphen sowie aus einer quadratischen Funktionsgleichung Argumentwerte ermitteln können

FA 5 Exponentialfunktion $f(x) = a \cdot b^x$ bzw. $f(x) = a \cdot e^{\lambda \cdot x}$ mit $a, b \in \mathbb{R}^+$, $\lambda \in \mathbb{R} \setminus \{0\}$

FA-R 5.1 verbal, tabellarisch, grafisch oder durch eine Gleichung (Formel) gegebene exponentielle Zusammenhänge als Exponentialfunktion erkennen bzw. betrachten können; zwischen diesen Darstellungsformen wechseln können

FA-R 5.2 aus Tabellen, Graphen und Gleichungen von Exponentialfunktionen Werte(paare) ermitteln und im Kontext deuten können

FA-R 5.3 die Wirkung der Parameter a und b (bzw. λ) kennen und die Parameter in unterschiedlichen Kontexten deuten können

FA-R 5.4 wichtige Eigenschaften ($f(x+1) = b \cdot f(x)$; $[e^x]' = e^x$) kennen und im Kontext deuten können

FA-R 5.5 die Begriffe Halbwertszeit und Verdoppelungszeit kennen, die entsprechenden Werte berechnen und im Kontext deuten können

FA-R 5.6 die Angemessenheit einer Beschreibung mittels Exponentialfunktion bewerten können

FA 6 Sinusfunktion, Cosinusfunktion

FA-R 6.1 grafisch oder durch eine Gleichung (Formel) gegebene Zusammenhänge der Art $f(x) = a \cdot \sin(b \cdot x)$ als allgemeine Sinusfunktion erkennen bzw. betrachten können; zwischen diesen Darstellungsformen wechseln können

FA-R 6.2 aus Graphen und Gleichungen von allgemeinen Sinusfunktionen Werte(paare) ermitteln und im Kontext deuten können

FA-R 6.3 die Wirkung der Parameter a und b kennen und die Parameter im Kontext deuten können

FA-R 6.4 Periodizität als charakteristische Eigenschaft kennen und im Kontext deuten können

FA-R 6.5 wissen, dass $\cos(x) = \sin\left(x + \frac{\pi}{2}\right)$

FA 7 Folgen

FA-L 7.1 Zahlenfolgen (insbesondere arithmetische und geometrische Folgen) durch explizite und rekursive Bildungsgesetze beschreiben und grafisch darstellen können

FA-L 7.2 Zahlenfolgen als Funktionen über $\mathbb{N}$ bzw. $\mathbb{N}^*$ auffassen können, insbesondere arithmeti sche Folgen als lineare Funktionen und geometrische Folgen als Exponentialfunktionen

FA-L 7.3 Definitionen monotoner und beschränkter Folgen kennen und anwenden können

FA-L 7.4 Grenzwerte von einfachen Folgen ermitteln können

FA 8 Reihen

FA-L 8.1 endliche arithmetische und geometrische Reihen kennen und ihre Summen berechnen können

FA-L 8.2 den Begriff der Summe einer unendlichen Reihe definieren können

FA-L 8.3 Summen konvergenter geometrischer Reihen berechnen können

FA-L 8.4 Folgen und Reihen zur Beschreibung diskreter Prozesse in anwendungsorientierten Bereichen einsetzen können

Analysis (AN)

AN 1 Änderungsmaße

AG-R 1.1 absolute und relative (prozentuelle) Änderungsmaße unterscheiden und angemessen verwenden können

Wahrscheinlichkeit und Statistik (WS)

WS 1 Beschreibende Statistik

WS-R 1.1 Werte aus tabellarischen und elementaren grafischen Darstellungen ablesen (bzw. zusammengesetzte Werte ermitteln) und im jeweiligen Kontext angemessen interpretieren können

WS-R 1.2 Tabellen und einfache statistische Grafiken erstellen und zwischen Darstellungsformen wechseln können

WS-R 1.3 statistische Kennzahlen (absolute und relative Häufigkeit; arithmetisches Mittel, Median, Modus, Quartile, Spannweite, empirische Varianz/Standardabweichung) im jeweiligen Kontext interpretieren können; die angeführten Kennzahlen für einfache Datensätze ermitteln können

WS-R 1.4 Definition und wichtige Eigenschaften des arithmetischen Mittels und des Medians angeben und nutzen, Quartile ermitteln und interpretieren können; die Entscheidung für die Verwendung einer bestimmten Kennzahl begründen können

WS 2 Wahrscheinlichkeitsrechnung – Grundbegriffe

WS-R 2.1 Grundraum (Menge der möglichen Versuchsausgänge) und Ereignisse in angemessenen Situationen verbal bzw. formal angeben können

WS-R 2.2 relative Häufigkeit als Schätzwert von Wahrscheinlichkeit verwenden und anwenden können

WS-R 2.3 Wahrscheinlichkeit unter der Verwendung der Laplace-Annahme (Laplace-Wahrscheinlichkeit) berechnen und interpretieren können, Additionsregel und Multiplikationsregel anwenden und interpretieren können

WS-L 2.5 bedingte Wahrscheinlichkeiten kennen, berechnen und interpretieren können

WS-L 2.6 entscheiden können, ob ein Ereignis von einem anderen Ereignis abhängt oder von diesem unabhängig ist

Stichwortverzeichnis